LES MONDES D'HIER

Thomas Halliday est né à Édimbourg en 1989. Après un PhD en paléobiologie à la University College London (UCL), il publie une thèse très remarquée, récompensée en 2016 par la médaille John C. Marsden de la Linnean Society of London. Tout à la fois livre scientifique et livre de *nature writing*, *Les Mondes d'hier* a connu un formidable succès à sa parution et est en cours de traduction dans de nombreuses langues. Thomas Halliday vit à Londres avec sa famille.

THOMAS HALLIDAY

Les Mondes d'hier

Voyage aux origines de la Terre

TRADUIT DE L'ANGLAIS PAR AURÉLIEN BLANCHARD

GRASSET

Titre original :

OTHERLANDS
Publié par Allen Lane en 2022.

ISBN : 978-2-253-19569-6 – 1re publication LGF

Introduction

Le temple des millions d'années

« Ne laissez personne dire que le passé est mort.
Il parle de nous, il est en nous. »

Oodgeroo Noonuccal, *The Past*

« Quelle tempête m'a plongé
Dans l'océan profond des âges passés
Je ne le sais. »

Ole Worm

J'observe par la fenêtre, et porte mon regard par-delà les terres agricoles, les maisons, les parcs, en direction d'un lieu qui est connu depuis quelques siècles sous le nom de World's End – le Bout du Monde. Il est appelé ainsi en raison de la grande distance qui le séparait autrefois de Londres, une ville qui a grandi depuis au point de l'absorber. Il n'y a pas si longtemps, c'était bien le véritable bout du monde. Le sol, ici, date de la dernière période glaciaire, un mélange rocailleux déposé par les rivières qui à une époque se jetaient dans la Tamise. Les glaciers, en gagnant du terrain, ont progressivement déplacé le cours du fleuve, au point qu'il se jette aujourd'hui dans la mer plus de 160 kilomètres plus au sud qu'alors. En regardant par la fenêtre les collines striées, faites d'argile compactée par le poids de la glace, il est possible d'arracher mentalement les haies, les jardins, les lampadaires, et d'imaginer une autre terre, un monde froid situé à l'extrémité d'une plaque de glace s'étendant sur des centaines de kilomètres dans toutes les autres directions. Sous le gravier glacé se trouve l'argile de Londres, au cœur de laquelle sont préservés les anciens habitants de ces terres – des crocodiles, des tortues de mer, et les ancêtres des chevaux. Le paysage dans lequel ces créatures évoluaient était composé de forêts de palétuviers et de papayers, d'eaux regorgeant d'herbes marines, de nénuphars géants – en un mot, un paradis tropical et chaud.

Les mondes du passé peuvent parfois sembler incroyablement distants. L'histoire géologique de la Terre commence il y a 4,5 milliards d'années. La vie y existe depuis environ 4 milliards d'années, et la vie plus complexe que celle des organismes monocellulaires depuis peut-être 2 milliards. Les paysages qui ont existé au cours de ce temps géologique, et qui sont révélés par les registres paléontologiques, sont variés et parfois très différents de ceux du monde d'aujourd'hui. Hugh Miller, un géologue et écrivain écossais, méditant sur la durée du temps géologique, écrivait que toutes les années de l'histoire humaine « ne remontaient pas à plus loin que l'hier du globe, sans même parler des temps innombrables qui s'étendent au-delà ». Cet « hier » est vraiment long. Si l'ensemble des milliards d'années qui constituent l'histoire de la Terre était condensé en une seule journée, alors chaque minute verrait s'écouler 3 millions d'années. Nous verrions des écosystèmes émerger pour presque aussitôt disparaître, et les espèces constituant les parties vivantes de ces écosystèmes se retrouver en voie d'extinction quelques instants après être apparues. Nous verrions les continents dériver et les conditions climatiques changer en un clin d'œil, et, soudain, des événements dramatiques bouleverseraient de vieilles communautés qu'on pensait installées pour longtemps. L'événement qui entraîna l'extinction de masse qui vit disparaître les ptérosaures, les plésiosaures et tous les dinosaures non aviaires ne surviendrait que vingt et une minutes avant la fin. L'histoire humaine écrite, enfin, ne commencerait que dans le dernier dixième de seconde[1].

Au début du dernier dixième de seconde de ce passé condensé, un ensemble de temples funéraires est construit en Égypte, près de la ville actuelle de Louxor, dernière demeure du pharaon Ramsès II. Contempler l'édifice du Ramesséum équivaut à jeter un timide coup d'œil au précipice vertigineux du temps géologique profond, et, pourtant, la tradition veut que ce monument nous rappelle le caractère transitoire de toute chose. Le Ramesséum est le lieu qui inspira à Percy Bysshe Shelley son sonnet *Ozymandias*, qui joue sur le contraste entre, d'un côté, le verbe ampoulé d'un pharaon tout-puissant, et, de l'autre, un paysage qui, à l'époque de Shelley, n'était que sable[2].

La première fois que j'ai lu ce poème, je n'avais aucune idée de ce dont il parlait, et j'imaginais à tort qu'*Ozymandias* devait être le nom d'un dinosaure. Ce nom était long et étrange, et je ne savais pas trop comment il fallait le prononcer. Le champ sémantique déployé dans le poème était celui de la tyrannie, de la puissance, de la pierre et des rois. Un thème qui, en gros, correspondait bien aux livres illustrés de mon enfance qui parlaient de la vie préhistorique. À la lecture des premiers vers, « J'ai rencontré un voyageur de retour d'une terre antique / Qui m'a dit : "Deux immenses jambes de pierre dépourvues de buste / Se dressent dans le désert" », j'imaginai du plâtre appliqué sur les restes de quelque terrible créature surgie de la préhistoire. Un véritable « roi des lézards tyran », peut-être, maintenant brisé, réduit à des os et des fragments d'os éparpillés dans les badlands de l'Amérique du Nord.

Mais tout ce qui est brisé n'est pas perdu. Les vers : « Et sur le piédestal il y a ces mots : / "Mon nom est Ozymandias, roi des rois ; / Voyez mon œuvre, ô puissants, et désespérez !" / À côté, rien ne demeure » peuvent évoquer le fait que c'est bien le temps lui-même qui a eu le dernier mot face à un dirigeant imbu de lui-même, mais, en vérité, le monde du pharaon *n'a pas été* oublié. La statue est une preuve de son existence, tandis que le sens des mots gravés, tout comme le style d'écriture, sont autant d'indices permettant de comprendre son contexte. Lu ainsi, *Ozymandias* nous donne un moyen de penser aux organismes fossilisés et aux environnements dans lesquels ils vivaient. Si l'on met de côté la question de l'*hubris*, le poème peut être lu comme un témoignage de notre capacité à recouvrer la réalité du passé à partir des restes ayant survécu jusqu'à notre présent. Même un fragment d'os peut raconter une histoire à lui tout seul, et, en tant qu'élément de preuve, faire signe vers quelque chose qui se situe au-delà des sables monotones et solitaires, vers quelque chose qui était là, à cet endroit précis, autrefois. Faire signe vers un monde qui n'existe plus mais reste perceptible, invocable grâce à ce qui repose parmi les cailloux.

Le Ramesséum lui-même fut, à l'origine, connu sous un nom qui se traduit par « le temple des millions d'années », une expression que l'on serait facilement tenté d'utiliser pour qualifier la Terre. Le passé de notre planète, lui aussi, repose caché sous la terre. Elle arbore les cicatrices de sa formation et des changements qu'a connus sa croûte, et elle aussi fait fonction de temple funéraire, commémorant ses habitants dans la pierre, dans des fossiles jouant autant le rôle de pierre tombale que de masques funéraires et de cadavres[3].

Ces mondes, ces autremondes, il n'est pas possible de les visiter – du moins, pas de manière physique. Il ne nous est pas possible de visiter les environnements dans lesquels évoluaient les dinosaures titanesques, de fouler leurs sols ou de nager dans leurs eaux. La seule manière d'en faire l'expérience passe par la roche, consiste à lire des empreintes dans le sable consolidé pour imaginer une Terre disparue.

Ce livre est une exploration de la Terre telle qu'elle a existé, des changements qui sont survenus au cours de son histoire, et des façons dont la vie a réussi, ou non, à s'y adapter. Dans chaque chapitre, guidés par le registre fossile, nous visiterons un site appartenant au passé géologique pour y observer les plantes et les animaux, nous immerger dans ses paysages, et apprendre ce que nous pouvons à propos de notre propre monde à partir de ses écosystèmes éteints. En visitant ses sites disparus avec l'état d'esprit d'un voyageur, d'un amateur de safaris-photo, j'espère combler la distance séparant le passé du présent. Quand un paysage est rendu visible, vivace, il est plus simple de se faire une idée des manières – souvent familières – dont, sur ce site, les organismes vivaient, s'affrontaient, s'accouplaient, mangeaient et mouraient.

Un site a été choisi pour chaque époque géologique, jusqu'à la dernière des « cinq grandes extinctions de masse », il y a 66 millions d'années, qui, ensemble, constituent notre propre ère : le Cénozoïque. Avant cette dernière extinction de masse, un site a été choisi pour chaque période géologique (qui, chacune, comprend plusieurs époques) en remontant jusqu'aux balbutiements de la vie multicellulaire de l'Édiacarien, il y a plus de 500 millions d'années. Certains sites ont été sélectionnés pour leur biologie remarquable, d'autres pour leur environnement inhabituel, et d'autres encore parce qu'ils ont été conservés avec une telle précision qu'ils nous donnent un aperçu particulièrement évocateur de la façon dont la vie existait et interagissait dans le passé.

Comme tout voyage, il commencera ici et maintenant, puis se poursuivra en remontant dans le temps.

Notre première étape se fera dans les environs relativement familiers des périodes glaciaires du Pléistocène, quand les glaciers enfermèrent la plus grande partie des eaux du monde en leur sein, baissant partout le niveau des mers, puis nous poursuivrons en remontant progressivement la ligne du temps. La vie et la géographie se feront de moins en moins familières. Les époques géologiques du Cénozoïque nous feront revivre les tout premiers jours de l'humanité, puis nous emmèneront visiter la plus grande chute d'eau qui ait jamais existé sur Terre, avant de découvrir un Antarctique boisé et tempéré, puis l'extinction de masse de la fin du Crétacé.

Passé ce point, nous irons à la rencontre des habitants du Mésozoïque et du Paléozoïque, que ce soit au cœur de forêts dominées par les dinosaures, de récifs de verre longs de milliers de kilomètres, ou d'un désert trempé par la mousson. Nous explorerons la manière dont les organismes s'adaptent à ces écologies radicalement nouvelles, se déplaçant sur terre et dans les airs, et la façon dont la vie, en créant de nouveaux écosystèmes, ouvre la voie à une diversité toujours plus grande.

Après une brève visite dans le Protérozoïque, il y a quelque 550 millions d'années, l'éon géologique qui précède le nôtre, nous retournerons à notre Terre, celle d'aujourd'hui. Les paysages du monde moderne changent rapidement, sous l'influence des perturbations anthropiques. En comparaison des bouleversements environnementaux radicaux du passé géologique, à quoi pouvons-nous nous attendre dans un avenir plus ou moins distant ?

Nous ne pouvons pas facilement faire d'expériences sur Terre pour découvrir quels changements se produisent à l'échelle continentale dans une atmosphère hautement carbonée, pas plus que nous ne disposons d'assez de temps pour voir par nous-mêmes les effets à long terme de l'effondrement de l'écosystème mondial avant d'essayer de l'atténuer. Nos prédictions doivent se fonder sur des modèles précis de la manière dont le monde fonctionne. Ici, le dynamisme de la Terre tel qu'il peut se lire dans son histoire géologique nous fournit un laboratoire naturel. Les réponses aux questions de long terme ne peuvent être trouvées qu'à condition de nous pencher sur des époques au cours desquelles la Terre passée reflète ce que nous pouvons attendre de la Terre future. Cinq événements d'extinctions de masse majeures, isolements et réunions de masses continentales, ainsi que changements dans la circulation et la chimie de l'atmosphère et des océans, nous offrent des données nous permettant de comprendre la manière dont la vie sur Terre fonctionne à l'échelle des temps géologiques.

Nous pouvons interroger notre planète. La biologie du passé n'est pas juste un cabinet de curiosités auquel nous pourrions jeter un coup d'œil vaguement amusé, ou quelque chose qui nous serait radicalement étranger. Les principes écologiques qui s'appliquent aux forêts tropicales modernes ou au monde lichénique de la toundra s'appliquent tout aussi bien aux écosystèmes du passé. La distribution est certes différente, mais la pièce reste la même.

Pris isolément, un fossile peut être une leçon fantastique sur les variations anatomiques, sur le rapport entre forme et fonction, ou sur ce qu'un organisme peut faire avec seulement de tout petits réglages opérés grâce à une boîte à outils développementale rudimentaire. Mais, tout comme les statues de l'Antiquité prennent place dans le contexte d'une culture, aucun fossile, qu'il s'agisse d'un animal, d'une plante, d'un champignon ou d'un microbe, n'a jamais existé isolé. Chacun d'eux vit au sein d'un écosystème, avec une interaction entre d'innombrables espèces et leur environnement, une tambouille complexe de vie, de conditions météorologiques et de chimie, toutes dépendant également de la rotation de la Terre, de la position des continents, des minéraux présents dans les sols et dans les eaux, ou encore des contraintes imposées par les anciens habitants de la région. Recréer les mondes dans lesquels les fossiles ont été déposés, et dans lesquels vivaient les êtres vivants qui en sont à l'origine, est un défi que les paléontologues cherchent à relever depuis le XVIIIe siècle, et leurs tentatives n'ont cessé de se multiplier et de gagner en précision depuis quelques décennies.

Les avancées paléontologiques les plus récentes ont révélé des détails sur la vie passée avec une précision qu'on aurait encore crue impossible il y a peu. En explorant en profondeur la structure des fossiles, nous sommes devenus capables de reconstruire la couleur des plumes, des carapaces de scarabées et des écailles de lézards, ou bien encore d'identifier les maladies dont ces animaux et ces plantes souffraient. En comparant ces fossiles avec des créatures vivantes, nous pouvons établir leurs interactions au sein d'un réseau trophique, la puissance de leur mâchoire ou la robustesse de leur squelette, leur structure sociale et leurs mœurs sexuelles, et même, dans de rares cas, les sons qu'ils émettaient. Les paysages du registre fossile ne sont plus seulement des collections d'impressions sur des cailloux ou des listes taxonomiques. Les travaux de recherche les plus récents ont mis au jour des communautés dynamiques et florissantes, les restes de véritables organismes vivants qui faisaient la cour ou tombaient malades, exhibaient leurs plumes ou leurs fleurs chatoyantes, poussaient des cris ou bourdonnaient, tous habitant des mondes qui obéissaient aux mêmes principes biologiques que ceux qui régissent notre présent[4].

Peut-être qu'il ne s'agit pas là de ce que les gens ont exactement en tête quand ils pensent à la paléontologie. L'image du gentleman-collectionneur victorien, qui voyage aux quatre coins du monde, navigue entre les cultures, et qui, le marteau à la main, est toujours prêt à farfouiller dans les entrailles de notre planète, est omniprésente. Quand le physicien Ernest Rutherford a, prétend-on, déclaré de manière relativement dédaigneuse qu'en sciences, « soit on faisait de la physique, soit on collectionnait des timbres », il avait certainement en tête la piétaille des animaux taxidermisés, les tiroirs pleins de papillons aux ailes impeccablement ouvertes, ou encore les squelettes vaguement menaçants aux os fixés par des écrous d'acier. En réalité, de nos jours, on a plus de chances de trouver un paléobiologiste dans un laboratoire, devant son ordinateur ou en train d'utiliser un accélérateur de particules pour balancer des rayons X sur des fossiles, que sous le soleil brûlant d'un quelconque désert. Mon propre travail scientifique s'est surtout déroulé au milieu de collections stockées dans des sous-sols de musée, armé d'algorithmes informatiques, pour utiliser les caractéristiques anatomiques partagées afin d'élucider les relations existant entre les différents mammifères ayant vécu après la dernière grande extinction de masse[5].

S'il n'est pas impossible, loin de là, d'avoir des infos sur l'histoire de la vie en se fondant uniquement sur elle telle qu'elle existe de nos jours, cela revient tout de même à essayer de comprendre l'intrigue d'un roman en n'en lisant que les dernières pages. Vous serez sans doute en mesure de déduire une partie de ce qu'il s'est passé avant, et, bien sûr, de découvrir quels personnages ont survécu ainsi que leur situation actuelle, mais la richesse de l'intrigue, les nombreux autres personnages et les temps forts du roman vous resteront en revanche à jamais inaccessibles. Même en incluant les fossiles, la plus grande partie de l'histoire de la vie reste obscure aux yeux des non-spécialistes. Presque tout le monde connaît les dinosaures et les animaux des périodes glaciaires d'Europe et d'Amérique du Nord, et ceux qui sont un peu plus familiers du sujet ont entendu parler des trilobites et des ammonites, et peut-être même de l'explosion cambrienne. Mais ce ne sont là que des fragments de toute l'histoire. Avec ce livre, j'aimerais combler certains de ces trous.

Ce livre est, par définition, une interprétation personnelle du passé. Le passé depuis longtemps disparu, le véritable « temps profond », ne signifie pas toujours la même chose selon les individus. Pour certains, penser au temps qu'il a fallu à des milliers de milliards de planctons pour s'installer, se compacter et se développer pour former les sols crayeux du Kent et de la Normandie est une idée exaltante et vertigineuse – des paysages composés de squelettes. Pour d'autres, il s'agit d'une évasion, d'une opportunité pour penser des manières de vivre différentes de celles dont nous pouvons faire l'expérience aujourd'hui, pour penser un temps d'avant les inquiétudes liées à l'extinction anthropique, un temps dans lequel le dodo n'était encore qu'une promesse, une possibilité future. Toujours est-il que tout ce que nous découvrirons ensemble dans ce livre est fondé en fait, c'est-à-dire soit directement observable à partir du registre fossile, soit déduit sans le moindre doute à partir de ce dernier, soit, quand notre connaissance est incomplète, fondé de manière plausible sur ce que nous pouvons affirmer. Quand il existe un désaccord, j'ai dû opérer un choix parmi les hypothèses en concurrence. Quoi qu'il en soit, un bruissement d'ailes dans un fourré, une créature entraperçue ou la sensation de quelque chose se déplaçant dans les ténèbres font partie intégrante de l'expérience de la nature : un peu d'ambiguïté peut provoquer autant d'émerveillement qu'une vérité fermement établie.

La reconstruction opérée dans ce livre est le résultat du travail de milliers de scientifiques et de deux siècles de recherche. Ce sont leurs interprétations des restes fossiles qui, au bout du compte, constituent les éléments factuels de ce livre. Pour un paléobiologiste, ce sont les bosses, les stries et les trous d'un os, d'un exosquelette ou d'un morceau de bois qui fournissent les indices nécessaires à l'élaboration d'une image d'un organisme individuel en vie, que cet organisme subsiste encore de nos jours ou non. Étudier le squelette d'une espèce de crocodiles de Johnston encore présente de nos jours revient à lire la description d'un personnage. Le contrefort et l'arc-boutant évoquent l'architecture gothique, ici non pas pour soutenir le poids du toit d'une cathédrale, mais bien plutôt la terrible puissance des muscles de la mâchoire. Les yeux et les narines haut perchés évoquent une nage en eau peu profonde, permettant de voir et de respirer juste au-dessus du niveau de la surface ; la longue série de dents, pointues mais rondes, bordant un museau long et ample, suggère une manière de se nourrir en saisissant, en tenant et en frappant la proie, idéale pour attraper des poissons sinon insaisissables. Les cicatrices sont là, aussi, les fractures et les blessures endurées. La vie laisse des marques, détaillées et identifiables, parce que reproductibles.

Aller au-delà du spécimen individuel pour décoder les caractéristiques des écosystèmes passés, les interactions, les niches, les réseaux trophiques, les flux de minéraux et de nutriments, fait désormais partie du travail quotidien de la paléobiologie. Les empreintes et les terriers fossilisés peuvent révéler des détails quant aux mouvements et aux styles de vie sur lesquels l'anatomie reste obstinément silencieuse. Les relations entre les espèces nous aident à comprendre quels facteurs étaient importants pour leur biologie, leur distribution dans l'espace, ainsi que ce qui motiva leurs évolutions respectives. La structure et la chimie des grains de sable dans la roche sédimentaire ont enregistré l'environnement – est-ce que cette falaise faisait autrefois face aux méandres du delta d'un fleuve, avec ses cours d'eau en perpétuel changement serpentant dans une vasière, ou bien à une mer peu profonde ? Et cette mer, était-elle une lagune protégée, dans laquelle de fines particules de limon dérivaient lentement avant de se déposer sur le sol de ces eaux immobiles, ou bien un lieu où venaient s'écraser les vagues furieuses ? Quelle était la température de l'atmosphère à l'époque ? Et le niveau mondial de l'eau ? Dans quelle direction soufflait le vent principal ? Armé du savoir adéquat, il est facile de répondre à toutes ces questions[6].

Tous ces types d'informations ne sont bien sûr pas disponibles pour tous les lieux, mais il est parfois possible de tirer sur suffisamment de fils pour qu'un paléoécologiste puisse brosser un riche tableau d'un paysage, depuis le climat et la géographie jusqu'aux créatures qui l'habitaient. Ces tableaux d'environnements passés, aussi animés que ceux d'aujourd'hui, portent bien souvent en eux des leçons importantes sur la manière dont nous pouvons appréhender notre monde contemporain.

Une grande partie du monde naturel que nous considérons aujourd'hui comme acquise est en réalité relativement récente. L'herbe, par exemple, la principale composante des plus grands écosystèmes de la planète actuelle, n'est apparue qu'à la toute fin du Crétacé, il y a moins de 70 millions d'années – un tout petit élément des forêts d'Inde et d'Amérique du Sud. Et il a fallu attendre 40 millions d'années avant notre ère pour que les écosystèmes dominés par l'herbe apparaissent. Il n'y a donc jamais eu de prairies foulées par les dinosaures, et, dans l'hémisphère Nord, l'herbe n'existait tout simplement pas. Nous devons donc abandonner nos préjugés sur l'apparence des paysages, que ces préjugés découlent du fait que nous ayons importé des espèces modernes dans le passé, ou qu'on ait fait coexister des créatures qui, si elles appartiennent effectivement à des espèces éteintes, ont vécu à des millions d'années d'écart. Il s'est écoulé davantage de temps entre le dernier *Diplodocus* et le premier *Tyrannosaurus* qu'entre le dernier *Tyrannosaurus* et votre naissance. Les créatures du Jurassique comme les *Diplodocus* n'avaient non seulement jamais vu d'herbe, mais elles ne connaissaient pas non plus l'odeur des fleurs : les plantes à fleurs ne se sont en effet diversifiées qu'au milieu du Crétacé[7].

Aujourd'hui, avec la crise de la biodiversité provoquée par la fragmentation et la destruction des habitats, combinée avec les effets du changement climatique, l'idée que de plus en plus d'organismes vont disparaître ne nous est pas complètement inconnue. On entend souvent dire que nous sommes au beau milieu d'une sixième extinction de masse. Nous avons désormais l'habitude d'entendre parler du blanchissement des récifs coralliens, de la fonte des glaces arctiques, de la déforestation en Indonésie ou dans le bassin amazonien. On parle en revanche moins souvent, alors que c'est extrêmement important, des effets de l'assèchement des terres en zones humides, ou du réchauffement de la toundra. L'échelle et les ramifications de ces phénomènes sont souvent difficiles à appréhender. La pensée que quelque chose d'aussi immense que la Grande Barrière de corail, avec toute sa vibrionnante diversité, puisse bientôt disparaître semble intrinsèquement improbable. Le registre fossile nous montre pourtant que ce type de bouleversement radical est non seulement possible, mais est survenu à de nombreuses reprises au cours de l'histoire de la Terre[8].

Les récifs d'aujourd'hui sont peut-être de corail, mais, par le passé, les constructeurs de récifs étaient des mollusques du type palourde, des brachiopodes à coquille et même des éponges. Les coraux ne sont devenus les organismes constructeurs de récifs dominants qu'après la disparition des récifs de mollusques lors de la dernière extinction de masse. Ces palourdes constructrices de récifs étaient, elles, apparues au Jurassique supérieur en prenant le pas sur les immenses récifs d'éponges, qui avaient de leur côté occupé la niche de constructeur de récifs après que les récifs de brachiopodes furent détruits lors de l'extinction de masse de la fin du Permien. Dans une perspective à long terme, il se pourrait bien que les récifs de corail à l'échelle continentale fassent partie de ces écosystèmes condamnés à disparaître, un phénomène propre au Cénozoïque, dont la fin sera peut-être précipitée par l'extinction de masse causée par l'homme. Aujourd'hui, si l'avenir des récifs de corail et des autres écosystèmes menacés n'est pas encore complètement joué, le registre fossile, en nous montrant à quelle vitesse une dominance peut devenir obsolète, constitue aussi bien un monument commémoratif qu'un avertissement[9].

Il peut sembler contre-intuitif d'aller chercher des aperçus de la vie future dans les fossiles. L'étrangeté des empreintes fossiles, hiéroglyphes biologiques, nous met à distance du passé et crée une sorte de frontière infranchissable derrière laquelle se trouve un autre, aussi séduisant qu'inatteignable. La poétesse et chercheuse Alice Tarbuck, dans son poème *Nature is taxonomy which all small bones resist*, saisit parfaitement cette distance quand elle écrit : « Donnez-moi une trace du Léviathan, donnez-moi les tourbillonnantes créatures des mers. » Elle se languit de « traces de pas qui font remonter les siècles, et nous emmènent dans le sous-sol de ce qui peut être », et rejette la classification et l'étiquetage muséographique avec son « Que personne ne chante la taxonomie ».

Même si j'ai consacré une part non négligeable de ma vie professionnelle à placer des organismes dans une série de boîtes embranchement/classe/ordre, j'ai plus d'affinités avec le vivant qu'avec la classification. Un nom peut bien sûr être évocateur, ou lourd de significations, mais il s'avère dans l'ensemble incapable d'évoquer véritablement l'organisme en tant que tel. Les noms latins ne sont que des marqueurs, la classification décimale de Dewey de la biologie. Un nombre suffirait, et, en fait, c'est bien ainsi que le système fonctionne. Pour chaque espèce et sous-espèce, il existe quelque part dans le monde un spécimen individuel qui définit ce que cela signifie d'être – par exemple – un renard roux d'Italie. L'individu de référence du *Vulpes vulpes toschii* est ZFMK 66-487, qui se trouve dans le musée Alexander Koenig à Bonn. Pour être considéré comme appartenant à cette sous-espèce, il faut être suffisamment proche, aussi bien anatomiquement que génétiquement, de ce renard platonicien, une femelle adulte recueillie au Monte Gargano en 1961. Tout cela est certes bien pratique, mais ne nous dit rien des talents d'équilibriste dont fait preuve un renard des villes sur une clôture de jardin branlante, de la hâte pleine de détermination des adultes trottinant, de la ruse légendaire de Renart, ou de la nonchalance des siestes au soleil des renardeaux. Et nous parlons là d'une créature que nous pouvons encore observer aujourd'hui. Alors, que peut-on franchement espérer d'un nom pour celles qui ont définitivement disparu ? En les représentant, mon objectif consiste à tenter de combler le fossé séparant le nom de la réalité, entre « l'empreinte de la guinée » et l'or*. De voir les anciennes formes de vie comme si elles étaient encore monnaie commune dans notre monde, comme des bêtes frémissantes aux naseaux fumants, toutes de chair et d'instincts,

* L'auteur fait allusion au chant égalitariste composé par le grand poète écossais Robert Burns en 1795, *A Man's a Man for A'That* (« Un homme est un homme quel qu'il soit ») : « *The rank is but the guinea's stamp, / The Man's the gowd for a'that* », soit « Le rang n'est que l'empreinte de la guinée, / L'homme en est l'or, après tout. » [Sauf indication contraire, toutes les notes en bas de page sont du traducteur.]

comme des branches qui craquent et des feuilles qui tombent[10].

De nos jours, quand les créatures disparues sont figurées de manière vivante, c'est le plus souvent sous la forme de monstres, de créatures infâmes dotées d'un insatiable appétit. Ce phénomène remonte aux promoteurs du sensationnalisme géologique du début du XIXe siècle. Certains désiraient si ardemment défendre leur vision d'un passé violent et barbare qu'ils présentaient les mammouths laineux et les paresseux géants comme de voraces mangeurs d'hommes, alors que tout le monde savait déjà à l'époque qu'ils étaient herbivores. Le mammouth, par exemple, fut présenté au grand public comme un terrible prédateur, sinistrement tapi dans les lacs pour prendre en embuscade de pauvres tortues, tandis que le paresseux terrestre, un pacifique herbivore, devint « gigantesque comme le menaçant précipice, cruel comme la panthère assoiffée de sang, rapide comme l'aigle fondant sur sa proie, et terrible comme l'ange de la nuit ! ». Aujourd'hui encore, les descriptions d'agressions sauvages par des animaux préhistoriques continuent de peupler les films, les livres et les programmes de télévision. En réalité, les prédateurs du Crétacé n'étaient pas plus assoiffés de sang qu'un lion actuel. Étaient-ils dangereux ? Certainement. Mais ils étaient des animaux, et non des monstres[11].

Il y a une chose que la collection inerte de fossiles comme cabinet de curiosités et la représentation d'organismes disparus comme monstres ont en commun, c'est l'absence de véritable contexte écologique. Les plantes et les champignons en sont typiquement absents, et les invertébrés n'ont droit qu'à un rapide coup d'œil. Et pourtant, l'histoire des roches de la Terre porte en elle ces contextes, et révèle les cadres dans lesquels ces créatures éteintes vivaient, ces cadres qui leur ont imposé ces formes qui nous semblent si étranges aujourd'hui. C'est une encyclopédie des possibles, des paysages qui ont disparu, et ce livre se veut une tentative pour ramener à la vie ces paysages, pour rompre à la fois avec l'image poussiéreuse des ossatures d'organismes disparus rafistolées avec du métal, mais aussi avec l'image sensationnaliste des tyrannosaures de parc d'attractions – une tentative pour faire l'expérience de la réalité de la nature comme on pourrait la faire de nos jours.

Chercher à visualiser ces paysages qui ont autrefois existé, c'est ressentir l'appel du large temporel. Ce que j'espère, c'est que vous lirez ce livre comme vous liriez un récit de voyage de naturaliste, un voyage qui nous emmènerait loin, non dans l'espace mais dans le temps. J'espère que vous commencerez alors à considérer les 500 derniers millions d'années non comme une étendue infinie de temps insondable, mais bien plutôt comme une série de mondes différents, aussi fabuleux que familiers.

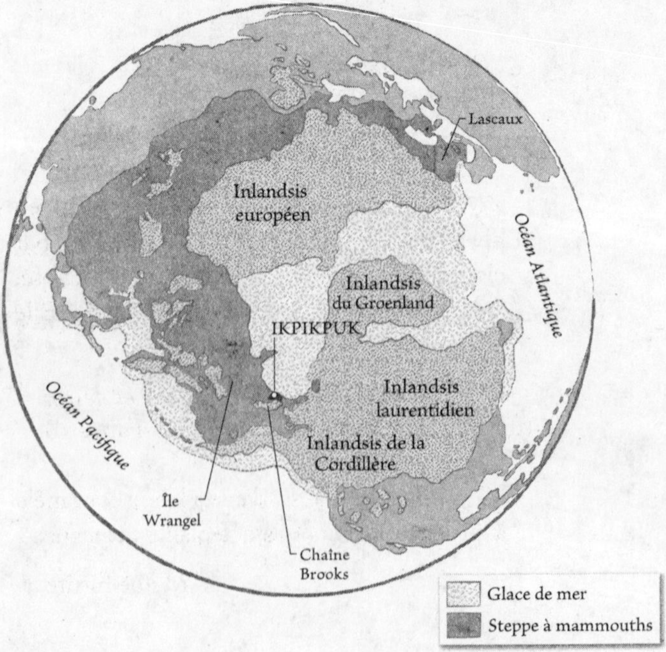
Lascaux
Inlandsis
européen
Océan Atlantique
Inlandsis
du Groenland
IKPIKPUK
Inlandsis
laurentidien
Océan Pacifique
Inlandsis de la
Cordillère
Île
Wrangel
Chaîne
Brooks
Glace de mer
Steppe à mammouths

1. Dégel

Plaine septentrionale, Alaska
Pléistocène – il y a 20 000 ans

« Mais toujours – au matin, en été ou en hiver, par de sombres nuits de pluie ou par clair de lune – toujours et avant toute chose, la steppe parle à l'homme de la liberté… Elle la rappelle à ceux qui l'ont perdue. »

Vassili GROSSMAN, *Vie et destin*
(trad. A. Berelowitch et A. Coldefy-Faucard)

« *Telipinu* partit aussi dans la lande et se mêla à la lande. Sur lui poussa la plante halenzu. »

Mythe hittite

L'aube est sur le point de s'inviter dans la nuit alaskienne quand les membres d'une petite harde de chevaux, quatre adultes et trois poulains, se blottissent les uns contre les autres pour se protéger du vent de nord-est glacial. À ce moment-là, cela fait déjà une dizaine d'heures que le soleil a disparu, et l'air est extrêmement froid. Deux des juments prennent

Arctodus simus et *Mammuthus primigenius*

leur tour de garde, veillant au grain dans l'obscurité tandis que leur famille se repose ou fourrage. Elles se tiennent ensemble, flanc contre flanc, naseau contre queue, une bonne manière de réduire le stress tout en se tenant chaud et en surveillant toutes les directions à la fois. C'est le printemps mais, même cet hiver, le sol n'a pas revêtu son manteau de neige et a préféré se tapisser d'une profusion d'herbes mortes, de sable éolien. Les plaines séparant la chaîne Brooks au nord de l'Alaska de la côte d'un océan Arctique perpétuellement gelé sont exceptionnellement sèches. La pluie comme la neige ont épargné ces terres. Un ruisseau se fraye un chemin capricieux parmi les galets. Il goutte péniblement depuis les terres plus élevées du Sud, il est quasiment inaudible à cause du vent. Même ce ruisseau rend les armes avant d'atteindre la mer, et disparaît complètement, absorbé par les dunes qui gagnent peu à peu du terrain. Le débit du cours d'eau varie de jour en jour, mais connaîtra son pic dans les mois qui viennent, conséquence du dégel dans les collines. En hiver, il y a peu à manger ; le sol est composé aux quatre cinquièmes de terre nue, le reste de tiges sèches et brunâtres, et le peu de nourriture qui subsiste se retrouve couvert d'une poussière abrasive. Même ainsi, les vestiges desséchés de l'abondance de l'été suffisent à faire vivre plusieurs petites hardes de ces chevaux courts sur pattes.

Avec des températures aussi anesthésiantes que celles du North Slope* pendant le pic de la glacia-

---

* Région de l'Alaska située sur le flanc nord de la chaîne Brooks.

tion, posséder des membres trop longs aurait fait courir des risques d'hypothermie. Les chevaux alaskiens ont une taille proche de celle des poneys, et évoquent les chevaux de Przewalski de notre époque, mais avec des membres plus sveltes. Leur poil est hirsute et d'un brun tirant sur le gris, leur crinière est courte, noire et hérissée. Ceux qui sont en train de dormir bougent encore, et leurs queues sont agitées de spasmes inconscients que l'on devine à peine dans la faible lumière de l'aurore. Ils sont les véritables habitants de ce Nord aride, ceux qui restent quelles que soient les conditions. Les visiteurs estivaux du North Slope – les grandes communautés de bisons et de caribous et les groupes épars de bœufs musqués, d'élans et de saïgas – sont partis, incapables – contrairement à ces chevaux – de survivre avec un fourrage aussi maigre. Même pour ces chevaux, résister face au vent du nord est difficile, d'autant que l'une des juments est grosse. Chaque harde est composée d'un mâle et de plusieurs femelles, et la naissance des poulains coïncide avec la fin du printemps. Le taux de mortalité est élevé, et l'espérance de vie de ces créatures est moitié moindre que celle des chevaux sauvages modernes. Ces chevaux alaskiens qui vivent à la limite de leur capacité, en faisant face aux hurlements du vent, vivent en général une quinzaine d'années[1].

Ce vent souffle depuis une mer de sable de 7 000 kilomètres carrés située dans la moitié orientale de ce qui deviendra l'Alaska, bordée à l'ouest par la rivière Ikpikûk, une rivière qui existe encore aujourd'hui. Ce désert glacé est traversé par des rangées de 20 kilomètres de long de dunes striées, hautes de 30 mètres. Elles balancent leur sable vers l'ouest, à travers les steppes, et recouvrent les contreforts de la chaîne Brooks d'un nappage de poussière comme du sucre glace, composé d'un fin mélange de sable et de limons balayés par les vents connu sous le nom de lœss. Dans les régions froides du monde du Pléistocène, il y a tellement peu de nourriture pendant les mois les plus froids que chaque herbivore, depuis le caribou jusqu'au mammouth, cesse de grandir. Comme les arbres, leurs os et leurs dents portent des marques de leur croissance, arborent les cicatrices de la saisonnalité, le compte des hivers endurés. Ils subsistent avec ce qu'ils peuvent trouver, dépensant le moins d'énergie possible et comptant sur leur corpulence pour leur permettre de survivre jusqu'au retour de temps meilleurs. Là où des herbivores paissent, des prédateurs rôdent. À tout moment, une patte griffue peut jaillir d'un buisson, une gueule saisir une gorge, et ôter une vie. Dans ce paysage broussailleux, un petit nombre de lions des cavernes peut s'enorgueillir de contrôler de vastes territoires. Ils chassent silencieusement dans la steppe, les épaules montant et descendant à chaque foulée soyeuse : les chevaux n'ont aucun moyen de savoir s'ils sont dans les environs. La chasse des lions repose sur la traque et la furtivité, l'obscurité est pour eux une aubaine. Les juments sont vigilantes, et le moindre bruit fait s'agiter leurs oreilles sur leur pâle front bombé[2].

Trois lions foulaient la Terre au Pléistocène, et seul l'un d'entre eux, le plus délicat, a survécu jusqu'à aujourd'hui – le lion africain. De l'autre côté de l'inlandsis* laurentidien, dans toute l'Amérique du Nord jusqu'au Mexique, et même en Amérique du Sud, vit le plus grand des trois, le lion américain. Légèrement moucheté, d'un rouge cendré, et pouvant mesurer jusqu'à 2,50 mètres de long, c'est un immigré de fraîche date, descendant d'ancêtres venus d'Eurasie il y a quelque 340 000 ans. Toutefois, dans les steppes d'Asie et d'Europe, ainsi qu'en Alaska, le plus grand danger pour les chevaux et les caribous est le lion des cavernes eurasiatique, *Panthera leo spelea*, qui a bifurqué de la lignée des lions d'aujourd'hui il y a environ 500 000 ans. La plus grande partie de ce que nous savons de leur apparence provient de l'art – en effet, il existe des centaines de peintures et de sculptures détaillées faites par des humains du nord de l'Eurasie, ayant documenté un grand nombre des espèces de la steppe à mammouths. À peu près 10 % plus grands que les lions africains, les lions des cavernes eurasiatiques sont plus clairs et plus velus, et deux couches les protègent du froid : une fourrure de jarre épais, rêche, qui recouvre un poil de bourre dense et ondulé, presque blanc. Ni le mâle ni la femelle n'ont de crinière, mais tous deux sont barbus ; et les mâles sont clairement plus gros. Dans la mesure où les restes de ces animaux ont tendance à s'accumuler sans être jamais dérangés dans des cavernes, nous les appelons lions des cavernes, mais c'est dehors

* Immense glacier pouvant atteindre plusieurs kilomètres d'épaisseur, et dont la superficie dépasse les 50 000 kilomètres carrés. Aujourd'hui, il n'en subsiste que deux à la surface de la Terre, l'inlandsis du Groenland et celui de l'Antarctique.

qu'ils sont chez eux, à parcourir les steppes en petits groupes, chassant le caribou et le cheval[3].

Tous les félins sont des chasseurs à l'affût, et leur anatomie est adaptée à la chasse et à l'attaque-surprise de la proie, avec au mieux un petit sprint. Ce type de chasse nécessite de la furtivité, mais, dans l'espace de la steppe, la furtivité n'est pas facile et, comparés à d'autres félins, les lions des cavernes sont relativement doués pour pourchasser les proies. Les dessins des lions des cavernes représentent souvent leurs marques distinctives – des lignes sombres coulant comme des larmes de leurs yeux comme chez les guépards, leur permettant d'éviter d'être éblouis par la lumière du jour, ainsi qu'une séparation claire entre la couleur sombre de leur dos et la pâleur de leur bas-ventre[4].

De nos jours, les lions, les éléphants et les chevaux sauvages ne sont pas associés aux régions septentrionales de l'Amérique du Nord. Pas plus, d'ailleurs, que des sols n'ayant jamais connu la neige, des ciels sans pluie et des mers de sable. Quand nous imaginons des parties du monde naturel, nous avons tendance à les penser comme des totalités, chaque partie de l'écosystème offrant un certain sens au lieu. Que serait le désert de Sonora, dans le sud-ouest de l'Amérique du Nord, sans ses saguaros, ses tarentules et ses crotales ? Si vous connaissez un lieu, vous avez l'impression que les éléments qui le composent lui appartiennent de manière intrinsèque. Cette impression peut être très forte, mais, en réalité, les écosystèmes sont construits morceau par morceau. L'agrégation d'espèces qui produit la sensation d'un lieu produit également une notion du temps. Une communauté – le recensement des organismes depuis les microbes jusqu'aux arbres en passant par les herbivores géants – est une association temporaire d'êtres vivants dépendant de l'histoire évolutive, du climat, de la géographie et du hasard.

J'ai grandi à la lisière de la forêt de Black Wood of Rannoch, dans les Highlands écossaises : des versants escarpés incrustés de quartzites recouverts de cloîtres de fougères musquées et de coussins de myrtilles, de bois aux plafonds de vitrail de feuilles de bouleau ou aux piliers lézardés de pins ; un fragment de forêt pluviale tempérée au milieu des landes et des collines. Je suis nostalgique quand je pense à ses habitants – la martre et le plongeon, le serin et le chevreuil. Pour moi, ils sont des avatars de mon enfance, et séparer ce lieu de la vie sauvage qui s'y épanouit m'est quasiment impossible. Mais il ne s'agit que de créatures ayant partagé ces bois et ce monde à mon époque, et, dans une perspective à long terme, la nature désavoue une telle nostalgie. Il y a des milliers et des milliers d'années, pendant le Pléistocène, tandis que des hardes de chevaux sauvages parcourent en galopant les vastes étendues de l'Alaska, Rannoch est un lieu mort, une terre lessivée et glaciale dissimulée sous 400 mètres de glace. Avant que la glace ne progresse, et tant que la glace tient, ce n'est pas le lieu que je connais ; mon impression de Black Wood est aussi bien amarrée à notre époque géologique, l'Holocène, qu'au socle rocheux sur lequel elle pousse[5].

Les communautés fossiles ne se décalquent pas aisément sur nos préjugés modernes. La distribution d'une espèce peut très bien refléter celle de ses ancêtres ; ou pas. Les chameaux et les lamas, par exemple, sont les parents les plus proches dans la mesure où ils ont bifurqué il y a 8,5 millions d'années. Les lamas sont les descendants d'une tribu (au sens linéen du terme) qui sont restés sur les terres ancestrales des camélidés, les Amériques, tandis que les chameaux ont traversé le détroit de Béring pour aller en Asie et au-delà. Il y a encore 10 000 ans, aux phases les plus chaudes des cycles de glaciation de la période glaciaire, des hardes de chameaux erraient dans ce que nous appelons aujourd'hui le Canada. À ce moment-là du Pléistocène, les chameaux vivaient jusque très loin dans le Sud, jusqu'en Californie, non loin de la plus grande des calottes glaciaires – nous le savons parce que certains de ces chameaux ont eu la malchance de se retrouver piégés dans les fosses à bitume naturelles de La Brea, où l'asphalte est remonté à la surface et y a glougloûté pendant des milliers d'années[6].

Par la suite, quand les premiers humains sont arrivés en Amérique, il y a environ 16 000 ans, ils chassèrent aussi bien ces chameaux que les chevaux. Ainsi, comme tant de grands mammifères du Pléistocène, ils s'éteindront quelques courts milliers d'années après l'arrivée de l'homme. À l'époque de la période glaciaire la plus récente, qui connut son pic il y a approximativement 25 000 ans, les humains vivaient dans les plaines basses de la Béringie *, et n'avaient pas encore envahi l'Amérique. À des

* La Béringie est un pont terrestre qui a existé à plusieurs reprises entre la Sibérie orientale et l'Alaska, à la place de l'étroit

centaines de kilomètres à l'est de l'Ikpikpuk, il y avait peut-être quelques rares feux de camp allumés par les petites communautés d'humains de la Béringie orientale – les lacs y ont préservé les caractéristiques chimiques des excréments humains et du charbon –, mais ces communautés orientales étaient fort peu nombreuses. Quand les glaces fondirent, un grand nombre d'humains longèrent la côte méridionale de l'Alaska et découvrirent un immense continent débordant de ressources – précisons qu'un grand nombre d'entre eux périrent, que ce soit à cause du changement climatique ou de nouveaux et redoutables prédateurs[7].

Les traces d'associations historiques peuvent survivre longtemps après le contact originel. Dans les denses forêts subtropicales qui vont de l'Inde jusqu'à la mer de Chine méridionale, les serpents venimeux sont monnaie courante, et il est toujours avantageux de passer pour quelque chose de dangereux. Le loris lent, un étrange primate nocturne, possède un certain nombre de caractéristiques inhabituelles qui, prises ensemble, semblent avoir été empruntées au cobra à lunettes. Il se déplace à travers les branches d'une manière sinueuse, serpentine, lente et fluide. Quand il est menacé, il lève les bras derrière sa tête en tremblant et en sifflant, et ses gros yeux ronds ressemblent à s'y méprendre aux marques du dos de la coiffe des cobras à lunettes. De manière encore plus frappante, quand il est dans cette position, le

---

bras de mer, appelé le détroit de Béring, qui sépare aujourd'hui l'Amérique du Nord de l'Asie (Wikipédia).

loris peut activer une glande située sous son aisselle qui, combinée avec sa salive, produit un poison capable de provoquer un choc anaphylactique chez l'être humain. Par son comportement, sa couleur et même sa morsure, le primate en est venu à ressembler à un serpent, comme un mouton déguisé en loup. Aujourd'hui, les cobras et les loris ne vivent pas dans les mêmes écosystèmes, mais les reconstructions climatiques remontant à des dizaines de milliers d'années suggèrent qu'ils ont, à une époque, habité dans des zones aux caractéristiques similaires. Il est possible que le loris soit une sorte d'imitateur démodé, coincé dans une impasse évolutive, poussé par son instinct à jouer le rôle d'un personnage que ni lui ni son public n'ont jamais vu[8].

Dans le cas des loris et des cobras, ou bien des chameaux arctiques, c'est le climat, associé à la géographie, qui a défini leurs histoires évolutives et leurs interactions avec les autres animaux. Un écosystème n'est pas une entité solide – il est composé de centaines, de milliers de parties individuelles, chaque espèce étant dotée de sa propre tolérance à la chaleur, au sel, à l'accès à l'eau, à l'acidité, et chacune ayant son propre rôle à jouer. Dans un sens plus général, un écosystème est un réseau d'interactions entre tous les membres vivants d'une communauté ainsi que les terres ou les eaux qui composent leur environnement. Toute seule, une espèce possède des propriétés spécifiques, mais les interactions d'un écosystème entraînent un tout autre niveau de complexité. Nous appelons les conditions nécessaires à une population viable de n'importe quelle espèce donnée sa « niche fondamentale ». Quand les interactions avec d'autres organismes limitent cette niche, nous appelons la réalité de la distribution de l'espèce sa « niche réalisée ». Peu importe la taille de la niche fondamentale : si l'environnement change au point de ne plus satisfaire aux critères de la niche fondamentale, ou bien si la niche réalisée se trouve réduite à zéro, alors l'espèce disparaît[9].

Le North Slope du Pléistocène, en hiver, correspond à un endroit et à un moment où l'environnement a cessé de satisfaire aux critères des niches fondamentales d'un grand nombre de créatures. Les chevaux survivent ici grâce à leur capacité à subsister à partir d'un maigre fourrage, à condition qu'il y en ait assez. Alternant par à-coups des périodes de veille et de sommeil, ils consacrent environ seize heures par jour à manger pour garantir une nutrition suffisante. Les mammouths aussi prospèrent avec une pitance de mauvaise qualité, même si leur digestion est moins efficace et s'ils ont besoin de davantage de quantités que n'en offrent les rares pâturages hivernaux. En temps de disette, ils sont connus pour manger leurs propres bouses afin d'y récupérer tout ce qui reste de nutriments. Les bisons, qui vivent toujours dans des hardes fortes de milliers d'individus, doivent faire fermenter leur nourriture dans leur système digestif à quatre estomacs, si bien qu'ils ne peuvent pas manger aussi vite. Cela signifie que leur nourriture doit nécessairement être d'une meilleure qualité, ce que ne peuvent pas produire en hiver ces arides plaines septentrionales[10].

C'est la géographie physique de cette partie du monde qui a entraîné ce temps sec et venteux. Le vent cinglant qui ne cesse de siffler dans les dunes d'Ikpikpuk fait partie d'un immense gyre tournant dans le sens inverse des aiguilles d'une montre et dont le centre se trouve loin au sud-ouest. Le temps qu'il fouette les eaux du Pacifique et mène les nuages au-dessus du Yukon et du centre de l'Alaska, le peu d'humidité qui subsistait encore dans le North Slope a disparu. La plus grande partie des pluies est tombée sur les plaines humides des bisons qui longent le grand mur de glace qui sépare ces terres du reste de l'Amérique du Nord. La calotte glaciaire recouvre alors presque tout le territoire du Canada actuel et s'étend vers le sud, formant une barrière glacée entre le Pacifique et l'Atlantique. À certains endroits, elle est profonde de trois kilomètres, et les forces qu'elle exerce, qui taillent et sculptent le paysage, sont alors en train de creuser ce qui formera bientôt les Grands Lacs. Comme la glace fond, l'eau qui s'est accumulée contre la bordure méridionale de l'inlandsis laurentidien, libérée, trace le cours de nouvelles rivières, érode les moraines des glaciers et crée les spectaculaires chutes du Niagara[11].

L'eau enfermée dans cet inlandsis continental, tout comme celle de son proche voisin d'Europe du Nord, a été puisée dans les réserves océaniques. Le niveau mondial des eaux est alors plus bas qu'aujourd'hui, d'environ 120 mètres, et la croissance des glaces a exposé des fonds sous-marins peu profonds, construisant ce qu'on a appelé des « ponts terrestres » entre les continents. L'Alaska est peut-être isolé de l'Amérique du Nord, mais ce pont connecte la faune et la flore sauvages de l'Alaska avec les communautés asiatiques situées à l'ouest, créant ainsi un continuum recouvrant la moitié de la circonférence de la Terre. Le détroit de Béring, cette étendue d'eau qui sépare aujourd'hui l'Alaska de la Tchoukotka, est alors sec et accueillant, il donne son nom à la province biologique de la Béringie. La Béringie est peut-être froide en hiver, mais elle sait se montrer chaleureuse les mois plus cléments. Des prairies de fleurs sauvages s'épanouissent au printemps et en été. La plupart des arbres sont des arbrisseaux. De petits saules font de la calligraphie sur le vent avec leurs chatons évoquant des pinceaux pour encre de Chine, tandis que des bouleaux nains cachent des perdrix des neiges. Au-dessus, des colonies d'oies des neiges volent et crient sur le chemin qui mène à la mer. À l'automne, les parties les plus abritées de la Béringie semblent saupoudrées d'or fondu quand les peupliers de Virginie et les trembles tournent au jaune, délicatement souligné par le bleu-vert des immenses épicéas. Ces plaines forment le refuge de nombreuses plantes et de nombreux animaux, une région du monde avec un climat plus tempéré, moins radical, où celles et ceux qui n'arrivent pas à tolérer cette interminable période glaciaire peuvent survivre. À certains endroits, des sphaignes colorent des marécages et, à d'autres, les touffes gris argenté des armoises Silver Queen libèrent leur doux parfum sous les sabots des bisons[12].

La zone totale que représente ce pont terrestre de la Béringie qui sera englouti par la mer – dont les terres situées au nord de ce qui deviendra un jour la Russie – est immense, et couvre une surface équivalente à la réunion de la Californie, de l'Oregon, du Nevada et de l'Utah. Cette province n'est elle-même guère plus qu'une partie d'un biome bien plus vaste – un paysage composé de communautés fixes de plantes et d'animaux, et avec un climat relativement constant – qui commence à l'est de la Béringie et s'achève sur la côte atlantique de l'Irlande. Depuis les profondeurs des plaines émergées de la Béringie jusqu'aux collines de l'Alaska, l'air refroidit et assèche, les plantes poussent plus difficilement, moins haut, mais la prairie subsiste. Sur son extrémité orientale, le bord de la mer de dunes à Ikpikpuk marque la fin de l'un des plus grands écosystèmes contigus que la Terre ait jamais connus – la steppe à mammouths[13].

La steppe continue à exister en raison de sa connectivité même. Les modèles météorologiques de la période glaciaire sont volatils, et les conditions changent régulièrement du tout au tout d'une année sur l'autre. Si un observateur avait pu installer une tente sur le sol meuble pour y camper pendant des années, il aurait vu les populations traverser des cycles extrêmes de croissance et d'effondrement, le temps et la vie des plantes favorisant une année les chevaux, une autre les bisons, puis les mammouths, et ainsi de suite. Mais, comme la steppe à mammouths est contiguë, les espèces peuvent se déplacer jusqu'à retrouver leur climat idéal, et rester ainsi dans les limites de leurs niches. Dans un environnement extrêmement variable, la mobilité est cruciale pour la survie à long terme. Quelque part sur le continent existe toujours un refuge. Dans tout le Haut-Arctique, l'on observe une boucle constamment répétée d'extinction locale suivie par un rétablissement qui n'est rendu possible que par l'existence d'un refuge. Même aujourd'hui, les plus grands herbivores arctiques, les rennes et les saïgas, effectuent parmi les plus grandes migrations de la planète. Ailleurs, dans les steppes mongoles, un environnement proche de la Béringie dans lequel les humains mènent des troupeaux de chèvres et d'autres bétails, le climat reste volatil, et les températures hivernales imprévisibles d'une année sur l'autre. Comme le changement climatique réchauffe et assèche les steppes mongoles, les pâturages deviennent moins productifs, limitant les zones dans lesquelles les troupeaux peuvent brouter. Dans la mesure où les distances de migration sont de plus en plus limitées, les individus sont de plus en plus vulnérables aux diverses sortes d'hivers rudes ou *zud* – suffisamment de neige pour empêcher de brouter, mais pas assez pour boire, des sols gelés, des vents froids –, autant de facteurs qui peuvent décimer les populations animales et mettre en péril la survie des bergers. Dans un environnement variable, la capacité à lever le camp et à s'installer ailleurs est vitale, aussi bien pour les animaux sauvages que pour les humains. Les changements climatiques contemporains menacent cette manière de vivre, et ce d'une manière qui fait directement écho à la disparition de la steppe à mammouths[14].

La continuité de la Béringie a fini par être brisée. Et les mers par la submerger. Il y a environ 11 000 ans, la Béringie a coulé. La steppe qui encerclait le monde s'est vu fractionnée en des blocs plus petits, moins connectés, on a vu pousser au nord les grandes forêts d'épicéas et de mélèzes de la taïga, la toundra s'est développée vers le sud, le temps s'est adouci, et les migrations longue distance entre les parcelles de territoires les plus favorables aux espèces adaptées au froid sont devenues impossibles. La migration ne peut pas sauver une population s'il n'existe plus de destination possible. Une espèce, une fois disparue d'une région, ne dispose pas d'une réserve – d'une population survivant ailleurs et susceptible de remplacer les disparus –, si bien que l'espèce s'éteint de manière locale et, parfois, mondiale. Les autres espèces adaptées au froid, si elles survivent, doivent réduire leur territoire à la portion congrue. En Alaska, de toutes les espèces qui ont autrefois habité la steppe à mammouths, seuls le caribou, l'ours brun et le bœuf musqué – et encore, pour ce dernier, seulement par le biais de la réintroduction – ont survécu[15].

L'aurore relève l'étendue de la steppe à mammouths. Le soleil pâle se lève pour bercer de ses feux les dunes, une à une. Bientôt, chaque grain situé du côté sous le vent projette une ombre, et les dunes se mettent à scintiller. Les chevaux couchés renâclent et se lèvent, ils s'éveillent d'un seul mouvement ; ils ne dorment jamais longtemps, et jamais profondément. Leurs sabots noirs trépignent d'impatience ; ils sont larges et évasés : comme ces chevaux marchent moins durant l'hiver, leurs sabots sont moins usés, et même un peu surdéveloppés[16].

Le ciel est clair, l'air vif, et le printemps s'installe tranquillement. Avec le dégel, des lacs naissent, ainsi que des poulains, et des escadrons tonitruants de caribous et de bisons surgissent du Nord, attirés par la nouvelle végétation. Les immenses hardes de mammouths reviennent, elles aussi – la population des mammouths représente quasiment la moitié de la masse des herbivores du North Slope. Le soleil réchauffe rapidement l'air ambiant, et les chevaux s'ébrouent pour faire route vers un nuage dont les volutes basses tourbillonnent au-dessus d'une petite colline. La brume en suspension indique la présence de l'une des rares mares, formées par la fonte des glaces rassemblées dans une cuvette plus chaude et abritée. Restées dans l'ombre, ces eaux souterraines étaient encore gelées il y a peu, mais cette eau immobile, dans cette plaine inondable, fait office d'aimant pour ceux et celles qui ont besoin de boire, une eau qui constitue le foyer de toutes sortes d'insectes – des dytiques bordés, des cloportes et des carabidés adaptés aux zones sèches qui grouillent dans toute la région de la rivière Ikpikpuk[17].

Sous le soleil, le temps est agréable, non seulement plus sec et plus fertile, mais aussi plus chaud que dans l'Alaska d'aujourd'hui. C'est peut-être une période glaciaire, mais la Béringie est un coin où il fait relativement chaud, avec un climat continental – similaire à celui qui règne aujourd'hui en Mongolie. Il y a une véritable différence entre les zones côtières et les zones continentales. Pendant l'année, la température des eaux de mer ne varie pas énormément, si bien qu'elles fournissent de la chaleur aux terres avoisinantes ou au contraire l'aspirent, créant ainsi des vents et des nuages qui limitent la variabilité des températures. À l'intérieur des terres, la chaleur de l'été est plus facilement stockée dans le sol, si bien que, pour un climat continental, les températures sont plus élevées en été. De la même façon, les terres se refroidissent rapidement, et l'hiver est glacial. C'est la raison pour laquelle, par exemple, Saint-Pétersbourg, qui bénéficie d'un climat côtier, a une température moyenne de 19 °C en juillet et de – 5 °C en janvier, tandis que Iakoutsk, situé à une latitude légèrement plus au nord, mais avec un climat continental, a une température moyenne de 20 °C en juillet, mais de – 39 °C en janvier. Le North Slope de l'Alaska du Pléistocène est plus proche de Iakoutsk que de Saint-Pétersbourg – il fait chaud en été, froid en hiver, et toujours très sec. Il n'y a pas de mer dégelée dans les environs, si bien que le monde perpétuellement bruineux et nuageux de l'Alaska actuel ne peut pas se former. Sans neige ou pluie, les glaciers ne peuvent apparaître, si bien que le North Slope constitue un couloir d'accès garanti sans glace au reste du monde[18].

De jeunes pousses ravivent l'herbe séchée, et la harde de chevaux pousse vers l'ouest. Avec la prudence propre aux proies, ils ne s'éloignent jamais bien loin les uns des autres ; quand l'un mange, un autre guette. Après un hiver à l'arrêt, leurs horizons s'étendent à nouveau sur des centaines de kilomètres carrés. Alors que le groupe s'apprête à franchir une crête, un mouvement de panique le gagne, et les chevaux se regroupent instinctivement autour du plus jeune d'entre eux, pour former un schiltron de dents et de sabots. Dans la rayure verte horizontale qui sépare le versant ombragé du bleu du ciel, un *Arctodus* se meut.

Comparé aux ours bruns, même au plus grizzli d'entre eux, l'ours à face courte, ou *Arctodus simus*, est grand, très grand. Le plus grand des ours à face courte d'Alaska pesait une tonne, c'est-à-dire trois fois le poids du plus grand prédateur terrestre d'aujourd'hui, le tigre de l'Amour, et quatre fois celui d'un grizzli mâle adulte. La face courte à laquelle il doit son nom et les grandes foulées de ses longs membres sont en partie une illusion d'optique causée par l'échelle. Les ours ont un dos court et incliné ainsi qu'une mâchoire rétrognathe, et quand un ours brun est mis à l'échelle d'un ours à face courte, ces traits sont accentués. Certes, le plus grand des ours modernes, l'ours polaire, possède un long museau, mais il semblerait qu'il s'agisse avant tout d'une adaptation à un régime exclusivement carnivore. L'*Arctodus* n'est pas courant dans le North Slope, et son comportement reste dans l'ensemble mal compris. Il y a peu de temps encore, certains chercheurs pensaient que ses longs membres étaient une adaptation à la course, suggérant que l'*Arctodus* était un prédateur géant pratiquant la chasse mobile, une meute de loups synthétisée au sein d'un unique individu terrorisant. D'autres, en se fondant sur la proximité de l'ours à face courte avec l'ours à lunettes, un ours au régime presque exclusivement végétarien et vivant dans les arbres, ont dépeint l'*Arctodus* comme un aimable herbivore, un géant certes, fouineur mais inoffensif. D'autres encore le considèrent comme un charognard, un cleptoparasite brutal volant des carcasses aux carnivores s'étant chargés de la mise à mort. Son régime était en réalité probablement beaucoup plus proche de celui d'un grand ours brun, avec au menu aussi bien de petites et grandes proies que des plantes[19].

Toujours est-il que, de toutes les populations américaines d'*Arctodus*, de l'Alaska à la Floride, la communauté béringiennne est celle qui avait le plus de chances d'être surprise en train de manger de la viande. Dans la mesure où l'hiver avait supprimé la plus grande partie de la végétation, le régime flexitarien de l'ours avait nécessairement tendance à favoriser la prédation et le charognage. Avec son immense taille, un *Arctodus* adulte est capable de dominer un grand territoire de chasse, et d'empêcher les autres prédateurs de s'approcher trop près. Il se traîne en roulant des épaules vers la mare, dans laquelle la carcasse gigantesque d'un vieux mammouth laineux, mort de froid, exhale une puanteur fétide. C'est un cadeau de bienvenue. À l'aide de ses pattes larges et puissantes, l'ours s'attaque à la fourrure du mammouth, la déchirant pour mettre au jour la chair tendineuse. C'est un travail lent et laborieux ; la peau du mammouth est épaisse, couverte de deux couches de dense fourrure. Mort, même l'icône de la mégafaune du Pléistocène semble minuscule face à celui qui s'apprête à le manger. Les mammouths faisaient peut-être trois mètres au garrot, mais, dressé sur ses pattes arrière, le plus grand des *Arctodus* pouvait lui prendre un bon mètre[20].

Les ours sont des créatures redoutablement puissantes. Chaque fois que des humains ont vécu non loin des ours bruns, des légendes sont nées. Le mythe fondateur de la Corée parle de la patience d'un ours qui se contenta de manger vingt gousses d'ail et un faisceau d'armoise pendant cent jours*. Ces deux plantes poussaient dans la steppe à mammouths eurasiatique. Même les noms donnés aux ours sont bardés d'euphémismes quand les ours et les humains coexistent, en raison de ce qu'une théorie linguistique appelle *taboo deformation*, éviter de prononcer le « vrai » nom de l'animal de peur qu'il ne se manifeste. Pour les Russes, qui vénéraient les ours et en ont fait le symbole national de la puissance et de la ruse, il est le *medvědi*, le « mangeur de miel ». Les langues germaniques, dont l'anglais, utilisent des variations de *bruin*, le « brun ». Ailleurs dans le monde, c'est le terme « grand-père » qui est utilisé. Les humains, à ce moment-là, ne sont pas encore arrivés en Amérique, mais il ne s'en faudra que de quelques milliers d'années avant que, accompagnés de leurs compatriotes eurasiatiques, les ours bruns, ils n'arrivent et ne fassent la connaissance de l'*Arctodus*[21].

Dans la steppe à mammouths, les grandes populations de hardes d'herbivores, considérées ensemble, constituent une communauté florissante. Il existe certaines règles fondamentales que tous les écosystèmes doivent respecter. L'énergie, généralement exploitée à partir de la lumière du soleil, ou, plus rarement, à

* Il s'agit de l'histoire d'Ungnyeo qui, transformé en femme, donnera ensuite naissance à Tangun, le fondateur légendaire de la nation coréenne.

partir de la décomposition des minéraux, doit abreuver un écosystème pour remplacer celle qui est perdue par l'activité et l'entropie. Les organismes qui peuvent accéder à cette énergie sont les producteurs, et ceux qui ne le peuvent pas sont les consommateurs, se nourrissant d'autres créatures vivantes pour survivre. Plus les producteurs produisent d'énergie, et plus un grand nombre de consommateurs peuvent vivre. La steppe béringienne est remarquablement productive. Dans le Grand Nord inhospitalier de la Sibérie, environ 10 tonnes d'animaux – soit l'équivalent d'à peu près cent caribous – peuvent vivre sur chaque kilomètre carré, bien plus qu'il ne peut en survivre dans les régions équivalentes à notre époque. Le nombre de prédateurs dans un écosystème est toujours inférieur à celui des producteurs – l'été, dans le North Slope, ce différentiel atteint des extrêmes : seulement 2 % des animaux y sont carnivores[22].

Pour l'ours à face courte, la carcasse de mammouth représente une aubaine inespérée, car le gibier se fait de plus en plus rare ces dernières années. Les bisons sont de moins en moins nombreux à réussir à rejoindre le North Slope, et la population chevaline a elle aussi commencé à baisser. Sous les pattes, la terre se fait plus molle, et le règne hégémonique de l'herbe arrive à son terme. Autour de la mare créée par le dégel, de la tourbe commence à se former, ce qui est mauvais signe pour toutes les créatures qui vivent dans ce monde poussiéreux et balayé par les vents. La plus grande partie de la steppe à mammouths ressemble à une cour intérieure bordée de chaque côté par de grands murs secs et solides. Côté nord, l'océan Arctique est gelé, et des glaciers recouvrent l'Amérique du Nord, la Scandinavie et la Grande-Bretagne. Sur le flanc ouest de la steppe, l'Atlantique est gelé, et, au sud, les nombreuses chaînes de montagnes, depuis les Pyrénées, en passant par les Alpes, les monts Taurus et les monts Zagros, jusqu'à l'Himalaya et le plateau tibétain, forment un mur quasiment continu. La barrière montagneuse protège tout un continent des moussons du Sud, avec leurs âpres sécheresses en hiver et leurs pluies torrentielles en été, et un système d'air à haute pression au-dessus de la Sibérie la maintient aride toute l'année. La Béringie est le point faible, le lieu dans lequel le Pacifique peut introduire de l'humidité dans le détroit exposé et peu profond. Par le passé, ce n'était pas un problème, les glaces progressent ou reculent de manière cyclique, et la steppe s'est développée ou s'est recroquevillée au même rythme, de manière stable. Mais après 100 000 ans d'existence, cette fois, c'est différent. C'est le début d'une transformation, le début de la fin de la steppe à mammouths *.

Tandis que la calotte glaciaire fond et que le niveau des mers augmente, davantage d'eau peut s'évaporer et être intégrée au paysage. Maintenant, le climat variable commence à produire certains étés

---

* La disparition de la steppe à mammouths a commencé il y a environ 19 000 ans, mais a connu une brusque accélération il y a 14 500 ans, au cours d'un réchauffement humide et soudain connu sous le nom d'Intervalle Bølling-Allerød. Cet épisode est associé au moment où l'Antarctique a commencé à se déglacer. [*N.d.A.*]

plus chauds et plus humides que d'habitude, important de l'humidité dans la Béringie et, avec elle, des nuages en été et de la pourriture à l'automne. L'existence même de la steppe à mammouths avait jusqu'ici reposé sur l'aridité, sur des ciels bleus infinis et uniformes. Quand les étés sont chauds et humides, il y a davantage de chances que l'eau ne parvienne pas à s'écouler et forme des tourbières locales, décomposant la matière végétale pour produire de la tourbe. Le développement de la tourbe est le début d'un enchaînement fatal pour la steppe. Les grains de sable se collent les uns aux autres et les dunes balayées par les vents se transforment progressivement en coteaux stables et plus humides. Les sols s'humectent, s'acidifient et perdent de leur fertilité. Les sols mouillés restent plus froids, et le gel monte d'en dessous et repousse les nappes phréatiques plus près de la surface, jusqu'à l'extérieur où l'eau se transforme en nuages, qui à leur tour font tomber de la neige, isolant le sol de la lumière du soleil qui n'est pas caché par les nuages, et le rendant ainsi, dans un cercle vicieux, de plus en plus froid. Le froid engendre le froid et, tandis que les champignons ralentissent leur travail de décomposition de la vie des plantes, de plus en plus de ces dernières deviennent de la tourbe, et le cycle continue[23].

Les tourbières naissantes deviennent également des barrières empêchant les migrations, des bourbiers dans lesquels des herbivores de taille conséquente peuvent facilement se retrouver piégés et se noyer. Pour les hardes de chevaux et de caribous migrateurs, l'essor de la tourbe implique non seulement une navigation devenue cauchemardesque, mais des difficultés à se nourrir, car ces sols, il y a peu durs et recouverts d'herbe, se transforment à toute vitesse en une terre humide, molle et impitoyable. Les plantes qui parviennent à prospérer dans les tourbières gardent jalousement pour elles le peu de nutriments qu'elles peuvent trouver, et pour se défendre se laissent pousser des épines, des piquants ou des poils. À certains endroits, des arbres commencent à croître – des plantes auxquelles l'humidité profite, comme les bouleaux, les aulnes et les saules. La Béringie est lentement submergée. C'est là le destin de la steppe à mammouths.

Dans le North Slope de l'Alaska dans les conditions d'aujourd'hui, le passage de simple sable à un sol stable et tourbé ne prend que quelques années. De l'Irlande à la Russie et au Canada, l'ancienne steppe à mammouths a presque entièrement disparu, remplacée par le permafrost et des tourbières. Des écosystèmes de type steppe-toundra existent encore dans certaines parties isolées de la Sibérie, où des espèces reliques* d'animaux plus petits, depuis des petits mammifères jusqu'aux escargots, vivent dans une mosaïque d'habitats définis par leur niveau d'humidité. De nos jours, le North Slope de l'Alaska est un mélange de laîches, de mousses et d'arbustes nains ligneux, une plaine semi-aride, mais saturée d'eau. La pluie et la neige tombent à hauteur de 250 millimètres par an, soit à peu près comme à San Diego, en Californie, mais l'humidité demeure

* C'est-à-dire des espèces quasiment éteintes.

dans le sol, formant une nappe phréatique haute au-dessus du permafrost. En été, le sol dégèle et perd jusqu'à 50 centimètres en profondeur, créant des lacs éphémères, de la tourbe spongieuse et du fourrage peu prometteur pour les chevaux, les mammouths et leurs semblables. L'Alaska moderne, à la végétation à la fois plus rare et mieux armée, au sol gorgé d'eau dans lequel les sabots s'embourbent, n'est tout simplement plus viable pour les chevaux sauvages. Pour la première fois depuis leur apparition en Amérique du Nord, 55 millions d'années auparavant, les chevaux seront une espèce éteinte localement, et ne fouleront plus le sol de l'Alaska avant d'être débarqués par des navires européens, il y a seulement quelques centaines d'années. Le climat a changé au point de ne plus satisfaire aux critères de leur niche fondamentale, comme cela fut le cas pour les mammouths et les mastodontes, et même, en Alaska, pour les bisons. Les caribous et les bœufs musqués – c'est-à-dire les animaux qui habitaient dans les parties les plus humides de la steppe à mammouths – font partie des rares grands animaux à vivre à l'état sauvage en Alaska aujourd'hui[24].

Les mammouths laineux ont survécu sur une petite île béringienne appelée Wrangel, qui appartient aujourd'hui à la Russie, jusqu'à il y a 4 500 ans. L'île est et était toutefois bien trop petite pour permettre d'accueillir une population viable sur une longue période, et, au bout du compte, les mammouths de Wrangel, la dernière famille de mammouths survivant dans le monde, se sont retrouvés face à de graves problèmes génétiques. Après 6 000 ans d'isolement total dans une petite communauté qui comptait entre 270 et 820 individus, ils étaient devenus complètement consanguins. Grâce à l'ADN conservé dans la glace russe, il est possible d'établir un catalogue de leurs nombreuses maladies génétiques. Leur odorat s'était gravement détérioré, leur fourrure était devenue translucide, brillante comme du satin certes, mais moins efficace pour les protéger du froid. Ils avaient des problèmes de croissance, des défaillances dans leur système urinaire, et peut-être aussi dans leur système digestif. En tout, nous avons connaissance de 133 gènes dont aucun individu ne disposait de copie fonctionnelle. L'île Wrangel aussi, à cette époque, était une tourbière dominée par les laîches : les mammouths n'étaient pas destinés à survivre très longtemps à leurs steppes d'origine[25].

La steppe à mammouths est une réminiscence envoûtante d'une vie depuis longtemps disparue, qui attire les regards en tant que vision romantique peuplée de bêtes que nous avons l'impression de presque pouvoir comprendre. Le mammouth, solitaire et cinglé par le vent arctique, est le symbole universel d'un passé perdu. D'une certaine manière, dans la mesure où nous, humains, les avons vus de nos yeux, les avons peints, les avons chassés, et les avons même peut-être vénérés, ils sont pour nous comme un lien tangible nous reliant à l'histoire de la Terre, quand bien même ils seraient disparus à jamais. Et en effet, il existe des arbres qui vivent encore et qui ont émergé de leurs graines alors que les mammouths foulaient encore la Terre. Le passé disparu est souvent plus proche de nous que nous ne voulons bien le croire, et au déclin du Pléistocène correspond l'essor des civilisations humaines. Les humains n'ont peut-être pas encore gagné les Amériques, mais ailleurs ils se consacrent à capturer les détails de la vie dans le monde du Pléistocène. Alors que les chevaux du North Slope continuaient à serrer les dents face au vent, des humains récuraient les murs d'une cave à Lascaux, en France, avant d'y barbouiller de la peinture pour y représenter des chevaux sauvages. Quelques milliers d'années plus tard, un humain ramasserait un morceau d'andouiller pour en faire un propulseur, un *atlatl*, et le décorerait en y sculptant les traits d'un bison des steppes à crinière et barbu, tournant la tête et léchant de sa langue étirée en une courbe son dos afin de soulager la piqûre de quelque irritant moustique. Les cultures des humains du Pléistocène, dans le Nord, ont majoritairement disparu, mais, dans certaines parties du monde, les ombres de la période précédente ont subsisté. Sur le plafond d'un abri-sous-roche situé dans le nord de l'Australie et appelé Nawarla Gabarnmang, la « fissure dans la pierre », ont été peints des wallabies, des crocodiles et des serpents stylisés. La plus vieille de ces peintures remonte au moins à 13 000 ans avant notre époque et les plus récentes au XXe siècle : ce site a donc préservé la mémoire culturelle de la tribu Jawoyn sur une échelle temporelle proprement ahurissante. Au moment où la steppe à mammouths a enfin disparu, quand les mammouths de l'île Wrangel firent leur dernier tour de piste sur les collines surmontant les plaines inondées de la Béringie, la pyramide de Khéops et la ville sacrée de

Caral-Chupacigarro au Pérou existaient déjà depuis plusieurs générations, et les civilisations de la vallée de l'Indus étaient déjà vieilles de plusieurs siècles[26].

Au moment où les derniers mammouths de l'île Wrangel étaient en train de rendre l'âme, la cité mésopotamienne d'Uruk était dirigée par Gilgamesh, le célèbre roi sumérien, héros de la plus vieille histoire écrite, et l'une des plus anciennes œuvres de littérature toutes formes confondues. L'histoire de Gilgamesh est l'une de celles où l'humanité a essayé d'échapper à la nature. Accompagné de son ami, l'homme sauvage Enkidu, Gilgamesh, aussi puissant qu'arrogant, piège et tue Humbaba, le démon gardien de la forêt des Cèdres, afin de se servir de ses arbres pour renforcer les murailles d'Uruk. Enkidu, la contrepartie sauvage de la bienséance et de l'urbanité royale de Gilgamesh, tombe par la suite malade et meurt, et Gilgamesh passe le reste de l'épopée à tenter d'obtenir en vain l'immortalité, avant de finalement se rendre compte de l'impossibilité de son désir.

Rien, dans la nature, n'est éternel, et le plus grand biome du monde du Pléistocène disparaîtra dans la boue. Les réunions d'espèces dans le temps et l'espace peuvent donner l'illusion d'une certaine stabilité, mais ces communautés ne durent qu'aussi longtemps que subsistent les conditions qui les ont vues naître. Quand les conditions d'un biome changent, qu'il s'agisse de la température, de l'acidité, des variations saisonnières ou encore des précipitations, n'importe quel nombre d'espèces peut perdre pied. Pour certaines, cela veut dire migrer, pour retrouver ailleurs, plus loin, leur environnement, leur paysage, à l'instar de nombreuses plantes à la fin de la dernière période glaciaire. Certains environnements, toutefois, ne se contentent pas de se déplacer : ils disparaissent. Quand les changements se produisent trop rapidement, ou dépassent un certain seuil critique, la radicalité des modifications peut détruire n'importe quel paysage du monde, quand bien même il serait le plus répandu de la planète, et, avec lui, les communautés auxquelles il permet de vivre. Cela ne signifie pas nécessairement un désastre total ou une dégradation écologique, et peut au contraire être synonyme de nouvelles combinaisons de créatures et de paysages, de nouveaux mondes. La toundra dominée par la mousse, toujours occupée par les caribous et les saïgas, les tourbières peuplées de saules, d'aulnes et de campagnols, ou encore les magnifiques forêts de conifères de la taïga de Sibérie s'empresseront de combler ce vide. Pour les chevaux itinérants du North Slope et les lions des cavernes qui les chassaient, la steppe devait sembler immense et éternelle, mais, dès que l'on adopte l'échelle du temps profond, la permanence n'est qu'une illusion. Tandis que la glace recule, il suffit d'une goutte de pluie pour que cède la terre dure, martelée par les sabots. Une lueur, et meurt l'aurore[27].

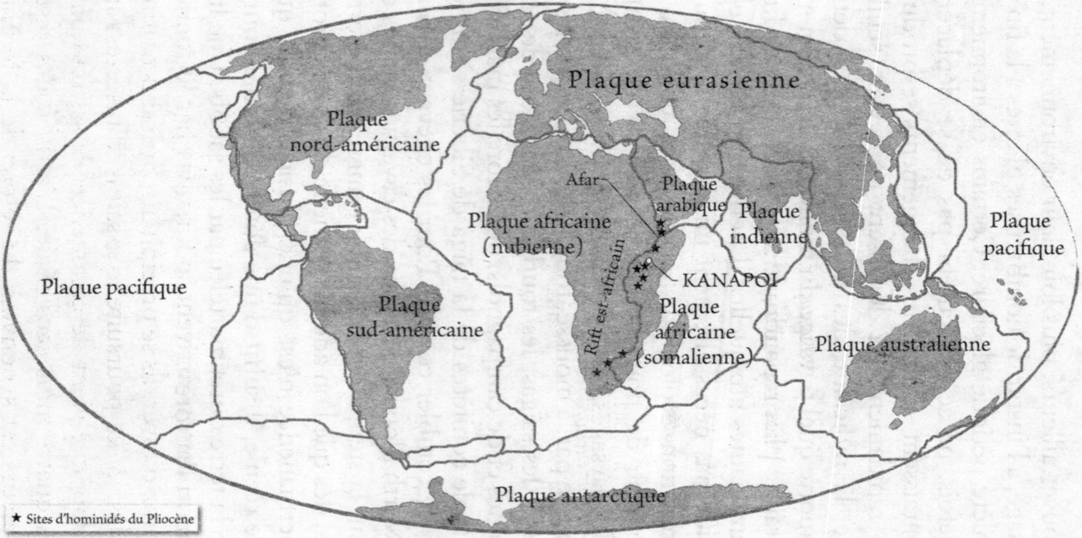
Plaque eurasienne
Plaque nord-américaine
Afar
Plaque arabique
Plaque africaine (nubienne)
Plaque indienne
Plaque pacifique
Rift est-africain
KANAPOI
Plaque pacifique
Plaque sud-américaine
Plaque africaine (somalienne)
Plaque australienne
Plaque antarctique
★ Sites d'hominidés du Pliocène

2. Origines

Kanapoi, Kenya
Pliocène – il y a 4 millions d'années

« Merewo tiombotim
Merewo mito ket
Mito mosop cherumbei
Merewoni mi mosop
Kayekei katanyon. »

« Touraco, bête de la forêt
Touraco dans les arbres
Qui sont les chutes d'eau des montagnes
Touracos dans les montagnes
L'aurore se lève sur notre foyer. »

Chanson marakwet[1]

« Hû ojeka syryrýva tape
Che akỹ. Ajeity. Syryry. »

« Noire et coulante,
la route se fragmente devant moi
Mouillé, je plonge,
tout devant moi ruisselle. »

Miguelángel MEZA, *Ko'ê / Aurore*

Les martinets arrivent, poursuivis par le tonnerre. Oiseaux d'hiver, ils se précipitent, bruyants et innombrables, à la poursuite d'essaims d'insectes apparus alors que vient de commencer la saison humide, après quatre mois sans pluie. L'arrivée des oiseaux migrateurs est synonyme du retour de la fertilité et de la vie, la continuation d'un modèle saisonnier

Sivatherium hendeyi

qui perdura encore quelques millions d'années. Le rythme contrasté du cycle infini de la pluie et du sec, de la pluie et du sec, et ainsi de suite… Aujourd'hui, des personnes vivant dans des endroits aussi éloignés que l'Afrique du Sud et le pays de Galles en sont venues à associer l'envol des martinets avec la venue de la pluie. À ce moment-là, les oiseaux battent de toutes leurs ailes au-dessus de la région montagneuse d'Afrique de l'Est qui constituera un jour une partie du Kenya et de l'Éthiopie. L'apparition de ces montagnes, tout comme celles du plateau tibétain à des milliers de kilomètres de là, a fait dévier les vents qui alimentaient autrefois en eau l'Afrique du Nord-Ouest, changeant les schémas des précipitations dans la région et entamant la lente transformation en désert du Sahara et du Sahel[2].

Le grand lac Lonyumun est une preuve suffisante que l'eau peut couler ici en abondance. Vu depuis ces rivages rocailleux, il pourrait tout aussi bien être un océan ; les jours sans nuages, on peut apercevoir au loin les sommets brumeux des montagnes, leurs masses s'évanouissant dans l'horizon. Ce n'est que depuis les airs que l'on peut prendre la mesure des limites de ce lac, et que devient apparente la forme de la vallée noyée. Tandis que les martinets plongent en poussant des cris stridents, le grand losange bleu-vert apparaît comme une promesse de leur destination. Le lac Lonyumun est large et peu profond, il fait 300 kilomètres du nord au sud pour 100 kilomètres de l'est à l'ouest. Il remplit une immense déchirure dans le continent, le rift est-africain. Des colonnes de magma particulièrement chaud montent du manteau terrestre pour frapper la croûte et se répandre comme de la vapeur attaquant un plafond. Lentement mais sûrement, la pression de ces courants magmatiques déchire l'Afrique. La plaque somalienne, qui tient à elle toute seule la côte est-africaine, est en train de se séparer de la plaque nubienne, sur laquelle repose quasiment tout le reste de l'Afrique. Plus loin au nord, dans la région de l'Afar en Éthiopie, la plaque arabique est également en train de s'éloigner, ouvrant un carrefour qui crée une grande dépression. La ligne déchiquetée qui descend de la région de l'Afar s'ouvrira un jour entièrement, et annoncera la naissance d'un nouvel océan en lieu et place de ce rift[3].

La terre fracturée se remplit d'eau de pluie, formant une série de lacs qui changent en fonction des fluctuations climatiques. De nos jours, un autre lac se trouve au-dessus du lac Lonyumun, dont jamais la moindre goutte d'eau ne s'écoule. Le lac Turkana est une grande étendue d'eau alcaline et salée, entourée de volcans, tout comme l'est le reste de la région depuis des millions d'années. Sa surface algale, d'un vert de jade, semble souvent prise de folie sous les assauts des puissants vents du désert. Le Kenya du Pliocène est plus humide, et le lac Lonyumun est plus grand, il monte jusqu'au niveau des hautes terres pour se déverser dans l'océan Indien. Il est alimenté par des rivières qui se fraient un chemin à travers des couches d'argilite feuilletée, des assemblages denses de coquilles de mollusques, des bancs de sable épais et solidifiés, qui sont les ancêtres des rivières se jetant dans le lac Turkana aujourd'hui, l'Omo, la Turkwel, et la grande et indolente Kerio. Les collines volcaniques commencent à être érodées, enterrées sous ce système fluvial riche en oxygène[4].

C'est dans ce monde dynamique de continents à la dérive et d'orages saisonniers qu'émergeront les tout premiers humains. Beaucoup plus tard dans le futur, il y aura ici des espèces appartenant au genre *Homo* ; des individus comme le jeune *Homo ergaster* connu sous le surnom de Garçon de Turkana, ainsi que l'*Homo rudolfensis*[5], même s'il est possible qu'il ne s'agisse en fait ici que de simples variations de l'*Homo erectus*. Toujours est-il que pendant le Pliocène, dans la région de Kanapoi, au milieu des acacias, là où la Kerio se jetait dans le lac Lonyumun, c'est l'*Australopithecus anamensis*, c'est-à-dire le « grand singe du sud du lac », peut-être l'hominidé le plus ancien de tous, qui se tient debout[6].

Au milieu de l'épineuse forêt-galerie d'acacias, le flux de la rivière est lourd, lent et boueux. Descendant en piqué au ras de la surface du lac, les martinets gobent des mouches et des moucherons, plongeant parfois dans l'eau pour boire, et mettant quiconque au défi de voler aussi vite et d'une manière aussi libre qu'eux. Ils tracent des cercles désinvoltes dans l'espace sans arbres au-dessus de la large rivière, au moment où elle s'apprête à épouser le lac Lonyumun. Jamais les espèces migratrices ne seront plus proches de mettre patte au sol, par ici. Chez eux, les martinets dans le ciel peuvent rester dans les airs plus de dix mois de suite, se nourrissant, s'accouplant et dormant même en plein vol, laissant une moitié de leur cerveau se reposer, puis l'autre. Ils volent à la vitesse d'environ 100 kilomètres-heure, et font partie des animaux les plus rapides dans les airs, uniquement surpassés par les chauves-souris de la famille des molosses. Leurs pattes sont minuscules – et terminées par des serres tout aussi petites qui, si elles leur permettent de s'accrocher aux parois, aux falaises ou aux arbres, ne peuvent pas servir à se poser sur un sol plat. Le seul et unique moment où un grand nombre d'espèces de martinets atterriront sera celui de la ponte ; en effet, les espèces qui se sont hasardées à pondre au milieu des airs n'ont malheureusement pas réussi à perpétuer l'espèce. Même à ce moment-là, leurs nids semblent avoir été invoqués par quelque magie des airs, et sont constitués des petits débris que les martinets parviennent à attraper en plein vol. Quand ils ne sont pas en train de pondre, ils se contentent de tourbillonner dans les cieux, de plonger pour gober des mouches de leur bouche béante et grenouillesque, enchaînant rase-mottes, tonneaux et autres manœuvres de haute voltige, le tout à une vitesse les rendant quasiment impossibles à suivre à l'œil nu. Les joies de la parentalité sont réservées à l'été, pendant leur séjour européen, et non ici, dans la région de Kanapoi, où ils se contentent de passer leur journée à pousser des cris perçants dans le vent[7].

La pluie fait sortir d'autres créatures de leur cachette. Soudain un flash rouge, un martin-pêcheur crève la surface de la rivière, ses plumes argentées par l'air englouti. L'eau soulevée par son impact n'est pas retombée qu'il semble déjà rebondir, un poisson dans le bec, avant de donner un coup d'ailes vers l'aval pour se trouver un perchoir. Des *Hemisus*, de petites grenouilles grassouillettes, au dos grumeleux et de la couleur de la mousse, se rassemblent pour s'accoupler, le mâle grimpant sur la femelle pendant que cette dernière creuse un trou dans le sol, loin de la rivière. Une fois les œufs pondus et fertilisés, les mâles partiront et les femelles continueront à creuser, en direction de la nappe phréatique, emmenant les têtards. Quand la rivière gonflera grâce à la pluie, l'eau remplira ces trous par le bas, offrant ainsi à ces têtards de petites mares privées et sûres dans lesquelles grandir tranquillement. Des souris détalent dans l'herbe en train de verdir, se méfiant des embuscades des petits carnivores – des mangoustes naines, des genettes à ligne noire et les tout premiers *Felis*, l'ancêtre sauvage du chat domestique[8].

Des loutres glissent sous l'eau en une traînée luisante, et la pluie s'intensifie, comme si elle ne devait jamais s'arrêter. Son impact forme comme un brouillard bas sur le lac Lonyumun. La loutre taureau, *Torolutra*, aussi grande que la loutre de mer et amatrice de poisson – de poissons-chats, de *lokel*, ou encore des rejetons des *idji* –, est parfaitement à son aise dans l'ondoiement du courant. Là où l'on trouve des *Torolutra*, l'on trouve également leurs grandes cousines – les loutres ours. Avec sa queue musculeuse et aplatie, un *Enhydriodon* nageant dans la rivière peut facilement être pris pour un morceau de bois moussu et flottant, du moins jusqu'à ce qu'il se plie en deux, formant ainsi une arche luisante, et plonge. Chasseurs de proies à la coquille dure – des mollusques, des crabes, etc. –, il existe en réalité deux espèces de loutres ours à Kanapoi. Toutes deux ont des pilons arrondis en guise de dents, et s'en servent pour écraser le même type de proie. On pense que les deux espèces pouvaient coexister en se répartissant les proies en fonction de leur taille – la plus petite des loutres ours chasse les individus les plus jeunes et les espèces plus petites de crustacés. La plus grande, l'*E. dikikae*, a les dimensions d'un lion moderne – deux mètres de la moustache à la queue et environ 200 kilos. Sous l'eau, à moitié enterrées dans les sédiments, on peut trouver des moules d'eau douce appelées *Coelatura* qui font les délices de cette loutre géante. Les jeunes moules sont trop petites pour l'intéresser, mais les adultes, qui font jusqu'à 6 centimètres de long, constituent un en-cas aussi nutritif que croustillant. L'*Enhydriodon*, si elle est moins exclusivement aquatique que la plupart de ses parentes loutres et passe plus de temps à se reposer sur la rive, dépend tout de même des larges plans d'eau pour assurer sa subsistance. Elle est en revanche aussi à l'aise dans les rivières que dans des eaux un peu plus profondes, comme celles du lac Lonyumun[9].

La rivière, le delta et le lac fourmillent tous trois de poissons, dont un grand nombre se nourrissent de crustacés. Alternant avec les couches d'argile qui sont progressivement en train de se transformer en pierre, sous le lit de la rivière se trouvent de denses bandelettes de coquilles de mollusques, leurs parties solides se pétrifiant lentement tandis que leurs descendants naissent et meurent juste au-dessus. Dans le delta de la rivière, un poisson sur trois est un characin mangeur de mollusque, un *Sindacharax*, et, dans le lac, presque la moitié des poissons sont des poissons-chats *Clarotes*. Avec tous les nutriments dragués par les pluies saisonnières, le tapis de mollusques au fond du lit de la Kerio et au fond du lac Lonyumun constitue le principal pilier sur lequel repose cet écosystème. Le fond du lac n'est pas très profond : nul poisson d'eau profonde ici, et les flux provenant de la rivière en font des eaux aérées et bien mélangées. Depuis que le lac Lonyumun s'est séparé du Nil, ses propres espèces endémiques s'y sont développées, même si, depuis peu, cette séparation commence à s'estomper[10].

Ce lac est devenu un havre pour les oiseaux aquatiques. Le cou sinueux d'un *Anhingidae* – ou oiseau-serpent, rivalisant avec la *torolutra* pour la chasse au poisson – serpente dans l'eau et semble nager bizarrement vers la rive, tandis que le reste de son corps reste submergé. Ses plumes ne sont pas hydrofuges pour réduire sa flottabilité et améliorer l'efficacité de la chasse sous-marine, mais cela signifie également qu'elles résistent moins bien à l'eau. L'oiseau-serpent se traîne jusqu'à la rive. Trempé du bec au bout des plumes, il doit attendre que ces dernières sèchent avant de pouvoir voler jusqu'à son juchoir. Tandis que la pluie continue à tomber et que la terre commence à dégager une odeur âcre, les autres *Anhingidae* sont déjà positionnés le long de la rivière, et leurs ailes déployées forment comme des bannières dont se dégage une légère vapeur sous le soleil[11].

Des cigognes à la tête plissée, des versions plus grandes des marabouts bossus et encapés, apparaissent le long de la rive ou s'élancent dans le ciel, scrutant les environs pour trouver de la nourriture. À cette époque déjà, les marabouts d'Afrique apparaissent là où vivront les humains, en Afrique de l'Est pendant le Pliocène, à Florès, en Indonésie, pendant le Pléistocène, ou encore de nos jours, dans les villes modernes, un peu partout dans le monde. Ils sont connus pour ne pas être très regardants sur leur régime, et ont l'habitude de s'installer dans des décharges. Charognards, ils mangent des carcasses, ce qui leur a valu le surnom de « croque-morts », et contribuent du même coup à empêcher certaines maladies de se propager. Les cigognes, avec leur grande taille et leur vol paresseux, ont régulièrement inspiré le folklore. Dans la mythologie slave médiévale, les oiseaux qui migraient en hiver partaient pour une terre paradisiaque appelée Vyraj. Parmi eux, les cigognes blanches étaient chargées d'emmener les âmes humaines vers l'au-delà et de les ramener quand elles devaient se réincarner[12].

Le martin-pêcheur plonge à nouveau, sans une éclaboussure ou presque. Puis il émerge, cette fois bredouille, et se juche sur le dos d'une formidable bête. L'oiseau d'un bleu métallique scrute l'eau, profitant de l'avantage que lui offre sa nouvelle plateforme de pêche, qui semble parfaitement indifférente à la présence de cet individu. La bête fait un peu plus de 2,40 mètres au garrot, et se déplace avec prudence dans ces eaux peu profondes et boueuses, se méfiant de la présence potentielle de l'un des gigantesques crocodiles à corne. Ses poils courts et verticillés ont été emmêlés par la pluie, et ses yeux sombres aux longs cils sont encore assombris par deux appendices bulbeux. Tout en haut de sa tête, deux autres appendices émergent, s'incurvent en avant et en arrière, évoquant un éclat inversé de croissant de lune. Tous les giraffidés ne sont pas sveltes avec un long cou : le *Sivatherium* a la corpulencc d'un bœuf. Même s'ils sont extrêmement rares au sein de la communauté de Kanapoi, on peut les trouver aussi bien en Afrique de l'Est que sur les contreforts de l'Himalaya. Ce sont les cousins baraqués des girafes et des okapis : les mâles adultes dépassent allègrement la tonne. Et si les sivathères n'ont pas le charisme dégingandé des girafes, ils se rattrapent avec le caractère ostentatoire de leur tête[13].

Tous les membres de la famille des girafes, y compris les okapis et les sivathères, possèdent sur leur crâne des appendices osseux appelés ossicônes. Tout comme les cornes de kératine ou les bois, ils font fonction à la fois d'armes et d'apparats pour la parade, mais, contrairement à ces derniers, ils sont en permanence recouverts d'une couche de peau et de poils. Les okapis mâles en possèdent deux, courts et fins, presque comme des antennes, au-dessus de chaque œil. Les girafes aussi en ont deux entre leurs oreilles, également courts et droits, et certains individus, tout particulièrement en Afrique de l'Est, ont une unique bosse épaisse au milieu du front, entre les yeux. Le *Sivatherium* de Kanapoi, lui, possède deux paires d'ossicônes, au-dessus des yeux et entre les oreilles, et aucune d'entre elles n'est petite[14].

Le sivathère sort avec précaution une jambe de la rivière, dérangeant une loutre assoupie qui se glisse dans l'eau, comme si d'un coup elle était aussi légère qu'une plume. Le tibia boueux, le sivathère essaie de gagner un terrain plus solide, à l'ombre, pour y paître. Autour de la rive de la Kerio, la pluie a transformé la poussière en une argile luisante, mais les pentes des petites collines restent plus sèches grâce à leur sable bien égoutté. Là où il y a de l'argile, les sols sont relativement imperméables, si bien que les cuvettes deviennent vite des bassins boueux. Avec la pluie, les minéraux argileux gagnent du terrain, et rendent les versants moins stables. La terre ondule, les terrains les plus hauts sont tachetés ici et là d'arbres, d'arbustes et de prairies, tandis que les ravines humides sont remplies de phorbes – et d'autres plantes fourragères non herbeuses. Toute l'année, même au pic de la saison sèche, subsiste une longue bande d'eau souterraine qui longe la rivière, si bien que les arbres peuvent s'épanouir en envoyant de longues racines pivotantes verticales jusqu'à l'aquifère secret. En grandissant, ils dessinent une piste serpentante qui permet d'identifier le cours de la rivière sur des kilomètres. Quand la Kerio ralentit et s'écoule dans le lac Lonyumun, la nappe phréatique est plus proche de la surface, et la canopée plus basse ; en effet, les arbustes concurrencent alors les arbres, et forment de la broussaille alternant avec un sol sablonneux et humide parsemé de laîches[15].

Les variations locales de la chimie des sols, de leur drainage et de leur aspect, ont créé un paysage en forme de patchwork, avec des bosquets d'arbres plus grands et d'arbustes entrecoupés de prairies herbeuses. Plus un environnement est varié et plus il peut accueillir d'espèces différentes – à Kanapoi, il existe une proportion bien plus grande d'herbivores généralistes qu'il n'y en aura par la suite en Afrique de l'Est. Les plantes sont au beau milieu d'une véritable révolution industrielle, et les herbivores se contentent de rattraper leur retard[16].

Les plantes se nourrissent grâce à la photosynthèse – elles se servent de la puissance du soleil pour convertir le dioxyde de carbone et l'eau en glucides. L'eau est tirée du sol, mais le dioxyde de carbone, lui, doit venir de l'air, si bien que les feuilles sont dotées de petits trous – les stomates – par lesquels entre le gaz. Tant que les stomates sont ouverts, le dioxyde de carbone peut pénétrer dans la feuille, si bien que le processus peut se poursuivre et l'énergie continuer à être capturée. Mais cela a un coût : les stomates ouverts perdent une eau précieuse par le biais de l'évaporation, et la plante se fane. Plus l'environnement est chaud et l'approvisionnement en eau difficile, plus cela devient un problème. Mais, au Pliocène, c'est une difficulté que plusieurs groupes de plantes sont enfin parvenus à surmonter[17].

Transformer la lumière en nourriture nécessite plusieurs étapes, mais le secret est une enzyme particulièrement inefficace appelée la Rubisco. Là où la photosynthèse doit être aussi efficace que possible, dans les régions chaudes et arides, de nombreuses espèces de plantes partout sur la planète ont concentré les divers éléments chimiques nécessaires à la photosynthèse autour de la Rubisco, dans des cellules spéciales situées plus profondément dans la plante, et donc loin du stomate dispendieux. Certes, cela coûte de l'énergie, mais cela permet également de multiplier par six la vitesse du processus, et donc d'économiser de l'eau[18].

Il y a 10 millions d'années, la proportion de telles plantes dans le monde était inférieure à 1 %. De nos jours, presque 50 % de la productivité primaire – c'est-à-dire la quantité d'énergie nouvelle exploitée par la photosynthèse – est le fait d'environ 60 groupes de plantes qui, chacune de son côté, ont découvert cette optimisation spatiale de la chaîne de montage du sucre, désignée dans le jargon scientifique par le nom barbare de « photosynthèse en C_4 ». Ces plantes, parmi lesquelles on compte un certain nombre de plantes de culture, depuis des herbacées comme le maïs, le sorgho et la canne à sucre jusqu'à des Amaranthacées comme le quinoa, se sont répandues à la suite du changement des conditions atmosphériques – la concentration plus basse de dioxyde de carbone dans l'atmosphère qui exista pendant les périodes glaciaires imposait de réussir à concentrer cette réaction photosynthétique. Dans la mesure où les plantes C_4 se sont imposées et représentaient une source de nourriture plus pauvre, les herbivores n'ont eu d'autre choix que d'adapter leur comportement alimentaire à la flore en train de changer[19].

À Kanapoi, la mosaïque de buissons secs et espacés, de terres arbustives et de chenaux de rivières bordés de rangées d'arbres, permet à différentes espèces de se spécialiser dans plusieurs types de plantes. La plupart des espèces herbivores ne se sont toutefois pas encore complètement adaptées à l'innovation la plus récente, le C_4. Plusieurs espèces – bien davantage que dans n'importe quel écosystème moderne – sont à la fois des paisseurs et des brouteurs *, comme le *Simatherium*, qui est peut-être l'ancêtre du buffle d'Afrique, le *Makapania*, un parent du bœuf musqué, ou encore le *Damalacra*, un ancêtre du gnou et du bubale roux. Le *Sivatherium hendeyi*, lui, est un brouteur, ne mangeant que les arbustes et les arbres qui poussent non loin des lacs et des rivières, même si, un jour, ses descendants deviendront également des paisseurs. Les girafes de Kanapoi, qu'il s'agisse de l'espèce pygmée ou de celle de taille normale, restent fidèles à leur long cou et à leur monopole sur la cime des arbres, et sont toutes des brouteuses. Les impalas et les chevaux à trois doigts paissent dans les clairières, aux côtés des têtes baissées de cochons verruqueux nomades d'une demi-tonne, des troupeaux agités de poussins d'autruche et des gigantesques hardes de Proboscidiens – la famille des éléphants[20].

Il y a toutes sortes de Proboscidiens à Kanapoi : bien sûr, on y trouve le *Loxodonta adaurora*, un proche parent de l'éléphant d'Afrique dont il est quasiment indiscernable, mais il y a aussi l'*Elephas ekorensis*, un cousin des éléphants indiens et des mammouths. Entre les arbres, l'*Anancus* aux courtes pattes se pavane majestueusement, avec ses longues défenses toutes droites qui évoquent un chariot élévateur et qui touchent quasiment le sol, ainsi que

* Si l'on a tendance à les confondre dans le langage courant, le brouteur a la meilleure part en se nourrissant des aliments plus riches et plus facilement assimilables (feuilles, fleurs et fruits), tandis que le paisseur se contente de graminées (herbes et fibres).

l'improbable *Deinotherium*, dont les courtes défenses se recourbent vers l'arrière afin de mieux arracher l'écorce des arbres. La plupart sont des brouteurs, comme l'éléphant d'aujourd'hui, mais le *Loxodonta adaurora* est un paisseur. La raison pour laquelle les espèces *Loxodonta* sont passées à un régime C_4 avant de faire machine arrière n'est pas claire, mais est sans doute liée au nombre d'espèces proboscidiennes en concurrence. Après que les arbres se furent rabougris et que la savane eut atteint sa forme actuelle, seuls les éléphants descendants des espèces ayant appris à paître parvinrent à survivre en Afrique. De nos jours, les éléphants d'Afrique sont des ingénieurs de l'écosystème, de véritables forestiers qui contrôlent la densité et la couverture des arbres sur leur territoire, définissant l'espace de niche dans lequel leurs voisins doivent vivre[21].

Avec ses giraffidés géants, ses *Deinotherium* de 10 tonnes, ses immenses loutres et ses cochons monstrueux, Kanapoi grouille de grands herbivores. Ce niveau de diversité est rendu possible grâce à l'abondance des ressources de la région : la zone autour du lac Lonyunum produit de la matière végétale plus vite que n'importe quel autre site fossilifère africain des 10 derniers millions d'années[22].

À un jet de pierre de la rive orientale de la Kerio se trouve un petit bosquet d'arbres et d'arbustes. L'ombre des acacias mouchette le sol, tandis qu'au-dessus, des lignes de lumière forment comme des traces de bave d'escargot à l'endroit où le houppier n'est pas assez dense. Le sol est sec et recouvert d'une prairie naturelle de fauche : des touffes de Cenchrus ciliés avec leurs épis tombants et duveteux ; des sporoboles tout fins et poussant de manière éparse en essayant péniblement de s'élever au-dessus de leurs feuilles d'un vert éclatant ; ou encore les brosses râpeuses et verticales des épillets des *Tetrapogon*. Le tronc d'un arbre mort est comme balafré, et un trou révèle là où, à l'intérieur, il a pourri, pour ne laisser en place que son enveloppe extérieure, accompagnée d'une légère puanteur fongique. À l'intérieur de l'arbre mort dort une famille de chauves-souris, des molosses nocturnes. Quand la nuit tombe et que les martinets s'élèvent pour dormir à de plus hautes altitudes, ces chauves-souris prendront le relais de la chasse aux insectes volants dans les environs du lac Lonyumun[23].

Le cri d'alarme d'un touraco provoque la panique dans un groupe d'australopithèques. Ils cessent de mâchonner leurs feuilles, se lèvent dans la bousculade et se ruent pour monter à la première liane possible et se mettre à l'abri dans les edurukoits, les acacias au large tronc de Kanapoi – l'*Australopithecus* est le premier hominien* à exclusivement marcher et courir sur ses deux jambes. Des sourires hostiles découvrent leurs énormes canines alors qu'ils s'accrochent aux branches et se balancent au-dessus de ce qui a causé leur peur et à présent leur colère. Les martinets, eux, continuent à tracer des cercles au-dessus de leurs têtes, en une danse assourdissante et

* Ou Hominina, sous-tribu d'hominidés à laquelle appartient, entre autres, le genre *Homo*. Il s'agit donc par définition de la lignée *humaine*. Elle se caractérise par la bipédie.

apparemment sans fin. Quelque chose les menace en bas, dans l'herbe – un python, pour lequel un hominien est un mets de choix.

Même s'il est debout, l'*Australopithecus* est relativement différent des humains modernes. Ses poils sont encore longs, et l'on pense d'ailleurs que la perte de ces derniers est liée à son adaptation plus tardive à la course de fond. Son visage est encore très simiesque, avec un cou épais, une mâchoire prognathe, et un front fuyant effilant la tête au-dessus d'épais sourcils. Les plus grands ne dépassent pas 150 centimètres, comme les chimpanzés, mais ils sont bien moins musclés que ces derniers, et la différence de taille entre les mâles et les femelles est bien plus grande que chez les humains modernes. Leurs pieds ne sont pas encore parfaitement adaptés à la course : ils sont légèrement tournés vers l'intérieur, ce qui les aide à escalader les arbres dans lesquels ils dorment[24].

Après avoir fait chou blanc, le python repart vers la rivière, se glissant vers le tronc creux et les grosses racines d'un echoke, tandis que la pluie reprend de plus belle. Les hominiens dans l'arbre se calment, mais restent accrochés aux branches, trop effrayés pour redescendre déjà. Leur nourriture est surtout constituée de matière végétale tendre ou solide, jamais trop dure ni trop cassante, et sans plantes herbeuses C_4[25].

L'*Australopithecus anamensis* est la première espèce à être indiscutablement considérée comme plus proche des humains que des chimpanzés et des bonobos. Quelques autres candidats sont plus âgés, mais la question de savoir s'ils sont plus proches des chimpanzés ou des humains est encore débattue, ainsi que celle de savoir s'ils ont bifurqué de notre lignée avant ou après les chimpanzés. La vie de l'*Australopithecus anamensis* marque le début de l'évolution d'un groupe à l'origine très varié et dont nous constituons les derniers survivants. L'espèce à laquelle appartient le fameux fossile de « Lucy », *Australopithecus afarensis*, est un descendant direct des hominiens qui vécurent à Kanapoi, il y a quelque 3,2 millions d'années[26].

À Athènes, dans l'Antiquité, une expérience de pensée fut proposée à propos du bateau de Thésée, préservé pour la postérité sous la forme d'une pièce de musée. Pour le garder intact, les morceaux de bois pourris sont remplacés au fur et à mesure, jusqu'à ce qu'aucun des matériaux d'origine ne subsiste. Il s'agit alors de savoir si l'identité du bateau originel est conservée dans la pièce de musée, ou bien si, au contraire, considérant que chacune des pièces a été remplacée, il ne s'agit plus du même bateau. Une variante de cette expérience de pensée suppose que les morceaux de bois retirés ont été traités et nettoyés de leur pourriture, et qu'un autre bateau est par la suite reconstruit entièrement avec les matériaux d'origine de celui de Thésée. Lequel de ces bateaux a hérité de l'identité du bateau originel[27] ? Les deux ?

Depuis les toutes premières tentatives de classification du monde naturel, les humains ont été catégorisés séparément du reste du vivant, comme quelque chose à part, quelque chose de spécial. Le problème avec les étiquettes taxonomiques est que, tout comme les communautés d'organismes, elles ne sont pas constantes dans le temps. De nos jours, la distinction entre l'humanité et nos cousins les plus proches, le genre *Pan*, qui comprend les chimpanzés et les bonobos, est claire. Mais toutes les espèces partagent un ancêtre commun, et chaque lignée constitue son propre bateau de Thésée.

Si nous devions considérer la population de grands singes qui existait avant que les ancêtres des chimpanzés et des humains ne décident de partir dans deux directions différentes, nous ne verrions qu'une espèce unique, et il est fort probable que nous affublerions cette espèce d'un quelconque nom. Souvent, quand une nouvelle espèce naît, c'est à la suite d'un « bourgeonnement » – une population isolée d'une espèce donnée change relativement rapidement, tandis que les autres membres de cette même espèce survivent sans grand changement ailleurs. Dans ce type de cas, nous continuerons sans doute à utiliser le nom d'origine de l'espèce pour la population qui n'a pas ou quasiment pas changé, mais, du point de vue de la « nouvelle » espèce, le nombre de générations les séparant de leur ancêtre commun est presque nul. C'est seulement grâce à la distance géologique que nous pouvons déterminer si une population donnée, à un moment précis du passé, doit ou non être considérée comme différente. Dans le temps réel, une espèce est une pluralité dynamique – la somme des populations la composant ainsi que des individus au sein desquels, et entre lesquels, les gènes circulent[28].

Pour les humains, définir le point précis à partir duquel nous pouvons déclarer avec assurance « à partir de là, c'est l'humanité » est une chose difficile. Pourquoi, après tout, nous distinguer des autres animaux ? Il n'existe pas de moment précis où l'humanité serait soudainement apparue – et où les populations qui ont conduit au *Pan* et celles qui ont conduit à l'*Homo* se seraient soudainement séparées –, mais bien plutôt une progression au cours de laquelle le mélange des deux populations s'est réduit au point que les gènes ont arrêté de circuler de l'une à l'autre. Comme toutes les autres espèces, nous sommes l'aboutissement d'une série de remplacements partiels, de morts et de naissances d'individus dans une population en perpétuel changement, et nous sommes pris dans une solution de continuité aussi bien avec le passé qu'avec l'avenir qui connecte tous les êtres vivants entre eux.

Parler des premiers humains revient à planter un panneau de signalisation au milieu d'un fleuve indiquant « pas d'humain au-delà de cette limite » en ignorant le flux qui, lui, passe sans s'arrêter. Il n'y a rien d'essentiel à l'humanité, pas une seule caractéristique qui suffirait, de manière intrinsèque, à faire d'une créature un humain si ses parents ne l'étaient pas. Si nous pouvions appuyer sur « avance rapide », accélérer le temps et suivre les *Australopithecus anamensis* tandis que les caractéristiques les plus partagées de la communauté se transformeraient pour devenir celles de l'*Australopithecus afarensis*, l'insignifiance – ou au moins l'ambiguïté – de cette notion d'espèce le long de l'axe du temps sauterait une fois pour toutes aux yeux. Dans la dimension temporelle, les distinctions de la taxonomie linnéenne n'ont plus aucun sens. Quels que soient les efforts déployés pour définir tous les points avant le panneau comme « non humains » et tous ceux après comme « humains », le fleuve continuera à couler, et dans une seule direction[29].

Au lieu de ça, nous pourrions utiliser des marqueurs naturels – les lieux où les systèmes fluviaux se divisent. Le long des divisions continentales du monde, les fleuves et les rivières se sont séparés pour ne plus jamais se retrouver. Dans les régions montagneuses qui appartiendront par la suite à l'Éthiopie et au Kenya, un cours d'eau se dédouble pour contourner un rocher qui lui bloque la route. Par le plus grand des hasards, le bras qui passe par la gauche va dévaler le versant oriental de la colline, rejoindre le lac Lonyunum, et finalement se jeter dans l'océan Indien. Celui qui passe par la droite s'écoulera vers l'ouest, deviendra un affluent du Nil, et finira, au nord, dans la mer Méditerranée. Avant le rocher, toutes les gouttes d'eau s'entremêlent, et après lui les deux flux sont séparés à jamais. Pourtant, juste après le rocher, il n'y a rien d'intrinsèquement méditerranéen dans les eaux qui coulent vers l'ouest, tout comme il n'y a rien d'intrinsèquement chimpanzé chez les premières espèces à prendre la voie du *Pan* moderne, ni d'intrinsèquement humain chez celle qui bifurqua vers l'*Homo* moderne. Les premiers membres de la famille des chimpanzés et les premiers membres des humains se ressemblaient nécessairement davantage entre eux qu'ils ne ressemblaient respectivement à un chimpanzé ou un humain. Mais si nous devons absolument décider d'une borne marquant le commencement de l'humanité, d'un panneau qui indiquerait « voici le premier humain », alors la division entre *Pan* et *Homo* en vaut bien une autre, et c'est cette convention qu'utilisent les paléontologues.

Les *Australopithecus anamensis* font partie des premières créatures que l'on peut trouver au sein de ce fleuve de l'humanité, et ils sont plus proches de nous que n'importe quelle autre créature actuelle. S'ils se tiennent sur leurs deux jambes, les *Australopithecus* sont plus petits que les humains modernes, ils font entre 130 et 150 centimètres. Ils continuent à passer beaucoup de temps dans les arbres et possèdent encore la mâchoire prognathe des grands singes non humains. S'ils étaient certainement tout aussi capables que des chimpanzés de se servir d'outils simples comme des enclumes et de marteaux en pierre, ils précèdent toutefois les premiers silex taillés des humains d'un bon demi-million d'années. Leurs groupes sociaux sont mélangés, mais on reconnaît immédiatement les femmes en raison de leur très grand dimorphisme. Pour ceux qui se transforment progressivement en *Australopithecus afarensis*, la taille de leurs canines se réduit, aussi bien au niveau de leur racine que de leur extrémité, leur émail s'épaissit, et leur mâchoire devient plus large. La manière dont les australopithèques et les Hominina plus tardifs se sont développés et ont évolué pour devenir ce que nous sommes aujourd'hui n'est pas précisément connue ; le cours de ce fleuve n'a pas encore été complètement cartographié, et plusieurs de ses bras s'assécheront définitivement. Pourtant, *in fine*, l'*Homo sapiens* apparaîtra non loin de ses origines, dans le rift est-africain[30].

La même chose est vraie pour un très grand nombre de créatures dans le berceau de Kanapoi. Ces éléphants africains que l'on peut trouver dans les plaines de Kanapoi, les *Loxodonta adaurora*, sont des proches parents de l'éléphant d'Afrique actuel, le *Loxodonta africana*, mais leur lignée n'a pas survécu jusqu'à aujourd'hui. L'impala qui broute l'herbe à cette époque est suffisamment similaire à l'impala moderne pour être assigné au même genre, l'*Aepyceros*, et est d'ailleurs probablement son ancêtre direct. Les girafes, à Kanapoi, sont quasiment identiques aux girafes modernes, certes un peu plus petites et avec un front moins proéminent, mais avec la même démarche à l'amble reconnaissable entre toutes et le même long cou leur donnant une allure dégingandée[31].

Bien sûr, beaucoup de choses changeront entre les deux époques, et de nombreuses espèces disparaîtront. Tandis que les créatures s'adaptent et évoluent, leurs espaces de niche se transforment, se superposent parfois, et se concurrencent. Des preuves circonstancielles ont conduit certains chercheurs à soutenir que les loutres ours finirent par disparaître d'Afrique de l'Est à cause des Hominina[32]. L'idée est que, tandis que le genre *Homo* apparaît et que les outils deviennent un élément toujours plus important au sein de l'écologie des hominiens, le régime alimentaire des humains évolue en même temps et prend ses distances avec le régime purement herbivore des australopithèques. Cette niche de plus en plus carnivore poussera les hominiens à rentrer en conflit avec les autres carnivores d'Afrique de l'Est, dont les loutres ours. L'analyse des roches révèle l'existence d'un déclin du nombre et de la diversité des grands carnivores, une diversité qui avait connu un pic il y a 2 millions d'années, au moment précis où l'*Homo* apparut dans le rift. Les grands carnivores qui survivront jusqu'aux temps présents sont les carnivores spécialisés – les grands fauves, les hyènes et les chiens sauvages – qui chassent les herbivores les plus gros et les plus dangereux. Ceux qui ont disparu – des loutres, des ours, des civettes géantes – ont des régimes mixtes, et se nourrissent aussi bien de plantes, de mollusques, de poissons ou de fruits – précisément la niche qui, au final, sera la nôtre. Si cette hypothèse est vraie, cela signifie alors que la loutre ours de Kanapoi est la première espèce qui doit son extinction aux hominiens[33].

Les amoureux de la nature voient souvent le monde de manière dichotomique, avec, d'un côté, une sorte d'Éden naturel, primordial, et, de l'autre, les paysages urbains contemporains. L'humanité est alors considérée comme une force extérieure, séparée de l'idéal de la « nature », à laquelle il s'agirait d'échapper pour faire l'expérience du sauvage, et qui serait par ailleurs incapable d'exercer autre chose qu'une force destructive sur le monde. Adopter ce point de vue revient à nier la naturalité de l'humanité. Depuis notre émergence, nous avons défendu notre bout de gras et exploité notre propre niche écologique, en partie en jouant le rôle de modificateur des habitats, d'ingénieur d'écosystèmes transformant les mondes dans lesquels nous nous trouvons afin de les adapter à nos nécessités biologiques.

À Kanapoi, nous pouvons voir l'un des tout premiers mondes facilement identifiables au nôtre. Les continents sont quasiment dans leur position moderne, le monde est froid et par endroits recouvert de glace. La Terre du Pliocène évoque celle des récentes périodes interglaciaires, dont la nôtre. Kanapoi est un berceau, et pas seulement pour l'humanité. Nous ne sommes que l'une des nombreuses familles à avoir bénéficié de la grande variabilité écologique de l'Afrique de l'Est, à avoir fait partie de la première communauté endémique de mammifères africains, au même titre que d'autres carnivores comme les hyènes, les genettes, les mangoustes et les chats sauvages. Parmi les mammifères à sabots, les zèbres, les gnous, les éléphants, les antilopes et les girafes ont tous des ancêtres nés sur les rives du lac Lonyumun à Kanapoi. Et même parmi les primates, Kanapoi n'est pas seulement le foyer des hominiens. Les premiers babouins, aux membres longs et fins, ressemblant aux mangabeys, sont là, eux aussi. Le lac rend Kanapoi unique, même lorsqu'on le compare aux sites fossilifères africains qui lui sont contemporains ; aucun autre site ne possède une telle diversité d'oiseaux aquatiques ou aériens.

Depuis les collines occidentales, les rivières charrient des minéraux qui se déposent autour du sol tapissé de mollusques du lac Lonyumun, et fertilisent un paysage extrêmement productif. Paradoxalement, cet afflux si bénéfique porte en lui les graines de la destruction de Kanapoi. En effet, plus le limon se déverse et se dépose sur les sols, plus le niveau du fond du lac monte et plus l'eau s'évapore. En tout, le lac ne tiendra que 100 000 ans. Mais l'étendue d'eau et ses habitants ont eu un écho. Un demi-million d'années après que le lac se fut asséché, le rifting de l'Afrique – c'est-à-dire la déchirure de sa croûte terrestre – créera un espace pour un nouveau lac, le Lokochot, où s'épanouira le *Kenyanthropus*, sans doute le premier hominien à utiliser des outils. Lui aussi se retrouvera comblé par le limon, mais de la vasière qui suivra naîtra encore un nouveau lac, le Lorenyang. C'est sur les rives de ce dernier que vécut l'*Homo habilis*, la première espèce à appartenir au même genre que nous. L'espérance de vie des lacs est en général relativement courte, mais le Lorenyang dura presque un demi-million d'années. Enfin, 1,5 million d'années après la transformation du Lorenyang en plaine inondable, et 9 000 ans avant notre époque, se développera l'actuel lac Turkana, autour duquel vivent encore des communautés d'*Homo sapiens*, notre espèce, qui ont détourné le cours de la Kerio pour irriguer des champs de plantes C_4 – du sorgho et du maïs[34].

Les martinets tournent toujours au-dessus de la vallée de la Kerio, et les échassiers et les cigognes continuent à arpenter les lacs de la vallée du Grand Rift. L'Afrique de l'Est reste aujourd'hui l'un des territoires les plus adaptés au monde à une concentration dense de grands herbivores, des herbivores extrêmement variés. Cette diversité régionale cache toutefois un problème plus grave. Il existe d'autres lieux tout à fait adaptés aux grands herbivores, comme en Inde, en Australie orientale, ou encore autour des Grands Lacs d'Amérique du Nord. Et pourtant, on n'en trouve pas dans ces régions. Même dans les riches paysages du Kenya, la présence des communautés de grands herbivores est menacée. La plupart des grandes bêtes du Pliocène ont disparu depuis longtemps – le sivathère et la loutre ours, le cochon géant et le félin à dents de cimeterre – et il n'existe aucune caractéristique intrinsèque capable de garantir la survie sur le long terme de celles vivant encore aujourd'hui. Mais maintenant, dans la vallée du Grand Rift, nous pouvons deviner ce qui, il y a si peu, était encore là. Nous pouvons entrapercevoir les conditions dans lesquelles les humains sont progressivement apparus. La planète est peut-être beaucoup plus vieille que nous, mais Kanapoi est bien le premier monde que l'humanité peut appeler son foyer[35].

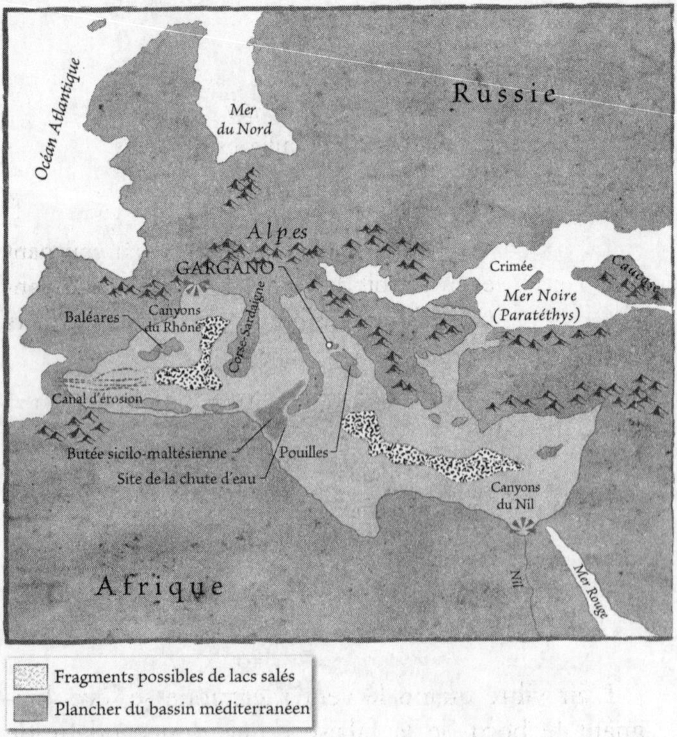
Océan Atlantique
Mer du Nord
Russie
Alpes
GARGANO
Crimée
Caucase
Mer Noire
(Paratéthys)
Baléares
Canyons du Rhône
Corse-Sardaigne
Canal d'érosion
Butée sicilo-maltésienne
Pouilles
Site de la chute d'eau
Canyons du Nil
Nil
Mer Rouge
Afrique
Fragments possibles de lacs salés
Plancher du bassin méditerranéen

3. Déluge

Le Gargano, Italie
Miocène – il y a 5,33 millions d'années

« Notre point de départ est au couchant et au détroit de Cadix, par où l'océan Atlantique, faisant irruption, vient former les mers intérieures. »

PLINE l'ANCIEN (trad. Littré)

« Que je t'aimerai encore, ma mie,
Quand les mers seront des déserts. »

Robert BURNS,
Mon amour est une rose rouge rouge

L'air vibre quand le vent thermique se lève, baignant le bord de la falaise d'une douce odeur de genièvre. Les branches des cèdres s'agitent doucement comme des queues de vache. Le chant d'un criquet et l'odeur de sel portée par la brise bercent le soir tombant. Devant, rien d'autre que le ciel. La plaine en contrebas, difficile à regarder en raison de la chaleur qui s'y réfléchit, est brun et blanc ; le

Hoplitomeryx matthei

paysage aride est grossièrement découpé par des fleuves traçant leur route avec douceur vers leur prochaine chute dans les abysses. Au-delà, d'immenses étendues nues et vides s'étendent jusqu'à l'horizon. Dans l'autre direction, le soleil couchant disparaît derrière la crête floue d'une chaîne de montagnes que l'on devine à peine. Les canyons ne sont rien comparés aux immenses balafres laissées dans le sol par les fleuves par-delà les ancêtres des Apennins. Là-bas, les vallées profondes et escarpées du Rhône sont bien plus larges et bien plus profondes que ne le seront jamais les gorges du Grand Canyon qui, à l'époque, à un continent et un océan de là, vient seulement de commencer à être creusé par le Colorado[1].

À regarder le Gargano à la fin du Miocène, il y a plus de 5 millions d'années, il est difficile d'admettre que, dans moins d'un an, ces rochers seront cinglés par des tourbillons d'eaux salées. Il est encore plus difficile d'imaginer que, depuis cette montagne imposante qui se dresse, seule et fière, d'innombrables navires s'élanceront dans les airs, que ce ciel deviendra le centre du commerce et de la guerre pour des milliers d'années, bruissant du bruit des gens et des marchandises, du choc des armes et des idées. Aux premiers temps, seules de petites communautés de pêcheurs vivront sur le sommet de cette montagne devenue un promontoire de calcaire entouré par la mer Méditerranée. Pour l'instant, toutefois, le bassin est drainé, et un sol sec, salé et inhospitalier s'étend sur des kilomètres en profondeur, jusqu'aux entrailles de la Terre. Du levant à Gibraltar, des côtes nord-africaines aux Alpes, la Méditerranée s'est complètement asséchée[2].

Ce n'est d'ailleurs pas la première fois. Comme la plaque tectonique séparant l'Afrique et l'Arabie s'est déplacée en direction du nord, l'océan Téthys, autrefois gigantesque, s'est réduit jusqu'à n'être plus qu'une petite enclave entre l'Afro-Arabie, l'Asie et l'Europe – la Méditerranée. La seule connexion entre la mer et le reste des océans du monde est un petit interstice séparant ce qui deviendra l'Espagne et le Maroc – le détroit de Gibraltar. Pendant le dernier million d'années, les plaques tectoniques de la Terre ont régulièrement refermé ce passage, avec chaque fois un impact radical sur l'environnement[3].

Vers le sud et vers l'est, les températures élevées et le peu d'eaux stagnantes signifient qu'il pleut rarement, et que les rares gouttes qui tombent s'évaporent avant même d'atteindre une rivière. Si le nord semble plus prometteur, c'est d'une manière toute relative. La position des chaînes de montagnes en Europe – la Sierra Nevada, les Alpes et les Alpes dinariques – signifie qu'il y a bien plus de terres au nord qu'au sud. La bande séparant la mer des montagnes est étroite, et son bassin hydrographique ne permet qu'à une toute petite quantité d'eau de pluie d'atteindre la Méditerranée. Certes, un certain nombre de grands fleuves d'Afrique et d'Europe se jettent dans la Méditerranée, mais il y en a trop peu de suffisamment grande taille pour changer la donne. Parmi tous les fleuves qui s'y jettent, seuls le Nil, le Pô et le Rhône sont dignes d'attention, déversant à eux trois 600 000 mètres cubes d'eau par minute – soit l'équivalent d'à peu près sept fois le volume du Royal Albert Hall de Londres. La somme totale d'eau fraîche ajoutée d'une manière ou d'une autre chaque année à la Méditerranée s'élève à environ 600 kilomètres cubes par an, soit 80 Loch Ness. Cela peut sembler beaucoup, mais le climat chaud évapore l'eau de mer à un rythme encore plus soutenu, et réduit l'afflux avec l'évaporation de 4 700 kilomètres cubes par an. Le Bosphore – ce passage étroit qui relie la Méditerranée et la mer Noire – n'existe pas encore. Une pointe de haute terre sépare la Méditerranée de la mer Paratéthys, plus petite, qui s'étend de la Roumanie à l'Asie centrale. Ce déséquilibre entre les flux entrants et sortants ne peut être corrigé que par un courant constant et obstiné acheminant l'eau de l'Atlantique vers la Méditerranée en passant par l'étroit détroit de Gibraltar. Il suffit que ce détroit soit fermé, comme cela arriva régulièrement dans les dernières 700 000 années du Miocène, pour que, en un millénaire à peine, l'intégralité de la mer s'évapore. Seul subsiste alors un petit lac dans la Méditerranée orientale, alimenté par le réseau fluvial qui s'étend en Turquie et en Syrie[4].

Les volumes d'eau qui disparurent de la Méditerranée firent à eux seuls monter les niveaux des autres mers de la planète. Des îles devinrent des montagnes, tandis que les rivières se jetaient en vain dans des lacs salés en perpétuelle évaporation, dans les profondeurs d'une vallée située à plus de 4 kilomètres sous le niveau de la mer. C'est le point le plus profond du monde. Si l'on descend dans l'abysse, le poids toujours plus grand de l'atmosphère pousse vers le bas, tout comme le vent à l'arrière d'une falaise. Quand une poche d'air se déplace vers le bas, la pression de l'air augmente. À l'instar de l'air dans un moteur à combustion interne, l'augmentation de la pression chauffe et contracte l'air. Pour chaque kilomètre parcouru vers le bas par le vent, sa température monte d'une dizaine de degrés Celsius. C'est une période froide de l'histoire de la Terre, et pourtant, en été, un jour chaud à la base de la plaine, 4 kilomètres sous le niveau de la mer, la température de l'air peut atteindre les 80 °C – soit 25 degrés de plus que la température la plus élevée enregistrée à l'époque moderne dans la Vallée de la Mort. Le sol du bassin méditerranéen est maintenant composé de sel, déposé parfois à 3 kilomètres de profondeur – atteignant un volume total de plus d'un million de kilomètres cubes de chlorure de sodium étincelant. À l'exception des extrémophiles – ces bactéries qui s'épanouissent là où nul autre être vivant n'en est capable –, rien ni personne ne survit sur le sol de la vallée de la Méditerranée[5].

Pour les humains, les eaux de la Méditerranée ont servi de connecteurs, unissant les cultures d'Europe, d'Asie et d'Afrique, et reliant les villes et les civilisations, de manière plus rapide que la terre. Pour les animaux terrestres, toutefois, la mer agit comme une barrière. Ce n'est pas un obstacle insurmontable, mais de ceux qui ralentissent les migrations et isolent bien plus les communautés que ne le font les grandes barrières terrestres comme les déserts. Au fur et à mesure que la mer s'est retirée, des écosystèmes insulaires fragiles se sont retrouvés exposés les uns aux autres sur les terrains relativement élevés qui existent entre les pics reliant ces plateaux. Les Baléares

– Majorque, Minorque, Ibiza et Formentera – sont reliées entre elles par une plaine qui n'est profonde que d'un petit kilomètre, et qui s'étend jusqu'à l'Espagne continentale, ainsi que vers le nord, jusqu'à la France et au réseau de canyons du Rhône. La Sardaigne et la Corse sont reliées d'une manière similaire à l'Italie du Nord, tandis que la Sicile et Malte sont juchées sur un haut col qui monte jusqu'aux Apennins et relie l'Afrique à l'Europe. L'arc insulaire grec reliant la Crète à Rhodes n'a pas encore atteint sa hauteur actuelle, tandis que Chypre est un plateau volcanique, glorieusement isolé[6].

Ici, dans le Gargano, l'ancien massif calcaire se distingue de la ligne de crête italienne, telle une tour de guet carbonatée veillant, solitaire, sur le ciel de l'Adriatique. Jusqu'à récemment, il s'agissait également d'une île, séparée du reste de l'Europe. Ayant évolué isolé, le Gargano est désormais une terre de nains et de géants, un paysage unique qui risque de disparaître pour toujours. Il a été une île pendant la plus grande partie des derniers millions d'années, épisodiquement reliée à sa voisine Scontrone, jusqu'à ce que la mer Méditerranée se retire et qu'un passage s'ouvre jusqu'au continent. Initialement luxuriante et fertile, cette région est devenue aride, car, en raison de l'absence de grande étendue d'eau alentour, trop peu d'eau s'évapore pour revenir sous forme de pluie. Il n'y a pas de lacs, pas d'eaux stagnantes à proprement parler, même si des ruisseaux continuent à s'écouler quand la saison y est propice. Les cèdres déploient leurs ailes d'ombre sur les pentes rocailleuses, et des massifs de pruches subalpines, vertes en leur sommet, survivent tant bien que mal dans les vallées les plus profondes. La diminution des précipitations n'a pas souri à certains conifères, et les affleurements plus secs n'accueillent plus qu'une garrigue de pistachiers, de caroubiers et d'oliviers, les plantes de la sécheresse[7].

Au milieu de cette végétation, des têtes gris-blanc montent et descendent à un rythme ondulant. Un troupeau d'une dizaine d'énormes oies, avec ses pâles adultes et ses juvéniles noirauds tout juste sortis de l'enfance. La plus grande fait deux fois la taille d'un cygne tuberculé et chaque individu fourrage avec toute la force de son obsession automnale. Les oies et les canards sont connus pour leur voracité, ainsi que pour leur tendance instinctive à se gaver jusqu'à ce que leur jabot soit plein. Cette caractéristique, si elle sera allègrement exploitée par les éleveurs français au cours des millénaires qui suivront, sert un objectif bien précis dans la nature. Migrer sur de longues distances requiert de grandes réserves d'énergie, si bien que les oies forcissent en préparation de leur voyage. Ces oies, toutefois, ne vont en vérité nulle part. Leur taille énorme et leurs ailes proportionnellement petites les rendent, comme de nombreux oiseaux insulaires, incapables de voler, même si elles ont conservé un instinct ancestral les poussant à se gaver. L'hiver approche ; les oies engraissent[8].

Le Gargano semble avoir été colonisé par-dessus les eaux par des animaux dont les ancêtres étaient petits – des souris et des loirs, par exemple –, emportés par le vent sur des plantes flottantes, ainsi que par des oiseaux. Cette colonisation se fit donc au hasard, et l'échantillon d'animaux importés du continent fut comme tiré à la loterie. D'autres îles, comme les Baléares, furent colonisées par les terres, au cours de courtes périodes de sécheresse, et des animaux plus gros purent s'y installer avant que la communauté ne fût à nouveau isolée par la montée des eaux. Les communautés insulaires sont des sous-échantillons des communautés continentales, souvent distinctes et déséquilibrées. La pression de la chaîne alimentaire peut les déséquilibrer encore davantage. De petites populations de proies signifient que les carnivores ne peuvent pas facilement survivre, si bien qu'il n'existe quasiment aucun mammifère carnivore au Gargano. Ni chat, ni belette, ni chien, ni ours, ni hyène. Une petite population de loutres y a vécu il y a quelques siècles, quand les marées lavaient encore les rives calcaires. Peut-être en reste-t-il quelques-unes, survivant contre toute probabilité dans quelque coin humide et sombre de la montagne[9].

Comme ces mammifères sont absents, ce sont les oiseaux qui jouent le rôle des grands prédateurs et des grands herbivores – l'un des tout derniers paysages dominés par des dinosaures. Beaucoup de ces oiseaux sont des visiteurs venus d'ailleurs, des touristes dont la présence est éphémère, comme des martinets ou des pigeons, mais l'île a donné également naissance à certaines espèces autochtones. Le plus grand herbivore de l'île est une oie aux ailes courtes, le *Garganornis*, c'est-à-dire l'« oiseau du Gargano ». Deux oiseaux semblent soudainement s'indigner de l'existence de l'autre – peut-être trop proches quand ils mangent ; ils se cabrent. Ailes brandies comme pour faire une prise de judo, trompettes de baryton, chacun essaie de mordre l'aile de l'autre pour l'empêcher de lancer son attaque. Le duel s'achève à peine commencé – le plus petit des oiseaux reconnaît sa défaite. Une autre oie, rôdant aux abords du groupe, a une aile sévèrement amochée. Les *Garganornis*, comme tous les canards, les oies et les cygnes, se battent pour un oui ou pour un non, et un coup d'aile bien placé peut facilement briser un os. Leurs ailes ne leur permettent peut-être pas de voler, mais leurs poignets disposent de gros boutons osseux cachés sous leur plumage : une masse d'arme décorée avec des plumes. Les oies n'hésitent pas à s'en servir si la partie adverse rechigne à reconnaître sa défaite[10].

Au loin, un miaulement plaintif indique la présence d'un prédateur rapace. Dans le ciel blanc, sans un nuage – il ne pleut quasiment plus jamais en été depuis que la mer s'est retirée –, se découpent des ailes épaisses et incurvées comme celles d'une buse, qui montent en flèche dans l'espace vide. Le battement paresseux de planeur thermique et le cri plaintif ne laissent aucun doute. L'ombre appartient au plus grand de tous les prédateurs dinosaures de l'île – le *Garganoaetus freudenthali*, ou l'aigle du Gargano de Freudenthal. Appartenant en réalité à la famille des buses, il existe deux espèces endémiques d'« aigles » sur cette île, et celui de Freudenthal est de loin le plus grand – il est plus grand que l'aigle royal. Il fait partie des plus grands rapaces à avoir jamais existé, même s'il est loin de rivaliser avec le pouākai de Nouvelle-Zélande, le chasseur de moas du Pléistocène d'une envergure de 3 mètres, un aigle si terrorisant qu'il a survécu dans le folklore māori bien longtemps après son extinction. Les oies n'ont pas à avoir peur du rapace. Elles sont trop grosses, trop fortes. Non, l'aigle a le regard fixé sur autre chose[11].

Une brindille craque, et une face anguleuse apparaît à travers les broussailles. Une petite créature évoquant un cerf, mais ne faisant pas plus de la moitié de la taille d'un humain adulte, se penche vers la rivière pour boire au milieu des joncs. Jamais cette bête ne pourra symboliser l'humilité, car sa tête est surmontée d'une rangée de bois disposés en couronne. Il y en a cinq en tout, deux grands entre les oreilles, un petit partant de manière oblique au-dessus de chaque sourcil, et une grande corne, imposante, entre les yeux. Il lève majestueusement la tête. Sur sa mâchoire brun rouille brillent deux canines comme des dagues, que l'on voit dégouliner dans le soleil du soir. *Hoplitomeryx*, le « cerf armé », possède, comme un grand nombre de ses contemporains, des dents de sabre. Ces dents ne sont toutefois pas là pour la chasse. Comme le cerf porte-musc ou le cerf vampire chinois d'aujourd'hui, qui ont également des dents de sabre, ces dernières sont avant tout destinées aux affrontements entre congénères. À l'approche de la période du rut, ce mâle aura besoin de cornes et de dents de sabre en excellente condition s'il veut avoir la moindre chance de trouver une partenaire[12].

En réalité, ce sont des cornes, et non des bois, même si l'origine des cornes, des bois et des ossicônes de giraffidés remonte sans doute à un unique événement évolutif. Au Miocène supérieur, les bois – des os externes spécialisés qui tombent et repoussent chaque année – restent une innovation encore relativement récente. Arrivé depuis l'Asie à travers les prairies verdoyantes d'Europe de l'Est, le cerf à ramures expérimente, et les bois faits d'une unique dent ou fourche simple et fonctionnelle passent à des structures plus ornementales. Faire pousser de nouveaux os chaque année nécessite d'énormes quantités de calcium. La demande est d'ailleurs si intense que le cerf élaphe des Hébrides attend à proximité des terriers des puffins au printemps pour croquer les petits quand ils s'aventurent pour la première fois à la lumière du jour afin de récupérer le calcium de leurs os. Le cerf de Virginie, lui, est célèbre pour son goût pour les oisillons de petits oiseaux passereaux[13]. Ça ne pousse pas tout seul, des bois *.

Les cornes de l'*Hoplitomeryx* sont plus proches de celles des caprinés ou des bovinés, avec une base osseuse recouverte d'une gaine permanente de kératine. L'arrangement à cinq cornes de l'*Hoplitomeryx* est unique, mais, dans la mesure où les cornes sont des caractéristiques servant autant à la sélection sexuelle qu'au combat, il existe d'autres structures cornées pour le moins étranges de par le monde. Par exemple, les mâles synthétocérines, un groupe d'animaux proches du cerf vivant en Amérique du Nord

---

* Ils ont cependant des avantages ; les bois poussent par le biais d'un mécanisme très similaire à celui du cancer ; dans la mesure où les cerfs ont développé des façons de contrôler cette croissance, ils sont exceptionnellement résistants au cancer, et leur taux de cancer correspond à 20 % de celui des autres mammifères sauvages. [*N.d.A.*]

pendant le Miocène, disposent d'une seule corne très longue partant du dessus de leur museau, qui se sépare en deux à son extrémité comme une fourchette à barbecue[14].

Le cerf à dents de sabre du Gargano fourrage généralement seul, et mange des feuilles molles et des tiges à l'abri des conifères ; l'aigle du Gargano, qui dessine des cercles dans le ciel juste au-dessus, constitue son principal prédateur. Les cornes ne sont pas disposées ainsi uniquement pour le spectacle ; elles couvrent les parties du corps que les prédateurs rapaces comme cet aigle ont tendance à attaquer ; deux au-dessus des yeux, deux au-dessus de la nuque, et une sur l'os nasal. La plupart des mises à mort d'*Hoplitomeryx* par des *Garganoaetus* auront lieu après la période de rut, quand les cerfs se rassemblent et que des petites hardes s'aventurent dans des espaces découverts, qui sont de plus en plus nombreux au fur et à mesure que l'île s'assèche. Seuls les faons nourriront les aigles ; un adulte de la plus petite espèce des *Hoplitomeryx* pèse tout de même 10 kilos, un gibier bien lourd à porter, y compris pour un oiseau qui possède une envergure de deux mètres[15].

Même sans la menace de l'aigle, l'abri qu'offrent les arbres reste extrêmement séduisant dans la chaleur du jour déclinant. L'élévation de ce calcaire du Mésozoïque qui forme le promontoire du Gargano, après avoir été arrosé par les pluies pendant des millions d'années, a vu la roche se dissoudre, lentement, s'éroder en un système de grottes, l'eau absorbant la terre, s'y infiltrant, enduisant la paroi des grottes de couches de carbonate de calcium molles et argentées, et formant les colonnes de stalagmites et autres spéléothèmes froissés comme des rideaux, ainsi que des fissures dans la terre. Frais et humide au toucher, c'est un refuge pour tous – et bientôt le tombeau de tous. Ce type de paysages – un système karstique – se forme très lentement, quand les petites fissures sur les surfaces s'agrandissent, ouvrent des cavités et avalent les cours d'eau. Ces rivières souterraines et ces cours d'eau nettoient toutes sortes de restes animaux, accompagnés de cailloux et de divers fragments de l'environnement, qui le plus souvent se retrouvent piégés dans des fissures, recouverts d'une fine couche de calcaire, imbibés, transformés et, enfin, préservés[16].

Le promontoire du Gargano, quand bien même il est resté des millions d'années au-dessus de la ligne de flottaison, est lui-même issu de la mer. La chaux aveuglante faisait autrefois partie d'un plateau continental appartenant à une terre intégralement disparue, le Grand Adria. Rattaché géologiquement à l'Afrique jusqu'à leur séparation, il y a quelque 200 millions d'années, le Grand Adria traversa l'étroit océan et s'installa en Europe méridionale. Ce qui est aujourd'hui le Gargano, et plus généralement les Pouilles, la Calabre, la Sicile et au-delà, furent les rebords d'un continent de la taille du Groenland. Submergé à la suite de la même lente collision qui carambola l'Afrique et l'Europe et qui assécha la Méditerranée, le plateau qui fut le Grand Adria est maintenant principalement enfoui, et, en certains endroits, sous les Alpes, enfoncé à plus d'un millier de kilomètres sous la croûte. De nos jours, seuls quelques fragments ont survécu, éparpillés de l'Espagne à l'Iran – le plateau offshore d'un continent enfoui. Incrustés dans les murs de cette grotte, comme des centaines de grottes comme celles qui existent le long des bords de l'Europe, se trouvent les derniers vestiges des coquilles calcitiques fossilisées de palourdes et d'escargots de mer, conservés dans la matrice d'albâtre des coquilles microscopiques d'organismes planctoniques[17].

Un oiseau chanteur au masque noir commence à siffler un air crépusculaire et mélodieux, dans l'ombre cireuse d'un laurier. La grotte est fraîche et l'air est saturé du musc humide des stalactites. Sur le sol, une pelote de réjection de la chouette effraie géante, la *Tyto gigantea*. Dans la boulette, on trouve les os d'un loir géant local, ceux d'énormes souris, ainsi que ceux du pika impérial, une version gigantesque des lapins et des lièvres des montagnes d'aujourd'hui. Tout, au Gargano, semble disproportionné. Les cousines continentales de la chouette effraie géante sont sveltes, et font 30 centimètres des pattes au bec ; elles mesurent plus de 90 centimètres, soit autant qu'un grand-duc. Les pikas sont bien plus grands que leurs proches parents du continent, tandis que les souris, l'espèce qui domine ici, du moins en termes de nombre d'individus, pèsent entre 1 et 2 kilos. Du côté des animaux les plus grands, l'on trouve également l'oie géante et la buse. Certains des animaux qui ne sont pas géants sont nains, comme le cerf à dents de sabre, ou une population de petits crocodiles qui s'est retrouvée prise au piège : récemment arrivée d'Afrique à la nage et à présent coincée dans un environnement inhospitalier et sans eau[18].

Le nanisme insulaire, c'est-à-dire l'une des deux directions qui découlent du principe général selon lequel les animaux insulaires tendent à s'éloigner de leur taille moyenne, fut pour la première fois observé sur un site fossilifère du Crétacé à Hateg, en Roumanie. À l'époque où le calcaire des grottes du Gargano se déposait sous les mers européennes, Hateg était une île de taille conséquente et abritait des dinosaures nains. On suppose que leur petite taille découle de l'absence de ressources de l'île, les créatures énormes étant incapables de survivre avec le peu de nourriture disponible. Ce phénomène ne se limite d'ailleurs pas aux créatures aussi grosses que les dinosaures. Avec le temps, en l'absence de leurs prédateurs ordinaires, beaucoup de grands animaux dont la taille sert normalement de protection contre la prédation – comme les cerfs, ou, sur d'autres îles, les hippopotames et les éléphants – rapetissent à mesure que la nourriture se fait plus rare. Les petits animaux, qui ne peuvent pas stocker facilement de la nourriture ou de l'énergie, deviennent au contraire plus grands, ce qui permet à certaines populations de survivre en période de disette. Ce schéma s'est reproduit dans toutes les îles autour du monde et au cours de toute l'histoire de l'évolution, même si, comme dans toute règle biologique, il existe des exceptions. Au Miocène, les géants habitent des îles partout dans le monde : des perroquets d'un mètre et incapables de voler vivent en Nouvelle-Zélande, tandis qu'à Madagascar s'égaillent des oiseaux-éléphants de plus de 3 mètres, et dont le plus proche membre de la famille à avoir survécu est le minuscule kiwi[19].

Sur les différentes montagnes méditerranéennes, la niche des petits mammifères herbivores a été remplie par une version rabougrie ou au contraire géante de l'espèce ayant colonisé l'île avant de se retrouver isolée. Sur le Gargano, il y a les hardes de *Hoplitomeryx*. À Majorque, une chèvre minuscule avec un regard étonnamment tourné vers l'avant taille un arbuste de buis. Le buis est toxique, et contient de grandes quantités de composés alcaloïdes qui suffisent normalement à dissuader les prédateurs. Mais la *Myotragus* a trouvé une solution comportementale à cette toxicité : elle mange de petites quantités d'argile dans le lit de la rivière qui neutralisent les alcaloïdes toxiques des feuilles de buis. Cet antidote boueux est abrasif et attaque leurs dents, si bien qu'elles ont évolué pour avoir des incisives qui ne cessent jamais de pousser, comme celles des rongeurs, ainsi que des molaires aux couronnes très élevées, ce qui explique leur nom, qui signifie « souris antilope ». Les vicissitudes propres à la vie insulaire produisent souvent des réponses inhabituelles. Physiologiquement, la *Myotragus* est même assez différente de la plupart des mammifères. Pour résoudre le problème posé par la fluctuation des quantités de ressources disponibles, la chèvre naine peut faire varier son métabolisme. Elle se développe lentement, accélérant seulement quand les temps sont favorables, exactement comme le font les organismes ectothermes, ou à « sang froid ». Sur Minorque, le rôle de l'herbivore de taille moyenne est joué par un lapin géant, le *Nuralagus*, qui n'est pas sans rappeler le wombat avec sa démarche à la fois batifolante et tristounette ainsi que sa silhouette virevoltante[20].

Des plumes volent dans tous les sens, l'oiseau à l'extérieur de la grotte ne chante plus : il est coincé dans le long museau d'un pâle prédateur. Le dos rond, la queue nue, et avec une tête démesurément grosse et hérissée de moustaches, la créature a pris la fauvette en embuscade au climax de sa chanson. La peau de sa mâchoire se replie autour du cadavre mou, et le sinistre chasseur file comme une flèche. L'absence d'animaux du type chat sur le Gargano a ouvert la voie à un petit mammifère prédateur unique en son genre – le Terrible Rat de Lune, ou *Deinogalerix*. Les rats de lune, ou gymnures, forment un groupe qui n'existe plus aujourd'hui qu'en Asie. Ils sont éveillés du crépuscule à l'aube, et leur plus proche parent parmi les mammifères vivant encore aujourd'hui est le hérisson, même si aucun gymnure n'est pourvu de piquants. Ils sont pour la plupart de la même taille que ces derniers, avec le même régime alimentaire fait de limaces, de vers de terre, d'insectes et d'autres invertébrés. Contrairement aux hérissons, tous les gymnures peuvent produire une forte odeur d'ammoniac rappelant un peu celle de l'ail pourri, et ce aussi bien pour marquer leur territoire que pour dissuader leurs ennemis quand ils craignent d'être attaqués. Cette puanteur n'est pas un obstacle quand vos proies sont des invertébrés ou des oiseaux, deux groupes bénéficiant le plus souvent d'un piètre odorat. Sur l'île du Gargano, les deux espèces de *Deinogalerix* sont les deux mammifères qui concourent pour le titre de superprédateurs, se nourrissant aussi bien de mammifères plus petits et d'oiseaux que d'invertébrés[21].

À l'ouest, le barrage a cédé. Pline l'Ancien a rapporté une légende romaine selon laquelle le détroit de Gibraltar était un canal creusé dans le roc par l'épée d'Hercule. Au crépuscule du Miocène, ce canal est effectivement en train d'être creusé, sur des centaines de mètres de profondeur et des centaines de kilomètres de long. En guise d'épée d'Hercule, l'océan. Deux plaques, après s'être frottées l'une contre l'autre pendant des années, ont exercé une telle pression tectonique qu'elles ont glissé l'une sur l'autre. Cette transcurrence a fait tressauter et baisser le niveau du large isthme plat de Gibraltar, elle a ouvert une écluse large d'une quinzaine de kilomètres reliant la Méditerranée à tout l'Atlantique. L'eau s'écoule alors à la vitesse de 65 kilomètres-heure dans le déversoir naturel qui se trouve en Méditerranée occidentale. Une fois que le barrage a sauté, aucun retour en arrière n'est possible : l'eau elle-même érode toujours plus profondément ce nouveau passage. Mais le bassin méditerranéen n'a pas partout la même profondeur, et des barrières naturelles empêchent l'eau de le remplir de manière égale, comme une baignoire. Les hautes terres sur lesquelles sont juchées Malte et la Sicile, tout comme les sommets des Apennins, barrent le chemin menant à la Méditerranée orientale. Sur Majorque, la chèvre naine cesse un instant de mâchonner son buis toxique pour contempler le nuage de brume qui tourbillonne en contrebas ; le lièvre géant cambré de Minorque s'inquiète de cet étrange grondement. La vitesse du flux ralentit tandis que la mer se remplit à nouveau, creusant des chenaux dans les nouveaux fonds marins, et rafraîchissant les dépôts de roche évaporitique desséchés sur le sol. Les îles principales commencent une à une à adopter la forme qui est la leur aujourd'hui. Les plantes et les bactéries qui vivaient à flanc de falaise ainsi que dans les vallées sont irrémédiablement noyées. La Méditerranée doit toutefois balayer un dernier obstacle avant de pouvoir isoler entièrement Chypre et remplir la mer Égée et l'Adriatique[22].

Au sud du Gargano, le long de l'arête italienne des Apennins, le temps commence à changer. Alors que la mer Tyrrhénienne se remplit, le ciel sec absorbe son humidité et donne naissance à des nuages lourds de pluie. Malgré le changement météorologique, le gouffre vers le sud et l'est ne connaît nul changement. Sur le col qui sépare les montagnes italiennes du massif sicilien, on voit des lacs sombres s'étendre sur la plaine du Nord, et l'on peut deviner, loin vers l'ouest, le chatoiement de la côte. À l'ouest, la Méditerranée est quasiment remplie, tandis qu'à l'est, elle est plus à sec qu'elle ne l'a jamais été.

Quatre mois après la toute première ouverture du détroit de Gibraltar, les choses commencent enfin à bouger, et au sud, visible à des kilomètres de distance, une colonne de brouillard immobile haute de plusieurs centaines de mètres continue de s'élever au-dessus de la côte orientale de la Sicile. La butée sicilo-maltésienne est un grand barrage naturel, une barrière qui sépare les deux bassins les plus profonds de la mer Méditerranée. Maintenant, cette vaste étendue est parsemée de lacs. Quand l'eau de mer commence à déborder au-dessus du barrage, le bassin oriental devient le théâtre de la plus grande chute d'eau qui ait jamais arrosé la Terre. Elle fait 1 500 mètres de haut, soit une fois et demie la hauteur du Salto Ángel actuel au Venezuela. L'eau bascule au-dessus de l'escarpement et se jette à une vitesse de 16 kilomètres-heure – autant dire que la plus grande partie de l'eau se transforme en brume bien avant de toucher le sol. Contrairement au détroit de Gibraltar, où la descente dans le bassin méditerranéen occidental est graduelle, comme dans un déversoir, il s'agit là d'un véritable à-pic où la force de tout un océan se concentre en un goulot large de 5 kilomètres. Même avec ce déluge constant qui fait monter la Méditerranée orientale d'un mètre toutes les deux heures et demie, il s'en faudra tout de même d'un an avant qu'elle ne soit remplie, que Malte, Gozo et la Sicile soient finalement arrachées à l'Afrique et à l'Italie, et que le Gargano ne devienne une fois encore une île[23].

Le retour de la mer a formé de nouvelles îles, qui à leur tour attireront de nouvelles espèces colonisatrices et évolueront en davantage de communautés de créatures de taille étrange. Plus tard, pendant le Pléistocène, certaines îles méditerranéennes isolées abriteront des organismes d'une taille inhabituelle. Hasard de la loterie, des hippopotames parviendront à traverser les mers pour gagner Malte, la Sicile et la Crète, et y créeront des formes naines.

De nombreuses îles seront également foulées par des éléphants nains. Avec une unique grande ouverture nasale pour soutenir la trompe et des orbites pas complètement entourées d'os, leur squelette affolera l'imagination des premières civilisations qui supposeront qu'un géant cyclope vivait ou avait vécu dans les cavernes de la Méditerranée. Au-dessus de ces éléphants nains tournoieront les cygnes géants de Sicile, les *Cygnus falconeri*, avec leurs petits deux mètres du bec à la queue[24].

De nos jours, la Méditerranée est encore une mer quasiment fermée, dépendant en permanence du bon vouloir de l'Atlantique pour son remplissage. Si le détroit se ferme à nouveau pendant un millénaire, la Méditerranée sera une fois de plus à sec. Bizarrement, il y a un siècle, cette idée fut discutée sous la forme d'un projet d'ingénierie – Atlantropa*. Le but était de construire des barrages hydroélectriques dans le détroit de Gibraltar, en Sicile et dans le Bosphore, ce qui aurait permis à la fois de baisser le niveau de la mer Méditerranée de 200 mètres et d'alimenter en électricité l'intégralité de l'Europe. Ce projet à visée colonialiste échoua sans surprise à prendre en compte les dommages qu'il ne manquerait pas de causer aux fragiles écosystèmes méditerranéens. Dans la mesure où la plaque africaine continue

* Ce projet, défendu les trente dernières années de sa vie par l'architecte Herman Sörgel, avait également pour effet, en faisant baisser le niveau de la mer, de rendre de nouvelles terres disponibles, si bien qu'il constituait une alternative pacifique et européenne au concept nazi de *Lebensraum*.

à pousser vers le nord, il est hautement probable que le détroit de Gibraltar se fermera complètement et de façon naturelle dans les prochains millions d'années. Toute la zone englobant l'Afrique du Nord, l'Europe méridionale et le Moyen-Orient est composée d'un terrain relativement bas, entouré de montagnes empêchant les rivières de gagner les océans. C'est pour cette raison que la région accueille plusieurs mers ou bassins qu'on appelle « endoréiques », ce qui signifie qu'ils sont normalement alimentés en eau, mais que cette dernière ne s'échappe que sous forme d'évaporation. Après la Méditerranée, à l'époque, la plus connue de ces mers endoréiques est sans doute la mer Morte. Là-bas, le Jourdain se déverse dans une vallée désertique, et l'eau qui s'y répand s'évanouit dans les airs, laissant derrière elle les sels et les minéraux qui rendent possible la célèbre densité de ses eaux. Une comparaison plus juste, toutefois, avec la mer Méditerranée de la fin du Miocène serait l'ancienne mer d'Aral, l'un des derniers vestiges, avec la mer Caspienne et la mer Noire, de l'ancienne Paratéthys, une mer qui a à un moment recouvert une grande partie de l'Europe. Alimentée par l'Amou-Daria et le Syr-Daria mais sans évacuation, la mer d'Aral s'est progressivement asséchée à mesure que les eaux de ces fleuves étaient détournées à des fins agricoles. La mer a été partagée en deux à la suite de la disparition de l'eau, et la Grande Aral, au sud, ne connaît plus la caresse de la moindre eau de surface, elle n'abrite plus qu'une nappe d'eau stagnante et toujours plus petite. Les communautés écologiques de la Grande Aral se sont effondrées, tout comme les communautés humaines qui dépendaient d'elle. Les pêcheries autrefois abondantes sont désormais vides, remplacées par des eaux invivables et toxiques, ainsi que des déserts de sel balayés par les vents[25].

Le remplissage de la Méditerranée, qu'on appelle la transgression zancléenne, il y a quelque 5,33 millions d'années, marque la fin du Miocène et le début d'une nouvelle époque, le Pliocène. Si la forme du Gargano a assuré la survie de la communauté pendant la sécheresse, en créant un havre isolé au milieu de plaines inhospitalières, cet isolement fut également la cause de sa chute. Après que la Méditerranée a été remplie à nouveau, la plaque apulienne a continué à pousser vers le nord, ce mouvement tectonique a entraîné un changement dans la hauteur des terres qui, au milieu du Pliocène, a submergé le Gargano sous les vagues, et anéanti du même coup les créatures uniques qui le peuplaient. Le mouvement tectonique avait continué à soulever ou à abaisser la terre par à-coups violents. Quand le Gargano fut par la suite de nouveau soulevé, il se joignit à l'Italie, si bien que les créatures de l'Europe continentale purent s'y installer[26].

La disparition d'espèces naines et géantes dans les îles méditerranéennes est monnaie courante durant les 5 millions d'années qui séparent la transgression zancléenne de notre présent. Le pika de Sardaigne – la dernière des grandes espèces méditerranéennes de *Prolagus* – a quasiment disparu de la surface de la Terre à cause de la compétition et de la prédation des espèces invasives introduites par des Romains, et parvint à survivre tant que bien mal dans des communautés isolées, pour finalement s'éteindre au cours des deux derniers siècles. Le cerf nain de Sardaigne, un parent du mégalocéros, le cerf géant d'Irlande, fut éradiqué en une centaine d'années de colonisation humaine, il y a à peu près 9 000 ans. La dernière des chèvres naines connues est morte il y a environ 4 000 ans, seulement 150 ans après la première preuve de l'existence d'humains sur ces îles. Aucun hippopotame nain ou éléphant nain postérieur n'a été découvert, et les espèces invasives arrivées dans ces îles en nageant, ou, plus souvent, en compagnie d'humains, ont arraché aux îles de la mer Méditerranée la plus grande partie de la variété de leur faune endémique. Toujours est-il que, encore de nos jours, chaque fois qu'une espèce arrive sur une terre isolée, la règle insulaire du nanisme et du gigantisme continue à s'appliquer. Le cerf élaphe de Corse est une sous-espèce, en danger, du cerf élaphe qui n'a été introduite qu'il y a 8 000 ans, et il ne fait pourtant déjà plus que la moitié de la taille du cerf élaphe commun du continent. Ou encore : le mulot de Saint-Kilda, qui vit sur cette île isolée de l'archipel des Hébrides, et qui est arrivé en stop à bord des drakkars des Vikings il y a un millier d'années, est déjà beaucoup plus lourd que ses parents du continent[27].

À l'avenir, avec la fonte des glaces et des pôles, puis la montée du niveau de la mer qui s'ensuit, le Gargano se verra peut-être encore coupé du reste de l'Italie, et cet exil loin du continent transformera peut-être à nouveau ces falaises escarpées en une terre de nains et de géants.

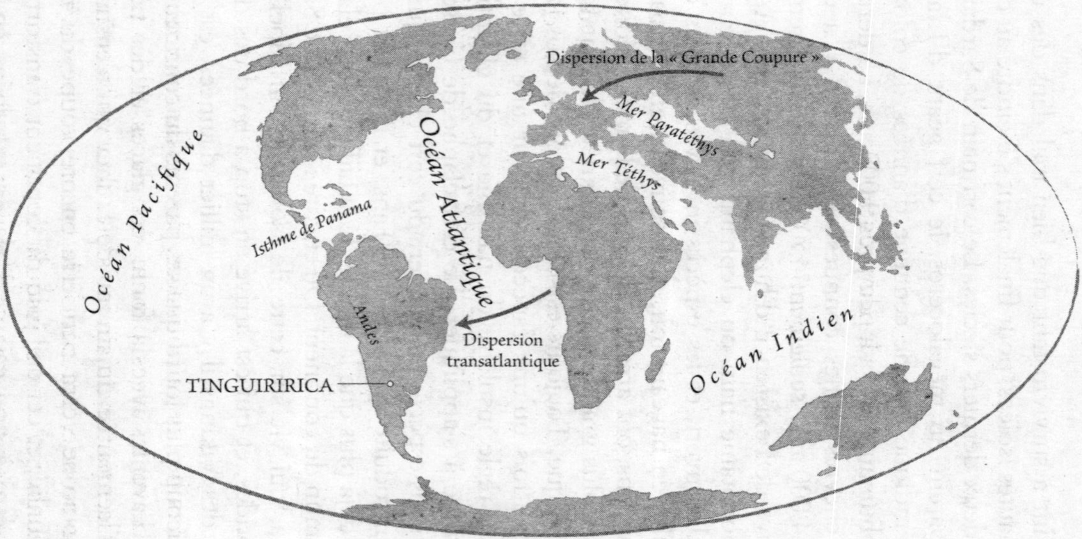
Dispersion de la « Grande Coupure »
Mer Paratéthys
Mer Téthys
Océan Pacifique
Océan Atlantique
Isthme de Panama
Andes
Dispersion transatlantique
TINGUIRIRICA
Océan Indien

4. Pays natal

Tinguiririca, Chili
Oligocène – il y a 32 millions d'années

« Écoute mon ami le songe que j'ai fait : nous étions dans l'abîme d'une montagne quand soudain la montagne s'écroula et tous les deux nous étions comme de petites mouches. »

SÎN-LĒQI-UNNINNI,
Épopée de Gilgamesh (trad. A. Azrié)

« Vous ne pouvez pas traverser la mer simplement en vous tenant debout et en regardant l'eau. »

Rabindranath TAGORE

Au milieu de la poussière, des frissons parcourent l'herbe et les tiges ploient comme si elles étaient caressées par une main invisible. Un vent frais souffle sur le monde, porteur de la promesse de nouveaux horizons. Sur Terre, jusqu'à il y a peu, il était très difficile de pouvoir jouir d'un véritable horizon. Une famille de plantes a changé cela. C'est en Amérique

Santiagorothia chilensis

du Sud, pendant l'Oligocène, que sont apparues les toutes premières prairies de la planète. Certes, l'herbe existait en Amérique du Sud, en Afrique et en Inde depuis environ 70 millions d'années, mais elle avait été jusque-là un élément minoritaire de paysages dominés par les arbres, une note de bas de page de la flore tropicale et de la jungle, cantonnée dans les zones méridionales de la planète. Quand l'Antarctique s'est finalement séparé des continents voisins, les routes des courants océaniques se sont transformées, et d'anciens vents puissants ont disparu tandis que d'autres sont apparus. Au cours de son histoire, le monde n'a cessé d'osciller entre deux états stables, celui de « glacière » (*icehouse*), dans lequel il existe de la glace permanente aux pôles, et celui de « serre » (*greenhouse*), dans lequel une telle glace est absente. Le monde d'aujourd'hui est une glacière, et cette bascule vers le froid remonte à l'Oligocène. Même s'il s'agit d'un schéma global, l'Amérique du Sud s'est tout particulièrement refroidie et aridifiée. L'herbe, disposant de caractéristiques qui la rendent d'ores et déjà tout à fait adaptée à ce nouveau climat, a pu montrer ce dont elle était capable, et, dans ces plaines inondables semi-arides de basse altitude situées sur les contreforts des Andes naissantes, elle peut pour la première fois jouer un rôle de premier plan dans le paysage[1].

La croûte océanique au fond du Pacifique a bougé vers l'est, s'est incurvée et a plongé sous la plaque d'Amérique du Sud, puis le continent s'est déformé, plié, pour donner naissance à de nouveaux sommets. Les Andes ont commencé à s'élever à l'époque du

Crétacé. Tandis que les plaines côtières de l'ouest de l'Amérique du Sud ployaient, les strates de roches s'inclinaient et se pliaient comme du carton. À l'époque moderne, ce lieu, le Tinguiririca, sera devenu un gigantesque volcan, et les plages du Crétacé, montées à hauteur de l'Altiplano, se seront tournées de 90°, si bien que leurs couches de sable pétrifiées plongent désormais directement dans les entrailles de la Terre. Sur le site actuel de Cal Orcko, dans la Bolivie toute proche, l'on trouve un mur de pierre marqué de traces de pas de dinosaures datant du Crétacé, comme s'ils avaient monté le mur à la verticale à la façon d'un gecko. Mais rien de tout cela n'est pour l'heure arrivé. Les Andes sont pour l'instant franchement petites, hautes d'à peine 1 000 mètres, et, plus elles grandissent, plus grandit l'influence de l'herbe, une forme de vie qui partira bientôt à la conquête du monde. Là où autrefois se dressait une forêt, on ne trouve plus que des taillis éparpillés, quelques parcelles de zones boisées dégagées, ridiculement petites face à l'immensité vide qui les entoure, un paysage que seul marque la ligne ondulée de la rencontre du ciel et de la Terre. Il n'est pas facile de comparer le Tinguiririca à un écosystème moderne. L'herbe y est commune, mais tout autant que les palmiers. Le paysage moderne le plus proche du Tinguiririca est peut-être celui de la savane, avec ses arbres rares et ses immenses espaces, mais les créatures qui vivent ici se partagent l'espace écologique d'une manière différente, avec trois fois plus de mangeurs de feuilles que dans n'importe quelle faune moderne, et très peu de mammifères montant aux arbres[2].

Les hauts sommets sont des générateurs de pluie. Quand l'air est obligé de surmonter une chaîne de montagnes, il se refroidit et se condense, ce qui contraint l'eau qu'il renferme à tomber sous forme de pluie sur le versant au vent. Quand l'air est passé par-delà l'arête de ces pics, il est devenu sec, et projette une ombre pluviométrique sur le versant sous le vent, au niveau duquel très peu d'eau tombe. De nos jours, les Andes projettent une ombre pluviométrique très forte, qui entraîne une aridité extrême dans le désert d'Atacama. Pendant l'Oligocène, les Andes font la moitié de leur taille actuelle, et les versants sous le vent des montagnes, même des plus petites, peuvent recevoir la moitié de l'eau qui tombe sur les versants au vent. Combiné avec la pression qui se forme naturellement loin au-dessus des Andes centrales, cela signifie que la pluie qui tombe sur le Tinguiririca pendant l'Oligocène est saisonnière. La plaine au sol noir et bordée de pics du Tinguiririca est traversée une fois par an par une rivière sinueuse, tombant en cascade des hauteurs de ces terres volcaniques. À l'heure actuelle, la rivière est à sec, la boue cendrée est craquelée à la façon d'une mosaïque, ses carreaux naturels recouvrant un chenal plat et large d'une vingtaine de mètres. La chaleur de la saison sèche a cuit ces petits carrés de boue dont les coins gondolent ; quand la rivière sera à nouveau vive, une flottille de terracotta s'élèvera sur ces eaux, et les petits bateaux terreux se rueront pêle-mêle vers l'océan Atlantique. Des tiges percent la bouc dans de vicux chenaux abandonnés par les flots serpentant ; au-dessus, les anciennes courbes de la rive sont repérables par des rangées de plantes qui forment comme une série décalée d'images historiques, un *flip book* des anciennes routes que l'eau a empruntées année après année pour parcourir cette plaine inondable[3].

Le long de la rive actuelle, là où une réserve d'eau souterraine garde la terre bien humide, une herbe duveteuse pousse à côté des joncs et des amaranthes, grandissant par endroits au milieu d'une forêt-galerie épineuse de palmiers et de mesquites. Un peu à l'écart du chenal, des arbustes desséchés* se mélangent allègrement aux herbes, ainsi qu'à certains cailloux durs couverts de plantes succulentes éparpillés sur le sol marron et broussailleux. C'est ici et maintenant, dans les Andes chiliennes de l'Oligocène, que les premiers cactus ont supposément divergé de leurs frères pourpiers, une grande famille née de ce monde à jamais sec. Les herbes qui subsistent sont courtes et fragiles, tout entières tournées vers la survie, aidées en cela par une récente dérive de cendres volcaniques riches en minéraux. Heureusement pour elles, la pluie arrive bientôt. La saison humide vient de commencer – le ciel au nord est sombre, et un rideau strié de lourde pluie obscurcit les sommets du Nord, la fumée diminuant sous les assauts de l'eau fraîche. L'air s'est refroidi avec l'arrivée des nuages, et, déjà, les lacs de montagnes sont en train de se remplir[4].

---

* En anglais, *crackling shrubs* (littéralement, « arbustes craquelés »), allusion à la traduction du chant XX de l'*Iliade* par Alexander Pope.

Pour l'instant, la prairie est occupée par des hardes d'herbivores – une scène panoramique qui n'est pas sans rappeler la variété de la plaine du Serengeti – qui se réunissent sous des arbres pour jouir d'un peu d'ombre en attendant que la rivière monte. Ces herbivores, toutefois, ne sont pas les groupes bondissants ou galopants de zèbres, de gnous, de rhinocéros, de girafes ou d'hippopotames, mais des créatures plus petites et plus délicates. L'Amérique du Sud est un continent insulaire, et ses animaux sont uniques. Dans les toutes premières prairies, ils tranchent particulièrement avec les autres animaux du monde. Grattant parmi les tiges sèches et denses, un petit groupe d'herbivores brun grisâtre de la taille d'un renard, au long museau et à la longue queue, broutent paisiblement. Ils ont entouré une bête plus grande, solitaire et velue, au bord de l'étroite bande de forêt. Si l'herbe s'était complètement développée dès le début de la saison humide, nul doute que ces petits brouteurs y auraient complètement disparu, mais la harde est grosse, et coupe l'herbe très court sur de grandes portions de paysage, si bien qu'elle entretient une sorte de pelouse naturelle toute l'année. Dans les prairies semi-arides comme celle-ci, le broutage favorise des plantes qui sont capables de repousser rapidement, et élimine celles qui sont mangées plus vite qu'elles ne peuvent repousser. Intégralement abandonnées par les herbivores, les forêts se développent de plus en plus loin de la rivière, mais l'élagage constant des jeunes plantes signifie que bien peu de jeunes arbres peuvent survivre, et que seules quelques poches d'arbres ponctuent le sol broussailleux. Les herbes savent exploiter rapidement l'eau de pluie, bien plus que les arbres. Cela signifie que les prairies ont tendance à occuper des climats modérés : quand il pleut beaucoup et qu'il y a peu d'évaporation, il y a assez d'eau pour tout le monde, et les forêts s'épanouissent ; quand il pleut peu et qu'il y a beaucoup d'évaporation, l'environnement se transforme en brousse déserte, un outback*. Au Tinguiririca, toute une forêt peut mourir de soif le temps qu'il pleuve à nouveau, mais l'herbe résiste et, quand la pluie tombe enfin, elle est suffisamment intense pour rendre les vallées et les plaines verdoyantes, pour produire presque instantanément un festival de fleurs. La variabilité de la pluie, les périodes d'abondance et celles de sécheresse constituent la marque de fabrique des mondes dominés par l'herbe. Les nouveaux schémas de circulation des vents et de l'eau dans l'atmosphère ont créé un berceau parfait pour les prairies, ici, en Amérique du Sud, à la suite d'un Éocène plus chaud, plus humide et plus luxuriant[5].

Lentement, par à-coups, la harde dérive à travers les touffes d'herbe et, si aucun des individus ne semble jamais se mouvoir longtemps, ils contribuent tous à un mouvement commun, celui de la quête combinée et continue de nouvelles pousses. Ce n'est pas le cas de la bête velue qui, apparemment contente d'elle-même, se retourne, se remet sur ses pattes arrière, et, les jambes croisées, évoquant un

---

* Nom donné à l'immense arrière-pays australien, inhabité et semi-aride.

peu l'ours, s'assoit au soleil. Ses bras sont longs et musclés, ils se terminent par des mains tordues aux griffes longues et incurvées. Il tire sur un arbrisseau malchanceux et le mâche pensivement. Le *Pseudo-glyptodon* est un paresseux, mais assez différent de ses cousins d'aujourd'hui. Les deux genres de paresseux qui existent de nos jours sont les seuls représentants d'un ordre qui fut grand et varié et dont les membres habitaient majoritairement au sol. Les paresseux qui se suspendent aux arbres, les « à trois griffes » et les « à deux griffes », sont en fait des parents assez éloignés dans la famille des paresseux, mais ils se sont tous deux adaptés, en suivant des voies séparées, à la vie dans la canopée. Un paresseux arboricole ne mange que des feuilles, et consacre 90 % de son temps soit à se nourrir, soit à se reposer et à digérer. C'est une vie de passivité, qui évite de dépenser trop d'énergie dans les mouvements, ou même dans le fait de se suspendre – les griffes incurvées sont parfaites pour se laisser pendre passivement aux branches, ou bien assurer sa sécurité quand l'on est assis sur l'une d'elles. Certains paresseux terrestres se servent de ces mêmes griffes pour creuser, fourrager ou se défendre. Le Miocène, une époque qui va de 23 à 5 millions d'années avant notre présent, marquera l'apogée des paresseux, et certains paresseux terrestres iront même jusqu'à lentement s'adapter à un style de vie marin au large des côtes du Pérou – ils utiliseront leurs narines haut placées, leurs os denses et leur queue évoquant celle des castors pour mener une vie similaire à celle des hippopotames, marchant le long des fonds marins pour trouver des algues[6].

Les paresseux sont l'une des curiosités de l'Amérique du Sud – aux côtés des tatous et des tamanoirs, ils forment un groupe endémique de mammifères appelés les xénarthres ou « étranges articulations », en référence à leurs articulations intervertébrales inhabituelles. Mentionnons également les hardes d'herbivores multiespèces qui entourent le *Pseudoglyptodon*, tous appartenant à un ordre de mammifères rassemblés à la louche en raison de leur nature énigmatique – les *Meridiungulata*, ou South American Native Ungulates (ongulés endémiques d'Amérique du Sud), surnommés les SANU. Si l'acronyme qui les désigne évoque l'un de nos nombreux services administratifs, il trahit en réalité le fait que nous n'avons pas une idée très précise de ce qu'ils sont. Ils sont aussi unifiés que n'importe quelle assemblée : à savoir, non seulement la façon dont ils sont connectés aux autres mammifères de la planète n'est pas toujours claire, mais les liens qui les unissent entre eux ne le sont pas non plus – ils ne sont pas vraiment de proches parents, tout en occupant souvent des niches similaires[7].

Les animaux qui broutent autour de notre *Pseudoglyptodon* sont par exemple, par bien des côtés, similaires aux hyracoïdes d'Afrique et du Moyen-Orient, tout en en différant beaucoup par d'autres. Les véritables hyracoïdes sont des créatures trapues à la mâchoire carrée, des sortes de lapins mal dégrossis aux petites oreilles, avec des marques au niveau des sourcils qui leur donnent un air perpétuellement désabusé. Ces animaux d'Amérique du Sud, que l'on a nommés les *Pseudhyrax* – soit les « faux hyracoïdes », ont la même mâchoire carrée, mais ont les membres plus longs, sont plus gracieux, et leur face a quelque chose du cerf. Quelques *Santiagorothia* se sont également glissés parmi la harde mixte ; ce sont des créatures agiles, évoquant le lièvre, avec un long corps et de longs membres. Ils mangent la végétation basse avec prudence et les yeux alertes, prêts à déguerpir au moindre signe des *Borhyaenidae* ; prédateurs à poche, ce sont des parents des marsupiaux, dotés d'une mâchoire puissante comme celle des hyènes, et de canines rainurées ne cessant jamais de pousser[8].

Le fait que le *Santiagorothia* évoque le lièvre et le *Pseudhyrax* l'hyracoïde résulte d'une convergence évolutive, de l'évolution parallèle de groupes isolés et sans lien entre eux vers une même anatomie générale. Quand un nouvel environnement voit le jour, à l'instar du Tinguiririca, il n'existe pas quinze mille manières de s'y adapter, et il n'est pas rare que des espèces n'ayant rien à voir entre elles optent pour des solutions similaires. L'un des problèmes qui se posent dans la plaine ouverte est celui de l'abri. Contrairement aux forêts, il y a peu d'endroits où se cacher, si bien que la vitesse devient un atout décisif. Cela explique pourquoi de petits animaux comme les lièvres et les *Santiagorothia* gagnent en souplesse et allongent leurs membres, tandis que les grands animaux réduisent la taille de leurs doigts pour en faire des membres longs et fins dotés de sabots, adaptés à la course. Les SANU ont des équivalents chez tous les groupes de mammifères à sabots du reste du monde – des pyrothères et des astrapothères comme les éléphants ou les hippopotames se vautrent dans les dernières jungles encore humides du Nord, tandis que les litopternes à longs membres se transforment en des sortes d'antilopes, de chevaux et de chameaux, au moment même où les antilopes, les chevaux et les chameaux sont de leur côté en train de se transformer pour adopter leur forme actuelle dans d'autres parties du monde[9].

Des formes aussi similaires apparaissent le plus souvent sur des continents éloignés, quand les différentes lignées n'ont pas de contacts entre elles. Une telle distance signifie qu'il n'y a pas de compétition qui entraînerait l'exclusion de l'une des deux espèces, et les espèces convergentes sont parfois des parents étonnamment lointains. Par exemple, il a longtemps été soutenu par un grand nombre de chercheurs que les tatous d'Amérique du Sud étaient des parents proches des pangolins d'Afrique et d'Asie, jusqu'à ce qu'il soit confirmé que leur corps blindé, leurs grandes griffes et leurs dents de taille réduite n'étaient en fait que le fruit d'une adaptation à un mode de vie similaire. Aujourd'hui, nous savons que les pangolins sont en réalité plus proches des dauphins, des chauves-souris et des humains qu'ils ne le sont des tatous. Au bout du compte, peu importe à quel point une communauté est isolée : elle abrite toujours en son sein des individus arrivés d'ailleurs. Parmi les habitants autochtones sud-américains de Tinguiririca, il y a des immigrés récents, qui ont fait le voyage à travers l'océan Atlantique, à un demi-monde de là[10].

Le refroidissement climatique prolongé a englouti le monde, et la vie est en train de s'y adapter. L'extinction d'une espèce dans une partie du monde signifie généralement que d'autres espèces se voient offrir l'opportunité de se répandre et de se multiplier en suivant les lignes adaptatives de moindre résistance pour occuper les terrains désormais abandonnés. En Europe, les castors, les hamsters, les hérissons et les rhinocéros sont en train de migrer depuis l'Asie, et ont anéanti les groupes européens indigènes comme les omomyidés, les parents nocturnes des tarsiers et des singes, ainsi que diverses familles de mammifères ongulés. L'Amérique du Sud n'a aucun contact avec d'autres terres qui permettraient une migration facile, si bien qu'elle a développé une faune et une flore uniques, tout comme l'Australie de nos jours. L'herbe elle-même est une innovation sud-américaine en matière de biologie végétale. Mais son isolement n'est toutefois pas absolu, et de nouveaux arrivants débarquent sur le continent. Ils viennent de très loin, et par d'improbables routes. Au Tinguiririca, il est possible de retrouver des traces de ces nouveaux arrivants, de ces créatures africaines venues découvrir l'herbe d'Amérique[11].

Les grands fleuves d'Afrique se jettent dans l'Atlantique, et, par gros temps, des arbres et d'autres plantes se voient arrachés à leurs rives en train de s'éroder. Ces arbres sont souvent remplis de créatures, qu'il s'agisse d'insectes, d'oiseaux ou de mammifères. Parfois, c'est tout un banc de végétation qui est arraché d'un coup, ou bien ce sont des plantes aquatiques qui s'agrègent de manière naturelle et finissent par former une sorte de radeau naturel qui dérive jusqu'à la mer. Voir un grand radeau, une île flottante descendre un fleuve pour gagner l'océan sous une pluie torrentielle est une merveille naturelle, un drame au ralenti. Les arbres y sont encore debout, attachés entre eux par l'entremêlement de leurs racines qui les ont cousus ensemble dans le sol, une broussaille peuplée de créatures apparemment inconscientes de leur voyage imminent. Autour de l'île flottante gravitent de petits îlots qui ne lui sont pas attachés, fourmillant comme des remorqueurs autour d'un ferry. Les forêts encore attachées à la rive défilent à vitesse constante, de manière apparemment inexorable. Seuls des rapides ou des collisions avec la rive dans un coude du fleuve sont en mesure de mettre un terme à cette course folle et, si rien ne s'y oppose, l'île flottante finira par émerger d'un estuaire pour gagner l'océan, emportée vers le large par l'élan que lui a donné le courant du fleuve. La probabilité que quelque chose de positif arrive aux habitants de cette île flottante est pour l'heure proche de zéro, mais elle existe : plusieurs de ces radeaux, poussés par des vents heureux et chacun transportant une petite population d'animaux ou au moins une femelle enceinte, s'échouèrent en Amérique du Sud[12].

Au moment du Tinguiririca, l'un des groupes sud-américains descendants de ces survivants africains a commencé à se diversifier – ce sont les singes. Chaque singe de la forêt tropicale amazonienne, depuis le singe-araignée jusqu'au singe hurleur, en passant par le tamarin ou le marmouset, doit son existence à quelques chanceux ayant survécu à une traversée de l'Atlantique difficile et certainement traumatisante. Certes, la distance qu'il fallait parcourir à l'époque pour faire la traversée depuis l'Afrique jusqu'à l'Amérique du Sud était bien plus petite, autour des deux tiers de l'Atlantique contemporain, mais cela reste une distance gigantesque quand l'approvisionnement en eau potable ne dépend plus que de la pluie ou de l'eau contenue dans les feuilles d'arbres. Même si l'on fait l'hypothèse d'un mouvement continu dans la bonne direction, les communautés de singes sur le radeau ont dû réussir à survivre au moins six semaines en mer. Pendant l'Éocène, les descendants des singes survivants avaient déjà réussi à gagner la côte ouest. Les singes sont d'ailleurs loin d'être les seuls mammifères africains à être parvenus à faire le voyage jusqu'au Nouveau Monde. Les rongeurs caviomorphes, eux aussi, sont en train de se diversifier dans leur nouveau foyer, et l'on peut en trouver deux espèces au Tinguiririca. Tous les rongeurs indigènes d'Amérique du Sud, depuis les grands cochons d'eau jusqu'aux agoutis et aux cochons d'Inde, sont les descendants d'une population qui a survécu à la traversée d'un océan large de milliers et de milliers de kilomètres et qui est arrivée en Amérique au plus tard pendant l'Éocène supérieur[13].

Cette improbable arrivée est en fait étonnamment courante ; plusieurs espèces particulièrement bizarres et distribuées aussi bien en Afrique qu'en Amérique du Sud sont tout simplement trop récentes pour avoir pu être présentes quand lcs dcux continents se sont séparés il y a 140 millions d'années. Les cécilies, des amphibiens sans membres pourtant peu connus pour leur capacité à survivre sans apport en eau fraîche, font pourtant partie de ces voyageurs transatlantiques. On s'est même rendu compte que la dispersion océanique avait touché la population des poissons d'eau douce : deux espèces très proches des gobies, et dont on pense qu'elles partagent un ancêtre commun relativement récent, ne se trouvent qu'à Madagascar et en Australie. Pour ajouter au mystère, ce sont de plus des habitants des grottes, aveugles et incapables de vivre dans un autre milieu. En Amérique du Nord, aussi, des barrières apparemment infranchissables ont bel et bien été traversées – le *Cyprinodon diabolis*, qui vit dans un unique point d'eau du Nevada, est un proche parent d'espèces vivant également dans la Vallée de la Mort ou dans le golfe du Mexique. Ces lignées ont divergé il y a seulement 25 000 ans, et il n'existe aucun chemin d'eau douce reliant le site oriental et le site occidental, si bien qu'on a émis l'hypothèse que des œufs avaient été transportés par des oiseaux aquatiques en train de migrer. Les dispersions sur de longues distances sont peut-être rares, mais, dans un monde où il y a suffisamment de tentatives, il en suffit d'une pour que l'espèce s'implante. Ce qui est remarquable, en vérité, c'est bien plutôt le nombre de ces tentatives qui semblent avoir été couronnées de succès[14].

Certains des arbustes épineux éparpillés sur la prairie présentent des fissures à leur base, de petites portes créées par les mouvements de petites créatures. Si l'on franchit l'une de ces portes, l'on découvre des tunnels fort utilisés qui descendent jusqu'aux colonies d'*Eoviscaccia*, les descendants des rongeurs arrivés pendant l'Éocène. Avec leur fourrure douce, leur queue en tire-bouchon et leurs moustaches en fil de fer, ces parents des chinchillas et des viscaches vivent sous terre avec leur famille élargie. Les Chinchillidae comme l'*Eoviscaccia* ne sont pas encore véritablement adaptés aux climats plus frais que l'on trouve aussi bien aux altitudes plus élevées qu'aux latitudes méridionales. À l'Oligocène supérieur, ils atteindront la Patagonie et, au Miocène, l'élévation des Andes engendrera les foyers en haute altitude pour lesquels sont célèbres les viscaches modernes. Toujours est-il qu'ils sont relativement communs à l'époque et au lieu qui nous intéressent, même s'ils se montrent remarquablement insaisissables. Les *Andemys* sont plus courants – il s'agit d'un proche parent des agoutis, mais moins spécialisés que ces créatures adaptées à la course et ressemblant à des cerfs. Contrairement à l'*Eoviscaccia*, ils préfèrent paître et se nourrir de feuilles d'arbres molles plutôt que d'herbes cassantes. Cela ne fait pas longtemps qu'ils sont sur le continent, mais les rongeurs sud-américains se sont déjà diversifiés au niveau écologique, ce qui est un exploit au regard de leur population initiale *a priori* extrêmement réduite[15].

Plus tard, bien sûr, l'herbe quittera l'Amérique du Sud pour coloniser toute la planète. Ses caractéristiques en font un disperseur exceptionnel. Ses graines sont petites et facilement emportées par le vent, ou bien par des animaux, que ce soit sur leur dos ou à l'intérieur de leur organisme. Elle atteint rapidement l'âge de se reproduire, ses graines sont riches en amidon, et regorgent d'énergie pour l'embryon en plein développement. Elles peuvent survivre au feu, à la glace, et même à un broutage quasiment incessant. L'herbe parcourt facilement de longues distances, est très difficile à éradiquer une fois installée, et est capable de modifier son environnement à son avantage, ce qui en fait l'un des colonisateurs – et l'un des groupes d'espèces – les plus efficaces de la planète[16].

Quand nous entendons ces histoires un peu folles de dispersion sur de longues distances, il est malheureusement extrêmement tentant d'adopter une perspective anthropocentriste, et il me semble nécessaire de m'arrêter un instant ici. Il serait par exemple aisé de faire de ces rongeurs et de ces singes de courageux aventuriers, héros d'un récit sur l'esprit pionnier et la survie envers et contre tous sur des terres hostiles et inconnues. Il s'agit là sans surprise d'un cadre interprétatif inadéquat, et qui doit beaucoup à l'époque du colonialisme. Quand une plante ou un animal issu d'une partie du monde apparaît dans une autre partie de ce monde, il arrive que soit utilisé le langage de l'invasion, pour déplorer un écosystème spolié et amoindri par les nouveaux venus. Bien souvent, il s'agit en réalité d'un appel à la nostalgie, aux paysages connus de notre enfance, comparé au monde altéré et appauvri d'aujourd'hui. Ce type d'assertions implique implicitement que ce qui *était* était bien et que ce qui *est* est mal.

Ce qui importe, dans la conservation d'un écosystème, c'est le fait de conserver ses fonctions, les connexions entre les organismes qui en font un tout complet et interagissant. En réalité, les espèces se déplacent toujours, et la notion d'espèces « indigènes » est inévitablement arbitraire, et souvent liée à la notion d'identité nationale. En Grande-Bretagne, les animaux et les plantes « indigènes » sont définis comme ceux qui habitent la Grande-Bretagne depuis la dernière période glaciaire, tandis qu'aux États-Unis sont considérés comme « indigènes » les plantes et les animaux qui existaient avant que Christophe Colomb ne foule les terres des Caraïbes. Ces plantes et ces animaux ont beau jouir d'une protection légale contre les « étrangers » (*aliens*), il n'existe aucune façon d'établir une distinction simple chez les espèces entre les variétés indigènes ou non indigènes – par ailleurs, les plantes non indigènes ne sont pas nécessairement dommageables à la diversité indigène. La petite ortie, par exemple, n'est pas considérée comme une plante britannique « indigène », mais on la trouve quasiment partout dans le monde, et elle est courante en Grande-Bretagne depuis au moins le Pléistocène. La laitue sauvage, *Lactuca serriola*, qui pousse abondamment en Eurasie ainsi qu'en Afrique du Nord et qui est l'ancêtre de la laitue cultivée, est considérée comme une plante indigène en Allemagne, mais est explicitement classée comme une « introduction ancienne » en Pologne et en République tchèque, et a même été considérée comme une espèce « invasive » aux Pays-Bas[17].

Tout cela pour dire que même une terminologie biologique apparemment neutre, celle de la dispersion et de la migration, charrie un sous-texte de valeurs politiques. Si l'on se tourne vers le passé, la sottise de l'analogie entre les arguments de ceux qui sont contre l'immigration d'individus humains et de ceux qui cherchent à conserver un écosystème ne peut manquer de sauter aux yeux. Il n'existe aucun idéal fixe auquel devrait chercher à se conformer un environnement, nul rivage auquel la nostalgie pourrait légitimement s'amarrer. L'imposition humaine de frontières sur le monde change inévitablement notre perception de ce qui « appartient » ou non à un lieu donné, mais considérer le temps profond, c'est accepter que la liste des habitants de chaque écosystème ne cesse jamais de changer. Il ne s'agit pas ici de soutenir que les espèces indigènes n'existent pas, mais bien plutôt de dire que le concept même d'« indigène », que nous avons tendance à appliquer relativement à un lieu, doit l'être également de manière relative au temps.

Rien de tout cela n'a empêché des entités géographiques actuelles d'étendre leur identité au passé, et les interactions entre la politique nationale et la paléontologie ont des effets tout à fait réels. Les paléontologues argentins du début du XXe siècle ont par exemple soutenu, à tort et contre le consensus scientifique de l'époque, que les humains étaient originaires d'Amérique du Sud. Cette hypothèse était certes fausse, mais participait d'une tentative de rejet des croyances occidentalo-centrées (tout aussi fausses) selon lesquelles, pour les paléontologues d'Europe et d'Amérique du Nord, les continents du Sud étaient des lieux où le progrès évolutif était à la traîne. Même aujourd'hui, notre conception de l'évolution est dominée par un récit du Nord global, où une plus longue histoire de la recherche ainsi qu'une plus grande concentration d'institutions riches ont contribué à produire un tableau bien plus complet du registre fossile[18].

Les fossiles d'hominidés, en particulier, ont été utilisés pour influencer les identités nationales, même au XXIe siècle avec la découverte de l'un des plus anciens *Homo* sur le site de la Sierra d'Atapuerca, en Espagne. De nos jours, la plupart des États aux États-Unis disposent d'un fossile d'État officiel, depuis le *Tullimonstrum* de l'Illinois, dont nous aurons l'occasion de reparler, jusqu'au mammouth laineux d'Alaska. La Virginie-Occidentale a choisi le paresseux terrestre de Jefferson, le *Megalonyx jeffersonii* qui, en tant que paresseux, appartient à un ordre natif d'Amérique du Sud, et non d'Amérique du Nord. Toutefois, son statut d'icône fossile américaine découle du fait qu'il a été utilisé comme contre-exemple d'une idée qui prévalait auparavant et qui était délibérément sous-tendue par des hypothèses racistes selon lesquelles les animaux d'Amérique, de toute l'Amérique, étaient d'une manière ou d'une autre une version dégénérée des animaux européens. Ce qui est ou n'est pas indigène dans un lieu donné est fonction de l'échelle que l'observateur a choisi d'adopter, et relier des espèces éteintes depuis longtemps ou des concepts écologiques aux artefacts modernes que sont les frontières et les drapeaux est un jeu fort dangereux[19].

Ce dernier point est peut-être particulièrement vrai dans le cas des dispersions transatlantiques de l'Oligocène, car elles concernent entre autres notre parent primate le plus proche. Il est tellement facile de plaquer des motivations humaines, y compris de manière inconsciente, sur des événements passés, que nous devons nous efforcer d'éviter d'apporter notre coloration anhistorique à un voyage qui, si improbable et dangereux fût-il, restait intégralement et uniquement guidé par le hasard.

Le vent apporte la pluie depuis les hauteurs, un démon tourbillonnant de nuages assombrit les cieux. Aux premières gouttes, le paresseux lève la tête, se déplace maladroitement, et reprend son repas. La harde de typothères à l'air libre commence à se diriger pour s'abriter sous un bosquet situé sur un coude du fleuve. L'odeur de la terre soulagée par l'offrande de la pluie, combinée au rythme percussif des gouttes, crée comme un grand soupir dans les airs. Mais derrière ce soupir se tapit un autre son, plus étouffé, celui de l'eau qui coule et des sabots qui martèlent le sol, un son qui gonfle pour se transformer en un grondement. Juché sur son perchoir, la cime d'un mesquite, un oiseau lance un appel strident avant de prendre son envol, suivi par plusieurs de ses congénères, et l'alerte se répand instantanément vers la harde mixte qui vit au sol. Les arbustes frissonnent quand un *Eoviscaccia*, prudent, se réfugie dans la sécurité de son terrier.

En aval du fleuve, le bruit de coup de fouet du bois qui craque, et soudain, de l'amont, arrive une vague dansante de 3 mètres de haut. L'alerte laisse place à la fuite, le paresseux gémit et roule sur ses quatre pattes, et les typothères, paniqués, s'éparpillent dans toutes les directions. La vague déboule, frappe le coude du fleuve bordé d'arbres, et s'élève dans les airs en formant une immense saillie noire au-dessus de la rive, avant de s'effondrer, suivie par une autre vague encore, sa sœur, comme si des vêtements de velours denses et trempés étaient un à un jetés sur l'herbe. Le débordement rythmique de la coulée de boue, se repliant sur elle-même comme du porridge en train de bouillir, se transforme en une déferlante d'eau qui inonde le paysage et emplit les vallées au rythme de 10 mètres par seconde. Les délicats carreaux d'argile qui tapissent le lit du fleuve sont éclatés en mille morceaux, de gros rochers flottent comme s'ils ne pesaient rien, des troncs sont transportés comme des brindilles, attrapant, submergeant ou brisant tout ce qui se trouve sur leur passage, sculptant de nouvelles routes et transformant le fond de la vallée en une turbulence brutale et grise.

Les grosses pluies sur les pics volcaniques qui entourent le Tinguiririca ont causé une inondation éclair, et les coulées torrentielles, en descendant, charrient de la cendre fine et créent un lahar, une boue de béton volcanique qui érode les rives du fleuve et devient plus large, plus rapide et plus lourde, jusqu'à se transformer en une force destructrice animée d'une vitesse stupéfiante*. L'endroit où le paresseux était assis est désormais submergé par deux mètres de boue bouillonnante ; les typothères

---

* On a par exemple mesuré que les lahars qui ont suivi l'éruption du mont Saint Helens en 1980 ont pu progresser à une vitesse de 100 kilomètres-heure. [*N.d.A.*]

et les rongeurs sont introuvables. Les arbres qui poussaient non loin de la rive ont été arrachés. Seuls quelques-uns parmi les plus solides sont encore debout et se dressent au milieu des flots, tremblant sous le rugissement continu du lahar. La pluie est désormais torrentielle, l'herbe est partie, et le paysage n'est que boue folle ; la seule indication du cours du fleuve est une vague qui se dresse quand le courant atteint un coude, et la bande incurvée d'un flot plus rapide quand il emprunte le chenal légitime du cours d'eau[20].

Au bout d'une heure, le drame est terminé. Il est difficile d'appréhender le fait qu'autant de boue ait pu venir d'aussi loin dans les montagnes. La prairie est parsemée de poches de vase. Tandis que le fleuve vide son contenu sur la terre plus plate, le flux ralentit et se solidifie. Maintenant immobile, il forme une terre nue et dure, et les gros rochers qui il y a peu encore dansaient librement dans le paysage ne bougeront plus. Aucun des animaux qui s'est retrouvé sur la course du lahar n'a survécu : ils ont été transformés en pierres, pour toujours. L'ardoise a été nettoyée, recouverte d'une couche de cendres, de sable et de terre, prête à laisser l'herbe recoloniser la vallée.

Si les animaux du Tinguiririca se retrouveront préservés sous la forme de fossiles, ce n'est pas le cas de son herbe, du moins jamais directement – pas même son pollen. Un lahar est trop grossier, la préservation trop brouillonne pour révéler les tendres tissus des plantes ou la dentelle des ailes des insectes. Les créatures qui pouvaient s'envoler sont parties. Seuls survivront aux ravages du lahar quelques dents brisées et quelques fragments d'os de mammifères terrestres. Mais elle a beau être absente de la liste officielle des fossiles témoignant de l'écosystème du Tinguiririca, l'herbe a tout de même laissé ses marques. En effet, l'environnement donne leurs formes à ses habitants autant que l'inverse. Enlevez toute vie à un lieu, ne conservez que ses herbivores, et alignez-les, du plus petit au plus grand. La distribution des corpulences peut être transformée en un graphique appelé un cénogramme, et la forme de ce dernier s'avère un outil permettant de prédire avec une grande précision l'aridité et la couverture en arbres d'un environnement. Tinguiririca, considéré comme un espace purement mathématique, proclame haut et fort son « ouverture ». Même avec seulement un ou deux spécimens, la présence d'herbe ne laisserait aucun doute. Si l'on regarde profondément dans les gueules des mammifères du Tinririca, l'on verra en effet qu'ils font quelque chose de nouveau, quelque chose qui est lié à la manière dont l'herbe et les herbivores interagissent entre eux ainsi qu'avec le monde qui les entoure[21].

Les plantes ont la passion étrange de voir certaines parties de leur corps se faire dévorer. Leurs fruits sont sucrés et tape-à-l'œil pour être facilement vus et mangés, et ce, afin que leurs graines soient dispersées. Les fleurs sont de couleurs vives, odorantes et gorgées de nectar pour attirer les pollinisateurs ; certaines plantes vont même jusqu'à écouter leurs pollinisateurs et produire rapidement du sucre supplémentaire pour booster la teneur en sucre de leur nectar quand le bruit des ailes d'un insecte approchant fait doucement vibrer leurs pétales, l'équivalent botanique du baratin des colporteurs. L'herbe, elle, n'a pas le moindre désir de coopérer ; en effet, elle est pollinisée par le vent, et ses graines sont disséminées par l'air ou par l'eau. Elle ne produit aucune fleur aguicheuse, et ses graines ou fruits ne sont que peu nutritifs. Le fait que les humains aient réussi à transformer les graminées, depuis le blé jusqu'au riz, en passant par le maïs et par le seigle, en aliment de base de notre régime témoigne d'une production sélective étalée sur des centaines de générations et des dizaines de milliers d'années, et même ainsi, nous avons normalement besoin d'immenses quantités de traitements post-récolte pour rendre ces graminées vaguement agréables à manger. Leurs feuilles ne sont pas non plus très nourrissantes, et, pour dissuader définitivement les apprentis herbivores, les graminées possèdent l'équivalent interne d'un garde-corps à pointes – des cristaux opalins acérés appelés phytolithes situés dans les tissus de la plante, capables d'irriter l'intérieur de la gueule de l'herbivore et d'attaquer d'une manière distinctive l'émail de ses dents. Tout bien considéré, pour un animal, être un brouteur signifie se condamner non seulement à un régime dur et fort peu nutritif, mais aussi à une abrasion lente mais constante de ses dents[22].

Il n'est pas même nécessaire de se pencher sur un microscope pour saisir les effets que l'herbe a sur l'anatomie des animaux de la région. Tout une vie à mordre et à mâcher, même de la nourriture molle, peut produire quantité de marques et de traces d'usure sur une dent. Avec l'herbe, cette usure est bien pire, mais la sélection naturelle a décidé, dans son étrange sagesse de tête de mule, de ne rien lâcher. La ressource est là pour être exploitée, et des créatures doivent en retirer un bénéfice, quand bien même le travail nécessaire serait extrêmement difficile. Les brouteurs sont en train de développer des dents qui continuent à pousser, quel que soit leur niveau d'usure. Ce type de dents, avec leurs couronnes hautes et plates, leurs grandes quantités d'émail dur et de cément, et peu ou prou de racines, est appelé « hypsodonte ». À l'extrémité de ce spectre, il existe des créatures dont les dents poussent en continu, et ce même quand leurs gencives reculent à force de manger de l'herbe et des gravillons, une stratégie uniquement suivie par les rhinocéros laineux et les Notoungulata, ainsi que quelques autres gros animaux, pour ce que nous en savons. À l'Oligocène inférieur, quand l'herbe n'avait pas encore colonisé l'ensemble de l'Amérique du Nord, les chevaux étaient des brouteurs de la taille d'un chat domestique, et se nourrissaient des feuilles des forêts à grandes feuilles. Tandis que les plaines et les prairies s'épanouissent au cours de cette transition vers un monde « glacière », les chevaux s'adaptent pour devenir des créatures des grands espaces, des coureurs aux longs membres, des brouteurs aux dents hautes, des herbivores vivant en harde. Des dents jusqu'aux membres, un grand nombre de créatures vivant dans des habitats ouverts et herbeux sont arrivés de manière indépendante à des solutions très similaires aussi bien au niveau de la locomotion que du régime alimentaire. Les forces motrices à l'œuvre sont complexes et mixtes – l'ouverture de l'espace, la taille du corps ou encore la solidité du sol sont tous des facteurs susceptibles d'influencer le développement de cette morphologie. Les antilopes, les antilocapres, les cerfs et certains SANU convergeront tous vers un style de vie inédit, celui du brouteur archétypique[23].

Bientôt, l'Amérique du Sud n'aura plus le monopole de ses mammifères originaux. Quand l'Amérique du Sud et l'Amérique du Nord se rejoindront il y a 2,8 millions d'années, et que l'isthme de Panama émergera des Caraïbes pour séparer l'Atlantique du Pacifique, les habitants du Nord déménageront au sud, et les habitants du Sud déménageront au nord. Ce phénomène de migration de masse dans les deux directions, qui commença il y a environ 20 millions d'années et continuera jusqu'à la fermeture complète de l'isthme, il y a 3,5 millions d'années, est appelé le « grand échange faunique interaméricain ». En vérité, ce mouvement fut surtout favorable aux espèces septentrionales, même si nous ne comprenons pas très bien pour le moment les raisons de ce phénomène. De tous les animaux indigènes d'Amérique du Sud, seuls le porc-épic d'Amérique et l'opossum de Virginie se sont vraiment épanouis en Amérique du Nord, auxquels il convient de rajouter le tatou, que l'on trouve également dans les régions désertiques plus au sud[24].

Même en Amérique du Sud, les espèces nordiques rafleront la mise. Tous les grands carnivores à poche disparaîtront, ainsi que tous les SANU. De nos jours, tout ce qui reste de la diversité des mammifères sud-américains, c'est 101 espèces d'opossums, 6 espèces de paresseux, 4 de tamanoirs et 21 de tatous. Le paresseux terrestre géant survivra longtemps – on pouvait en croiser il y a encore 4 000 ans dans les Caraïbes. Il y a seulement 8 000 ans, au Brésil et en Argentine, les paresseux terrestres étaient les plus grands animaux creuseurs de terrier que la Terre eût jamais connus : ils creusaient d'immenses réseaux de galeries qui pouvaient accueillir plusieurs familles au complet, et qui subsistent encore aujourd'hui. Le *Toxodon*, un Notoungulata ressemblant en gros à un rhinocéros sans corne, et certains litopternes, comme les *Macrauchenia* – qui ressemblaient à des chameaux –, vécurent également jusqu'à il y a 15 000 ans. L'extinction des paresseux terrestres des Caraïbes et du dernier Ongulé Endémique d'Amérique du Sud est survenue – et ce n'est peut-être pas une coïncidence – à peu près au moment où les humains se sont installés dans la région[25].

Alors que la convergence écologique et anatomique des SANU – convergence opérée à partir de formes venant d'endroits différents de notre planète – a sérieusement entravé notre capacité à les situer sur l'arbre généalogique des mammifères, ces derniers survivants représentent une opportunité unique pour les scientifiques de comprendre un peu mieux qui ils sont. Préservés dans le milieu sec et froid de la Patagonie, certains des fossiles des derniers SANU ont conservé des molécules de tissus conjonctifs – des fibres de collagène qui, comme les séquences ADN, peuvent être utilisées pour découvrir la façon dont les espèces sont liées entre elles. En comparant ces chaînes d'acides aminés, il a été possible d'identifier avec davantage de précision ces formes uniques d'Amérique du Sud, et nous savons désormais qu'elles appartiennent à la famille proche des périssodactyles – le groupe d'animaux ongulés qui comprend aujourd'hui aussi bien les chevaux que les rhinocéros ou les tapirs[26].

Comme chaque fois que nous trouvons une réponse, cette relation soulève plus de questions qu'elle n'en résout. De nombreuses lignées du Paléocène et de l'Éocène ont été présentées comme appartenant à la famille des périssodactyles, et ce dans des lieux aussi éloignés que l'Amérique du Nord, l'Europe et l'Inde. Étant donné que les tout premiers périssodactyles vivaient en Asie, qu'est-ce que cela nous apprend sur la migration mondiale ? Dans le monde séparé de cette partie de l'histoire de la Terre, alors que les continents n'avaient jamais été plus éloignés les uns des autres, comment les ancêtres de toutes ces familles ont-ils pu faire pour se disperser aussi rapidement et de manière aussi mondiale ? Ou, peut-être, s'agit-il en réalité de simples convergences, de similarités ne découlant en fin de compte que de l'adoption de la même solution face à un problème identique[27] ?

Les voyages eux-mêmes ne peuvent pas être fossilisés, mais la destination de ceux qui les ont effectués est révélée par là où s'épanouissent leurs descendants. Que ce soit en sautant d'île en île ou en dérivant sur les océans, et quelle que soit la route choisie, pendant toute l'histoire de la Terre, la vie a voyagé, s'est dispersée et s'est développée dans des environnements toujours nouveaux. Ce qui a commencé au Tinguiririca se répandra bientôt partout de par le monde, et l'herbe originaire d'Amérique du Sud se diversifiera pour créer l'une des plus grandes surfaces vivantes de la planète, depuis les grandes plaines d'Amérique du Nord jusqu'aux steppes européennes et à la savane africaine. Des forêts de bambous aux pelouses calcaires, le règne de l'herbe a commencé.

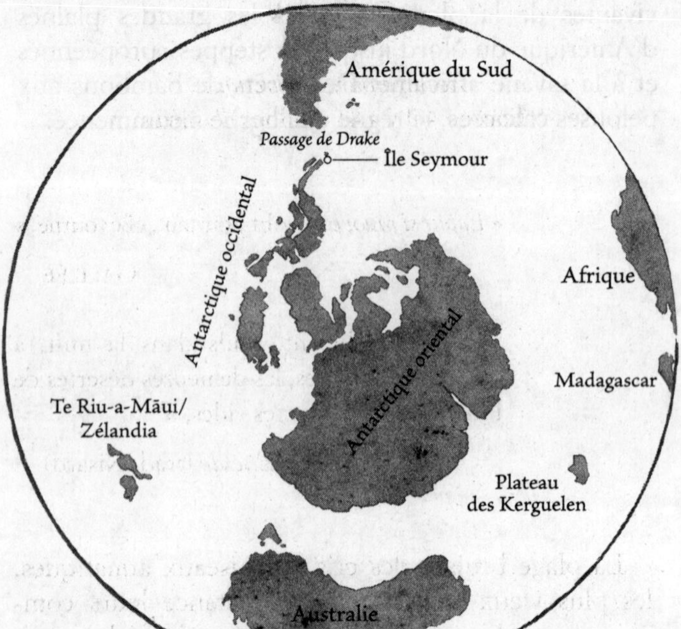
Amérique du Sud
Passage de Drake
Île Seymour
Antarctique occidental
Afrique
Antarctique oriental
Madagascar
Te Riu-a-Māui/
Zélandia
Plateau
des Kerguelen
Australie

5. Cycles

Île Seymour, Antarctique
Éocène – il y a 41 millions d'années

« *Eppur si muove* » / « Et pourtant, elle tourne. »

GALILÉE

« Ils marchaient, seuls dans la nuit, à travers les ténèbres, les demeures désertes de Pluton et ses royaumes vides. »

VIRGILE, *L'Énéide* (trad. Nisard)

La plage bruisse des cris des oiseaux aquatiques, les plus vieux appelant avec insistance leurs compagnes, tandis que les jeunes prétendants lorgnent avec avidité des lieux de nidification potentiels. Jonchés de cornes de licorne des Turritellidae (des escargots de mer), de gastéropodes *Polinices* en spirale, et du plateau délicatement encapuchonné des bivalves *Cucullaea*, les galets se sont transformés en une aire de reproduction exceptionnellement bondée. Les pierres sont blanchies par le guano, et les excréments d'oiseaux imprègnent tout le paysage d'une odeur

Anthropornis nordenskjoeldi

âcre et ammoniaquée ; les phosphates s'infiltrent dans le sable et modifient la chimie même qui transformera bientôt ce sable en pierre. Des nids de galets ont été construits dans les moindres recoins – les oiseaux les plus petits préfèrent nidifier dans des crevasses ou à l'abri de la végétation, tandis que les oiseaux les plus grands n'ont pas le choix et doivent faire leur nid à l'air libre. Non loin de là, à l'endroit où un cours d'eau se jette d'un précipice qu'on dirait fait de papier froissé avant de s'écouler entre les rives sablonneuses menant à l'estuaire, se trouve une grande crique protégée sur le côté, sous le vent d'une longue et fine péninsule – l'endroit idéal pour élever des oisillons. Autour de la plage, les pentes sont escarpées et densément boisées : une petite forêt de hêtres méridionaux à l'écorce écaillée, les *Nothofagus*, semble s'écouler de la colline. Ils alternent avec des bosquets serrés de conifères – des « désespoirs de singes » (ou araucaria), des cyprès, des pins céleris – et tous sont recouverts d'épiphytes, ces plantes qui poussent intégralement sur d'autres plantes *. La vigne, les lianes, les fougères et une mousse comme des cheveux, mises en valeur par les inflorescences complexes et tape-à-l'œil des proteas, forment une palette d'un vert trouble. L'humidité de l'océan à l'ouest s'est transformée en une pluie qui s'abat sur la bandelette de terre s'avançant vers l'océan Austral. C'est une forêt tempérée humide, dont la surface n'est qu'un immense camaïeu de verts. Même à

* Mais qui ne s'en nourrissent pas (ce ne sont donc pas des parasites).

la moitié de la hauteur d'un arbre, une plante arrive à faire pousser ses racines à l'air libre, collectant son propre compost des feuilles qui tombent, et absorbant suffisamment d'humidité pour survivre. Le bois qui est tombé et qui pourrit sur le sol de la forêt témoigne de la maturité de cette zone boisée, un lieu aussi ancien que tranquille, dans lequel les plantes se grimpent les unes sur les autres pour profiter d'un soleil qui flirte avec la ligne d'horizon[1].

Les continents peuvent bien danser les uns autour des autres, et le climat mondial se réchauffer ou se refroidir, il existe des constantes astronomiques inaltérables qui définissent le monde physique dans lequel doivent vivre tous les organismes. La lumière du soleil vient de si loin que, *grosso modo*, les rayons frappent tous la Terre de la même direction et avec la même énergie. L'endroit où ces rayons atterrissent, en revanche, change du tout au tout l'intensité avec laquelle ils sont ressentis à la surface. Si le sol fait directement face au soleil, la chaleur se concentre dans une zone plus petite, et réchauffe davantage l'environnement. Si l'angle des rayons est plus aigu, c'est-à-dire si pour un observateur terrien le soleil est bas dans le ciel, les rayons se répandent sur une zone plus grande, et cette dernière est donc plus froide. Pour parler grossièrement, c'est là la raison pour laquelle il fait plus froid à l'aurore et au crépuscule qu'à midi, ainsi qu'aux plus hautes latitudes – ces parties du monde qui sont les plus éloignées de l'équateur[2].

Cela ne suffit pas toutefois à expliquer l'existence des saisons. Le rythme annuel que la vie suit partout sur la planète est une conséquence particulière des tout premiers temps de l'histoire de la Terre. Des collisions hasardeuses au sein d'un système solaire bondé ont détraqué l'axe nord-sud. Sans cette inclinaison, notre orbite serait uniforme, chaque jour serait identique, et notre progression autour du Soleil passerait inaperçue. La notion d'année a gagné une signification avec l'inclinaison de la Terre. Six mois d'affilée, chaque pôle fait face au Soleil ou lui est caché, et est soit baigné dans une éternelle journée d'été, soit plongé dans une nuit d'hiver sans fin. La valse inclinée de la Terre définit les saisons, et les habitants des hautes latitudes peuvent soit migrer pour éviter le changement des conditions de vie, soit rester et trouver une manière de les gérer. De nos jours, un continent de notre planète « glacière » est ancré en bas du monde, glacé toute l'année, et sur la terre, en hiver, rien ou quasiment rien ne vient ponctuer l'étendue plate et blanche. Mais, pendant l'Éocène, la vie est différente aux pôles, notamment ici, sur la péninsule septentrionale de l'Antarctique occidental[3].

Au début de l'Éocène, le monde s'est réchauffé à un rythme quasiment sans précédent, un réchauffement provoqué par la haute concentration en méthane et en dioxyde de carbone. Même s'il existe encore des incertitudes à ce sujet, l'on pense aujourd'hui que le niveau de dioxyde de carbone était de 800 ppm (parties par million de molécules d'air), soit deux fois plus élevé qu'aujourd'hui, et quatre fois plus qu'au XIXe siècle. Alors qu'il faisait déjà bien chaud sur Terre, le passage Paléocène-Éocène est marqué par ce qu'on appelle le Maximum Thermique, un pic de température et du niveau de dioxyde de carbone. Cet immense afflux de méthane et de dioxyde de carbone – autour de 1,5 gigatonne sur une période de 1 000 ans – est le plus grand qu'ait jamais connu le monde jusqu'ici, est n'est comparable qu'à notre ère postindustrielle. La température monta d'au moins 5 °C. La provenance exacte de ce carbone n'est pas très claire, car tout s'est déroulé très vite, mais l'on peut trouver des indices dans l'histoire des roches, indiquant qu'en haute mer, des cristaux solides de méthane – avec un effet de serre encore plus puissant que celui du dioxyde de carbone – se sont dissous dans les mers qui commençaient à se réchauffer à la suite d'une crise intense d'éruption volcanique au Groenland. Le réchauffement des mers intensifia la dissolution des cristaux, dans un cercle vicieux de réchauffement engendrant le réchauffement[4].

Partout, les écosystèmes durent réagir. Les mammifères de l'hémisphère Nord devinrent plus petits – la quantité de chaleur produite par les créatures à sang chaud est fonction de la masse, tandis que la perte de chaleur, elle, est fonction de la superficie. Les animaux plus petits possèdent une superficie relativement grande par rapport à leur poids, si bien que, dans un environnement excessivement chaud, ils ont moins de chances d'être en surchauffe. Dans les mers et sur la terre, tous les êtres vivants, depuis le minuscule plancton jusqu'au mammifère herbivore géant, durent soit évoluer rapidement vers de nouvelles formes, soit disparaître. L'Éocène, l'« aube du nouveau », est de bien des façons l'époque à laquelle est né le monde moderne, la structure fondamentale de la biologie mondiale façonnée dans la chaleur du monde « serre ». Au moment qui nous intéresse, sur l'île Seymour, le pic de chaleur atteint au Maximum Thermique a commencé à baisser, mais les températures mondiales moyennes restent bien plus élevées qu'à l'époque moderne. Les régions équatoriales ne sont pas tellement plus chaudes qu'aujourd'hui, et les températures terrestres moyennes dans l'Inde insulaire sont tout à fait similaires à celles que l'on peut observer de nos jours dans les écosystèmes chauds et humides. À haute latitude, en revanche, ce n'est pas la même histoire. En effet, ce n'est pas notre monde « glacière » et les pôles de notre planète ne sont pas encore recouverts de neige. L'eau n'est pas enfermée dans des glaciers ou des banquises s'étendant à perte de vue, si bien que les niveaux de la mer sont 100 mètres plus haut qu'aujourd'hui, et que, sur tous les continents, le climat est d'un point de vue humain tout à fait agréable[5].

Même l'Antarctique, le continent oublié – l'exception implicite quand on explique qu'une espèce, aujourd'hui, a une distribution mondiale –, est chaud, et les températures peuvent facilement y monter jusqu'à 25 °C en été. L'eau des mers est quasiment bonne, avec ses 12 °C. Tout le continent est recouvert d'une forêt luxuriante qui résonne du piaillement des oiseaux et du bruissement des sous-bois. Mais la Terre ne cesse pas de tourner, et les lois physiques qui régissent la relation qu'entretiennent les êtres vivants, les sols et les mers dans lesquels ils vivent n'ont pas cessé d'exister. L'Antarctique reste ancré dans l'extrémité méridionale du monde, enchaînée à un cycle de jours d'été sans fin et d'éternelles nuits d'hiver. Les mêmes règles gouvernant la lumière, les flux de l'air et les flux de l'eau autour de la planète sont en jeu et conditionnent l'écologie de cette forêt tropicale polaire[6].

La plage est difficile d'accès depuis les versants boisés abrupts, si bien qu'elle est isolée des prédateurs. Les nids des oiseaux aquatiques sont protégés non seulement par leur emplacement géographique, mais également par leur nombre même. Cette colonie est l'une des plus grandes de la région, et accueille jusqu'à 100 000 oiseaux. Et pas n'importe lesquels : même si le temps peut sembler inhabituellement chaud, il est impossible de se tromper – aucun oiseau n'évoque davantage tout un continent que le manchot l'Antarctique. Avec la Nouvelle-Zélande, c'est ici leur terre ancestrale, et les manchots de l'île Seymour sont les premiers à avoir laissé leur marque dans le registre fossile. La colonie occupe la plage sur une bande longue de 400 mètres. Depuis le haut des bancs de sable, ils fusionnent pour former une mêlée noir, jaune et blanc, une masse bourdonnante et gloussante au sein de laquelle les individus scintillent en toute discrétion[7].

En s'approchant, on se rend compte que la taille de ces oiseaux est ahurissante. Le plus petit d'entre eux, le manchot dauphin ou *Delphinornis*, faisait environ la taille des manchots royaux d'aujourd'hui, et est complètement éclipsé par la plupart des autres espèces. Tous ces oiseaux appartiennent à la famille des manchots géants, bien plus grands que leurs cousins de notre époque. Certains, comme le manchot de Nordenskjöld, l'*Anthropornis nordenskjoeldi*, mesurait en moyenne 165 centimètres, soit la taille moyenne d'un humain aujourd'hui. Sur cette aire de reproduction mixte, ils sont généralement les plus grands, même si quelques femelles de manchots de Klekowski atteignent les deux mètres – pour un poids avoisinant les 120 kilos –, à peu près les proportions d'un grand joueur de rugby. Le bec en forme de lance de ces manchots est beaucoup plus long que celui des manchots modernes, et peut faire jusqu'à 30 centimètres. Sept autres espèces de manchots se tiennent aux côtés de ces géants, toutes plus grandes que la plupart des manchots d'aujourd'hui. Il est inhabituel qu'une unique colonie abrite une telle diversité d'espèces, surtout quand elles se nourrissent plus ou moins de la même façon. Normalement, les espèces coexistent uniquement quand leurs niches écologiques respectives sont suffisamment distinctes pour se partager les ressources de l'environnement, sans entrer en compétition – un phénomène appelé « différenciation de niche ». Ici, pourtant, l'océan est tellement généreux que, confronté au choix entre vivre sur un site plus pauvre ou entrer en compétition pour l'espace dans une métropole aviaire bondée, les manchots ont choisi de construire une société hétérogène[8].

Ils se sont déjà adaptés à la vie marine, avec des os denses pour compenser la flottabilité, et une démarche plus dandinante, même s'ils possèdent encore à ce stade leurs orteils intérieurs, que les manchots perdront par la suite. Leurs ailes sont plus souples, aussi, comme celles d'un guillemot, ce ne sont pas encore ces nageoires rigides que les manchots adopteront plus tard pour voler sous l'eau. Leurs plumes sont rassemblées de manière moins dense, pas encore tout à fait adaptées à l'extrême froidure. Ceux qui ne sont pas en train de déambuler sur les galets se laissent flotter dans la baie et se préparent à rejoindre leur territoire de pêche. Une fois là-bas, ils chasseront le hareng, le labre, le merlu et l'*Aridae* (les poissons-chats des mers), mais aussi les museaux aiguisés des *Oplegnathus conwayi*, des espadons et des *Trichiuridae**. Des nautiles, des mollusques à coquille proches des poulpes, des calamars et des seiches, flottent à la surface des eaux les moins profondes, une vision rarissime sous les hautes latitudes. Enfin, les eaux grouillent de parents de la morue. Il y a du plancton en abondance, et les poissons utilisent cette excellente source de nourriture comme une école maternelle marine, une cour de récré pour les sprats[9].

La péninsule se situe dans le passage de Drake, ce bras de mer où les doigts tendus de l'Amérique du Sud et de l'Antarctique ont récemment perdu contact. C'est un lieu de rencontre des continents, des océans, un lieu où les créatures d'eaux profondes s'épanouissent en grand nombre, un paradis pélagique. Ici, de l'eau froide monte des profondeurs,

* L'anglais est plus explicite, puisqu'il s'agit respectivement des *knifejaws*, des *swordfish* et des *cutlassfish*, soit, littéralement, des « mâchoires-couteaux », des « poissons-épées » et des « poissons-coutelas ».

parfois accompagnée de l'une des bizarreries des abysses, tels les béryciformes aux gros yeux, dont des trachichthyidés brillants et des poissons-ogres. Ces courants froids apportent également des nutriments et de l'oxygène dissous qui permettent d'alimenter la communauté depuis le niveau du plancher océanique jusqu'à la surface. Ces courants froids se fraient péniblement un chemin dans les eaux peu profondes du passage de Drake, avant de tourner, de faire route vers le nord et d'accomplir à nouveau le grand tour, ainsi qu'ils le font depuis maintenant bientôt 20 millions d'années[10].

Si la présence de cette remontée d'eau est due à la géographie locale, le moteur qui fait avancer ce tapis roulant, ce sont les rayons du soleil qui frappent l'équateur, à des milliers de kilomètres de là. L'air équatorial se réchauffe plus vite, s'élève haut dans l'atmosphère, et tire derrière lui l'air humide des tropiques. En montant, l'air se refroidit, et est poussé vers le nord ou le sud par l'air qui continue à monter sous lui, avant de plonger à nouveau pour créer la cellule de circulation au sein de l'atmosphère qui caractérise les régions tropicales. Le mouvement de l'air aux extrémités de ces cellules drague encore plus d'air vers les pôles, créant les deux autres anneaux de cellules atmosphériques qui définissent, eux, la météorologie des régions tempérées et des régions polaires.

Si l'on ajoute la rotation de la Terre sous ces paquets d'air, on obtient l'alizé, un vent fort qui souffle d'est en ouest au niveau de la mer dans les régions tropicales. La même chose est vraie de l'air polaire, qui souffle, lui, à 60 degrés de latitude, et qui, réchauffé par le Soleil, s'élève dans le ciel et part vers le nord ou vers le sud. L'air qui se dirige vers les pôles redescend rapidement, et fonce d'est en ouest en vertu de la même force de Coriolis. L'air qui souffle en direction de l'équateur se heurte à l'air froid qui, lui, s'en éloigne et l'attire vers le bas. Tandis que dans les régions polaires et équatoriales, le vent de surface souffle vers l'ouest, dans les latitudes intermédiaires, il souffle vers l'est. L'océan Austral qui entoure l'Antarctique est par conséquent gouverné par des vents qui soufflent d'ouest en est[11].

Dans l'océan Austral actuel, le vent d'ouest permanent donne à l'eau un élan qui n'est bloqué par aucun continent, provoquant un flux d'eau décrivant, aussi vite que l'autorise la friction, des cercles dans le sens des aiguilles d'une montre – les courants circumpolaires. Mais la rotation de la Terre affecte le flux de l'eau autant que le flux de l'air, et, tout comme les ronds-points projettent les véhicules vers l'extérieur, l'eau de l'océan est contrainte de prendre la direction de l'équateur. La combinaison des vents créés par le Soleil et du mouvement de la planète éloigne les eaux de l'Antarctique, et, faisant remonter les eaux fertiles des abysses, permet ainsi à la vie de s'épanouir dans les mers polaires.

Cette abondance de poissons ne peut qu'attirer les prédateurs, et les manchots ne sont pas les seuls à exploiter cette mer froide. Parfois, parmi les manchots de l'estran, l'on peut voir se précipiter des petits charadriidés, des membres de la famille des pluviers et des vanneaux se nourrissant des insectes attirés par les autres animaux réunis en masse, tandis qu'un peu plus haut dans l'estuaire planent des ibis, à l'affût des mollusques et des crustacés laissés à découvert dans les vasières par la marée.

Le gigantesque odontoptérygiens à pseudo-dents, ainsi que les petits procellariiformes, qu'il s'agisse de pétrels ou d'albatros, sont les maîtres incontestés des cieux océaniques, ils surfent sur le vent grâce à leurs longues ailes étroites. Ces oiseaux, qui habitent au sommet des falaises un peu plus loin sur la côte, sont tous passés maîtres dans l'art d'exploiter les vents d'ouest qui soufflent autour de l'hémisphère méridional pour voler sur de très longues distances sans avoir à fournir d'efforts trop coûteux. Leur caractéristique la plus évidente, ce sont leurs ailes bordées de blanc, bien plus longues que larges, dont l'envergure peut parfois atteindre les cinq mètres, et adaptées à des vols rapides et portés par le vent, comme ceux des planeurs. Leur grande taille leur interdit de décoller directement depuis l'eau, si bien qu'ils sont devenus des « coureurs de vague », descendant en piqué au ras de la crête des vagues pour attraper un poisson à grande vitesse, face au vent. Les créatures glissantes comme les calamars sont difficiles à maintenir fermement en temps normal, et c'est encore pire en volant dans le violent vent antarctique, si bien que les odontoptérygiens adultes ont développé des mâchoires dentelées comme des couteaux à pain. Leurs yeux perçants sont haut placés, tandis que leur bec est long comme celui des martins-pêcheurs. Sous ce bec, des pointes osseuses jaillissent à l'âge adulte, et ces dents schématiques qui poussent à même les os forment un sourire crocodilesque. Comme quasiment tous les oiseaux aquatiques, les odontoptérygiens ont une grande espérance de vie, et n'élèvent que peu de petits à la fois. Les juvéniles sans dents sont tout simplement incapables d'attraper de la nourriture de manière efficace, et les oiseaux adultes doivent s'occuper d'eux pendant une année : les parents se relaient tour à tour, l'un veillant les petits tandis que l'autre rase les vagues[12].

De nos jours, l'albatros parcourt les océans en traçant de grands cercles, suivant les vents d'ouest le jour, et dormant sur la mer la nuit. L'odontoptérygien et l'albatros de l'Éocène faisaient peut-être la même chose, et il est quoi qu'il en soit certain que leurs voyages en mer étaient de longue durée. En volant, ils se servent de leurs ailes comme de cimeterres pour monter en flèche, en battant à peine des ailes, avant de se laisser retomber avec le vent et d'utiliser cet élan pour monter encore plus haut, tel un microcosme de l'atmosphère[13].

La seule chose que ces oiseaux craignent dans la mer, c'est l'incroyable diversité des requins. Au moins vingt-deux espèces vivent ici ou y viennent régulièrement pour profiter de l'explosion démographique des poissons, et se divisent le type de proies comme les territoires de chasse. Vers la côte, là où l'eau claire de l'océan est troublée par celle couleur thé au lait de l'estuaire, l'eau écume soudain quand un museau gris plein de piquants, comme une planche pleine de dents, fait une courte apparition, avant de rapidement disparaître sous les eaux. C'est un poisson-scie, un *Pristis*. Le poisson-scie, un type de requin avec un museau qui ressemble à une tronçonneuse, ne traîne pas dans l'Antarctique normalement, même dans la chaleur de l'été éocénien, et se cantonne d'habitude aux eaux tropicales et subtropicales. Mais l'abondance de la nourriture, ici, autour de l'île Seymour, est tout simplement irrésistible pour ce poisson-scie probablement arrivé en longeant les côtes orientales de l'Amérique du Sud. Sa scie permet à la fois de trouver et de capturer la nourriture, et toute sa longueur est ponctuée de milliers d'ampoules sensibles capables de détecter des changements dans les champs électriques. Comme les vertébrés utilisent des flux ioniques de calcium pour contrôler le mouvement de leurs muscles, si un hareng fait le moindre mouvement, le poisson-scie l'apprend immédiatement. De sa scie, il fend l'eau à toute vitesse, ou abat sa pointe jusqu'au sol, ou encore coince sa proie avec la partie plate de son museau tandis qu'il manœuvre pour que le poisson se retrouve dans sa gueule[14].

Les pingouins en train de flotter battent des ailes pour exprimer leur panique quand jaillit une explosion d'écume. C'est le corps tourbillonnant d'un serpent de mer, une bête monstrueusement longue, tout droit sortie d'une légende de marins. Ce corps de 21 mètres appartient au *Basilosaurus*, littéralement un « lézard royal ». Il s'agit d'une grave erreur catégorielle commise par les scientifiques qui ont découvert cette espèce, malheureusement gravée dans le marbre en raison des règles strictes qui régissent la dénomination des espèces : en effet, il s'agit d'un cétacé, d'un membre de la famille des baleines. Les premiers cétacés ont évolué très loin de là, dans le sous-continent insulaire indien, sur les côtes du Téthys, il y a seulement quelques dizaines de millions d'années. *Pakicetus*, l'un des tout premiers cétacés, était un charognard et un prédateur amphibien avec de longues pattes, un phoque-loup, aux os denses et aux yeux haut placés pour mieux pouvoir se cacher sous la ligne de flottaison, peut-être pour prendre sa proie en embuscade. Depuis, les cétacés se sont résolument tournés vers une vie aquatique, et le basilosaure est le premier à ne pas pouvoir revenir à terre[15].

L'animal qui évolue dans les hauts-fonds a transformé son corps de manière substantielle pour s'adapter à sa nouvelle écologie, et s'est doté de nageoires et d'une queue se terminant par une nageoire caudale. Les narines sont remontées sur le haut du crâne, mais le squelette n'est pas encore devenu cette structure évidée, télescopée, qui caractérise le corps des baleines modernes. L'eau permet à cet animal de devenir très gros sans avoir à s'inquiéter du fait de s'écrouler sous son propre poids, et, libéré de la nécessité de devoir se déplacer à terre, les membres arrière se sont réduits à de minuscules nageoires, fort peu utiles au demeurant, même pour tourner. Leurs oreilles internes sont devenues de plus en plus sensibles aux basses fréquences, afin de pouvoir mieux entendre sous l'eau. Leur cochlée est devenu plus longue, plus étroitement enroulée, avec des parois plus fines, ce qui contribue à leur permettre d'entendre les notes les plus graves qui voyagent sur de longues distances sous l'eau. Il n'a pas encore en revanche développé de « melon » – l'organe ovale de tissu gras situé sur le front des cétacés à dents, dont les dauphins, utilisé pour augmenter leur capacité d'écholocalisation par ultrasons. Les *Basilosaurus* ont appris à écouter la musique des océans, mais il leur reste à apprendre à chanter[16].

Si l'on remonte le fleuve, le chenal se rétrécit tout en devenant plus profond, il serpente entre les versants richement boisés. Dans cette vallée noyée, engloutie par la montée des eaux lors du Maximum Thermique, des créatures laineuses arpentent la rive, envoyant valser dans l'eau des grenouilles casquées. Elles ont des lèvres de cheval, une trompe proche de celle du tapir, un corps comme un tonneau mais avec des pattes fines se terminant par cinq doigts, et elles pataugent dans l'eau de l'estuaire comme un ours brun cherchant un saumon, provoquant l'envol d'un groupe d'ibis. Avec leurs deux dents du haut saillantes et leurs grandes défenses dissimulées, elles grignotent la laîche et le jonc mous qui bordent la rive. Ce sont des *Antarctodon* de l'ordre des Astrapotheria – « grandes bêtes de la foudre » –, l'une des clés de l'histoire biologique partagée entre l'Amérique du Sud et l'Antarctique[17].

Géographiquement, l'Antarctique est un carrefour, une connexion entre plusieurs continents qui autrefois constituaient ensemble le supercontinent du Gondwana : l'Amérique du Sud, l'Afrique, l'Australie. L'Indo-Madagascar a fait défection, et l'Inde est entrée en collision avec l'Asie, tel un bulldozer tectonique s'encastrant dans le continent septentrional avec, littéralement, une force à soulever des montagnes. L'île Seymour fait partie de cette chaîne de connectivité, et la péninsule antarctique occidentale tend un bras couvert de forêts très similaires vers la Patagonie, dont elle ne s'est séparée que 10 millions d'années plus tôt, après que la mer de Weddell a inondé l'isthme. Par-delà les grandes montagnes de l'Antarctique oriental, l'Australie n'est pas si loin. Les animaux et les plantes de l'Antarctique – les manchots ou les *Nothofagus* – appartiennent de manière plus générale à la faune et la flore du Gondwana. Ce biota * forme une bioprovince qui s'étend sur tous les continents du Sud. Les « grandes bêtes de la foudre » que nous avons vues sur l'île Seymour sont par exemple des parents des membres du groupe d'ongulés indigènes dont nous avons fait la connaissance au Tinguiririca[18].

Malgré les matelas d'aiguilles de conifères vieux de centaines d'années, les épiphytes en éternel vol stationnaire et les branches mortes colonisées par les champignons et empilées à tort et à travers au beau milieu d'arbres bien vivants, les versants de la forêt ne sont pas complètement impénétrables. Une percée dans les arbres marque la route la plus facile pour atteindre le haut de la colline, une piste usée tracée par des générations d'empreintes de pieds à trois doigts. Le *Notiolofos*, un litopterne, qui ressemblait à un dromadaire actuel, s'est frayé un chemin dans la forêt. Environ de la taille d'un petit dromadaire, il broute des feuilles basses de la forêt de *Nothofagus*. Vivant dans un environnement qui connaît plus de variations en une année que sur des

* Le plus haut des taxons, regroupant tous les êtres vivants.

périodes très longues, l'anatomie du *Notiolofos* n'a pas bougé pendant des millions d'années. Au niveau anatomique, l'évolution est restée sage, et a fait du *Notiolofos* un généraliste bien équilibré, capable de gérer les variations d'un environnement sans être particulièrement spécialisé dans l'un d'entre eux. Cette stase face au chaos a été surnommée le modèle « plus ça change* ». Dans des environnements sauvages, comme les estrans ou les régions polaires, la polyvalence est un atout précieux. La constance des conditions de vie entraîne la spécialisation, ce qui s'apparente, à un niveau évolutif, à de la complaisance. Aucun environnement ne reste le même pour toujours et, si votre niche disparaît, vous la suivez de près[19].

Plus loin dans la forêt, un gigantesque « désespoir de singe » tombé il y a peu, et qui, vivant, devait faire 30 mètres de haut, est désormais suspendu à un angle bizarre en raison de la densité de la végétation. Il pourrit rapidement, et des champignons poussent sur ses flancs. L'hyphe invisible, la racine et le réseau de communication des champignons, a pénétré l'écorce et se fraye un chemin à l'intérieur du bois mort, gagnant du terrain cellule par cellule. La décomposition est rapide dans cet environnement humide. À l'intérieur d'une cavité du géant déchu se trouve ce qui ressemble à une petite balle verte. L'extérieur est

* En français dans le texte. L'expression « Plus ça change, plus c'est la même chose », tirée d'une épigramme d'Alphonse Karr (1849), semble avoir curieusement connu une plus grande fortune en langue anglaise.

composé de grandes feuilles étanches, élégamment assemblées de façon à former une sphère. À travers l'entrée, on peut voir que l'intérieur est tapissé de mousse et de jeunes plantes du printemps, coupées court et séchées pour en faire un foin chaud, aussi sec et doux qu'une pantoufle de laine. Il n'y a pas de primates, ici, et l'arbre n'a pour l'instant désespéré aucun singe. Ce nid appartient à un parent de la créature que les hispanophones appelleront un singe des montagnes, le monito del monte, en réalité un marsupial arboricole.

Le monito del monte est un opossum nocturne de la taille d'une souris, duveteux et doté de grands yeux suppliants. Il a des mains préhensiles, et sa queue enroulée sur elle-même, grasse, et imberbe sur le dessous, remplit de manière contre-intuitive la double fonction d'aide supplémentaire pour escalader et de stockage de graisse pour l'hiver. Les monitos vivent comme les loirs, dormant toute la journée et pendant les mois froids. L'île Seymour est le foyer de deux des premières espèces de monitos, dont une qui pèse environ un kilo, et fait une vingtaine de fois la taille des espèces d'aujourd'hui. D'ailleurs, si le monito del monte est présent en Amérique du Sud, c'est grâce à l'Antarctique. Les marsupiaux sont constitués de deux groupes principaux, les Ameridelphia et les Australodelphia. Les marsupiaux appartenant au super-ordre Ameridelphia incluent les opossums ainsi que plusieurs groupes éteints, dont les Thylacosmilidés carnivores à dents de sabre. Comme leur nom le suggère, ils sont endémiques des Amériques, et plus particulièrement d'Amérique du Sud. Les Australodelphia, eux, comptent dans leurs rangs tous les marsupiaux d'Australie et des terres environnantes : les kangourous et les koalas, les wombats et les diables de Tasmanie, les numbats, les phalangers volants, les quokkas ou encore les quolls. Ils comprennent également les monitos del monte, qui, de nos jours, ne vivent plus que dans les forêts tempérées valdiviennes du Chili et de l'ouest de l'Argentine. Effectivement, les monitos contemporains ne peuvent vivre nulle part ailleurs, dans la mesure où leur survie dépend de la présence d'une plante particulière. Le quintral est une sorte de gui à fleurs rouges, une plante parasite dont les graines sont éparpillées par les monitos, et qui constitue un élément central de l'écosystème des forêts de *Nothofagus*. La profonde association des monitos avec cet écosystème spécifique pose une véritable énigme biogéographique : est-ce que les ancêtres des monitos del monte ont fait la traversée depuis des forêts de *Nothofagus* en Australie ? Ou bien la lignée australienne s'est-elle diversifiée *après* avoir fait la traversée ? Les autres marsupiaux de l'île Seymour font tous partie du groupe des marsupiaux américains, ce qui ne fait qu'approfondir ce mystère. La réponse demeure cachée sous les kilomètres de glace antarctique qui ont recouvert la forêt de *Nothofagus*[20].

Au moment qui nous intéresse, quelque part dans cette forêt humide rôdent d'insaisissables oiseaux. Les ratites – les autruches, les émeus, les casuariidés et les kiwis – sont un autre groupe typique du Sud, avec des membres sur tous les continents méridionaux. Les relations familiales qui unissent les ratites ne sont toutefois pas dépendantes de leur continent de résidence. Par exemple, les deux ratites de Nouvelle-Zélande, le kiwi et le moa, ne sont pas des parents proches. Le plus proche parent du kiwi est bien plutôt l'oiseau éléphant de Madagascar, qui a disparu, et qui lui ressemble par son adaptation au fourrageage nocturne, sa mauvaise vue, son excellent odorat, ses moustaches, et ses plumes tenant plus du poil hirsute que des plumes high-tech et parfaitement adaptées au vol des odontopérygiens. Pour un animal comme cet étrange oiseau malgache incapable de voler, parcourir la sombre forêt de l'Antarctique de l'Éocène aurait été relativement aisé, mais, en vérité, nous n'avons pas de preuve concrète de l'existence de ratites sur l'île Seymour à l'exception d'un unique os de cheville à l'apparence distinctement ratite[21].

Le long de cette rivière vit également un troisième groupe d'oiseaux géants incapables de voler – les Phorusrhacidae, les oiseaux-terreur. Ils ont de longs membres et un gros corps, des ailes ratatinées, et la moitié de leur crâne est composée de leur bec immense, étroit et rectangulaire, qui se termine par un crochet de décapsuleur. Ceux de l'île Seymour sont connus sous le nom de Brontornithinae, les « oiseaux-tonnerre », et consacrent l'essentiel de leur temps à se nourrir de charognes ou à rôder, prêts à l'attaque, le long des sentes de litopternes qui parcourent l'île. Avec les gasthornithidés d'Europe et les Dromornithidae australiens du Miocène, tous des parents carnivores des canards et des oies, ces oiseaux-tonnerre sont le dernier tour de piste des dinosaures prédateurs terrestres. Plus tard, au

Miocène, un Phorusrhacidae agile et haut de plus de 3 mètres, le *Kelenken*, du nom d'un démon du folklore patagon, disposera d'un crâne long de 71 centimètres, dont la plus grande partie sera constituée d'un bec profond et effilé[22].

Les Phorusrhacidae possèdent une excellente vue et, la Terre a beau poursuivre son voyage autour du Soleil et les saisons changer, ils ne sont nullement gênés par l'obscurité. Mais l'altération de l'environnement affecte toute chose et, sur l'île Seymour, les festins de minuit de l'été laissent place à la sombre saison. Le Soleil descend toujours plus bas. Demain, peut-être, déjà, il ne se lèvera plus. Et ce sera le début d'une nuit de trois longs mois[23].

Mais si le Soleil lui-même n'apparaîtra plus, le ciel d'hiver continuera à changer tous les jours. Le jour sera illuminé d'une lumière courbée par le ciel quand le Soleil frôlera la ligne d'horizon. Dans un cycle d'alternance entre le crépuscule et la nuit, les rythmes ordinaires de la vie s'arrêtent. Quand le changement de la lumière du jour devient moins distinct, l'horloge corporelle, c'est-à-dire le rythme circadien, ne peut pas être maintenu. Chez les humains qui n'ont pas l'habitude de la nuit polaire, c'est une source de stress, une sorte de décalage horaire perpétuel, dans lequel le corps ne peut pas faire correspondre ses attentes avec la validation externe de la réalité. Pour certains animaux polaires, le cycle s'arrête, tout simplement, et la vie n'est plus guidée que par ses besoins internes. Alors les animaux dorment quand ils sont fatigués, et se réveillent quand ils sont suffisamment reposés. D'autres maintiennent leur routine quotidienne malgré l'absence de jour. Si le plancton continue à monter et à descendre dans l'océan en fonction des phases de la Lune, l'hiver est une pause pour la plupart des êtres vivants. Les plantes elles-mêmes cessent de respirer et ralentissent leur métabolisme. Si les conifères gardent leurs aiguilles, de nombreuses plantes dont les *Nothofagus* perdent leurs feuilles, et la forêt retient son souffle. Dans leurs branches, les monitos del monte hibernent pour échapper à la rigueur de l'hiver, confortablement nichés dans la balle de mousse qui leur sert de nid douillet. Les animaux plus gros ne peuvent malheureusement pas les imiter, pour des raisons de besoin en énergie, si bien que les *Antarctodon*, les *Notiolofos* et les ratites doivent s'aventurer dans le froid pour trouver de la nourriture[24].

Dans les bois de plus en plus sombres, c'est au tour des animaux nocturnes de sortir leur épingle du jeu, ainsi que ceux qui sont adaptés à la semi-obscurité, ceux qu'on appelle les animaux crépusculaires. Dans la pénombre de la fin de ce dernier jour, une tête moustachue, ressemblant de manière superficielle à un castor, mais en bien plus petit, sort d'un terrier situé dans le système racinaire d'un cyprès. Ses grands yeux sont la preuve qu'il sait tirer le maximum des quelques photons qui descendent du ciel polaire nocturne. On trouve des gondwanathériens comme celui-ci depuis l'Inde jusqu'en Amérique du Sud. Ils appartiennent à l'une des plus vieilles lignées de mammifères, une relique qui remonte au Mésozoïque. Ses membres avant s'écartent sur le côté tandis que ses membres arrière restent sous son corps, si bien que la créature adopte une étrange posture combative de sumo quand elle marche avec hésitation à quatre pattes en direction d'un *Nothofagus*, attirée par la douce odeur des feuilles en train de tomber. Le gondwanathérien n'est pas le seul à être attiré par le *Nothofagus.* Ce dernier, au lieu de produire des graines chaque année, et de risquer une prédation constante, n'en produit absolument aucune en temps normal. En revanche, les années de *masting**, comme lors de l'été précédent, chaque arbre produit des graines d'un coup et en grande quantité, un immense festin parfaitement organisé pour les prédateurs de graines. Comme la nourriture se fait rare, il reste peu de prédateurs de graines, si bien que le nombre de graines relâchées par les *Nothofagus* est bien plus important que celui de graines consommées, et qu'il est certain que certaines de ces graines deviendront de jeunes arbres. La manière exacte dont ce comportement astucieux est coordonné reste un mystère – est-ce que les arbres communiquent avec des signaux hormonaux, ou bien réagissent-ils à certains stimuli de leur environnement leur indiquant qu'il est temps de produire des fruits. Le gondwanathérien, tout comme les opossums, les monitos del monte et les oiseaux, veut se mettre sous la dent les noix qui n'ont pas encore été mangées, et récolter ces petites bourses qui traînent encore au

* Le *masting* est un phénomène de pics de fructification massive suivis d'années de moindre production, se réalisant de manière remarquablement synchrone sur de grandes régions. Chez les chênes, on parle de « glandées ».

sol et contiennent chacune sept ou huit graines. Elles sont faciles à trouver, et la créature les ramasse directement avec sa gueule pour les mâcher avec délectation, sa mâchoire grimaçante faisant des allers-retours incessants en avant et en arrière[25].

La vie évolue pour s'adapter au monde dans lequel elle se trouve plongée, et la géographie des courants océaniques, la position des continents, le modèle de circulation des vents ou encore la chimie atmosphérique concourent tous à définir les paramètres de ce monde. L'île Seymour est très diverse en raison des conséquences accumulées de l'état physique de la planète. La grande disponibilité des ressources a attiré un très grand nombre d'animaux et de plantes, provoquant compétition, adaptation, spécialisation et spéciation. Le climat définit également les limites de la vie. Les hivers sombres, ici, restent froids, suffisamment pour exclure un grand nombre d'espèces. Contrairement au Gargano, où les règles de l'île bénéficiaient aux tailles moyennes – c'est-à-dire les versions géantes de petites créatures et les versions naines de grandes créatures –, dans les régions polaires, ce sont les extrêmes qui sont favorisés. Il existe deux manières de survivre au froid. L'une d'elles est d'hiberner, comme le font les monitos et d'autres petites créatures, et de modifier ses propres processus physiologiques internes de façon à pouvoir supporter l'hiver, et l'autre consiste à augmenter sa taille et à réduire sa superficie par rapport à son poids, afin de mieux conserver la chaleur. Un animal de taille moyenne ne peut faire ni l'un ni l'autre, si bien que, sur l'île Seymour pendant l'Éocène, il n'existe aucun animal d'une taille située entre le lapin et le mouton[26].

Cette pression ne fera qu'augmenter, car les années d'abondance de l'Antarctique touchent à leur fin. Au centre du continent, la neige des sommets des montagnes tient toute l'année. Pour l'instant, le froid subsiste en altitude, mais, tandis que la Terre se refroidit une fois de plus à l'Oligocène, la glace descendra, se répandra sur tout le continent, et chassera quasiment toutes les plantes et tous les animaux. Cela commencera en douceur, avec des glaciers s'écoulant vers l'est de la péninsule de l'Antarctique occidental et donnant naissance à des icebergs éphémères dans la mer de Weddell. Quand l'Inde entrera en collision avec l'Asie, et que l'Himalaya commencera à s'élever, des rochers, exposés pour la première fois à l'atmosphère, réagiront en dégageant du dioxyde de carbone avant de l'enfouir sous terre. Comme les niveaux de dioxyde de carbone baissent, la glace augmente, et la surface blanche de cette dernière reflète encore plus de rayons du soleil dans l'espace – réduisant la chaleur que la terre absorbe et facilitant le développement de toujours davantage de glace. Les modèles de circulation de l'air et des pluies changeront, les courants océaniques se réorganiseront, les températures chuteront, et les espèces des forêts humides de l'Antarctique, une à une, outrepasseront leurs tolérances naturelles. Même l'omniprésent *Notiolofos* se retrouvera incapable de survivre. Chaque espèce a sa limite[27].

Nous ne savons pas exactement où et quand le biota antarctique a disparu de l'Antarctique ; nous n'avons que des enregistrements fragmentaires à partir de l'Oligocène. Contrairement aux premières expéditions humaines qui connurent une fin tragique dans l'Antarctique, nul journal n'a consigné les circonstances de la disparition de ces espèces. Certains de ces enregistrements existent bien, mais si profondément sous la calotte glaciaire qu'il est bien rare que l'un d'entre eux remonte à la surface. À l'intérieur des terres, près du glacier Beardmore, des communautés de *Nothofagus* survivront jusqu'au Pliocène, mais de la luxuriante végétation de l'Éocène ne survivront que quelques mousses, lichens et hépatiques résistant au gel, ainsi qu'une sagine couchée et une espèce de *Deschampsia*. La province écologique qu'incarnait l'Antarctique de l'Éocène a plus ou moins subsisté, dans la mesure où des forêts de *Nothofagus* sont éparpillées autour des bordures méridionales de l'Australasie, de l'Amérique du Sud et de l'Afrique, mais elle a été radicalement altérée depuis l'époque de la forêt humide polaire. De sa faune, seuls les manchots empereurs, grâce à leur capacité sociale à se blottir les uns contre les autres, la fidélité à toute épreuve qu'ils témoignent à leur partenaire, ainsi, tout de même, qu'un certain nombre de caractéristiques biologiques leur permettant de bien retenir la chaleur, s'accrochent obstinément à ce bout de terre. Ils sont les derniers habitants d'un territoire qu'ils peuvent dire leur depuis des dizaines de millions d'années[28].

Dans le ciel du début de l'hiver, au-dessus de l'île Seymour, le soleil se couche pour la dernière fois pour les trois mois à venir. Sur le côté des vents antarctiques, les oiseaux volent dans la nuit, peut-être guidés par les étoiles, ou bien par le champ magnétique qui tourbillonne autour du fer des entrailles de la Terre[29]. Le ciel semble tourner autour du pôle Sud, tandis que les constellations dérivent dans le ciel, et que la Terre penchée roule à travers les saisons. Plus bas, parfaitement réveillés sous le ciel étoilé, l'oiseau-tonnerre et les grandes bêtes de la foudre crépitent sur le sol récemment gelé.

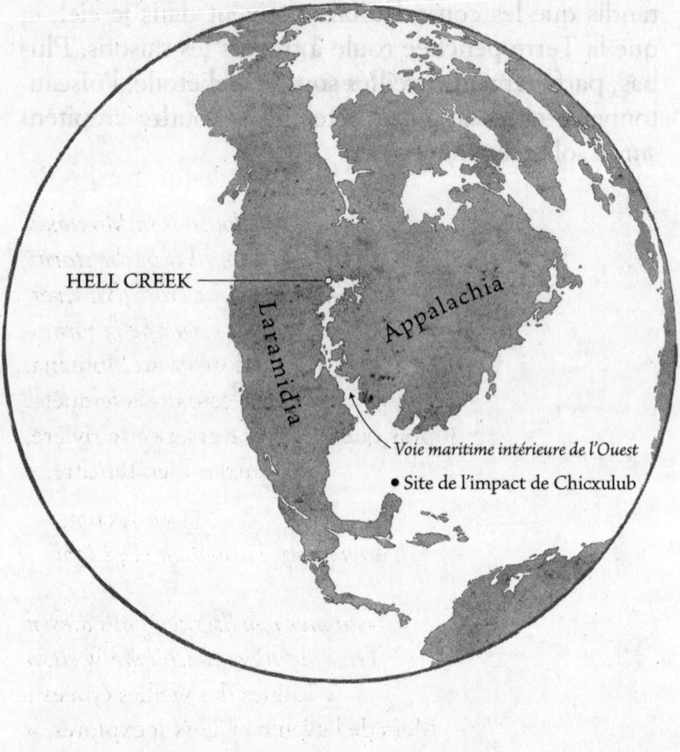
HELL CREEK
Laramidia
Appalachia
Voie maritime intérieure de l'Ouest
Site de l'impact de Chicxulub

6. Renaissance

Hell Creek, Montana, États-Unis
Paléocène – il y a 66 millions d'années

« *I loved it in Montana,*
I loved it in the storm.
I think I'm gonna cross that river.
I just might be reborn. »
« J'ai adoré ça au Montana,
J'ai adoré ça dans la tempête.
J'crois que je vais traverser cette rivière,
je pourrais bien renaître. »

Hoyt AXTON,
Somebody Turned on the Light

« *Trümmer von Sternen ; aus diesen*
Trümmern baute ich eine Welt. »
« Ruines des vieilles étoiles !
Mers de l'avenir ! Cieux inexplorés. »

Friedrich NIETZSCHE,
Dithyrambes pour Dionysos (trad. G. Mesnil)

Baioconodon sp.

La fin du monde est arrivée. Il y a deux ans, un morceau de roche d'au moins 10 kilomètres de long est apparu très haut dans le ciel, au nord, voyageant vers le sud-ouest à une vitesse de plusieurs milliers de kilomètres par seconde. Presque immédiatement après avoir illuminé la stratosphère, il s'est écrasé dans les mers peu profondes de Chicxulub, sur la péninsule du Yucatán de l'actuel Mexique. L'impact a fracassé et fait fondre la croûte, faisant gicler du magma brûlant très haut dans le ciel. Dans l'air frais, les gouttelettes de roche se sont solidifiées, et, pendant trois jours, il a plu des balles de verre incandescent sur la moitié de l'Amérique du Nord. La vague de chaleur a brûlé les forêts, tué deux tiers des espèces d'arbres au niveau mondial, et entraîné un phénomène de déforestation jusqu'à la Nouvelle-Zélande. Des vibrations sismiques ont parcouru toute la planète, et, à l'exact opposé de la zone d'impact, des dorsales du fond de l'océan Indien se sont ouvertes en deux. Les ondes de choc ont anéanti les écosystèmes terrestres voisins, tandis que des tsunamis ont baratté les fonds marins. Des vagues de plus de 100 mètres de haut ont traversé le golfe en moins d'une heure puis, non contentes d'inonder les côtes, elles se sont profondément enfoncées dans les terres, détruisant toutes les communautés établies dans la région caribéenne. À travers les voies maritimes peu profondes qui couvraient une partie de l'Amérique du Nord, une grande vague immobile clapotait en avant et en arrière comme s'il s'était agi d'une simple baignoire. Sous le trou frappé par la météorite, d'une centaine de kilomètres de diamètre, le pétrole tapi depuis longtemps sous le site de l'impact a immédiatement été incinéré. Les feux qui en ont résulté ont envoyé de la fumée et de la suie dans l'atmosphère et, diffusées par les vents de haute altitude, celles-ci ont bientôt recouvert la Terre d'une étrange couverture. Dans les mois qui ont suivi, il y a eu six fois moins de pluie. Le ciel s'est assombri, sans la lumière du Soleil les plantes et les phytoplanctons ont cessé de produire de l'énergie. Et ils n'ont toujours pas recommencé. À certains endroits, la température a baissé de trois à quatre degrés et, au niveau mondial, la température moyenne au sol est descendue au-dessous du point de congélation. Après deux ans d'obscurité, deux années sans la moindre photosynthèse à la surface de la Terre, deux années où les océans se sont fait balayer par des pluies gorgées d'acide sulfurique et d'acide nitrique, les populations ont jeté l'éponge. Les espèces adaptées à la chaleur n'ont pas pu survivre, et les grands herbivores comme les grands carnivores, privés d'un approvisionnement fiable en nourriture, sont morts de faim. Les agents de décomposition ont pris le pouvoir, et les champignons ont digéré les communautés mortes ou agonisantes sous un ciel noir en plein jour. Pour les trois quarts des espèces sur Terre, pas une femelle, pas un mâle et pas un enfant n'a survécu. C'est un hiver d'une génération[1].

Le début du Paléocène, une époque née dans les flammes, ressort du registre fissile comme une saute dans l'enregistrement d'une caméra de surveillance, quelques parasites, quelques crépitements, après quoi l'image revient et tout a changé. Une couche d'iridium, un élément chimique que l'on trouve en forte concentration dans les météorites, est éparpillée un peu partout dans le monde, comme emprisonnée dans des roches venues s'écraser il y a quelque 66 millions d'années – aveu extraterrestre d'un coup fatal. On a estimé que seul un huitième de la Terre était suffisamment riche en hydrocarbures pour produire ce manteau de suie qui causa ce grand hiver de l'extinction – la chance tient à peu de chose. Quelques centimètres en dessous, dans les couches à peine plus vieilles, se trouvent les vestiges du monde des dinosaures – ceux des mangeurs de plantes comme les petits *Leptoceratops* à collerette, le pachycéphalosaure au crâne en forme de dôme, ou encore l'*Ornithomimus*, sans dents, aux côtés de ceux de leurs prédateurs, comme les Tyrannosaures. Dans ce monde, les Azhdarchidae, une famille de ptérosaures, et accessoirement les plus grandes créatures volantes ayant jamais existé, planaient, à la fois plus larges et plus légers que les premiers aéroplanes des frères Wright. Des reptiles dignes du Léviathan grouillaient dans les mers alentour. Quelques centimètres au-dessus de la couche d'iridium se trouve une collection bigarrée de petits et moyens mammifères se nourrissant de racines, de tubercules et d'insectes. À leurs côtés, quelques crocodiles, peut-être une tortue. Plus des trois quarts de toutes les espèces de plantes et de mammifères ont disparu, ainsi que tous les dinosaures à l'exception de quelques groupes d'oiseaux, et de nouveaux organismes ont pris leur place. La transition est si rapide qu'elle dépasse l'entendement, et, effectivement, elle résiste jusqu'ici à tous les efforts d'explication scientifique. Il a fallu un siècle de recherches géologiques avant que l'existence même du Paléocène soit reconnue. Il a fini par être placé au début de l'Éocène comme une sorte de scène de transition permettant de relier un monde dominé par les archosauriens – les ptérosaures, les dinosaures et les membres de la famille des crocodiles – à celui des premiers chevaux, des primates et des carnivores[2].

En 1922, H. G. Wells écrit : « Il y a là un voile, immobile, qui nous cache jusqu'aux contours de l'histoire de la vie. Quand il se lève à nouveau, l'Âge des Reptiles est terminé. [...] Nous découvrons maintenant une nouvelle scène : une nouvelle flore et une nouvelle faune, plus robustes, ont pris possession du monde. » Pour faire la connaissance de ces nouvelles plantes et de ces nouveaux animaux, et pour comprendre la manière dont ils ont hérité de la Terre, nous devons nous éloigner un peu plus, à la fois dans le temps et dans l'espace, de la collision destructrice elle-même. Après la fin du monde, nous ne pouvons plus aller qu'en un seul lieu. Nous devons traverser la rivière. Nous devons nous rendre en Enfer[3].

Trente mille ans après la chute de l'astéroïde, l'air vibre d'une sensation à nulle autre pareille – trop pénétrante pour n'être que pure odeur –, une sensation de fougère et de tourbière, à la fois grisante et humide. En dessous, la succion suppurante du sol détrempé. Quand la tempête tropicale laboure le paysage, on ne sent même pas la pluie tomber tant elle infiltre le moindre aspect de l'environnement – une humidité omniprésente et osmotique. Sur les collines lointaines à l'ouest, le coup de pinceau de gris huileux qui vient de s'abattre sur le vert a effacé toute vie ; la pluie a à nouveau provoqué un glissement de terrain qui a balayé la dernière génération de jeunes arbres. C'est comme si les collines avaient perdu tout espoir et se laissaient lentement couler dans la mer. Nous sommes sur la bordure occidentale de la Voie maritime intérieure de l'Ouest, une mer chaude et peu profonde recouvrant le centre à basse altitude de l'Amérique du Nord et la coupant en deux pour créer deux continents plus petits, Laramidia à l'ouest, composé de ce qui deviendra plus tard la région des Rocheuses, et Appalachia à l'est, comprenant tout depuis la Floride jusqu'à la Nouvelle-Écosse en passant par le Tennessee. La mer se retire depuis plusieurs millions d'années, et Laramidia et Appalachia commencent à se connecter à leurs extrémités septentrionales. En dépit de cette connexion grandissante, le continent nord-américain reste surtout divisé par cette mer aussi peu profonde que productive. Dans les plaines de la côte orientale de Laramidia se trouvait autrefois un système fluvial aux doux méandres, bordé de grandes forêts et habité par d'énormes bêtes – cette zone est aujourd'hui connue sous le nom de Hell Creek. Le jour où la nuit est tombée sur le monde, où il a plu du verre incandescent, un torrent de chaleur intense a explosé depuis le sud, une gigantesque vague d'infrarouges. Ces forêts ont brûlé, et quasiment quatre cinquièmes des espèces de grands végétaux ont été effacés à jamais de la surface de la Terre. Les racines les plus profondes, garantes de l'intégrité de la Terre, n'ont plus été capables de tenir, avec leurs corps réduits en cendres à la surface. Sans arbres pour étreindre la colline et boire goulûment l'eau des rivières, la tempête détrempe le sol, et l'eau, l'éternel architecte de la Terre, nivelle les collines pour en faire des plaines. La roche dense située sous la Terre ne permet pas à l'eau de descendre plus bas, si bien que la nappe phréatique s'est élevée. Les fleuves sont devenus des tourbières, des marécages, des mares, des paysages inondés. Sur les quelques bandes de terre plus élevées, les espèces d'arbres ayant survécu ont commencé à timidement quitter leur refuge, et à former des bois épars, entrelacés de canaux d'eaux tristement marécageuses[4].

C'est comme si la vie sur terre avait été réinitialisée. Les lichens, les algues, les mousses et surtout les fougères se propagent à travers ce nouveau paysage, reprenant à leur compte les premières évolutions des plantes, les circonstances ayant donné au monde une chance de choisir à nouveau ses habitants. Après les désastres, ce sont les opportunistes qui, les premiers, sortent leur épingle du jeu ; chez les plantes, ce sont sans aucun doute les fougères. Capables de survivre sur un sol pauvre en nutriments, se développant vite et dotées de grandes facultés d'adaptation, les spores de fougères germent et survivent là où les autres en sont incapables. Partout dans le monde, il y a un pic de la population de fougères, qui balancent à tout-va leurs spores dans le vent : chaque cellule représente un investissement peu coûteux dans ce nouvel environnement économique, une nouvelle possibilité d'implantation dans ce paysage dévasté, la garantie d'une victoire rapide là où les autres sont à la peine.

Ce sont là les taxons du désastre, les espèces pionnières, les modificateurs de l'environnement qui rendent le monde un peu plus habitable. Parfois, ce sont ces espèces qui consolident l'environnement, par exemple en rendant les sols plus fertiles, créant ainsi les conditions dans lesquelles des espèces moins adaptables peuvent s'épanouir. D'autres fois, les espèces victorieuses sont plus activement en concurrence, et les espèces qui se développent le plus rapidement prennent l'avantage pour accéder aux ressources le plus facilement disponibles. Elles excluent les autres le plus longtemps possible, mais finissent toujours par succomber face à des espèces plus averses aux risques et dont la croissance est plus lente. Quel que soit le mécanisme en jeu, cette succession parvient *in fine* à rendre à l'écosystème sa diversité précédente. Le pic des fougères sera intense et court, un boom à l'échelle d'un millénaire récompensant l'audace évolutionnaire ; recouvrer la diversité d'avant l'extinction prendra en revanche un peu moins d'un million d'années. En géologie, le temps et la distance sont intimement entremêlés ; ici, le pic des fougères dure un unique centimètre dans la mémoire de la roche, une fine couche de spores et d'argile[5].

Un peu plus en hauteur, le marécage fougéreux semble s'étendre sur des kilomètres, mais ce terrain relativement haut est également un refuge pour d'autres plantes. Quelques cyprès des marais, des *Glyptostrobus europaeus*, marquent la limite du bourbier, veillant tels des maîtres nageurs dans 50 centimètres d'une boue recouverte de lentilles d'eau, leurs racines aux genoux cagneux s'arquant au-dessus de la surface pour les aider à respirer, alors que juste un peu plus loin dans les terres, des séquoias à la fois nains et efflanqués, les *Metasequoia occidentalis*, partent à la conquête du ciel. La plupart des arbres ici sont des *Populus nebrascensis* droits et fiers, cousins des trembles et des peupliers. Parmi eux, beaucoup d'*Artocarpus lessigiana*, les premiers parents des jacquiers et des platanes, dont les feuilles en forme de pattes de canard semblent bizarrement appropriées au temps qu'il fait[6].

On peut dire beaucoup de choses d'un paysage à partir de ses feuilles. Ces dernières constituent le principal organe permettant à la plante de respirer et d'absorber de la nourriture, à la fois poumon et intestin. En même temps, elles sont disposées de manière vulnérable aux extrémités de la plante, ce qui entraîne toutes sortes de difficultés. Si l'environnement est trop sec, les stomates laisseront trop rapidement échapper de l'eau dans l'air. Avant l'évolution de la fixation du carbone en C_4, avant la création des plantes grasses, il existait tout de même plusieurs façons d'affronter ce problème : les feuilles pouvaient réduire leur nombre, ou leur taille. La résine produite par toutes les feuilles devenait plus épaisse, plus dense, et limitait les pertes en eau. Si le monde devenait pluvieux, l'eau accumulée dans la feuille la brisait ou bien l'exposait à l'infection fongique, si bien que les feuilles se sont adaptées pour développer une sorte de gouttière permettant de drainer l'eau jusqu'au bout de la feuille, où, comme le bec d'une cruche, un *drip tip* guide l'eau jusqu'au sol sans briser l'extrémité de la plante. Par conséquent, mesurer la proportion de feuilles possédant des *drip tips* dans un lieu donné peut nous donner une idée raisonnable de la pluviométrie locale. Le *Populus*, le tremble, a un seul *drip tip* ; la feuille elle-même a d'ailleurs la forme d'une goutte d'eau. Le *Platanus raynolsii*, le platane, en a lui trois pour chaque feuille[7].

Comme si elle était tenue de respecter une mystérieuse échéance, la pluie se calme soudain, et les arbres semblent se détendre, leurs branches s'élevant légèrement comme si elles prenaient une grande inspiration, libérées du poids de la pluie. Elles continuent à goutter, alors l'eau qui coule et est absorbée par le sol entraîne une partie de cette résine imperméable. Chaque type de résine possède une composition chimique propre à la feuille dont elle a coulé, si bien qu'elle inscrit dans le sol la signature des plantes qui l'ont autrefois ombragée. Si les plantes à fleurs (angiospermes) produisent davantage de résine que les plantes à cônes, ou conifères (gymnospermes), leur résine à toutes deux est composée de molécules plus longues que la résine des mousses. Dans des environnements plus arides, les molécules de résine sont plus longues afin d'empêcher la perte d'eau dans l'air sec. Cette chimie est conservée même quand le sol se durcit et se minéralise, si bien que la roche est en mesure de révéler quelles plantes furent, à une époque, présentes. Longtemps après leur mort, incorporées dans le socle rocheux, leurs ombres chimiques tachetées subsistent[8].

Il n'y a pas que les plantes qui exploitent cette île dans le marais. Une bête minuscule, le *Medosma*, domine tout l'écosystème, et représente quasiment les trois quarts de la communauté présente sur place. Avec ses grandes dents de devant, sa mâchoire carrée et ses mouvements d'escaladeur, on peut le prendre au premier coup d'œil pour un mulot sylvestre, mais le *Mesodma* n'est pas un rongeur. Au fond de sa bouche se trouve une dent que ne connaît aucun des mammifères d'aujourd'hui. Évoquant une moitié de scie circulaire et engoncée dans la gencive, cette énorme prémolaire remplit une fonction similaire. La dentelure s'étend de manière cannelée le long de la ligne gingivale, et cet arrangement en fait une lame arrondie parfaitement adaptée aux tiges ligneuses. Le *Mesodma* est un multituberculata, et fait partie d'un groupe qui a toujours été très divers depuis le Jurassique, principalement des animaux de la taille d'une souris, depuis celui qui se nourrit de graines jusqu'à celui qui se nourrit de fruits ou de tiges, depuis les creuseurs jusqu'aux grimpeurs[9].

Très peu de groupes de mammifères – parmi ceux que nous connaissons au Crétacé – ont survécu, et aucun n'en est sorti indemne. Dans l'hémisphère Sud, les monotrèmes, ordre qui comprend les ornithorynques et les échidnés d'aujourd'hui, ont difficilement survécu, et peuvent être considérés comme des marathoniens de l'évolution. Ils ne sont peut-être pas très nombreux, mais ils ont réussi à boitiller jusqu'à aujourd'hui, sans jamais connaître de grandes variations ni devenir communs, mais toujours là bien qu'invisibles dans le registre fossile. Les métathériens à poche, les ancêtres des marsupiaux, étaient autrefois courants dans toute l'Amérique du Nord.

Très peu ont survécu. Au bout du compte, eux aussi se retrouveront confinés dans le Sud. Deux autres groupes inhabituels de mammifères insectivores, les symmétrodontes avec leurs molaires perçantes triangulaires et leurs éperons aux chevilles, et les dryolestides, des animaux évoquant des hérissons sans épines, ont peut-être survécu. Le seul symmétrodonte connu est un spécimen controversé appelé le *Chronoperates*, le voyageur du temps, que l'on ne connaît que par une dent du Paléocène supérieur mais retrouvée dans un groupe du Mésozoïque, et qui occupe donc une place incongrue dans le registre géologique. Un dryolestide de la taille d'un chien, le *Peligrotherium*, « la bête paresseuse », a vécu au Paléocène inférieur en Patagonie, tandis qu'un autre, le *Necrolestes*, ou « pilleur de tombes », fait partie de la même région du monde, mais en un autre temps, le Miocène. Animal fouisseur évoquant la taupe, doté d'un museau très sensible, le *Necroleste* est tellement spécialisé qu'il est difficile de déterminer à quel groupe il appartient précisément, tandis que le *Peligrotherium* a été classé par certains parmi les placentaires. Pour que tous deux soient des dryolestides, il manque à peu près 40 millions d'années d'histoire de l'évolution, un fossé certes gigantesque mais pas insurmontable. Peut-être que, comme les monotrèmes, ces groupes ont survécu mais n'ont pas été préservés dans le registre fossile pour des raisons liées à leur écologie propre[10].

Quand il est question de préservation, tous les environnements ne sont pas égaux. Pour devenir un spécimen de musée, le mort doit résister à la décomposition, il faut être recouvert de sédiment, et éviter d'être érodé, métamorphosé, ou de se nicher au-delà de ce que toucheront jamais une spatule et une truelle. Les mammifères de Hell Creek ont – à cet égard – un avantage sur les oiseaux : leurs dents. Recouvertes d'un émail protecteur, les dents sont physiquement et chimiquement plus solides que les os, et sont bien plus facilement préservées. Les dents des mammifères, tout particulièrement les molaires, sont caractérisées par certaines sortes d'éminences et de dépressions coronaires, avec divers types de crêtes alvéolaires les connectant et les divisant. La forme d'une unique molaire inférieure permet d'identifier précisément une espèce, même s'il est plus difficile d'utiliser les dents pour comprendre la façon dont les espèces sont liées entre elles ; une adaptation convergente à un régime alimentaire similaire a tendance à effacer les traits qui découlent de l'histoire familiale[11].

Pour de nombreuses familles, genres et espèces, le Paléocène n'est pas une fin mais un commencement. Partout dans le monde a lieu une sorte de rétablissement. Par nécessité, cela signifie la diversification des quelques lignées survivantes, et l'apparition de tout nouveaux groupes, dans lesquels une espèce peut devenir un ordre. Les poissons osseux, les marsupiaux, et de nombreux types d'oiseaux se diversifient dans un monde où les niches sont vacantes et prêtes à être occupées[12].

En tant qu'humains, nous sommes des euthériens – un terme victorien imbu de lui-même signifiant « la bonne bête sauvage ». Notre famille euthérienne était diverse pendant le Crétacé, et a survécu à cette extinction de masse. À l'origine insectivores, comme beaucoup d'autres groupes de mammifères, ils se définissent par leurs descendants, les mammifères placentaires. S'ils étaient nombreux et diversifiés dans l'hémisphère Nord pendant le Crétacé, ils vivaient également sur l'île-continent de l'Inde, qui était à l'époque plus éloignée que jamais des autres masses continentales. Malgré cette large distribution, plus de la moitié des familles d'euthériens ont disparu à jamais. Seuls trois groupes d'euthériens ont tenu le coup, pour un temps du moins : les cimolestiens, surtout des prédateurs, les leptictides, proches des gerboises, et les placentaires. Nous ne savons pas exactement combien de lignées placentaires ont survécu et ont eu des descendants, parce que nous n'en connaissons aucun d'avant l'extinction de masse. On peut inférer à rebours que leur écologie était celle d'un petit insectivore nocturne. Ils n'apparaissent pas avant ce moment précis dans le registre fossile : le cataclysme marque l'aube des placentaires[13].

De l'autre côté d'un petit ruisseau, un petit massif de fougères s'ouvre en deux dans un craquètement, et la fine dentelle d'une toile d'araignée se déchire : un animal svelte de la taille d'un chat, suivi par ses deux chatons, vient se désaltérer. Peut-être qu'ils évoquent davantage des veaux, c'est dur à dire. À ce stade, il est absurde de parler de bovins, ou de chiens, ou de singes, ou de chevaux. Aucun de ces groupes n'existe. Mais c'est là, ou du moins c'est à ce moment-là, qu'ils trouvent tous leur origine, dans les décombres d'un monde essayant de guérir de l'impact de Chicxulub. Cet animal est l'un des tout premiers mammifères placentaires. Les noms perdent de leur tangibilité dans les profondeurs du passé, et nos langues n'ont pas de mots, pas de description des petits de nos ancêtres communs, à l'époque où ces groupes commencent progressivement à se séparer les uns des autres. Quelque part dans le monde survivent des tribus d'organismes, les restes d'une distribution plus large qui, séparés par le désastre, ne se recroiseront plus jamais sur les branches de l'arbre de la vie. Ces deux jeunes *Baioconodon* sont frères et sœurs, et, peut-être que, quand ils seront devenus adultes, l'un d'entre eux migrera ailleurs pour découvrir de nouveaux pâturages. Peut-être que leurs enfants jamais ne se rencontreront, que leurs communautés jamais ne se mélangeront. D'un point de vue spéculatif, ils peuvent très bien être, respectivement, les ancêtres des chauves-souris et des chevaux*. À

---

* D'un point de vue spéculatif, parce que, bien sûr, les espèces ne descendent pas des individus mais des populations. Au sein de ces populations, toutefois, si deux frères ou sœurs se retrouvent chacun d'un côté d'une séparation, dans différents pools génétiques, leur séparation constituera une divergence parmi de nombreuses autres. En ce qui concerne les chauves-souris et les chevaux, ils sont en réalité étonnamment proches, et sont subsumés au même superordre des Laurasiathériens. Certains soutiennent que les chauves-souris, les périssodactyles (dont les chevaux) et les carnivores forment à eux tous un petit groupe qu'ils appellent les Pegasoferae (« chevaux ailés sauvages »), mais il est notoire que les interrelations entre Laursiathériens sont difficiles à identifier clairement. Des créatures comme le *Baioconodon* sont non loin du centre de la radiation des placentaires et des Laurasiathériens, mais prétendre qu'une espèce est l'ancêtre

un certain moment de la généalogie de ces animaux, leurs lignées respectives doivent converger vers une population commune d'ancêtres, mais, pour la plus grande partie des ordres placentaires, leur berceau est le Paléocène[14].

La place exacte du *Baioconodon* et d'un grand nombre d'autres mammifères énigmatiques de cette époque sur le grand arbre généalogique des mammifères reste incertaine. Voyager jusqu'à cette époque, pénétrer dans ce marais et arracher un poil de cet animal afin d'en extraire de l'ADN, voilà le fantasme de plus d'un paléontologue. Mais 66 millions d'années, c'est trop loin, et puis, le *Baioconodon* prendrait sûrement peur et s'enfuirait[15].

Pour l'heure, nous devons nous contenter d'observer et d'espérer que des jours meilleurs viendront, avec des preuves plus fiables. L'anatomie de ces animaux est également peu éclairante, dans la mesure où elle est à la fois trop similaire et en même temps trop distincte d'un grand nombre d'ordres du vivant pour être placée avec confiance. La face évoque à première vue une sorte de hérisson géant au nez retroussé, ou bien le cousin malgache de la mangouste, le fossa, mais cela revient à calquer sur ces animaux les caractéristiques d'espèces plus tardives. Ils sont comme l'idée platonicienne du placentaire, un placentaire non spécialisé, un morceau de glaise vivante à partir duquel tous les autres ont été tirés, pétris et façonnés. Cela est dans une certaine mesure vrai d'un grand

---

direct de telle autre n'est pas très pertinent ni très censé au regard du consensus actuel. [*N.d.A.*]

nombre de familles de mammifères du Paléocène, que nous avons rassemblés dans un groupe appelé les « condylarthres » et dont nous savons maintenant qu'il s'agit d'un taxon poubelle, une vitrine de musée avec une étiquette marron à moitié effacée derrière laquelle on a fourré tous les premiers mammifères dont nous ne savions pas quoi faire. Au sein de ce fourre-tout, le *Baioconodon* fait partie de la famille des « chiens-ours », les arctocyonides – qui est peut-être lui-même au final un taxon poubelle[16].

Même si leurs ancêtres étaient des insectivores, le gène qui, dans les cellules de ces animaux, permettait de coder les enzymes nécessaires pour briser l'exosquelette solide des insectes s'est éteint. Et, même là où les animaux sont adaptés au fait de manger des insectes, il est peut-être plus facile d'éviter la compétition en optant pour un nouveau régime moins commun, même s'il est hasardeux, comme les plantes. Si les enzymes de digestion des insectes ne sont plus utilisées, il n'existe plus aucun avantage au fait de les conserver. Il n'existe aucun mécanisme vérifiant la transmission des instructions pour fabriquer de la chitinase quand les gènes sont transmis des parents aux enfants, et au jeu du téléphone arabe évolutif, cette information devient lentement obsolète. Les vestiges de ces gènes peuvent exhumer chez les humains, les chevaux, les chiens et les chats une sorte de mémoire génétique vague d'un passé insectivore, un passé dans lequel d'ailleurs, de manière intrigante, les espèces ont perdu ce gène de façon indépendante les unes des autres[17].

Détalant à côté du *Baioconodon*, un *Mesodma*, évoquant un écureuil, monte le long d'une branche de tremble à la recherche de nourriture. Détalant en sens inverse, la tête la première, le long d'une liane ligneuse, il rejette une baie sombre qui pend bas aux feuilles du *Cocculus flabella*, ou ménisperme du Canada. Un *Procerberus*, un animal légèrement plus grand vivant à l'abri des lianes, un peu comme une grande musaraigne agressive, lance un cri d'alarme et, voyant sa cachette repérée, décampe à travers la végétation. Les fruits du ménisperme ne sont pas bons pour le *Mesodma*. Ils poussent vite, grimpent le long d'arbres plus grands, et se servent de leur haute taille pour atteindre le soleil, si bien qu'ils sont nombreux, mais leurs graines sont toxiques. Leur neurotoxine peut paralyser un mammifère, mais elle est moins efficace sur les oiseaux, une résistance que d'ailleurs la plante exploite pour disperser ses graines. Les oiseaux qui habitent dans ces bois clairsemés sont des animaux qui vivent au sol et qui ressemblent à des cailles ou des tinamous. Pour ceux qui habitent les arbres, l'incendie des forêts a été sans pitié. Il est possible que, dans chaque famille d'oiseaux, seuls ceux qui disposaient leur nid au sol aient réussi à survivre. Leurs os fragiles signifient que leurs fossiles sont fragmentaires dans tous les sens du terme, mais les premiers oiseaux connus du Paléocène vérifient cette hypothèse. Ce sont des oiseaux de mer nichant dans les cavités des rochers, habitant la côte atlantique occidentale, au-dessus de la Voie maritime intérieure de l'Ouest sur l'île d'Appalachia[18].

Personne ne sait vraiment pourquoi des créatures comme le *Mesodma* arboricole, le *Procerberus* ou les premiers membres de la famille des placentaires ont survécu là où tant d'autres espèces se sont éteintes. Certains aspects de leurs histoires de vie* ont probablement aidé : les animaux plus petits ont besoin de moins de nourriture pour subsister, et, tout comme les fougères, se reproduisent vite et ont une progéniture nombreuse : cette approche de dispersion a sans doute davantage de chances de porter ses fruits dans un environnement imprévisible. Une reproduction accélérée contribue également à l'adaptation, dans la mesure où un individu a besoin de survivre moins longtemps avant d'être remplacé dans la population. Vivre sous la terre dans des terriers, là où la température est moins variable, a également dû faire office de protection contre la chaleur brûlante, les retombées, l'hiver causé par l'impact de la météorite, et constitue presque certainement l'un des facteurs qui ont contribué à la survie d'un grand nombre d'animaux. Pendant les années 1960, quand les États-Unis s'en donnaient à cœur joie pour tester l'arme nucléaire dans le désert du Nevada, les terriers des rats-kangourous, qui n'étaient situés qu'à une cinquantaine de centimètres sous la surface, étaient suffisamment isolés pour qu'ils survivent et prospèrent en dépit des explosions des bombes atomiques[19].

* Les histoires de vie tentent d'expliquer comment l'évolution forme les différents organismes pour qu'ils atteignent le succès reproducteur en analysant ce qui cause les différences de valeur adaptative entre les différents génotypes et phénotypes retrouvés dans la nature (Wikipédia).

Le fait d'être aquatique constituait aussi probablement une protection – mais si les tortues, tout comme les salamandres et d'autres amphibiens, s'en sont relativement bien tirées, plusieurs animaux aquatiques comme les membres de la famille des crocodiles et d'autres reptiles marins ont été soit détruits, soit privés de leur diversité. Aujourd'hui, ce qui reste de la diversité crocodilienne est ridicule comparé à la taille du groupe au Crétacé. Loin d'être tous des prédateurs semi-aquatiques chassant à l'affût, les crocodiles du Crétacé comprenaient par exemple l'agile *Pakasuchus*, qui évoquait le chat ; ou bien la famille purement aquatique des Thalattosuchia, avec leurs nageoires et leurs queues de requin ; ou encore le *Simosuchus* au nez camard, un herbivore fouisseur aux dents en forme de clous de girofle, et qui, en dépit des avantages liés à sa petite taille, proche de celle d'un iguane, ne s'en est pas sorti. Les histoires de vie importent, et même la mort apparemment aveugle qui s'est abattue en même temps que la météorite a affecté certaines manières de vivre davantage que d'autres[20].

Parfois, être très nombreux suffit. Avant l'extinction, les rivières de la région de Hell Creek accueillaient au moins douze différentes sortes de salamandres. Seules quatre de ces espèces ont survécu – les quatre, qui, ensemble, constituaient 95 % de la population des salamandres d'avant l'extinction. Leur abondance a suffi à les rendre plus résistantes à l'effondrement de la population. Les eaux de Hell Creek abritent encore leurs masses d'œufs gélatineuses, mais seulement d'une seule espèce. Ces eaux fraîches mais pauvres en oxygène sont principalement habitées par des poissons benthiques comme les poissons-castors, qui possèdent des ouïes mais restent capables de respirer l'air, ainsi que les guitares de mer, qui s'enterrent dans la boue et chassent la palourde – un mode de vie tranquille. Quelques tortues d'eau douce se hissent sur des bûches. Non loin d'ici, des lézards prédateurs appelés Champsosaurus et de grands crocodiliens du style des alligators rôdent, à fleur d'eau, essayant de mordre les poissons. Parmi les crocodylomorphes qui ont vécu vers la fin du Crétacé supérieur, partout dans le monde, ceux qui ont survécu sont ceux qui étaient adaptés à un plus grand spectre de salinité, c'est-à-dire ceux qui vivaient dans les zones limites du monde, là où les eaux douces se mêlent aux eaux salées. Une fois encore, polyvalence est mère de survie[21].

À la surface, les lentilles d'eau flottent en formant des tapis, tandis que les cercles superposés des *Quereuxia*, des sortes de nénuphars, flottent doucement sur l'eau, commencent à bourgeonner et à fleurir. Des libellules planent dangereusement quelques centimètres à peine au-dessus. À moitié caché parmi les arbres, le véritable herbivore spécialisé, le *Mimamuta*, un autre mammifère ayant adopté la stratégie placentaire de la gestation interne de longue durée, fait à peu près la taille d'un fox-terrier. Il s'est extrait du sol marécageux pour ronger la racine exposée d'un gingembre. Il a une longue queue, un corps trapu, et est plutôt bas pour sa taille. Si on l'observe de dos à moitié accroupi, on pourrait presque le prendre pour un petit blaireau. Sa tête est toutefois plus bombée que celle d'un blaireau, et ses mâchoires plus profondes que celles du *Baioconodon* – c'est un animal qui a l'habitude de mâcher. La famille des périptychides est donc en train de s'adapter à un régime herbivore. Les parents du *Mimatuta* sont en train de grandir, et de développer des dents bulbeuses idéales pour écraser les délicieuses racines profondément enfoncées dans la forêt, un peu comme celles d'un sanglier. Sa face est complètement recouverte de vibrisses, de moustaches lui permettant de se montrer particulièrement sensible à la nourriture des sous-bois[22].

Après la disparition des dinosaures, les mammifères placentaires ayant récemment grossi, à l'instar du *Mimatuta*, sont les plus grands animaux à fouler la terre. Le *Mimatuta* est un animal audacieux, qui s'est mis à exploiter des plantes restées jusqu'ici l'apanage des *Triceratops* et des *Pachycephalosaurus*. Le goût âcre du gingembre est destiné à éloigner les prédateurs, mais le *Mimatuta* n'en a cure, tout comme les larves de scarabée. À côté, les feuilles d'un laurier sont comme gribouillées de lignes pâles apparemment tracées au hasard, un peu comme des traînées de bave d'escargot, mais à l'intérieur des feuilles elles-mêmes. Ces petits tunnels indiquent la présence de minuscules larves qui vivent dans la feuille et s'en nourrissent. Le derme de la feuille est si fin qu'elle est une fenêtre sur l'activité qui se déroule en son sein : les larves balayent leur tête d'avant en arrière, se tortillant dans leur petite cage. Ce sont des mineuses de feuille, des chenilles soyeuses de *Gracillaria*. Les jeunes larves sont nées sur le bord de la feuille et, après une quatrième mue, ont percé et pénétré la feuille. Elles y resteront jusqu'à ce qu'elles soient prêtes à devenir chrysalide, s'enroulant dans la soie pour n'en émerger que papillon[23].

Les insectes ne sont pas bien préservés dans le registre fossile : ils sont trop petits pour être préservés ailleurs que dans le sédiment le plus fin. À Hell Creek, le système fluvial et le marais sont trop superficiels pour les préserver, mais dans les profondeurs, il est possible, tout au fond du bourbier, de conserver ces feuilles révélatrices. Avec elles sera conservée l'histoire des activités de leurs minuscules prédateurs, avec leurs puits de forage et leurs tunnels creusés au milieu des nervures, leurs galles et leurs blessures laissées par les insectes qui les percent et les sucent. Aucune plante n'est immunisée : des milliers de feuilles de cycadales, de ginkgos, de conifères, de fougères, et même de nénuphars flottants comme le *Quereuxia* sont attaquées. Ici et là, un mordillement semi-circulaire distinctif, voilà la seule preuve de l'existence des papillons de Hell Creek qui survivra aux ravages de la géologie. L'extinction n'a pas touché que les vertébrés. Même les insectes, pourtant abondants, ne sont plus aussi variés qu'ils l'étaient auparavant. Le nombre d'écotypes différents – les différentes manières de subsister – a décliné. Là où les plantes hôtes se sont éteintes, les larves, ne pouvant plus se nourrir, les ont suivies de peu dans le néant. Quatre-vingt-cinq pour cent des espèces d'insectes spécialisées ont disparu, et ce sont bel et bien les généralistes qui ont survécu. Les larves de scarabées qui se nourrissent de gingembre ne sont pas des mangeurs tatillons, et ils sont toujours là ; le *Gracillaria*, lui, n'a survécu que grâce au laurier[24].

Dans le jeu complexe que représente un écosystème, chaque joueur est connecté à d'autres joueurs, mais pas à tous, dans un réseau de prédation et de compétition dictant qui vit où et comment, qui vit dans la lumière et qui vit dans l'ombre, et ce jusqu'aux disputes internes aux espèces elles-mêmes. Les extinctions font vibrer tout le réseau, brisant des connexions et menaçant son intégrité. Si vous sectionnez l'un des fils du réseau, il vacillera, se remodèlera mais en fin de compte survivra. Coupez-en un autre, et il continuera à tenir. Sur de longues périodes, des réparations sont faites, au sens où les espèces s'adaptent et où de nouvelles associations sont opérées, de nouveaux équilibres sont trouvés. Si trop de fils sont tranchés d'un coup, en revanche, le réseau s'effondrera, sera emporté par la brise, et le monde devra se débrouiller avec le peu qui reste.

Donc, après une extinction de masse, un renouvellement se produit, de nouvelles espèces apparaissent, et le réseau s'autorépare. Nous ne savons pas clairement d'où viennent les *Mimatuta* et les *Baioconodon*. Ils ne possèdent aucun ancêtre évident au Crétacé supérieur, et nous en sommes réduits à nous demander s'ils n'ont pas évolué trop rapidement par rapport aux images par seconde conservées dans le registre fossile pour que ce dernier en ait conservé la trace ; ou bien s'ils viennent tout simplement d'ailleurs, d'un endroit qui n'a pas été préservé par le registre fossile, déjà partiellement en route vers leur niche omnivore, mais dissimulés en raison de la préservation erratique des environnements au travers de l'espace-temps géologique. Est-ce que ces espèces ont évolué hors champ, dans un quelconque berceau du Crétacé, se séparant les unes des autres pour ne se distinguer suffisamment que lorsque a surgi l'opportunité d'étendre leur portée, aussi bien en termes géographiques qu'écologiques ?

Ces questions restent dans l'ensemble irrésolues. C'est comme si, dans la mort, ces créatures énigmatiques avaient croisé le Léthé, le fleuve de l'oubli, et que la mémoire de leurs ancêtres avait été effacée par le passage du temps.

Les mammifères de Hell Creek, et, de manière plus générale, du début du Paléocène, ont toujours exercé sur nous un attrait quasiment mythologique. Les espèces de *Baioconodon* qui s'attardaient aux abords des rives des cours d'eau avaient à l'origine été baptisées du nom de *Ragnarok*, du nom de l'apocalypse dans la mythologie nordique, la fin du monde prédite par les trois Nornes qui tissent les fils du destin, qui font et défont l'écheveau du monde[25].

D'autres noms ont été empruntés à des mythologies plus récentes ; ainsi, un autre mammifère du début du Paléocène a été appelé *Earendil undomiel*. Dans la mythologie de l'Arda de J.R.R. Tolkien, Eärendil est le voyageur, l'étoile du matin, le héraut qui annonce la joie à venir, en écho à un poème anglo-saxon* qui utilise cette image pour décrire Jean le Baptiste – qui, dans le christianisme, est considéré comme le héraut du Christ. Les caprices de la taxonomie ont voulu que le spécimen appelé *Earendil*

---

* Il s'agit de *Crist* (parfois appelé *Crist II*), du poète anglo-saxon Cynewulf.

undomiel soit désormais considéré comme une espèce de *Mimatuta*, un parent proche, et peut-être un descendant direct du *Mimatuta* d'ici. Le *Mimatuta* lui-même a d'ailleurs une étymologie gris-elfique, son nom signifiant le « joyau de l'aurore ». Ce n'est pas un hasard si les noms donnés à ces espèces évoquent tous le matin. Les périptychides et les arctocyonides du Paléocène inférieur ont pu ou non avoir des descendants ayant survécu jusqu'à l'époque moderne, mais ils sont quoi qu'il en soit les pionniers écologiques du règne des mammifères. Là où ils sont allés, d'autres groupes ont suivi. Rétrospectivement, il est facile de voir dans ces mammifères les précurseurs d'une exploration plus tardive, qui a repoussé les limites physiologiques jusqu'à culminer dans les étranges formes des chauves-souris et des baleines, des tatous et des éléphants[26].

Il y a un monde à conquérir, des réseaux écologiques endommagés à réparer, et même si les dinosaures resteront à jamais majoritaires, y compris de nos jours (dans la mesure où il existe toujours deux fois plus d'espèces d'oiseaux que de mammifères), les mammifères s'installeront en général au sommet de la chaîne alimentaire. Dans toute l'histoire des mammifères, c'est à partir de ce moment qu'ils vont commencer à atteindre de nouveaux sommets de diversité, aussi bien en termes de nombre d'espèces que de disparités d'anatomie. Pour nous, les périptychides et les arctocyonides font partie de cette nouvelle faune mammifère[27].

Au moment où la météorite de Chicxulub a frappé, les primates, les lémurs volants, les scandentiens, les lapins et les rongeurs ne s'étaient pas encore diversifiés. Ils étaient tous rassemblés en une, ou peut-être deux ou trois espèces, ancêtres communs de tous ces animaux. Nos ancêtres sont bien là, et ils contiennent dans leur code génétique l'essence de ce que cela signifie d'être un primate. Les ancêtres de certains des plus grands mammifères terrestres qui existeront jamais, comme le *Paraceratherium*, un cousin du rhinocéros de 17 tonnes, sont également les individus dont les descendants non seulement voleront mais se miniaturiseront le plus, pour devenir la chauve-souris bourdon. Le spectre des formes anatomiques s'élargira rapidement, explorant les différentes possibilités d'être un mammifère, avant de finalement se spécialiser pour constituer les groupes que nous connaissons aujourd'hui. Cela ressemble presque à une promesse biblique : vos descendants fouleront chaque coin de cette Terre et même au-delà[28].

Mais considérer les choses de cette façon revient à céder à un biais téléologique ; le monde de Hell Creeks ne dépend pas de ce vague futur que nous appelons le présent. De nombreuses espèces présentes ne connaîtront d'ailleurs pas le même succès généalogique. La famille des *Procerberus*, les cimolestides, se déplacera vers de nouvelles niches, se diversifiera, et survivra encore 30 millions d'années avant de s'éteindre définitivement, sous l'ultime forme de simili-loutres semi-aquatiques, à l'Oligocène inférieur en Europe. De la même manière, les multituberculata comme le *Mesodma*, qui règnent pour l'instant sur toute l'Amérique du Nord, dureront jusqu'à l'Éocène supérieur, avec un seul genre survivant en

Arctique, l'*Ectypodus*, jusqu'à ce que le groupe disparaisse après 120 millions d'années d'existence. L'extinction est une dimension inhérente à la vie, mais les extinctions de masse sont rares, et il est encore plus rare qu'un ordre établi soit aussi vite renversé. Pour l'instant, les multituberculata, les cilomestides et les périptychides font tous partie du groupe de mammifères qui explorent une Terre brisée, un monde dont la diversité a été détruite par un hasard dévastateur et un changement climatique rapide. Le rétablissement total des cycles naturels de la Terre prendra plusieurs millions d'années[29].

La guérison a déjà commencé. Même sur le site de l'impact de l'astéroïde, la vie est revenue à un écosystème extrêmement productif. Dans ce qui deviendra le Colorado, un peu plus loin au sud de cette même côte, le site connu sous le nom de Corral Bluff a enregistré en détail cette guérison de la planète. Les toutes premières communautés comme celle de Hell Creek montraient un paysage dominé par les fougères, et étaient habitées seulement par quelques « taxons du désastre » ou espèces pionnières. Quelques centaines de milliers d'années après l'extinction de masse, le nombre d'espèces de mammifères aura doublé. Encore 300 milliers d'années et la spécialisation de niches commencera, et aux côtés de la nouvelle faune du Paléocène, plus résistante, de nouveaux types de plantes différentes des fougères et des palmiers commenceront à occuper une place importante dans l'écosystème. Le premier arbre de la famille des noyers et les toutes premières cosses de haricots sont pour très bientôt – et leurs graines riches en nutriment apporteront un supplément de protéines au régime des mammifères herbivores dont les ancêtres, il y a encore peu, se nourrissaient principalement d'insectes. La chaleur finira par revenir, et, avec elle, les forêts d'un pôle à l'autre vibrionneront à nouveau de vie.

Dans le mythe nordique du Ragnarök, c'est finalement l'espoir qui prévaut. Même si la Terre a été brûlée par le géant du feu Surt, et même si la grande majorité des dieux sont morts, ce n'est pas la fin. Sous Yggdrasil, le grand frêne qui relie les mondes, il y a une lumière. La femme Lif et l'homme Lifthrasír, dont les noms signifient « vie » et « vie du corps », sortent d'un abri souterrain. Ce sont les derniers humains, les seuls survivants[30]. Un nouvel âge commence, avec ses nouveaux dieux, et ses nouveaux mondes. Après la mort, la vie ; après l'extinction, la spéciation. Dans le marais de Laramidia, l'araignée dispose dans les airs un tout nouveau fil de soie. Le *Mimatuta* mâche paresseusement une fleur fraîche. C'est le printemps.

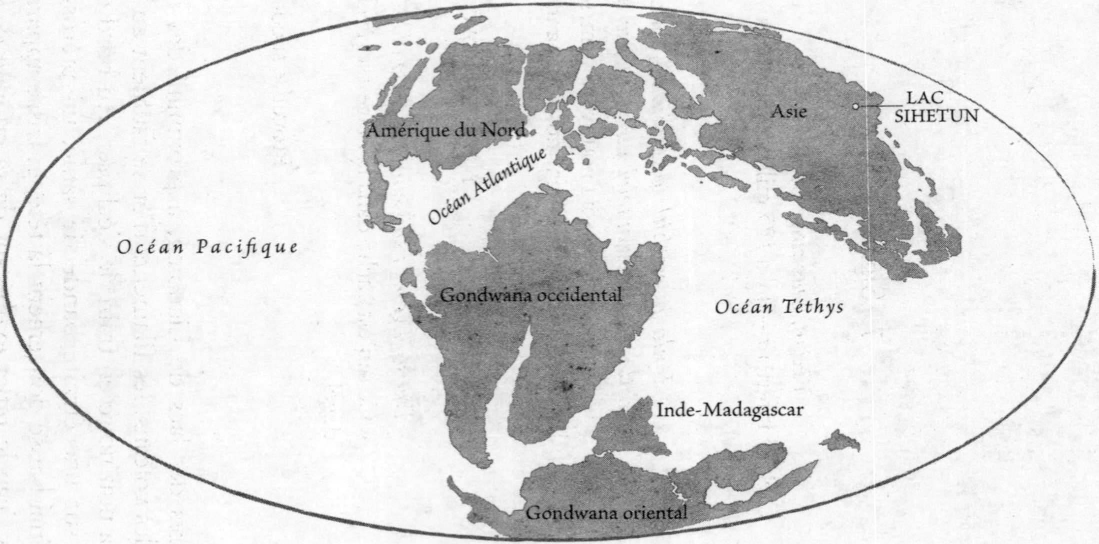
LAC
SIHETUN
Asie
Amérique du Nord
Océan Atlantique
Océan Pacifique
Gondwana occidental
Océan Téthys
Inde-Madagascar
Gondwana oriental

7. Signaux

Yixian, Liaoning, Chine
Crétacé inférieur – il y a 125 millions d'années

> *« Zanlo in xochitl tonequimilol, zanio in cuicatl ic huehuetzin telel a in tlalticpac. »*
> « Seules les fleurs sont notre ornement, seules les chansons transforment nos souffrances en délices sur terre. »
>
> NEZAHUALCOYŌTL

> *« Det som göms i snö kommer fram vid tö. »*
> « Ce qui est caché dans la neige est révélé au dégel. »
>
> Proverbe suédois

Près des lacs de Lianoing, à proximité des insatiables volcans, les filaments d'or se faufilent au sein de la nuit noire en train de s'éclipser. Au bord d'un lac, sur une étroite bande de sable, un ptérosaure matinal baisse doucement la tête, et laisse apparaître dans l'eau le reflet exubérant de sa crinière de vautour. Sa bouche pleine d'épines va à la rencontre

Oregramma illecebrosa

de son reflet et s'immerge, faisant onduler le miroir d'eau. Ses dents en grillage tamisent de minuscules crevettes dans le lac encore froid de la nuit. L'air se réchauffe peu à peu, le chant du criquet s'amenuise au fur et à mesure que l'aurore progresse, et la forêt endormie se transforme en un marché animé.

C'est un jour frais de printemps du Crétacé inférieur, et ce ptérosaure, qui appartient à la famille des cténomastides à « mâchoire en peigne », un reptile volant gros comme un corbeau, est bien trop concentré sur sa tâche pour s'inquiéter de quoi que ce soit d'autre. Il est arrivé tôt, pour être le premier au bord du lac. Comme tous les « mâchoires à peigne », le *Beipiaopterus* utilise sa dentition grillagée en forme de peigne pour filtrer la nourriture, à l'instar des flamants roses modernes avec leur bec ou des baleines sans dents avec les fanons qui garnissent leur mâchoire supérieure. Il se tient au bord de l'eau sur ses quatre membres, les ailes soigneusement repliées, autant pour ne pas être gêné par elles que pour éviter de perdre trop de chaleur à travers leurs fines membranes. Comparés aux oiseaux, les ptérosaures ont une grande tête avec un long museau, apparemment complètement disproportionnée par rapport à leur corps et juchés en haut d'un assez long cou, si bien qu'en général, ils ne sont pas des flotteurs naturels. Ils nagent correctement et tirent la plus grande partie de leur nourriture de l'eau, mais ils sont trop lourds à l'avant pour pouvoir glisser sur la surface avec la grâce d'un canard. Au lieu de cela, le ptérosaure se penche en avant, plonge sa bouche dans l'eau, et s'appuie sur ses pattes qui dépassent d'un tiers de ses ailes. Le reste de chaque aile est fermement raccroché au corps, les quatrièmes doigts qui soutiennent les membranes de vol pointant vers le bas comme une paire de bâtons de ski. De là, la membrane de l'aile proprement dite tombe jusqu'à son attache à la cheville, juste au-dessus du pied palmé[1].

Le craquement des branches et le bruit du frottement de peaux contre le bois révèlent le passage d'une harde de gigantesques titanosaures. Le lac Sihetun est entouré de forêts de conifères, un millier de vieux cyprès conservent le vert de la forêt malgré les neiges saisonnières, épinglés dans le sous-bois qui monte à hauteur de genou, les aiguilles bien droites. La harde écrase tout sur son passage, ses pas lourds sont des séismes, et, quand elle passe, des clairières se créent, des espaces ouverts où peuvent s'épanouir les fougères, les prêles, et d'autres jeunes plantes. Le spectacle du Crétacé correspond aux posters qu'ont les enfants représentant l'ancienne Terre, l'apogée des dinosaures non aviaires. Les dinosaures sont clairement les plus grandes créatures des environs – et ces sauropodes, des titanosaures *Dongbeititan*, font partie des plus grandes créatures à avoir jamais foulé la Terre. Leur long cou musculeux et épais peut atteindre jusqu'à 17 mètres de hauteur, et les adultes pèsent plusieurs tonnes. Les titanosaures vivent en hardes nomades, ils se déplacent pour trouver des sources de nourriture fraîches à même d'alimenter leur immense carcasse, et changent de région en fonction des saisons[2].

Les traces de leurs pas sont immenses, et le sol pourtant ferme est marqué de leurs empreintes en forme de croissant de lune. Tandis qu'ils marchent, leurs cous sont hauts, très hauts dans le ciel, et ils ont bien peu d'efforts à faire pour atteindre la cime des arbres. Contrairement à la croyance populaire, ils ne s'appuient pas sur leurs pattes arrière, car leur colonne vertébrale flexible leur interdit de lever en même temps leurs deux pattes avant. À la place, ils balancent un pied vers l'avant, puis l'autre. En prenant de la vitesse, leur démarche se transforme soudain en une sorte d'amble rapide, roulant à chaque mouvement – d'abord le balancement du pied gauche, puis du droit. Vu d'en face, on dirait presque des *knuckle-walkers** – ce qu'ils sont, en un certain sens. Les titanosaures, comme tous les *Dongbeititan*, n'ont pas de doigts sur leurs pattes de devant. Les mêmes os qui, chez les ptérosaures, s'allongent et se renforcent pour devenir des ailes sont réduits à presque rien chez les sauropodes, à une trace du passé, tout au plus. À la place, les *Dongbeititan* marchent sur des phalanges sans doigts ni griffes[3].

Les dinosaures sauropodes, même s'ils sont de grands herbivores, ne sont pas une simple version reptilienne de créatures comme les éléphants. Certaines de leurs caractéristiques sont similaires par nécessité : tous les grands herbivores doivent manger énormément – un sauropode du Crétacé inférieur devait consommer en une unique journée au moins 60 kilos de plantes riches en nutriments du sous-bois,

* C'est-à-dire celui qui « marche sur les phalanges », une marche quadrupède pratiquée par les chimpanzés et les gorilles, mais aussi par les ornithorynques ou les tamanoirs.

et encore plus de végétation de la canopée. Mais de nombreuses caractéristiques ne sont pas partagées, et elles ont le plus souvent trait à la physiologie. Comparés aux éléphants, les sauropodes ont des os extrêmement légers, leurs vertèbres sont entourées par des grands sacs alvéolaires, ce qui a sans doute contribué à leur grande taille. Ils font également montre de caractéristiques tape-à-l'œil, plus impressionnantes que celles que l'on peut retrouver chez la plupart des mammifères : ainsi, une rangée de larges épines est disposée tout au long du cou des dicraeosauridés d'Amérique du Sud, une crinière de pointes kératiniques destinées autant à la parade qu'à la défense. D'autres sauropodes, comme le *Saltasaurus*, possèdent une armure sous leur peau écailleuse. De plus, les dinosaures, contrairement aux mammifères, ont une excellente vision des couleurs, et un très grand nombre de sauropodes arborent des motifs à taches ou à rayures, des signaux visuels impossibles à ignorer pour les membres de leur espèce[4].

Le lac Sihetun est un caravansérail d'activités, le brouhaha du jour diminuant à peine la nuit. Le lac est productif, les tortues ainsi que les ptérosaures se disputent l'espace avec les lézards aquatiques, les poissons-castors, les lamproies, les escargots et les crustacés. Sur ce relief onduleux, les lacs constituent la principale source d'approvisionnement en eau potable pour les animaux terrestres. Au cœur de la forêt de cyprès, abandonné par la harde et mis au jour par le dégel, gît le cadavre de 20 tonnes d'un titanosaure, immense et brisé comme un arbre chu. Froid, ouvert et empestant la charogne, il porte des traces de charognards, des griffures, des déchirures, et, autour, sont éparpillés des plumes brisées ainsi que le croc perdu d'un prédateur théropode bipède de la taille d'un lion. Les théropodes forment un groupe de dinosaures qui inclut par exemple les tyrannosauridés, les droméosauridés comme le *Velociraptor*, ainsi que les oiseaux[5].

Les premiers changements à se manifester dans la demi-lumière du petit matin sont sonores, tandis que les oiseaux et les insectes commencent à s'interpeller. Les chants d'oiseaux ne résonneront pas vraiment avant l'Éocène, en Australie, si bien que le chœur de l'aurore n'est pas encore sous-tendu par les airs complexes et mélodieux des passereaux. La stridulation des insectes fait partie du paysage sonore depuis le Trias, quand les criquets commencèrent pour la première fois à frotter leurs élytres. Plusieurs groupes d'insectes ont d'ailleurs modifié leurs exosquelettes solides pour en faire des instruments de musique, et, en frottant la râpe contre le plectrum, ils créent des sons par stridulation, un peu de la même manière qu'un enfant ferait courir un bâton le long d'une balustrade. Au Jurassique, l'idée avait évolué de manière indépendante dans de nombreux groupes et était parvenue à des formes sophistiquées. On sait que certaines sauterelles de l'époque émettaient non pas un grincement rauque, mais bien plutôt une note claire et pure. Les criquets et les sauterelles, les cigales et les scarabées, chacun s'y prend d'une manière légèrement différente. Au Crétacé, la stridulation aiguë des criquets est entrecoupée du doux grincement des capricornes. L'air vibre de ces performances, et les insectes désireux de trouver un partenaire signalent à tous et à toutes leur disponibilité sexuelle ainsi que leur lieu de résidence – la meilleure manière de s'assurer d'un accouplement dans un écosystème surpeuplé. Quand le jour se lève, chaque être vivant émet des signaux, qu'ils soient hauts et forts, destinés à l'oreille de tous, ou bien codés à la seule destination des membres de son espèce[6].

Un mois plus tôt, le même sol était recouvert d'un givre matinal, mais le lac n'avait pas gelé, réchauffé par la chaleur du volcan souterrain. Ce jour-là, les signes du printemps sont partout. Tandis que le monde se réveille de son repos hivernal, c'est comme si chaque animal et chaque plante avait décidé de cancaner ensemble, et de retisser des liens après une période de torpeur. Parmi les grands cyprès se trouvent des arbres plus petits ainsi que des arbustes : des cycas, avec leurs couronnes feuillues et évasées qui épaississent le sous-bois ; des ginkgos bourgeonnants et moussus, leurs nouvelles feuilles émergeant de manière triomphante tels des pavillons de trompette ; des arilles au rouge passé d'un if ; et les pointes entremêlées de gnétophytes bas et touffus, des parents du mahuang et de l'ephedra. Toutes ces plantes sont des gymnospermes ; ce nom signifie « graines nues » car leurs graines sont exposées à la surface de feuilles spécialisées, et ce groupe a dominé la vie terrestre pendant environ 180 millions d'années. Il arrive souvent que les feuilles porteuses de graines des gymnospermes se modifient en des cônes brillants, leur jaune et leur rose ressortant sur les épines sombres et leurs feuilles afin d'attirer les scarabées, les mécoptères et les névroptères[7].

Un vieux cyprès, zébré de blessures rouges suintant une sève jaune là où son écorce a pelé, pousse dangereusement près du bord de l'eau. Il se penche comme s'il mendiait, et le vent fait gentiment flirter l'une de ses branches avec la surface. Dans l'eau, dans l'ombre du cyprès, de petites tiges portant de longues cosses pointues et de petits groupes de filaments jaunes ressemblant à des brosses pointent le nez à l'air libre. Plus bas, dans le vert pâle, des feuilles vaporeuses ondulent, et de jeunes tiges poussent en direction de la surface, terminées par des bourgeons, des versions encore sous-développées de leurs aînés. Cette humble plante participe en réalité d'une révolution sexuelle qui changera à jamais l'apparence des écosystèmes de la Terre. Cette algue modeste est en effet l'une des premières fleurs de la planète. Ces fleurs, émergeant tels des nénuphars à la surface de l'eau, sont bisexuées, c'est-à-dire qu'une unique tige possède à la fois des tissus mâles et femelles, contrairement à la plupart des gymnospermes. Les poils jaunes sont les étamines, c'est-à-dire mâles et recouverts de pollen. Au-dessus, les carpelles femelles, à l'intérieur desquels les graines se développent en des enveloppes en forme de cosse de pois de quelques centimètres de longueur. Au tout début, les fleurs ne sont pas encore exubérantes, loin de là ; par exemple, ces fleurs n'ont pas de pétales. Il est étrange d'imaginer des fleurs sans pétales, mais il existe un grand nombre d'espèces ayant évolué sans pétales jusqu'à notre époque, depuis des fleurs aux couleurs éclatantes, comme le rince-bouteille australien, jusqu'à la plupart des membres de la famille des anémones, ou les discrètes fleurs des herbes. Cette plante, l'*Archaefructus*, pousse dans l'eau à environ trente centimètres de profondeur, et ses feuilles possèdent de petites poches à leur base afin de permettre aux tiges maigrichonnes de flotter à la surface. Seules les fleurs se retrouvent au-dessus de l'eau pour faciliter la pollinisation. Autour du lac Sihetun, plusieurs algues ont adopté cette technologie dernier cri pour développer leurs graines, et l'on considère comme plausible, même si la chose n'est absolument pas confirmée, que les plantes à fleurs, c'est-à-dire les angiospermes, aient pour ancêtres des plantes d'eau douce. Peu de temps après que l'*Achaefructus* et ses pairs ont pris pied dans le lac Sihetun, les premiers nénuphars et les premiers cornifles sont apparus dans une région que les humains appelleront par la suite le Portugal et l'Espagne. Une fois que ces graines se sont développées et sont devenues plus nutritives, les plantes ont pu commencer à se servir des vertébrés pour la dispersion. À peu près un quart des espèces d'angiospermes utilisaient alors déjà les multituber-cula, les reptiles, et peut-être les oiseaux pour disperser leurs graines[8].

Les petits oiseaux crient tandis qu'ils se tiennent sur les épines du cyprès, et que d'autres planent entre ses branches. Leur apparence est frappante, avec leur crête de plumes rappelant celle des geais, leur gorge tachetée de points noirs et leurs grandes ailes, ainsi que leurs deux très longues plumes qui dépassent d'une queue par ailleurs de petite taille. C'est un peu comme si le ciel était rempli de cerfs-volants. Cet oiseau est un *Confuciusornis sanctus*, l'oiseau sacré de Confucius, et ces deux gigantesques plumes arrière remplissent deux fonctions uniquement ornementales. La première de ces fonctions est de l'ordre de la parade – les mâles sont généralement plus grands et leurs queues sont plus longues, une façon de faire la preuve de leur fécondité, une danse pour impressionner les femelles venues assister au spectacle, qui, elles, n'ont pas de plumes ornementales. Elles sont incroyablement fines et ne pèsent quasiment rien – contrairement à la plupart des plumes, qui ont un tube plein central ou « rachis », ces plumes sont des rubans semi-circulaires en coupe, ouvertes et légères, de la même épaisseur qu'un fil de soie de toile d'araignée. Même si ces plumes peuvent être larges d'un centimètre et longues de plus de 20 centimètres, là où elles sont les plus fines elles peuvent être épaisses de seulement 3 microns, c'est-à-dire plus fines qu'une gouttelette de brume. Les premiers rayons du soleil passent à travers, légèrement rougis par le fin tissu, si bien que chaque oiseau semble suivi d'une fine traînée de fumée. Le deuxième objectif de la plume est de servir de moyen de distraction permettant d'échapper aux prédateurs. Le *Sinocalliopteryx* (« joli plume chinois ») est un droméosauridé géant – un dinosaure théropode de la taille d'une autruche qui chassait les petits oiseaux. Les fines plumes se détachent facilement et, si elles se font attraper par la mâchoire acérée du « joli plume », elles seront abandonnées sans remords. Mais les prédateurs ne sont pas les seuls à s'emparer de ces plumes. L'une d'elles, par exemple, est restée accrochée à la résine collante d'une estafilade sur le tronc d'un cyprès – un oiseau de Confucius maladroit, en s'accrochant à l'arbre, y aura laissé son meilleur habit[9].

Là où les ptérosaures à « mâchoire en peigne » comme les *Beipiaopterus* sont des spécialistes de l'« alimentation à filtre », les oiseaux de Confucius sont de purs opportunistes. Parfois, on les verra plonger pour pêcher un poisson, chasser le loup à nageoire argenté, un nom que dément le minuscule vairon aux écailles ovales brillantes. D'autres fois, on les verra gober des insectes à la surface de l'eau ou dans les airs. Les grenouilles, se méfiant de ces chasseurs volants, coassent leurs chants d'amour dissimulées dans les racines à moitié immergées des cyprès. Alerter un partenaire potentiel de votre présence revient à alerter du même coup vos prédateurs, et, la plus grande partie du temps, les animaux préfèrent passer sous le radar. Pendant la saison des amours, cependant, il n'y a rien à faire d'autre que chanter, quel qu'en soit le prix, un risque peut-être compensé par une plus grande prudence le reste du temps. Ça sent le printemps, et les chants de la grenouille comme la danse de l'oiseau de Confucius ne sauraient trouver de scène plus formidable que les abords de ce lac[10].

Les fougères, nappées de rosée, bruissent sous la caresse d'une énorme patte. Le ptérosaure se fige avant de prendre son envol, s'accroupissant avant de se servir de ses ailes comme pour sauter à la perche et se projeter dans les airs. Il vole au ras du lac avant de monter haut dans le ciel, la crinière encore dressée de crainte. Le propriétaire de la patte, approximativement de la hauteur d'un éléphant d'Asie et d'à peu près 8 mètres de long, est un *Yutyrannus* adulte, le Tyran à Beau Plumage. À l'instar de son petit-cousin plus célèbre, le *Tyrannosaurus*, c'est un lézard tyran, un prédateur sur deux pattes dont la queue et le corps dessinent une forme de balançoire. Ses mains, petites et à trois doigts, se tiennent près de son corps. Contrairement au *Tyrannosaurus*, qui vivra dans la chaleur de Hell Creek presque 60 millions d'années plus tard, à la fin du Crétacé, le *Yutyrannus* est un véritable nordique, adapté aux étés doux et aux hivers rigoureux du Yixian. Ici, la neige tient tout l'hiver – les sommets des collines volcaniques autour de ces bois resteront couronnés de neige pour les mois à venir – et même un gros dinosaure a besoin d'un manteau de plumes pour lui tenir chaud. La lumière joue sur ce manteau tacheté de brun et de blanc, le pommelle et brise la perception de sa surface, permettant du même coup aux plus grands prédateurs de se déguiser. Les grands dinosaures ne sont pas des créatures particulièrement bruyantes : leurs organes vocaux sont bien plus simples que ceux des oiseaux, et ils sont bien incapables de reproduire les trilles et les variations complexes des oiseaux chanteurs. Les animaux les plus gros ne vocalisent pas tellement, en général, et aux chants ils préfèrent les sifflements, les battements d'ailes et les claquements de mâchoires. Les crocodiliens et les plus gros des dinosaures contemporains comme les autruches et les casoars émettent un grognement sourd la bouche fermée, tout comme le *Yutyrannus*, qui gonfle sa gorge puis la dégonfle pour produire ce son. Les oiseaux et les crocodiliens modernes se servent toutefois d'organes différents pour produire du son – respectivement du larynx et du syrinx –, ce qui suggère que la vocalisation a évolué de manière indépendante au sein de chaque groupe. La manière exacte dont les dinosaures du Crétacé produisaient du son reste peu claire, mais aucun syrinx de dinosaure non aviaire n'a jamais été trouvé. Le penchant pour le spectacle visuel, au moins, a subsisté jusqu'à nos jours chez les dinosaures – aucun groupe de vertébrés ne possède la variété, le niveau de détail et la chatoyance des couleurs et des formes dont font montre les oiseaux. En effet, les reptiles, depuis les oiseaux jusqu'aux lézards, sont sensibles à des couleurs que les humains sont incapables de voir, ils peuvent discerner des motifs qui ne nous sont révélés qu'à la lumière ultraviolette. Étant donné qu'il s'agirait apparemment d'un trait ancestral, il est possible que le spectacle offert par les archosaures non aviaires, dont les ptérosaures et les dinosaures, se déroule par-delà le spectre visuel humain. La principale concession faite à la mode par le *Yutyrannus* consiste en une paire frappante de crêtes plumeuses juste au-dessus des yeux, peut-être une caractéristique destinée à perturber ses contemporains, en déguisant les deux points noirs des yeux avec une grande traînée de couleur. Les autres dinosaures se servent davantage de la couleur pour se cacher. Les espèces proies, comme les *Psittacosaurus* à la queue plumée, l'un des premiers parents du *Tricetarops*, de la taille d'un chien, avec un bec et un jabot, devaient se cacher dans les forêts surpeuplées qu'ils habitaient. Leur dos sombre et leur face inférieure claire signifient que, dans un monde où toute la lumière vient du dessus, les ombres atténuent leur coloration et suppriment les contrastes au point qu'ils sembleront plats pour quasiment se fondre dans le décor. Non seulement cela remplit une fonction de camouflage, comme les rayures de l'okapi, mais cela conférait peut-être aux psittacosaures l'avantage supplémentaire de protéger des morsures d'insecte, un peu comme les rayures des zèbres empêchent les insectes volants d'estimer correctement les distances de près. La face intérieure des cuisses des *Psittacosaurus* est en revanche vulnérable : leur peau est fine, elle n'est pas recouverte d'écailles, et, quand la chaleur de l'été viendra, les bois grouilleront de taons, de moustiques et de moucherons[11].

Le *Yutyrannus* n'est pas là pour se nourrir. Il s'avance de quelques pas dans le lac en pataugeant, commence à s'immerger, les yeux en alerte, avant de complètement enfoncer sa tête sous l'eau. L'opération est répétée plusieurs fois et le soleil est maintenant haut au-dessus de la ligne d'horizon. La journée avançant, il se trouve une autre créature pour émerger des arbres et gagner ce lac mousseux et silencieux au centre des bois. La carapace aplatie, le long cou et la longue queue de la tortue *Ordosemys* dessinent des cercles à la surface, tandis que des petits ptérosaures vrombissent au milieu des nuages étouffants de moucherons qui stagnent au-dessus de l'eau, et se servent au passage. Ici, une libellule chatoyante et irisée chasse des taons et des guêpes. Là, un petit groupe d'escargots rouge sang pend à des plantes comme des baies au-dessus des eaux peu profondes. Au-dessus, un *Eoenantiornis* (l'« oiseau opposé à l'aurore »), de la taille d'un moineau, cherche des insectes parmi les branches d'un ginkgo, tandis que les ailes de 7 mètres d'un ptérosaure *Moganopterus* battent de manière indolente dans le ciel[12].

La vie abonde, depuis le tapis de feuilles jusqu'au ciel au-dessus de la canopée. La vie invertébrée, qui a surtout dormi pendant l'hiver, est maintenant parfaitement réveillée. Courant au milieu des brindilles, des cafards pondent des œufs dans des crevasses bien dissimulées dans l'écorce, ou encore dans du bois pourri. Une petite capsule caoutchouteuse, d'un brun profond et scellée comme une cosse de petits pois, profondément enfoncée dans les fissures d'un tronc d'arbre, renferme entre 60 et 70 œufs de cafard. Si ces œufs sont protégés par ces cosses, c'est parce que les cafards ont un ennemi juré dans le Liaoning du Crétacé. L'air bourdonne de minuscules « guêpes hachettes » à la taille si fine que, quand elles volent vite, la créature semble composée de deux corps séparés se déplaçant l'un derrière l'autre. Le *Cretevania* est un parasitoïde, un animal qui se reproduit à l'intérieur d'un autre animal, ce dernier périssant toujours au cours de ce processus. Plus précisément, la femelle *Cretevania* cherche ces cosses d'œufs et pond ses propres œufs à l'intérieur des œufs du cafard, les injectant grâce à son oviscapte en forme de seringue. Ainsi, les *Cretevania* pourront se nourrir des nutriments à l'origine destinés aux jeunes cafards. Ce type de relations est étonnamment stable, et les « guêpes hachettes » ainsi que les ichneumons – une autre famille de guêpes parasitoïdes connue du lac Sihetun – rempliront ce même rôle écologique pour les 100 prochains millions d'années. La même chose est vraie des sangsues, des taons et des moucherons, qui n'auront pas vraiment besoin de s'adapter à de nouveaux hôtes – les taons étant les prédateurs des chevaux depuis quelque 70 millions d'années[13].

Alors que les plantes et les vertébrés du Crétacé sont relativement différents de ceux que nous connaissons aujourd'hui, les insectes et les autres bébêtes sont le plus souvent tout à fait reconnaissables. Les cafards et les guêpes possèdent des marques brillantes, noir et jaune ou noir et rouge, un signal de danger, de poison, ou simplement d'insipidité. On trouve ces couleurs sur les créatures qui veulent être vues et signaler à tous qu'elles ne constituent pas une nourriture adéquate, afin que les oiseaux évitent toute erreur. Le noir et le jaune forment un vif contraste et tranchent avec le vert des feuilles, même pour les créatures qui ne voient pas les couleurs, et dissuadent également les créatures qui ne sont pas familières de ce type de danger. Il y a une solution de continuité ici, ce sont les mêmes signaux qui poussent un dinosaure à réfléchir à deux fois avant de chercher querelle à une guêpe que ceux qui poussent un promeneur à aller manger son pique-nique un peu plus loin. La coloration d'avertissement des insectes utilise un langage visuel partagé qui persiste depuis plus de 100 millions d'années[14].

Tout comme les écailles des sauropodes, les manteaux de plumes des théropodes, même des plus grands, arborent diverses couleurs. La véritable valeur aberrante de la mode dinosaure est un grand dinosaure ressemblant à un paresseux, le *Beipiaosaurus*. Un peu plus petit qu'une autruche une fois parvenu à l'âge adulte, le *Beipiaosaurus* est un thérizinosaure, un « reptile à faux ». Comme tous les autres « reptiles à faux », ses caractéristiques les plus distinctives sont ses longues pattes antérieures terminées par des griffes en formes de faux. Le *Beipiaosaurus* est l'un des tout premiers thérizinosaures ; les espèces plus tardives pousseront à l'extrême ces griffes, comme le *Therizinosaurus*, dont les griffes pouvaient être longues d'un mètre. Ces griffes ne sont pas exactement des armes, mais sont davantage utilisées pour attraper la végétation, adaptées à un régime alimentaire proche de celui des paresseux géants et des gorilles, consistant à se servir d'un grand bras pour amener la nourriture dans la bouche. Le *Beipiaosaurus* est complètement recouvert de plumes et d'une parure décorative à glands. Une sous-couche pâle et fine de plumes duveteuses recouvre tout son corps, tandis que le cou et la tête sont ornés de longues plumes épaisses, rigides et marron, longues de plusieurs centimètres, et ressemblant en quelque sorte aux piquants d'un porc-épic[15].

Tandis qu'il dépasse un vieux cyca tout brillant de mousse verte, le *Beipiaosaurus* se penche vers ce dernier pour frotter son flanc contre son écorce rugueuse, arrachant quelques vieilles plumes ébouriffées de son terne manteau duveteux. Contrairement aux lézards et à beaucoup d'autres groupes de dinosaures, les maniraptoriens (dont les oiseaux) ne font pas peau neuve sur de grandes sections, dans la mesure où un tel processus interférerait avec les plumes. Au lieu de cela, ils renouvellent leur peau par petites parcelles, comme les mammifères : leur peau grandit de manière continue et les peaux mortes s'écaillent comme des pellicules. Si les hivers au Liaoning sont froids, les étés sont suffisamment chauds pour qu'il soit intéressant de se débarrasser des plumes excédentaires[16].

Perturbés par le soudain frottement du duvet du théropode, une nuée de névroptères jusque-là invisibles sort en rafales du cyca, chacune de leurs ailes imitant à merveille une feuille de cette plante. Les insectes aussi peuvent émettre des signaux trompeurs, souvent en se déguisant en une partie de la plante sur laquelle ils habitent. Les grands maîtres de ces camouflages sont une famille de phasmes appelée les Phasmatidae. Une jeune pousse à la base du cyca est couverte de ces premiers phasmes bâtons ; les rayures sombres qui marquent leur long corps et leurs longues ailes leur permettent d'imiter les feuilles veinées de la plante. En tant que famille, les Phasmatidae imitent les tiges depuis le Jurassique, et commencent à imiter les feuilles et les fleurs. Ils se cachent en pleine lumière, et habitent en toute discrétion les gymnospermes du lac Sihetun[17].

Mais les insectes disposent d'autres options que le seul déguisement. Les névroptères sont ici aussi courants, aussi grands et aussi variés en couleurs que les papillons. Dans certains cas, sans un œil exercé et sans savoir que les papillons ne sont pas encore apparus sur Terre, déterminer si on a affaire à un névroptère kalligramatidae du Crétacé ou à un papillon du

XXIe siècle relève de la gageure. En effet, ils ont des ailes inhabituellement larges pour des névroptères, et, chez les espèces comme celles des *Oregramma*, ils ont fini par adopter la même solution que les papillons pour se défendre de la prédation : les ocelles. Ces cercles noirs entourés d'une couleur vive sont dissimulés au repos, mais révélés quand l'insecte est sur le qui-vive, ce qui peut pousser l'aspirant prédateur à suspendre, au moins momentanément, son projet d'attaque. Il est couramment admis que les ocelles et les motifs du même genre servent à imiter les ennemis du prédateur : ainsi, les ocelles d'un papillon imitent les yeux d'un faucon pour effrayer les passereaux. Peut-être que, préservés dans les ailes des éphémères *Oregramma*, se trouvent les derniers miroirs dans lesquels croiser le regard des dinosaures non aviaires[18].

Comme l'été approche, les névroptères dansent au-dessus de la surface du lac, montant et chutant comme s'ils n'avaient pas encore appris à maîtriser l'art de rester dans les airs, taquinant la surface de l'eau et les poissons rôdant juste en dessous. Maintenant, ils éclosent à la face inférieure des feuilles, chaque petite larve possédant une petite lame à dents de scie lui permettant d'ouvrir l'œuf de l'intérieur. Ceux qui ont déjà éclos commencent à développer une forme de camouflage propre aux névroptères et très difficile à percer. Plutôt que de ressembler à son environnement, plusieurs familles de névroptères débutent leur vie en collectant des éléments de leur environnement – des spores de fougère, des grains de sable, des fragments d'exosquelette d'autres insectes, etc. – qu'elles empilent sur leur dos. Cette pile devient une sorte de manteau qui ne quitte plus la larve et la rend quasiment indistinguable de n'importe quel amas de débris inoffensifs qui jonchent partout le sol de la forêt[19].

Loin de la végétation congestionnée, du tapis de mousse et de champignons, l'air se refroidit et la canopée s'amincit. Préférant les grands espaces, un petit dinosaure bipède, le *Sinosauropterix*, se faufile furtivement, la tête et la queue basses et plates. Il ne bouge que de quelques mètres à la fois, s'arrêtant périodiquement, sa queue montant et descendant de manière instinctive. Il a l'apparence d'un prisonnier couleur sépia de film muet, avec sa queue zébrée de rayures blanches et rousses ainsi que son masque de bandit sur les yeux. Les rayures sont destinées à perturber la perception des contours de l'animal, déguisant les yeux et la gigantesque queue révélatrice d'un théropode prédateur. Son dos sombre et sa face inférieure pâle contribuent à adoucir son apparence tridimensionnelle, ce qui lui permet de se dissimuler même à ciel ouvert, lui conférant l'avantage de la surprise. Un bruissement dans un arbuste *Progentella* attire son attention. À l'intérieur, un animal à fourrure de la taille d'une gerbille, un *Zhangheotherium*, se recroqueville à l'abri des branches. Il se tient de manière latérale par rapport au dinosaure, et couine un avertissement – il n'est d'ailleurs pas aussi inoffensif qu'il en a l'air. Un éperon dépasse de son talon, une pointe acérée de kératine qui, bien placée, permettra d'empoisonner le *Sinosauropteryx*, sans toutefois que le poison soit assez fort pour le tuer. Les mammifères thériens, les marsupiaux et les placentaires ont perdu cette structure, mais les échidnés et les ornithorynques mâles sont encore venimeux, et peut-être que tous les mammifères non thériens comme le *Zhangheotherium* possèdent des éperons venimeux. Repéré, ce *Zhangheotherium* a adopté une posture défensive efficace, et de plus est bien protégé par sa cage de brindilles. Il n'a pas été assez rapide ce coup-ci, et, sachant reconnaître une partie perdue d'avance, le *Sinosauropteryx* tourne les talons et disparaît dans les taillis à la recherche d'autres petits animaux[20].

C'est dans la lumière diffuse des espaces à découvert que le *Sinosauropteryx* est le plus à son aise, avec beaucoup de lieux où se cacher, de planques d'où jaillir, et suffisamment d'espaces à découvert pour courir vite. Plus loin au nord, là où les bois s'épaississent, à Lujiatun, il y a davantage de compétition avec les dinosaures des bois – d'autres agiles théropodes chasseurs comme les troodontidés à gros yeux, et, la nuit, des mammifères prédateurs dangereux tels que le *Repenomamus*, un mammifère carnivore de la taille d'un blaireau, le plus grand de tout l'univers du Crétacé, célèbre pour sa propension à attraper et à tuer les bébés dinosaures[21].

Même si certains mammifères sont éveillés en journée, c'est quand le soleil se couche sur le lac Sihetun qu'ils prennent véritablement le relais. La nocturnalité est un choix écologique inhabituel, et, au Crétacé, les mammifères font partie des rares vertébrés à avoir choisi cette option. Personne d'autre n'est réellement actif la nuit, à part peut-être quelques petits dinosaures prédateurs. Les ectothermes – les créatures comme les lézards ou les amphibiens qui dépendent de sources extérieures de chaleur pour maintenir la température de leurs corps – dorment, froids et inactifs. Les mammifères et leurs parents sont différents. Même à l'époque du Permien, le *Dimetrodon*, un lointain cousin prédateur des mammifères, était peut-être également nocturne, et, depuis cette époque, les mammifères sont devenus experts de la vie dans les lieux sombres, peut-être en suivant des processus d'adaptation parallèles. Leurs yeux sont grands et bien adaptés à une faible luminosité, plus doués pour rassembler la lumière que pour différencier les couleurs. De manière ancestrale, il semblerait que les tétrapodes aient toujours été tétrachromatiques – la possession de quatre pigments dans les yeux pour détecter les couleurs. La plupart des autres tétrapodes les possèdent toujours aujourd'hui, mais les mammifères sont surtout daltoniens[22].

Pendant cette incursion dans le monde nocturne, il n'est nul besoin d'être capable de distinguer les couleurs. Il faut en revanche être en mesure d'utiliser la plus petite source de lumière, et les pigments non utilisés disparaissent ou dégénèrent. Les métathériens, dont les marsupiaux, peuvent voir trois couleurs, car ils ont perdu un pigment, tandis que les euthériens, dont les placentaires, n'en ont plus que deux. Même aujourd'hui, la plupart des mammifères placentaires sont dichromatiques – ils possèdent des cellules détectant la lumière rouge et des cellules détectant la lumière bleue. Deux groupes diurnes de mammifères placentaires dont la survie dépendait de leur capacité à différencier les fruits mûrs des fruits verts – les catarrhines (les singes d'Afriques et d'Eurasie, dont font partie les humains) et une espèce de singes hurleurs – ont recouvré un pigment sensible au vert en dupliquant et en modifiant leur pigment sensible au rouge. La similarité des séquences ADN contrôlant les pigments vert et rouge, ainsi que le fait qu'ils soient juste à côté l'un de l'autre sur le chromosome X, signifient que les erreurs de copie sont très fréquentes, et que ces dernières rendent certains individus incapables de distinguer le vert et le rouge. À peu près 8 % des mâles humains sont dichromates d'une façon ou d'une autre, un taux bien plus élevé que chez les autres espèces de singes de l'Ancien Monde. Comparés aux oiseaux, qui ont accès à une section de la partie ultraviolette du spectre, les mammifères sont clairement daltoniens. Notre biologie actuelle, c'est-à-dire notre faible sensibilité aux couleurs, est une conséquence directe du fait que nous nous soyons reposés sur notre odorat et ayons abandonné notre sens de la vue pour entamer notre voyage ancestral dans la nuit[23].

Pour ceux qui sont incapables de générer leur propre chaleur, un bain de soleil est nécessaire pour rester dans la course. Un petit lézard ressemblant au gecko, le *Liushusaurus*, jaillit d'une petite fissure, et garde son large corps tout plat contre le rocher chauffé par le soleil pour en absorber la chaleur. Son dos est pâle et camouflé, son ventre est sombre et à première vue épineux, mais il s'agit en réalité d'une menace en l'air. N'importe quel prédateur assez courageux pour y plonger les dents se rendra compte qu'il s'agit d'une illusion d'optique, d'un simple jeu de la lumière : les couleurs sombres au milieu et plus claires sur le côté donnent l'impression de quelque chose de tranchant, et le doute dans l'esprit du prédateur conférera au lézard les précieuses millisecondes dont il a besoin pour s'enfuir[24].

Une série de petits tas de végétation en décomposition signale une nurserie de sauropodes. Les petits du *Dongbeititan* sont minuscules par rapport à leurs parents, et les œufs, de la taille et de la forme d'un melon brodé, peuvent être au nombre de quarante. À l'origine, les dinosaures pondent des œufs mous comme ceux des tortues, mais, avec le temps, plusieurs familles ont évolué de manière indépendante pour fabriquer des coquilles plus dures et riches en calcium. Dans une harde de géants de 17 mètres de haut, de jeunes sauropodes de la taille d'un canard se feraient écrabouiller, et une harde ne peut tout simplement pas rester sur place en attendant que sa source de nourriture ait repoussé. Donc les adultes nomades pondent leurs œufs, grattent la terre autour avec leurs énormes pattes arrière, et couvrent ces nids avec de la végétation – la matière végétale, en pourrissant, génère une chaleur qui garde les œufs bien au chaud. Les nids font parfois l'objet de raids, notamment par des serpents, mais le nombre d'œufs total est assez élevé pour que suffisamment d'entre eux arrivent à terme. Une fois éclos, les petits vagabonderont ensemble dans la plaine jusqu'à ce qu'ils soient assez grands pour se joindre à la caravane des adultes. Là où un cours d'eau coule avant de se jeter dans le lac, un gros rocher couvert de mousse est occupé par une ribambelle de lézards crocodiles. Aucun d'entre eux n'est encore adulte. Le plus vieux a peut-être deux ou trois ans, tandis que le plus jeune est sorti de son œuf depuis moins d'un an. Comme ils ne peuvent pas encore tirer avantage de leur taille, ils se regroupent pour au moins bénéficier des avantages de la communauté. Plus un groupe possède d'yeux, et plus il a de chances de repérer suffisamment tôt un danger et de permettre à tous de déguerpir par une fissure. Jusqu'à ce qu'ils soient parvenus à l'âge adulte, la meilleure chance de survie pour ces lézards consiste à vivre en groupe[25].

Tous les parents ne sont pas aussi insouciants. Un nid de terre, rond, presque une forteresse, accueille des œufs bleus ovales, de magnifiques gemmes turquoise serties dans un lit de poussière. Autour de ce nid rôde un dinosaure gris-noir de la taille d'une dinde, un *Caudipteryx* qui fait flasher les plumes flamboyantes de ses membres supérieurs tout en accomplissant toute une série de courbettes chorégraphiées, levant un éventail de plumes rayées de noir et de blanc situé à l'extrémité de sa queue. Il est en train de veiller sur ses œufs aux couleurs éclatantes, tout en attendant qu'une autre femelle s'approche pour qu'ils puissent tous deux se lancer dans une danse d'accouplement rituelle. Les œufs déjà fertilisés ont été pondus, avec la partie la plus pointue vers le bas, et disposés en cercle avant d'être partiellement enterrés par leurs mères. Les nids des *Caudipteryx* sont communautaires, et un seul mâle garde les œufs de plusieurs femelles. La coloration marbrée des œufs, distincte pour chaque mère, fournit un signal supplémentaire au père. Toute femelle capable de produire les pigments complexes, faits de protoporphyrine et de bilirubine au point de pouvoir pondre des œufs d'un bleu-vert franc, doit être une nourricière saine et efficace, et le père peut à bon droit s'attendre à ce que la progéniture issue de ses œufs soit parfaitement fonctionnelle. Les oviraptosaures sont tous des parents attentifs ; toutefois, plus un œuf arbore des couleurs vives et plus il bénéficiera de l'attention de son père ; c'est là l'un des premiers exemples de sélection sexuelle se produisant après l'accouplement. Une fois l'œuf pondu, le père *Caudipteryx* s'accroupira au milieu du cercle pour veiller sur les œufs, les recouvrant de ses ailes pour les garder au chaud jusqu'à leur éclosion[26].

Dans son ensemble, cet écosystème du lac, des forêts arbustives et de la forêt tempérée constitue une métropole grouillante de créatures, du haut jusqu'en bas de la chaîne alimentaire. Les insectes et les oiseaux pollinisent les plantes, dont les innovantes angiospermes. D'autres plantes, comme les *Prognetella* gnétales, font tomber des parties de leur corps – leurs pédoncules – dans l'eau, afin qu'elles soient éparpillées par les courants. La pluie régulière, des étés chauds et des hivers froids contribuent à rendre possible l'exceptionnelle diversité de la vie ici[27].

Cette diversité est soutenue par une haute productivité primaire, grâce à la fertilité du sol volcanique, continuellement améliorée par les cendres riches en azote dégagées par les éruptions régulières. La source de vie, dans ce territoire nordique, est également porteuse de mort. En effet, le lac Sihetun se situe dans un cratère, remplissant la caldeira d'un volcan endormi – pour l'heure. C'est une grande zone volcanique ; le lac est profond et fait plus de 20 kilomètres carrés. Dans toute la région se produisent encore des éruptions, qui non seulement entraînent une coulée pyroclastique, mais, de manière plus subtile, font apparaître des gaz lourds – du monoxyde de carbone, du chlorure d'hydrogène, du dioxyde de soufre. Tous sont toxiques, et tous remplacent l'air à mesure qu'ils s'amoncellent dans le fond de ces cuvettes géographiques. Chaque créature qui se retrouvera à respirer ce gaz invisible sera immédiatement asphyxiée, ce qui vaut également pour la plupart des créatures vivant dans l'eau[28].

Les cadavres lavés par le lac couleront, avant que les cendres retombent, si bien que l'ensemble de la communauté est gravé dans la mémoire d'un fin limon, une merveille de préservation.

Ces lacs possèdent un taux de sédimentation très bas – le limon qui dérive et s'échoue gagne un millimètre tous les deux à cinq ans. En raison de la très faible décomposition à l'œuvre au fond du lac Sihetun, la cendre exceptionnellement fine a tout préservé, depuis les os et le cartilage jusqu'aux plumes et aux poils, et même jusqu'aux mélanosomes individuels, les paquets de pigments sous-cellulaires qui donnent leur couleur à ces organismes. Grâce à la forme distinctive des mélanosomes qui contiennent de la mélanine noirâtre ou rougeâtre, la coloration de ces créatures sera préservée. Tout comme les structures de stridulations, l'iridescence des plumes, ainsi que d'autres signaux physiques, si bien que des signaux d'avertissement, de camouflage, ou de parade amoureuse subsistent bien longtemps après que leurs émetteurs ont disparu[29].

Pour la plus grande partie du registre fossile, les informations de ce genre sont extrêmement incomplètes, et le comportement des individus ainsi que les interactions interespèces sont difficiles à reconstituer. Au lac Sihetun et sur les autres sites de la formation d'Yixian au nord-est de la Chine, on peut lire sur sa toile de limon doré l'éclat et la diversité de la vie, sa clameur, sa couleur, ses conflits. Comme les immortels des légendes, les paysages du Crétacé du lac Sihetun ne connaissent pas les affronts des années[30]. C'est un monde qui a été préservé avec un luxe de détails exquis, dans lequel même la fugacité d'un chant et un battement d'ailes semblent avoir été faits matière, gravés dans le marbre. Quant aux oiseaux de Confucius, aux kalligrammatidae, aux premières fleurs à fleurir et aux petits groupes de bébés lézards émergeant d'une fissure dans un rocher, c'est comme s'ils s'étaient seulement reposés, dans l'attente d'une nouvelle chance de chanter et de s'épanouir, à nouveau.

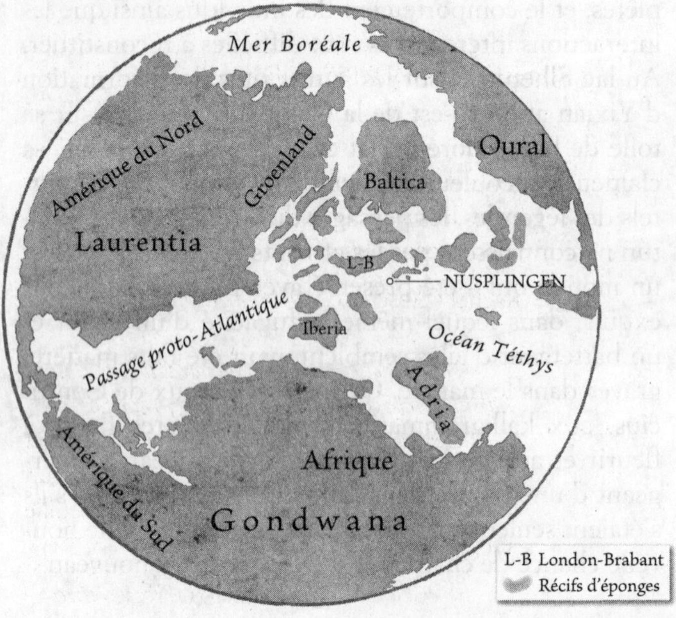
Mer Boréale
Amérique du Nord
Groenland
Oural
Baltica
Laurentia
L-B
NUSPLINGEN
Passage proto-Atlantique
Iberia
Océan Téthys
Adria
Amérique du Sud
Afrique
Gondwana
L-B London-Brabant
Récifs d'éponges

8. Fondation

Souabe, Allemagne
Jurassique – il y a 155 millions d'années

« Il n'est point besoin de voyager pour voir la mer, car ses traces sont partout où nous posons les yeux. »

Rachel CARSON, *Cette mer qui nous entoure*

« Nami kaze no / ari mo arazu mo / nani ka sen / ichiyō no fune no / ukiyo narikeri »

« Les vagues avant que le vent se lève et retombe, et moi, que puis-je faire dans un monde à la dérive à bord d'une unique feuille en guise de navire ? »

Higuchi ICHIYŌ, *Koigokoro*

Les crêtes des vagues apparaissent et disparaissent avec désinvolture, projetant au petit bonheur des points de lumière dans l'air. La réflexion du ciel sur l'eau chaude est aveuglante, et la ligne des côtes, à quelques kilomètres, est à peine visible. Partout autour, de petits corps blancs plongent depuis le ciel,

Rhamphorhynchus muensteri

faisant d'énormes ploufs chaque fois qu'ils pénètrent dans la mer. Après chaque plongeon, il y a une petite pause, avant qu'émergent des profondeurs des têtes crépues et brillantes, fendues d'un sourire mettant en valeur les aiguilles kératinées qui leur servent de dents. Le plus souvent, ces gueules remontent bredouilles, mais parfois un petit poisson apparaît piégé dans la mâchoire. Le *Rhamphorhynchus* est un véritable ptérosaure marin, l'une des quelques espèces qui se sont diversifiées dans les baies bordées de falaises de l'Europe tropicale. Ces mers sont leur foyer d'origine, un milieu qui a assuré au *Rhamphorhynchus* et ses parents des millions d'années de succès évolutifs. Flottant bas sur l'eau, il secoue la tête pour faire bouger le poisson dans sa mâchoire jusqu'à ce que la queue de la proie devienne toute molle. Il penche un peu la tête, et, d'un coup, gobe tout rond le poisson, sa gorge se distendant pour laisser passer l'animal. Puis il sort lentement de l'eau ses ailes trempées et les déploie, ce qui n'a rien d'évident au regard de ses longs doigts rigides destinés à voler. Il attend le bon moment et décolle d'un battement d'ailes quand il est exactement au sommet de la vague, prend de la hauteur, prêt pour un nouveau plongeon. Sous l'eau, d'autres *Rhamphorhynchus* en pleine chasse nagent grâce à leurs pieds palmés, et foncent dans le banc de poissons : les poissons paniquent, se séparent et sont vaincus, attaqués non seulement par les ptérosaures, mais également par les créatures qui nagent plus bas[1].

Un banc de poissons ne prendra pas le risque de monter vers la surface s'il n'y est pas forcé. Les prédateurs d'en dessous les ont poussés à resserrer les rangs et les ont rassemblés en une petite masse complètement paniquée, un petit banc acculé au plafond d'air, pour eux mortel. Des ombres se déplaçant à toute vitesse trahissent la présence d'ichtyosaures. Tout comme les *Rhamphorhynchus*, ce sont des créatures terrestres qui se sont adaptées à la vie en mer, mais, contrairement à ces derniers, ils vivent *sous* les vagues. Face à toutes les opportunités qu'offre le royaume marin, dans un monde avec un niveau de mer élevé et des marges continentales inondées, un grand nombre de bêtes à quatre membres ont renoncé à leur vie sur terre pour s'adapter à l'océan. De nos jours, il existe peu de tétrapodes exclusivement marins. Seuls les baleines, les lamantins et leurs proches cousins les dugongs, ainsi que les serpents marins, ont complètement embrassé la vie aquatique. Les autres groupes de tétrapodes marins, depuis les oiseaux de mer jusqu'aux phoques, en passant par les crocodiles marins, les ours polaires, les iguanes marins, les loutres de mer et même les tortues de mer, ont tous un style de vie impliquant de revenir sur la terre ferme pour se reproduire[2].

Au Mésozoïque, il existe bien plus de groupes de reptiles exclusivement marins. L'ichtyosaure, qui rappelle le poisson, et le plésiosaurien au long cou sont les plus connus, mais ils sont loin d'être les seuls. Des géosaurines, des crocodiles à la peau lisse aussi grands que des orques, patrouillent dans les eaux profondes séparant les îles tropicales et se faufilent furtivement dans les lagunes et les baies. La vie en eau profonde a transformé ces crocodiles au point qu'un de leurs ancêtres aurait eu bien du mal à les reconnaître – leurs pattes sont devenues des nageoires, leur dense armure osseuse a disparu, et même leur queue dispose dorénavant d'un aileron vertical comme les requins. Le Pleurosaurus, dont le plus proche parent vivant est le superficiellement lézardesque sphénodon de Nouvelle-Zélande, ressemble également à un serpent marin, avec un long corps ondulant, une queue en forme d'aileron aplati, et de courts membres plaqués contre ses flancs profilés. Prédateur d'un grand nombre d'autres espèces de reptiles marins, le pliosaure, une version de plésiosaure avec une grande tête et un petit cou, a un régime alimentaire simple : il mange tout ce qui bouge. Les reptiles marins des mers européennes coexistent en s'adaptant à différents régimes, certains ont appris à se nourrir d'objets durs, d'autres se sont spécialisés dans la chasse de grandes proies, et d'autres dans celles des poissons rapides ainsi que des calamars et affiliés. Même avec ces différents assemblages, le Jurassique reste une période de rétablissement pour les reptiles marins. Ils ont été gravement atteints par la mystérieuse extinction Trias-Jurassique, dont la cause est encore aujourd'hui âprement débattue. Le candidat favori à l'origine de cet événement est à l'heure actuelle un changement climatique soudain provoqué par l'émission de gaz découlant de la montée du magma à la surface, et de la fusion pétillante du dioxyde de soufre et du dioxyde de carbone comme lorsqu'on ouvre une canette de soda. Après l'acidification des océans qui suivit, le spectre des formes adoptées par les reptiles marins, tout comme leur variété fonctionnelle, sont en plein milieu d'une période de rétablissement qui durera 100 millions d'années[3].

De tous les mondes disparus de la surface de notre Terre, celui des ptérosaures et des reptiles marins habitant les mers et les îles de l'Europe du Jurassique fut l'un des tout premiers à être reconstitués. La première description d'un fossile de ptérosaure, écrite en 1784, l'a interprété comme une créature aquatique, et a vu dans les doigts de ses ailes des sortes de longues pagaies. Dans la mesure où la communauté scientifique de l'époque n'avait pas encore accepté l'extinction comme un phénomène réel, il fut supposé que le ptérosaure était une créature encore vivante, dissimulée dans quelque environnement isolé et encore inconnu de l'homme. Puis on fit l'hypothèse que les ptérosaures étaient des créatures modernes des eaux profondes. Au tournant du XIXe siècle, la balance pencha en faveur de l'extinction, en grande partie grâce aux découvertes de Mary Anning * sur d'autres créatures marines disparues sur le littoral du Dorset. Les ichtyosaures et les plésiosaures, qui sont si différents des organismes marins de notre époque, et dont on trouva si fréquemment des fossiles, ont fourni aux scientifiques des raisons légitimes d'imaginer un passé rempli d'une faune étrangère à celle que nous connaissons. Ces individus spécifiques, qui finiront par être soigneusement préparés dans l'arrière-salle

* Mary Anning (1799-1847) fut l'une des pionnières de la paléontologie. On lui doit, entre autres, la découverte, en 1821, d'un squelette de plésiosaure, qui reste encore aujourd'hui le spécimen type de cette espèce.

de la boutique de fossiles de Lyme d'Anning, sont déjà enterrés dans les fonds marins un peu plus au nord, avec 40 millions d'années d'accumulation lente de sable et de limon sur leurs cadavres. Mais leurs descendants sont, au moment qui nous intéresse, en train de foncer sur un banc de poissons. La surface miroitante des innombrables poissons fléchit et vire à cause de l'attaque, les proies changeant de direction, leur seule défense résidant dans leur nombre, et dans l'espoir que, dans la confusion, leurs prédateurs seront rassasiés avant de les attraper. Guidés vers la surface, ils foncent droit dans la gueule du loup. Attaqué à la fois par en dessous et par au-dessus, leur anéantissement n'est qu'une question de temps[4].

L'Europe du Jurassique est un archipel. Une série d'îles d'à peu près la taille de la Jamaïque actuelle, séparées par des mers chaudes et peu profondes, les marges continentales inondées avec ici et là de profondes fosses océaniques. La plus proche masse continentale conséquente est la côte occidentale non inondée de l'Eurasie. Au Jurassique, le monde s'est construit dans un état de serre total, et les climats tempérés ont même atteint les régions polaires. Les mers sont montées indéfiniment, augmentant la surface de fonds marins habitables par les animaux aquatiques, produisant partout dans ce monde une communauté marine riche d'innombrables espèces[5].

La richesse particulière de l'archipel européen résulte de son statut d'ancien carrefour océanique. C'est une série de masses continentales striées de bandes de mers intérieures, peu profondes, sur la marge continentale entre l'Asie et l'Appalachia. Les plages blanches de sable fin et leurs lagunes immobiles et salées sont bordées de récifs. Des forêts de conifères descendent presque dans la mer, ne s'arrêtant que là où la marée fait des allers-retours sur la vasière lisse. Certaines îles, comme le Massif central, sont plates, résultat de l'érosion des sommets des montagnes pendant une centaine de millions d'années. D'autres, au contraire, sont en pleine ascension, du fait de l'activité tectonique et de la montée des récifs. Au sud, l'île-continent d'Adria repose sur le fond de la Téthys, l'océan chaud et humide qui sépare l'Europe de l'Afrique. À l'est, la Téthys atteint sa plus grande largeur sur la marge méridionale de l'Asie, où une fosse océanique court depuis la Grèce jusqu'au Tibet et au-delà, séparant le monde septentrional de Laurasia de la masse continentale méridionale du Gondwana. Au nord, les mers rétrécissent jusqu'à constituer deux canaux entourant la masse continentale de Baltica, avant de se jeter dans une mer Boréale plus froide et moins pluvieuse. À l'ouest, les terres qui deviendront l'Amérique du Nord sont déjà en train de se séparer du Gondwana, donnant naissance à un passage maritime étroit mais de plus en plus grand, pour l'instant simple ramification de la Téthys, mais qui sera bientôt assez vaste pour mériter son propre nom : l'Atlantique. Les eaux continentales de l'Europe du Jurassique sont en certains lieux bien plus profondes que le plateau continental d'aujourd'hui, et peuvent parfois descendre jusqu'à 1 000 mètres. La plupart ne sont toutefois guère plus profondes qu'une centaine de mètres, et abritent une incroyable diversité de vie animale[6].

Au carrefour des trois systèmes océaniques – le passage proto-Atlantique, la Téthys et le « passage viking » de la mer Boréale –, l'Europe est un goulet d'étranglement pour les courants sous-marins. Tout comme le Gulf Stream qui réchauffe de nos jours le nord de l'Europe, les courants océaniques fonctionnent comme un système de rétroaction qui nivelle les différences globales de température. Une quinzaine de millions d'années auparavant, ces mers auraient été bien plus chaudes. L'étroitesse et l'absence de profondeur des détroits autour de Baltica sont telles que, avec autant d'activité tectonique, le corridor qui séparait la Téthys de la mer Boréale s'est vu bouché par la montée d'un rift dans ce qui deviendra plus tard la mer du Nord. Coupée de la route qu'empruntait l'eau chaude pour aller du sud au nord, la mer Boréale s'est retrouvée isolée, a refroidi et a gelé, faisant temporairement de la Terre du Jurassique moyen un monde « glacière ». À ce moment-là, comme les continents ont recommencé à se séparer, les courants ont pu reprendre leur route. L'Europe du Jurassique supérieur, il y a 150 millions d'années, est une serre verdoyante à terre, et un tourbillonnement de chaud et de froid dans les mers. Les airs tropicaux et polaires se mélangent sur la route maritime boréale, et charrient un temps orageux en Europe du Nord[7].

Des planctons couverts de coquilles et d'autres invertébrés vivent et meurent, laissant leurs coquilles de carbonate de calcium s'accumuler au fond de l'océan. Tandis que le niveau des mers descend et que la fosse téthysienne attire l'Afrique vers l'Europe, le fond marin riche en calcium montera jusqu'à former les imposantes falaises de calcaire du Jura suisse et allemand. Ce même fond deviendra un jour la source de deux des plus grands fleuves d'Europe, le Danube et le Rhin, qui creusent leur route à travers les lits des anciennes mers, soulevés par l'activité tectonique. La plupart des périodes géologiques sont étymologiquement associées à un lieu géographique, ici les montagnes du sud de l'Allemagne et de la Suisse. Dans le Tyrol autrichien, un pieu au sommet doré a été planté dans une montagne par des géologues, afin de marquer un point spécifique du temps, la limite qui sépare de manière claire et nette le Trias, en dessous, du Jurassique, au-dessus. La région alpine de l'Europe est le « clou d'or * » de cette période, et ces mers sont le parc aquatique du Jurassique[8].

Non loin de l'activité frénétique de la surface existe un monde de calme, une structure chatoyante de cristal tapie au cœur de la mer sombre et profonde. Des tubes glacés, comme de la dentelle gelée, sont empilés sur des dizaines de mètres, chacun comme un filet d'un blanc éclatant composé de fils de verre tissés. Construits les uns sur les autres, certains sont noueux comme des bougies en train de fondre, d'autres évoquent des autels de quelque

* Également appelé point stratotypique mondial, le « clou d'or » définit les limites existant entre deux étages géologiques (Wikipédia).

dieu oublié disparaissant dans la brume bleu-noir qui s'étend dans toutes les directions. Même s'ils sont fixes, ce sont des animaux, grandissant sur le squelette de leurs prédécesseurs. Ce sont les constructeurs de récifs du Jurassique, les éponges de verre. Les éponges font partie des animaux les plus simples, du moins en termes de tissu. En effet, elles ne possèdent que deux couches de tissu organique. Ces couches sont tapissées d'une structure en cheveux appelée le flagelle qui s'agite frénétiquement, aspirant de l'eau jusqu'au centre de l'éponge, et filtrant les détritus dans cette canalisation pour en faire des aliments. Un trou d'échappement sur son sommet, l'oscule, renvoie l'eau à l'extérieur – tout le système fonctionnant comme un moteur à réaction capable de détecter tout seul ses pannes. Soutenant la structure tubulaire se trouvent des spicules, des structures en général minuscules faites de calcium, de silicium ou d'une forme modifiée de collagène appelée spongine, et pouvant adopter toutes sortes de formes, depuis des cœurs mal dessinés à des structures pointues semblant jeter des shurikens, des lances, des grappins ou encore des chausse-trappes. Chaque cellule est semi-indépendante, et une unique éponge suffit à rendre floue la frontière séparant l'individu de la colonie. Si vous la passiez au mixeur, elle se réagrégerait – avec une forme différente, certes, mais elle resterait un organisme fonctionnel, une éponge vivante[9].

Les éponges de verre vont encore plus loin. Les cellules qui constituent leurs tissus conjonctifs fusionnent, et des canaux s'ouvrent de façon à permettre l'écoulement d'un fluide cellulaire interne, le cytoplasme, d'une cellule à l'autre. Les éponges de verre se rapprochent véritablement d'un organisme monocellulaire, et leur « syncitium * » rend difficile une quelconque distinction entre le fonctionnement d'une éponge de verre et celui d'une cellule unique mais très sophistiquée. Cette interconnectivité signifie que l'éponge de verre peut facilement envoyer des signaux électriques dans son corps, permettant à ce dernier de réagir rapidement et efficacement aux stimuli pour changer le rythme auquel l'eau est filtrée dans son corps – ce qui est impressionnant si l'on songe au fait que cette créature n'a pour ainsi dire pas de système nerveux. Les bizarreries des éponges de verre ne s'arrêtent pas là. Leurs squelettes sont faits de silicium, mais les spicules à quatre ou six pointes qui constituent la structure en maille qui les soutient et ancre l'animal dans le fond marin sont tout simplement énormes. Un unique cristal de silicate étoilé peut chez certaines espèces atteindre trois mètres de long. Ces espèces qui forment les récifs maillent les spicules ensemble pour constituer un solide échafaudage, suffisamment robuste pour durer des dizaines d'années. En fait, ce squelette soudé est précisément ce qui reste des éponges de verre après leur mort, et leurs cadavres empilés fournissent aux générations suivantes le cadre parfait pour elles-mêmes s'enraciner. Elles sont des constructeurs de colonies idéaux. Dans la mesure où elles obtiennent leur nourriture grâce à un simple système de filtrage

* Cellule indépendante faisant la jonction entre le squelette et l'éponge elle-même.

de l'eau, en métabolisant les détritus d'autres organismes présents dans la colonne d'eau, elles n'ont pas besoin d'être proches de la surface, contrairement aux coraux, qui entretiennent une relation symbiotique avec des algues assoiffées de lumière[10].

La planète du Jurassique supérieur est à peu près à la même température que celle projetée par les prédictions les plus optimistes des climatologues pour la fin du XXIe siècle, et plus chaude que le niveau préindustriel d'environ deux degrés Celsius. Il y a des forêts aux pôles, et non de la glace, et, s'il existe de grands déserts près de l'équateur, on peut encore y trouver des glaciers dans les plus hautes montagnes. Il y a quelques récifs de corail éparpillés dans cet archipel, mais ils sont bien plus courants sur les versants plus abrupts d'autres régions du monde. Plus rares, et dissimulés dans certains recoins de l'Europe, il existe des récifs construits par des huîtres, des monticules de coquilles ancrées dans celles de leurs ancêtres. Cela étant dit, l'époque est dominée par les récifs d'éponges, leurs squelettes constitués de spicules étant plus résistants à l'acidité et aux hautes températures des mers[11].

Les éponges de verre – les hexactinellides – ont besoin d'eau claire. Les éponges sont des filtres d'eau de mer, et sont parsemées de pores minuscules appelés ostioles. En une seule journée, une éponge d'un kilo peut pomper 24 000 litres d'eau – davantage que ce que peut habituellement pomper dans le même temps une douche cascade – et extrait la plus grande partie des bactéries présentes dans l'eau pour se nourrir. L'eau limoneuse a tendance à boucher ces pores, et la plupart des éponges sont capables de les fermer en cas de besoin – mais les éponges de verre ne font pas partie de celles-là[12].

À cause de cette sensibilité aux particules, elles doivent vivre dans des eaux immobiles, loin des embouchures troubles des fleuves. Alors que les coraux s'épanouissent dans les eaux peu profondes, sous la limite de la zone d'action des vagues de tempête où les eaux sont plus calmes, les éponges s'épanouissent dans l'ombre, et peuvent atteindre une hauteur de plusieurs dizaines de mètres et s'étendre sur des kilomètres dans toutes les directions. Chaque tumulus nervuré en spirale s'est développé pendant des milliers d'années à partir d'une minuscule colonie circulaire et symétrique. Les spicules des premiers pionniers sont encore là, enfouis dans le doux fond marin, balayés par les courants et recouverts de sédiments, mais toujours solides et offrant une fondation plus ferme que le fond marin pour que grandissent les nouvelles éponges. Parfois, cette croissance se fait sous la forme d'un monticule ; d'autres fois, les éponges se penchent au-dessus de précipices de plus d'une vingtaine de mètres. Tandis que chaque colonie grandit, elles en rencontrent d'autres, et elles fusionnent pour former une conurbation. Ces immenses biohermes se trouvent en divers endroits – ici, c'est-à-dire sur le fond de la mer de ce qui deviendra la frontière germano-suisse, il existe environ 40 espèces différentes d'éponges, qui, toutes, vivent et se développent ensemble[13].

Les biohermes se construisent rapidement. Au cours d'un siècle, l'un d'entre eux peut s'élever de

7 mètres et s'étendre loin sur le fond de la mer, en suivant les contours et en s'adaptant à la topologie déjà existante. Le courant principal va d'est en ouest, emportant l'océan Téthys vers les îles européennes et au-delà, jusqu'au passage atlantique. Chaque bioherme projette une ombre d'eau immobile derrière lui. Ainsi, il est plus simple de s'installer, de se développer et de se construire, c'est pourquoi les récifs forment de longues lignes, chaque monticule barrant la route aux courants des fonds marins tel un brise-vent. Cette croissance évoque celle d'une ville, et la vie afflue en masse au récif tandis que ce dernier crée des coins et des recoins dans lesquels d'autres formes de vie peuvent s'épanouir. Les éponges font montre d'une efficacité extraordinaire pour capturer les nutriments qui permettront à d'autres créatures de se nourrir, si bien qu'ils deviennent des métropoles cosmopolites qui bordent toutes les marges septentrionales de la Téthys. De la Pologne à l'est jusqu'à l'Oklahoma à l'ouest, elles couvrent presque 7 000 kilomètres de fond marin. Faisant plus de trois fois la longueur de la Grande Barrière de corail, ces constructions de silice sont les plus grandes structures biologiques à avoir jamais existé[14].

Dans l'espace au-dessus de l'autel d'éponge, des anneaux laqués et nervurés montent et descendent, ou bien se propulsent à toute vitesse. Des tentacules timides s'aventurent à l'extérieur de chacune de ces coquilles en spirale. Les ammonites, sans doute les plus célèbres de tous les fossiles invertébrés, sont les habitants emblématiques des mers du Mésozoïque. Alors que la plupart de leurs formes précédentes étaient plutôt petites – avec un diamètre se mesurant en millimètres ou en centimètres –, elles ont pour certaines d'entre elles bien grossi. À la fin du Crétacé supérieur, juste avant que les ammonites ne deviennent l'une des innombrables victimes de l'impact de Chicxulub, le diamètre de leur coquille pourra atteindre 3,50 mètres. Pendant la plus grande partie de leur histoire évolutive, toutefois, les ammonites n'ont pas été ces krakens en armure, mais bien plutôt une collection aussi variée que répandue de céphalopodes à coquilles, un groupe de mollusques comprenant les poulpes, les calamars et les nautiles[15].

La coquille des ammonites est un véritable chef-d'œuvre. Plus l'animal grandit et plus la coquille fabrique de nouvelles loges à son ouverture, une coquille d'aragonite forgée à partir d'ions carbonate et d'ions calcium empruntés à la mer elle-même, puis exsudés pour former une forteresse rigide et nervurée. À l'intérieur, un doux refuge. L'angle auquel chaque loge se connecte à la précédente ainsi que la taille de chacune d'entre elles diffèrent d'une espèce à l'autre, mais toutes respectent une spirale logarithmique, ce qui n'empêche pas des formes très bizarres d'émerger à partir de cette règle commune. La classique « serpentiforme », une spirale serrée sur un plan peu épais, est la plus courante, mais d'autres s'enroulent en hélice comme un escargot, et d'autres encore développeront au Crétacé des formes extraordinaires dans lesquelles la spirale est desserrée et ne s'enroule pas sur elle-même, chaque torsion de la coquille s'effectuant sans contact avec la section précédente, comme un ressort desserré. Les plus étranges d'entre elles sont d'improbables coquilles de 2 mètres en forme de trombone, les tentacules flottant doucement à l'ouverture – heureusement que le ridicule ne tue pas. Mais c'est dans les détails de l'intérieur de la coquille que se cache la véritable beauté des ammonites. Dans la loge de croissance, le lieu où l'ammonite se réfugie, le secret de l'architecture de la coquille se livre. Chaque loge est séparée de la précédente par une suture alambiquée, une queue-d'aronde complexe et fractale ressortant sur la nacre brillante[16].

Une série de grondements étouffés parcourt l'eau, et le récif se balance violemment d'avant en arrière pendant quelques secondes. Les ammonites, comme tous les céphalopodes, sont incapables d'entendre les sons – sauf pendant une brève période après leur naissance –, mais elles disposent d'organes sensibles à la pression, une série de sacs remplis de cils et de fluides appelés statocystes qui se déforment sous la pression et permettent de détecter les mouvements de particules associés à des sons de basse fréquence. Les statocystes ont identifié l'onde de choc qui est en train de parcourir l'océan. Là où se rencontrent les continents, la friction des plaques fait monter la tension ; quand celle-ci se relâche, le plancher océanique semble bouillir comme sous l'action d'un tremblement de terre sous-marin. Projetés par le choc, des sédiments blancs forment des volutes comme des nuages de fumée. Le bas du récif est secoué jusqu'à en devenir opaque. L'épicentre du phénomène a beau se trouver à des kilomètres, les effets s'en font ici pleinement ressentir. Même alors, les vagues qui agitent les mers d'Europe passent le plus souvent inaperçues à moins que le plancher océanique ne s'élève vers les terres. Dans ce dernier cas, le raz de marée se soulèvera et s'abattra sans pitié sur les îles tropicales pour y semer la destruction. Les tsunamis sont plus rapides dans les eaux plus profondes, et le plateau carbonaté de l'Europe n'est pas particulièrement bas[17].

À la surface, le *Rhamphorhynchus* prend son envol, se projetant dans les airs avec ses ailes de deux mètres. Vues depuis le ciel, les îles européennes forment des taches sombres et boisées sur le soleil couchant. La silhouette de l'île du Massif central, une ancienne région montagneuse d'à peu près la taille de Haïti, se découpe à peine sur l'horizon occidental, les mares stagnantes qui longent ses côtes semblant soulagées de pouvoir récupérer après la chaleur brûlante de la journée. L'archipel est aussi dense et peuplé que celui des Caraïbes, où la vie s'épanouit aussi bien dans les forêts tropicales que sur le sable chaud, entre la mer et la terre. Sur l'estran d'une plus petite île du Jura, entre les champs d'épines des racines de palétuviers, une famille de sauropodes évoquant des *Diplodocus* se fraient leur lourd chemin. Pour des animaux gros et trapus comme les sauropodes, il est plus simple de longer la plage que de traverser la forêt. Ils sont également plus faciles à trouver. Des théropodes Megalosauridae, les plus grands carnivores du Jurassique, harcèlent les sauropodes, s'approchant d'eux avant de reculer furtivement. *Megalosaurus*, le nom du groupe, est l'un des trois dinosaures définitifs utilisé en 1842 pour définir le superordre des

Dinosauria. Ils sont le premier groupe de dinosaures à être devenus des prédateurs au grand corps. Un peu plus fins et avec un plus long museau que les plus tardifs *Tyrannosaurus*, ils ont été *grosso modo* construits d'après le même patron : de petits bras de taille réduite, et marchant sur deux puissants membres inférieurs. Ce sont des ramasseurs d'épaves, se nourrissant des carcasses de créatures marines échouées sur la plage – des requins, des plésiosaures, de gros poissons ou des crocodiliens. Mais quand une harde de sauropodes passe à côté d'eux, les membres les plus jeunes et les plus faibles de la harde constituent une tentation à laquelle il est difficile de résister.

Sur certaines petites îles suisses, on peut trouver des parents de l'*Allosaurus*, un prédateur, et des petits droméosauridés aux griffes en forme de faux, tandis qu'il faut se rendre jusque dans les forêts sombres du London-Brabant et d'Iberia pour voir déambuler des stégosaures. Ces côtes ne sont pas fréquentées par les *Rhamphorhynchus*. Après avoir pris leur envol, la plupart des ptérosaures se sont contentés de voler vers le nord pendant quelques kilomètres. Ils restent suspendus dans les airs comme des mouettes, ne battant des ailes que quand c'est nécessaire, jusqu'à atteindre, non loin de là, l'une des îles plus petites, Nusplingen, un lieu dont les côtes sont grouillantes de vie[18].

À Nusplingen, l'air a le goût de sel et de pierre. Une lagune profonde et claire est entourée par le bruit des vagues se brisant sur des récifs d'éponges élevés par l'activité tectonique et faisant partie des premières saillies des Alpes à se retrouver au-dessus du niveau de la mer. La lagune est une crique en forme de fourche à deux dents, située sur la côte orientale de la petite île et surmontée d'une forêt de cycades, de pins de Wollemi – des araucariens grands et anguleux de la même famille que les kaoris – et de « désespoirs des singes ». La forêt est sèche comme une poudrière, le climat de l'été est similaire à celui de la Méditerranée, et il n'est pas rare que la chaleur provoque des incendies. Les portions supérieures de la plage sont criblées de cônes résineux et collants, tombés des branches des araucariens, et saupoudrées de fragments de coquilles, parfois assez fins pour devenir du sable. Le blanc immaculé du sable coquillier est assombri à marée basse par des brassées d'algues hérissées au parfum iodé, avant de laisser place à un bleu exceptionnellement pâle. Même à marée haute, la bandelette d'algues n'est pas très large ; depuis la ligne de côte, le terrain s'abaisse très vite pour plonger brusquement dans les profondeurs sans lumière, à plus d'une centaine de mètres de fond. Là-bas, les eaux immobiles sont privées d'oxygène, mais la lagune elle-même reste dans son ensemble un paradis pour un certain nombre de créatures. C'était un petit tremblement de terre, mais, même sur le versant sous le vent du raz de marée qui a suivi, la mer secouée a jonché la plage de mollusques, de brachiopodes et d'autres créatures des littoraux. Au final, le calme de Nusplingen sera rompu à jamais avec la soudaine élévation du fond marin de tout le Jura souabe, ce qui mettra l'île sens dessus dessous au moment où l'Europe, prise de convulsions, a décidé de naître[19].

Une fois que les *Rhamphhorhynchus* ont atterri, leurs longues queues ne le gênent pas pour marcher sur la plage. Ils marchent droit sur leurs index, les ailes précautionneusement repliées. Nusplingen est tout juste assez grande pour faire vivre une petite population de ptérosaures – dont font partie les *Rhamphorhynchus*, mais aussi deux espèces moins courantes –, du moins pour l'instant. Si les premiers ptérosaures évoquent la biologie générale du *Rhamphorhynchus*, à la fin du Jurassique, un nouvel ordre a émergé des rangs des ptérosaures pour remplacer quasiment complètement les anciens modèles obsolètes. Les *Pterodactylus* et les *Cycnorhamphus* participent de ce nouveau style épuré, et représentent le futur de la lignée des ptérosaures. Avec leur toute petite queue, leurs longs poignets et leurs crêtes souvent flamboyantes, les ptérodactyloïdes font définitivement partie de l'avant-garde[20].

Farfouillant avidement dans les détritus laissés par la vague, plusieurs *Cycnorhamphus* se chamaillent pour un crustacé particulièrement appétissant. Ils se tiennent bien droits, soutenus par leurs longs membres avant, et secouent la tête en claquant leur bec, sans pour autant, pour l'instant, porter le moindre coup. Parmi les trois espèces de ptérosaures à habiter en nombre suffisamment conséquent l'île de Nusplingen, ce sont eux les plus inhabituels. Ce sont bien des « mâchoires à peigne », mais dont les dents en aiguille typiques des cténomastides auraient disparu ; le *Cycnorhamphus* en possède encore quelques-unes, dérisoires, aux extrémités de chaque mâchoire. Derrière ces dents courtaudes se dessine un grand sourire satisfait. Les os des mâchoires inférieure et supérieure ont cessé de se toucher pour former un trou large comme un casse-noix. Sans les plaques renforcées qui recouvrent cet étrange trou, ces mâchoires évoqueraient presque une pince de cheminée. Saisissant sa proie, le *Cycnorhamphus* l'engouffre dans l'interstice, où les os et la gaine mettent un terme à ses souffrances[21].

Les jeunes *Rhamphorhynchus* – en anglais, les jeunes ptérosaures sont de manière informelle appelés des *flaplings* – ne vont pas plus loin que le récif. Ils sont trop petits pour chasser tout seuls les poissons, et, comme de nombreux vertébrés, les ptérosaures n'investissent pas beaucoup dans leur progéniture. Cela signifie que, au moins chez certaines espèces, les petits émergent de leurs œufs avec des ailes et une épine dorsale leur permettant de voler immédiatement après la naissance. Les *flaplings*, avec leur toute petite face et leur nombre réduit de dents, doivent se procurer leur propre nourriture, tout en se limitant aux terres, gobant avec agilité des insectes jusqu'à ce qu'ils soient assez grands pour s'aventurer avec leurs congénères jusqu'aux zones de pêche. À ce moment-là, leur face se sera allongée, et ces petites mâchoires adaptées au broyage de scarabée se seront transformées en une terrifiante machine à attraper du poisson. L'ailette de la queue – destinée à stabiliser le vol – constitue également un indicateur de l'âge de la créature. Au début, elle a une forme elliptique, puis l'ailette adopte la forme d'un trapèze, d'un cerf-volant, pour enfin devenir un triangle inversé. Le développement des ptérosaures de la sortie de l'œuf jusqu'à l'âge adulte n'est pas aussi rapide que chez les oiseaux, qui atteignent souvent leur taille adulte en une année à peine, avant que leur croissance ne ralentisse ou ne cesse soudainement. Le *Rhamphorhynchus*, lui, grandit lentement mais sûrement, et la transition de l'enfance à l'âge adulte est bien plus progressive. Il lui faut donc parfois jusqu'à trois années pour atteindre sa taille adulte, tout en étant capable de voler depuis sa naissance, un schéma que l'on retrouve chez un grand nombre de ses parents « reptiliens »[22].

Le reste des créatures parties pêcher revient vers l'île quand la lumière commence à baisser. Plongeant en piqué vers la lagune, peut-être dans l'espoir d'une ultime prise – avec un peu de chance un *Plesioteuthis* calamaresque qui se serait aventuré trop près de la surface –, un *Rhamphorhynchus* tente de redresser la barre quand il se rend compte de son erreur. Trop tard ; une gerbe d'écume laisse entrapercevoir une gigantesque masse noire. Le *Rhamphorhynchus* frappe désespérément l'eau salée de ses ailes, dans un ultime et vain battement, jusqu'à ce que tout mouvement cesse. C'est là un risque que courent même les ptérosaures adultes quand ils quittent l'île. Dans les lagunes de Nusplingen et de Solnhofen vit un immense poisson « cuirassé », l'*Aspidorhynchus*. Ce dernier rôde, son museau pointu restant hors de vue, jusqu'à ce qu'un puissant coup de queue lui permette de se projeter au-dessus de la surface pour attraper par l'aile un ptérosaure qui passerait par là[23].

Il est par conséquent bien plus sûr de rester à terre, dans les arbres, comme les autres *Rhamphorhynchus*.

Même s'ils sont parfaitement capables de se déplacer au sol, et se promènent sur la plage comme les ptérodactyloïdes, ils restent plus à l'aise dans des environnements verticaux. Et une fois que les habitants diurnes de l'île sont partis se coucher, ils laissent leurs marques dans le sol. Sur la plage au-dessus de l'estran, l'empreinte de leurs pattes palmées aux doigts évasés tranche avec celle des ptérodactyloïdes – qui marchent avec les pattes tournées vers le côté. Ici, on peut apercevoir les marques laissées par les atterrissages des ptérosaures, à l'endroit où les serres se sont enfoncées dans le sable quand ils ont atterri sur leurs pattes arrière. Là, les traces d'une carapace de « crabe fer à cheval » (ou limule) traînée dans le sable, guère différentes de celles d'aujourd'hui, ou bien le bec régurgité et la coquille démontée d'un mollusque bélemnite[24].

Le céphalopode *Plesioteuthis*, qui a échappé de peu à la mâchoire du *Rhamphorhynchus*, est également à la recherche de sa pitance. Malgré sa parenté avec les calmes poulpes, le *Plesioteuthis* est un prédateur actif. Il nage à toute vitesse, prend en chasse une ammonite et l'attrape avec ses bras ventousés. Écrasant la coquille avec sa mâchoire pointue, il laisse de minuscules trous à sa surface, dont il se sert pour l'ouvrir et arracher les parties molles à leur foyer nacré. Le corps de l'ammonite est aspiré et prêt à être digéré, mais celui-ci pose un problème. En effet, à l'intérieur de l'ammonite se trouvent deux morceaux de mâchoire calcifiés. Les digérer est chimiquement impossible pour les coléoïdes qui, contrairement aux humains, possèdent des estomacs alcanisés. La meilleure manière de se débarrasser de ces parties dures passe par le même chemin qui a servi à les ingérer, si bien que le *Plesioteuthis* les vomit et qu'elles coulent jusqu'au fond, masse muqueuse et collante. Le vomi fossile a un petit nom : la régurgitalite. Il est considéré comme une « trace fossile », le résultat fossilisé d'un comportement, de quelque chose d'autre qu'un corps, comme les restes d'un terrier, les traces de pas ou encore les excréments. Les excréments d'ammonites – des brins comme des vers de terre, enroulés en spirale avant de se déposer sur le plancher marin – font partie des fossiles les plus courants dans le calcaire dont est fait le Jura[25].

À l'entrée de la lagune, une bûche flotte, ballottée par les vagues telle une barque incertaine. Elle faisait autrefois partie d'un conifère araucarien à large tronc, et son écorce épaisse la protège des ravages de l'océan. Quand l'océan la soulève, des tiges brillantes, tels des cheveux de Méduse colorés, percent la surface avant de disparaître à nouveau. Ces tiges se terminent par des parachutes plumeux qui se ferlent et se déferlent au fur et à mesure qu'ils enroulent de la nourriture dans leur bouche en forme de mouchoir. Les lys de mer, ou crinoïdes, comme les autres membres de cette colonie de *Seirocrinus*, sont des échinodermes – des parents des oursins et des étoiles de mer – et se nourrissent passivement de planctons et de détritus biologiques en se contentant de flotter dans l'eau. Une quinzaine d'entre eux se sont attachés à cette bûche, et se laissent traîner à sa suite comme les parachutes d'une navette spatiale, là où la résistance au courant marin est la plus faible. Leurs tiges sont faites d'anneaux empilés de calcium dur, et chacune se termine par un plumeau qui nettoie les océans[26].

Tout comme les récifs, les bûches flottantes sont devenues des îles pleines de diversité dans un océan sinon désertique. Voyageant à une vitesse maximale d'un ou deux nœuds, les créatures n'ont aucun mal à monter à bord de ce véhicule en cours de route. Toute une foule d'autres mollusques, ainsi que des nageurs plus actifs, rejoignent les *Seirocrinus* sur ce bout de bois à la dérive. De petits poissons suivent ces communautés pendant leur voyage, car ils représentent une source de nourriture facilement accessible : les crustacés et les échinodermes filtrent les nutriments dans l'eau, avant d'être mangés par les poissons. Même complètement isolée au beau milieu de l'océan, une bûche, aussi longtemps qu'elle survit, peut soutenir une communauté florissante[27].

La colonie de lys de mer et leurs parasites possèdent une très grande longévité – certains ont une vingtaine d'années – et leur taille s'accorde à ce grand âge ; certaines des tiges des *Seirocrinus* peuvent faire jusqu'à 20 mètres de long – soit à peu près la taille d'un rorqual adulte –, avec une couronne d'un mètre de diamètre. De nos jours, ce type de communautés à la dérive sur un radeau vit à peu près six ans, et les plus gros échinodermes, qui ne sont pas des adeptes de la dérive, sont des étoiles de mer qui peinent à dépasser un mètre de large. Au bout du compte, soit la bûche coule sous le poids de ses nouveaux colons, soit, trempée depuis trop longtemps, elle se désintègre. La présence d'huîtres préserve la longévité du système, en scellant les fissures de l'écorce et en empêchant l'eau d'imbiber trop rapidement la structure interne de la bûche. Sans huîtres, une grosse bûche comme la nôtre ne pourrait aujourd'hui tenir que quelques années, et pourtant, les lys de mer qui s'y sont attachés à l'époque ont une bonne décennie. C'est en partie dû au fait que, dans les océans du Jurassique, il n'existe pas de prédateurs du bois. Le taret, le fléau des marins de l'âge de la voile, ne fera son apparition qu'au Crétacé. Leur apparition rendra ce style de vie impossible, et de façon définitive, pour la simple raison que le bois ne pourra plus flotter aussi longtemps qu'autrefois[28].

Même si des colonies de *Seirocrinus* ont été trouvées très loin de l'Europe, jusqu'au Japon, ce fragment d'araucarien est sans doute plus local et a dérivé ici depuis des îles plus à l'est, voire depuis la côte occidentale asiatique. Ces îles situées à l'ouest de l'archipel européen sont des sortes de jardins botaniques, accueillant diverses forêts dans lesquelles aucun arbre n'a de lien de parenté avec son plus proche voisin. Sur les plus grandes masses continentales situées à l'est, en revanche, il y a d'immenses forêts, dominées par des araucariens, et c'est de là-bas que provient la grande majorité du bois flottant dans la mer. Les différentes communautés des îles sont similaires entre elles, et comprennent toutes différentes espèces issues des forêts de l'Est. Il existe une ligne invisible qui sépare ces biomes les uns des autres, une frontière maritime qui empêche les migrations et maintient les différences. L'exemple le plus célèbre de cette frontière invisible dans le monde moderne a été décrit par le codécouvreur de la sélection naturelle, Alfred Russel Wallace. Au cours de son périple dans l'archipel indonésien, il remarqua que toute la faune des îles à l'est de Bornéo et de Bali était typiquement australasienne, et différente des créatures asiatiques des îles occidentales. Cette division reflète la connexion des masses terrestres pendant le dernier maximum glaciaire ; Bornéo, Sumatra, Java et Bali étaient toutes connectées par des ponts terrestres à l'Asie, tandis que Papua et les autres îles orientales étaient, elles, connectées à l'Australie. La ligne Wallace est l'une des frontières invisibles, aussi bien écologiques qu'historio-géographiques, qui séparent des royaumes biogéographiques. De nombreuses caractéristiques géographiques fonctionnent comme des frontières à l'époque moderne, depuis l'Himalaya jusqu'aux déserts d'Afrique du Nord. Au Jurassique, les îles européennes obéissent aux mêmes divisions insulaires que l'Indonésie contemporaine[29].

Ces mers engendrent un monde dominé aussi bien par les lieux de rencontre que par les divisions. Les ptérosaures chassent et sont chassés à la frontière séparant mer et ciel. Les courants du monde circulent autour de continents qui commencent à s'éloigner les uns des autres. La diversité réapparaît timidement après un changement mondial marqué par l'extinction de masse. Le Jurassique est surtout célèbre pour ses habitants dinosaures, pour ses plésiosaures et ses ichtyosaures. C'est ici que nous avons commencé à comprendre la vie passée, c'est cette Terre qu'ont foulée les trois premiers genres utilisés à l'origine pour définir ce que signifie « dinosaure », l'*Iguanodon*, le *Megalosaurus* et l'*Hylaeosaurus*. Mais ils n'auraient pas pu exister sans une solide fondation écologique. La diversité des îles de l'archipel européen est venue du plancher océanique.

La montée des éponges et des coraux a formé divers îles et récifs, construits sur les vestiges de leurs ancêtres. Sur ces îles nues et émergées, la vie s'est posée et s'est cramponnée, fusion de l'est et de l'ouest, du nord et du sud. Les arbres poussent, grâce à la lumière du soleil et aux squelettes minéraux de ces anciens récifs. Une fois morts, réquisitionnés par les lys et les huîtres, les arbres voguent sur les courants du monde. En écologie, rien n'est jamais complètement isolé. Partout, toujours, la vie se construit sur la vie.

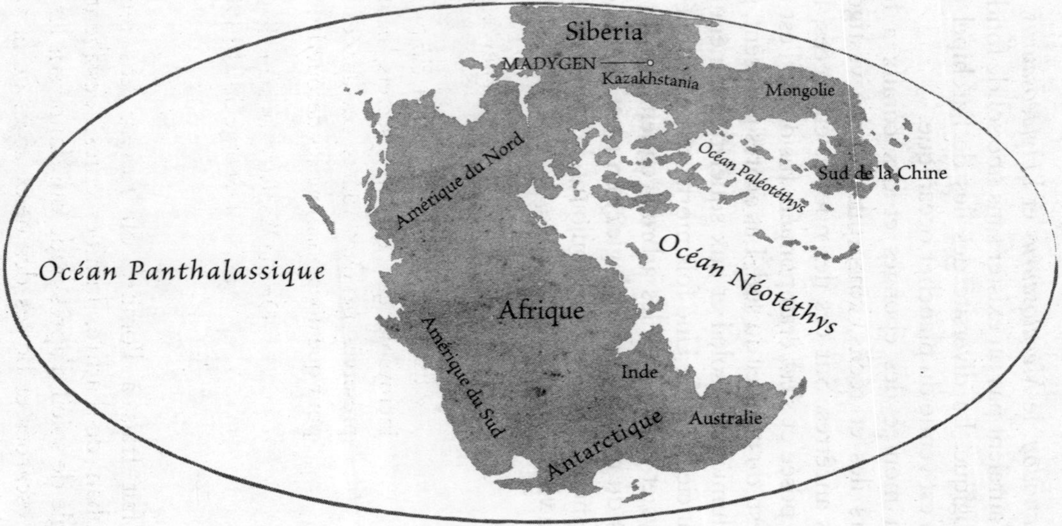
Siberia
MADYGEN
Kazakhstania
Mongolie
Sud de la Chine
Océan Paléotéthys
Amérique du Nord
Océan Panthalassique
Océan Néotéthys
Afrique
Amérique du Sud
Inde
Australie
Antarctique

9. Contingence

Madygen, Kirghizistan
Trias – il y a 225 millions d'années

« Je vis sur une montagne
Que personne ne connaît
Parmi les nuages blancs
Silence éternel et parfait. »

Han SHAN

« Est-ce qu'il n'est pas tout simplement incroyable que tous ces secrets aient été préservés pendant toutes ces années juste pour que nous puissions les découvrir ! »

Orville WRIGHT dans une lettre
à George Spratt, 1908

Il fait frais à l'ombre du *Baiera*. Les feuilles en ruban de l'arbre, luminescentes, dessinent un triangle de soleil d'après-midi, qui donne sur les versants escarpés et boisés des deux côtés de la vallée encaissée. Vue d'au-dessus, la canopée fournit des indices sur des caractéristiques qui passeraient sinon

Sharovipteryx mirabilis

inaperçues. Une coupe claire signale la présence d'un lac, tandis qu'une ligne irrégulière de végétation plus sombre marque le passage de l'étroite rivière qui a creusé cette vallée. De la mousse pousse sur le sol devenu un épais tapis noir, aussi doux qu'odorant. Pour des oreilles modernes, le silence de cette forêt est déconcertant et ne semble pas naturel. Nul chant d'oiseau ne résonne, car il s'agit d'un temps d'avant les oiseaux. Seul le son du vent, de l'eau et des ailes d'insectes trouble le silence. Pour des yeux modernes, cette forêt est également profonde et exotique. Même les forêts les plus denses et les plus diverses du monde moderne exhibent les marques de milliers d'années de gestion humaine, mais ces bois sont véritablement vierges, et chaque surface est librement offerte aux lichens, aux fougères et à la mousse, les arbres poussant à travers les débris des gros troncs de leurs ancêtres chus et pourrissants[1].

La fertilité du sol est le fruit d'innombrables années de décomposition des feuilles d'arbres, mais les plantes qui y poussent nous sont moins familières car il s'agit d'un temps précédant l'existence des plantes à fleurs. Les forêts d'Asie centrale sont composées d'un mélange de ginkgophytes, de fougères à graines, de cycades, et de bosquets de *Podozamites*, des conifères aux feuilles sombres. Ces derniers, avec leurs feuilles caduques et leurs branches qui s'étirent loin de leur tronc, recouvrent la terre, et sont parfois si dominants dans la canopée qu'ils sont quasiment les seuls à pousser. Cela fait peu de temps qu'ils se sont répandus depuis la Chine, et, déjà, ils forment des monocultures courantes dans le monde tempéré de la Laurasia orientale. Ici, ces conifères ondulent sur les flancs des petites montagnes de Madygen, au Kirghizistan, pendant le Trias[2].

Pour un conifère, avoir des larges feuilles nervurées plutôt que des aiguilles est, à l'époque moderne, plutôt rare. Il existe des exceptions qui se sont diversifiées et continuent à exister aux côtés des angiospermes d'aujourd'hui – le kaori, le « bois jaune » et le Nageia Nagi, par exemple –, mais, au Madygen, seules les fougères à graines, plus petites, parviennent à les surpasser en nombre. Ici, les canopées ouvertes des *Podozamites* permettent à la lumière du soleil de passer, si bien qu'un étage inférieur d'êtres vivants ayant pris pied dans ce paysage alpin parvient à survivre[3].

Les arbres se penchent vers la vallée accidentée, l'une des nombreuses vallées à se trouver alignées parallèlement dans ce système montagneux, qui abrite de doux vallons ondulés et d'infranchissables crevasses. Les cours d'eau forment des mares qui parfois débordent et créent des chutes d'eau, des cascades tumultueuses donnant naissance à des rivières qui finiront par péniblement traverser la plaine inondable pour se jeter dans l'impassible lac Dzhaylyaucho. Même s'il ne fait pas plus de 5 kilomètres carrés, le lac Dzhaylyaucho offre un replat agréable au milieu des versants boisés, une plateforme qui s'élève jusqu'à quelques centaines de mètres au-dessus de la surface. Très loin, dans le brouillard, là où il est possible d'apercevoir le lac, rafraîchi, se déverser pour entamer un voyage de 600 kilomètres vers les côtes, les nuages dissimulent à moitié un horizon déchiqueté.

Parfois, des pics apparemment sans support émergent dans le ciel, comme s'ils flottaient, tandis que de la vapeur blanche se tapit dans les déclivités cachées de la forêt, ou bien zèbre les marges plus plates du lac. L'air n'est pas trop humide, et, avec une pluie qui tombe de manière égale tout au long de l'année, des étés chauds et des hivers neigeux, le climat est idéal pour que puisse se développer un écosystème stable et varié. Loin des falaises isolées, le sol des forêts est jonché des débris d'une vie abondante. Des scarabées cupédides longs et fins se hissent sur l'humus pourrissant – ils se sont spécialisés dans la consommation de bois mou en train de se décomposer, ainsi que du champignon responsable de cette décomposition. Ici, les insectes sont exceptionnellement divers ; sur les 106 familles d'insectes dont nous savons qu'elles ont habité le monde du Trias, 96 ont été découvertes à Madygen, et on y a répertorié à ce jour plus de 500 espèces, dont les premiers charançons et les premiers perce-oreilles connus de l'histoire de la Terre. De nombreuses plantes possèdent des défenses robustes pour déjouer les assauts des insectes ; on pense que les feuilles poilues des cycades étaient un instrument de dissuasion contre leur prédation. Mais si les insectes festoient, ils constituent également des mets savoureux[4].

Ici et là sont éparpillés des blocs de calcaire de la taille d'un pavé, érodés en dessous et apportés ici par les courants, rappel de l'ancien passé océanique de ce paysage. À l'intérieur de quelques-uns de ces blocs, on peut apercevoir des traces de fossiles de coquillages – les spirales et les formes de créatures depuis longtemps disparues des mers carbonifères, déjà vieilles à l'époque de plus de 100 millions d'années. Comme beaucoup d'autres chaînes, ces montagnes sont nées de la haute mer et, même si cette scène se déroule il y a plus de 200 millions d'années, l'aspect de la Terre dépend déjà de son histoire plus ancienne. Sombres et fragiles, des couches de schiste fissile fines comme du papier à musique sont éparpillées tels des éboulis le long des versants escarpés de la vallée ; elles sont faites de la vase molle et immobile du plancher océanique. Les lits de calcaire pâles et épais, rendus granuleux par les intempéries, sont le résultat de la dense concentration des minuscules coquilles de créatures marines ayant vécu dans la mer du Turkestan au Dévonien et au Carbonifère, dont une extension sur la bordure occidentale deviendra un jour l'océan Pacifique. Un plateau de basalte, une roche volcanique, indique l'endroit où le tapis roulant tectonique a fait glisser le plancher océanique sous une autre plaque, et où, pendant le Permien et le Trias, le plancher océanique qui est monté a été érodé. Arrachées au courant par des inondations sporadiques, des roches ayant autrefois appartenu aux cours d'eau montagneux sont rapidement envahies par des plantes adorant la vapeur d'eau – des mousses molles si profondes que l'on pourrait s'y noyer si l'on y mettait par mégarde le pied, des hépatiques plates et brillantes, ou encore les bouquets surplombants de fougères[5].

Une forme traverse soudain le tableau, à toute vitesse, joyeusement, et disparaît en un clin d'œil. Cette forme est reconnaissable entre toutes : il s'agit d'un archosauromorphe, un *Sharovipteryx mirabilis*, qui n'existe quasiment qu'ici, à Madygen. Quand il est immobile, debout tout en haut d'un tronc d'arbre, il est presque invisible, une forme d'un brun verdâtre parmi d'autres, mais, quand il plane et que sa silhouette se découpe dans le ciel clair, le temps s'arrête pour incruster dans notre rétine une image rémanente que rien ne pourra effacer.

Ses quatre membres sont très écartés, et de fines couches de peau sont tendues entre ses membres arrière et sa queue, tandis qu'une seconde couche de peau, plus petite, relie les membres avant au reste de son tronc. Le profil triangulaire d'un *Sharovipteryx* confère à son vol une grande manœuvrabilité ainsi qu'une incroyable efficacité ; c'est la même forme d'ailes qui est utilisée dans les aéroplanes, aussi bien pour les avions de chasse modernes que pour les Concorde. Comparé au design des animaux planeurs de l'époque moderne, le *Sharovipteryx* est un bijou de technologie. Certes, il doit planer à un angle aigu, la poitrine en plein vent pour pouvoir s'élever, mais le plus infime mouvement de ses genoux modifie la forme de l'aile delta, et module avec une grande précision la direction du vol[6].

Un moment après être passé, il termine son vol en haut d'un tronc d'arbre, auquel il s'accroche comme un enfant apeuré à ses parents, les jambes enroulées autour du tronc, les genoux inclinés en direction du sol. Son élégance en plein vol tranche avec son apparence sur l'arbre, la membrane rétractée et les membres brandis dans toutes les directions telle une chaise longue cassée. Comme ses pieds se trouvent placés très haut sur son corps pour maintenir sa prise sur l'arbre, ses genoux, si précieux dans les airs, lui donnent en permanence la posture d'une grenouille s'apprêtant à sauter. Le ventre de la créature est légèrement concave, ce qui lui permet d'embrasser plus étroitement les branches de l'arbre[7].

Le *Sharovipteryx* est quasiment unique *, et, à cette époque hautement expérimentale qu'est le Trias, des parents bien plus éloignés tentent de s'aventurer dans les airs. Plusieurs espèces de reptiles autour du monde se jettent dans les cieux à l'aide de parapentes soutenus par leurs longues côtes articulées. À une époque où seuls les insectes volent véritablement, tous ces planeurs sont à l'avant-garde d'une innovation évolutive chez les vertébrés. Il s'en faudra de peu avant que davantage de lignées d'archosaures partent à la conquête des cieux – tout d'abord les ptérwosaures, puis bientôt au moins trois autres groupes de dinosaures. Il faudra en revanche attendre encore 170 millions d'années avant qu'un mammifère ne batte pour la première fois des ailes, grâce aux chauves-souris au Paléocène supérieur ou à l'Éocène inférieur[8].

En fait, tout comme pour les oiseaux et les fleurs, le Trias ignore presque l'existence des mammifères.

---

* Il n'existe à ce jour que deux espèces au sein de la famille des Sharovipterygidae, qui toutes deux planent sur leurs membres postérieurs. La première est notre *Sharovipteryx mirabilis*, de Madygen au Kirghizistan, et la seconde est l'*Ozimek volans*, un animal un peu plus gros qui vivait en Pologne pendant le Trias et possédait les mêmes longues pattes et les mêmes os légers. [*N.d.A.*]

La diversité des mammifères, les ancêtres de tous les animaux allant de vous-même à un ornithorynque, en passant par le wombat et le lamantin, est à cette époque tout entière contenue dans – la réponse variera selon votre interlocuteur – une ou deux espèces dans le monde, depuis ce point-là du temps en remontant jusqu'au premier balbutiement de la vie. L'*Adelobasileus* est l'un des tout premiers mammifères (ou du moins l'un de ses plus proches parents). Contemporain du site de Madygen, il vit loin d'ici, dans ce qui deviendra le Texas. Un naturaliste du Trias n'y regarderait pas à deux fois ; il remarquerait peut-être l'étrange enveloppe osseuse de son oreille interne, mais il le considérerait comme un membre certes petit mais pas particulièrement surprenant pour un clade des cynodontes. *A posteriori*, les cynodontes sont d'une certaine manière le tremplin qui a rendu possible l'évolution mammifère. En tant que tels, ils possèdent un certain nombre de caractéristiques considérées aujourd'hui comme exclusivement propres aux mammifères. Le Trias commence immédiatement après une immense extinction de masse, et les cynodontes se sont diversifiés à sa suite de la même manière que les mammifères l'ont fait au Paléocène[9].

Même le cynodonte de Madygen le plus conservateur à un niveau anatomique, le *Madysaurus*, est à bien des égards similaire à un mammifère. Un palais osseux sépare sa respiration de son alimentation. Ses dents se sont différenciées en incisives coupantes, canines en forme de poignards, et molaires et prémolaires broyantes, alors que la plus grande partie des autres groupes de vertébrés ont opté pour une rangée de dents uniformes. Son cuir poilu recouvre la peau de glandes sébacées. Il pond des œufs, mais, contrairement à l'ornithorynque ou à l'échidné, il ne nourrira sans doute pas ses petits à peine éclos avec du lait – il semblerait que les glandes mammaires se soient développées à un stade plus tardif de l'évolution des cynodontes, peut-être à l'origine comme une manière d'empêcher la fine coquille de leurs œufs de se dessécher[10].

Que ce soit avec le *Sharovipteryx* volant ou l'étrange et inédite physiologie des cynodontes, il semblerait qu'à l'époque, la planète se livre à un grand nombre d'expérimentations anatomiques. Demandez à n'importe quel paléontologue des vertébrés à quelle époque on pourra trouver les animaux les plus bizarres, et la grande majorité vous répondra : au Trias. Si certaines des innovations anatomiques, comme celles des cynodontes, ont persisté chez les humains, ce qui est avant tout marquant au Trias est l'immense spectre de formes disparates qu'il a à proposer, dont un grand nombre n'ont pas survécu. Cela est tout particulièrement vrai au sein du groupe des archosaures et de leurs parents, dont fait par exemple partie le *Sharovipteryx*. Aujourd'hui, les archosaures comprennent d'un côté les oiseaux, et de l'autre les crocodiliens. Autrefois, même si l'on exclut l'altérité indubitable des dinosaures, leur diversité était bien plus grande ; les archosaures comprennent également les ptérosaures, et, au Trias, plusieurs formes qui explorèrent les limites anatomiques et physiologiques de ce groupe, et commencèrent leur ascension vers la dominance écologique[11].

Dans certaines régions de ce qui deviendrait plus tard l'Europe, il existe des créatures semi-aquatiques appelées les tanystrophéides. Un grand nombre de membres de cette famille sont d'énormes bêtes, longues de 5 à 6 mètres, et peuvent toutes être trouvées près des points d'eau. Elles chassent des poissons et des calamars, à l'aide de leur cou qui fait la moitié de leur longueur – c'est-à-dire tout de même 3 mètres – et qui leur permet de séparer leur chasse nécessairement furtive de leur corps gigantesque qui ne manquerait pas d'alerter leurs proies. Dans les eaux boueuses et peu profondes, ils tendent une embuscade à des proies plus rapides en balayant d'un coup brusque leur tête, propulsant leur corps en avant grâce à un gigantesque bond de grenouille. Contrairement aux plésiosaures et aux ichtyosaures, leurs pieds semblent capables de se déplacer sur la terre ferme, et ils possèdent de longs bassins qui suggèrent que le poids de leur corps reposait plus loin sur ce dernier que l'on ne pourrait l'attendre d'une canne à pêche ambulante[12].

Les sharoviptérygides ne sont pas les seuls reptiles étranges du Trias à rôder dans ces bois. Les signes d'activité sont partout, et des traces de pattes partent du rivage pour mener jusqu'aux fougères à graines ; les chemins grattés dans la mousse des troncs d'arbres signalent la présence de drépanosaures, une autre des curiosités évolutives de Madygen. C'est ici que commence la lignée de ces reptiles arboricoles de la taille d'un lézard ; le *Kyrgyzsaurus bukhanchenkoi* est la plus vieille espèce connue de drépanosaures – un groupe qui se propagera par la suite dans l'hémisphère Nord. Avec sa peau plissée comme celle de l'iguane, et son sac gulaire qui pendouille, le *Kyrgyzsaurus* n'est pas une créature très élégante. À un certain nombre d'égards, les drépanosaures sont les équivalents triasiques des caméléons. Le *Kyrgyzsaurus* a une petite face triangulaire et délicate garnie d'une batterie de dents minuscules avec lesquelles il essaie de mordre les insectes. Les drépanosaures qui nous intéressent sont de taille tout à fait moyenne – les espèces les plus grandes ont la taille des chats – et sont parfaitement adaptés à la vie dans les arbres. Ils ont des mains qui leur permettent de s'agripper et des pieds avec des doigts opposés pour s'accrocher fermement aux branches. Il arrive que leur queue, longue et plate de bout en bout, leur serve de cinquième membre préhensile, et que la dernière vertèbre soit modifiée en une griffe leur permettant d'avoir une prise supplémentaire sur l'écorce glissante de la canopée. Le *Drepanosaurus* lui-même, qui a donné son nom au groupe, possède une énorme griffe de pouce, aussi grande que tout le reste des doigts combinés, avec laquelle, suppose-t-on, il ouvre en deux l'écorce en dessous de laquelle vit sa nourriture[13].

Tandis que le fleuve bondit en avant, les blocs de calcaire disparaissent sous les bancs de gravier accumulés dans les coudes des rives boueuses. L'eau qui déborde commence à former des mares dans un sol encore plus humide. Ici, la terre et les plantes fusionnent pour devenir de la tourbe, engloutissant davantage d'humidité et se condensant de plus en plus en un charbon en voie de consolidation. Dissolvant la chaux en cours de route, l'eau gagne en minéraux et perd en oxygène. Lentement mais sûrement, le fleuve vieillissant expire dans le lac qui attend. Là, sous l'eau, les vers perforent la vase pour créer des terriers complexes aux multiples embranchements qui constituent leur foyer aussi loin que pénètre la chaleur du soleil[14].

Le lac, si clair vu d'au-dessus, est invisible depuis le rivage. Un marécage de prêles, des *Neocalamites*, forme un mur haut de deux mètres, les pieds dans de l'argile légèrement submergée. Des tiges épaisses et épineuses, divisées en segments comme des bambous, possèdent des feuilles aux jointures. Au-delà du rideau de prêles, là où l'eau se fait trop profonde, la surface est sous-tendue mais rarement percée par un tapis flottant, vert citron, de riccies des flots. Ce reflet aquatique de la forêt fournit un havre pour les larves de centaines d'espèces d'insectes habitant cette terre, ainsi que pour les masses d'œufs du *Triassurus*, la toute première salamandre. Sur les rivages léchés par les flots, la mousse humide fait également office de pouponnière pour d'autres espèces. Des crevettes appelées les *Kazacharthra*, avec de grosses têtes cuirassées et la forme d'un quartier de pomme, se regroupent en nuée d'une centaine d'individus. Les crevettes situées à l'avant de ce bouclier font frétiller leur moustache de dragon chinois pour sentir leur environnement. Si l'on ajoute leur drôle de nage ondulante, quand leurs pattes sont sous elles, on pourrait presque les prendre au premier coup d'œil pour des têtards, et ils sont effectivement des parents des *Notostraca* d'aujourd'hui (en anglais, *tadpole shrimp*, soit « crevette têtard »). Ces créatures, propres à l'Asie centrale, nagent vers les détritus dont regorge le fleuve, ou vers les œufs de mouche qui ont été déposés sur l'eau immobile[15].

Au printemps, quand les fleuves coulent à flots, la nourriture est abondante, mais, quand elle se fait plus rare, les *Kazacharthra* se retrouvent en concurrence non seulement avec les arthropodes nageurs, mais aussi avec les colonies statiques. Ce qui de prime abord ressemble à un rocher recouvert d'une sorte de substance visqueuse algale est en réalité une colonie d'animaux appelés les Bryozoaires – les animaux mousses. Chaque individu microscopique dans une colonie de Bryozoaires est un clone de l'animal d'origine s'étant installé sur le fond du lac, et est hermaphrodite, à la fois mâle et femelle. Leur squelette, contrairement à celui d'autres animaux coloniaux comme les coraux ou les éponges de verre, n'est même pas minéralisé. À la place, ils sont faits de protéines ressemblant à de la gelée, si bien que la colonie a une texture flageolante. Au Madygen, qui possède un climat continental, l'hiver est froid, et les conditions peuvent être très volatiles, si bien que les Bryozoaires profitent du pic de l'été pour produire de petits groupes spéciaux de cellules enveloppées de chitine, appelés statoblastes, qu'ils relâchent ailleurs sur la terre. Ces statoblastes sont des sortes d'assurances biologiques contre les hivers rigoureux. Si le lac gèle ou si le niveau de l'eau descend trop bas, la colonie mourra, mais les statoblastes, eux, survivront, et seront prêts à s'épanouir quand les conditions climatiques s'amélioreront. Les microhabitats formés dans les régions liminales des lacs d'eaux douces sont extrêmement importants pour le maintien de la diversité de l'ensemble de l'écosystème, depuis les plantes jusqu'aux prédateurs situés au sommet de la chaîne alimentaire[16].

Des rides qui grossissent de plus en plus à la surface de l'eau marquent justement le passage d'une telle créature, le plus grand animal connu de la région du lac Dzhaylyaucho – aussi long qu'une loutre de rivière –, survivant d'un autre temps. L'isolement montagneux de Madygen signifie qu'un grand nombre de ses habitants – dont tous les vertébrés – sont endémiques, et n'existent à notre connaissance nulle part ailleurs dans le monde. Tous les autres ont des parents relativement proches ailleurs sur la planète, mais, dans le cas du *Madygenerpeton*, il est l'unique survivant de sa famille. De nos jours, les vertébrés à quatre membres peuvent être des amphibiens, qui continuent à se reproduire sous l'eau ainsi que l'ont toujours fait leurs ancêtres tétrapodes, et les amniotes, qui déposent l'embryon dans une série de membranes, qu'il s'agisse d'un œuf protégé par une coquille ou d'un utérus. Les amphibiens et les amniotes entretiennent le même lien de parenté avec le *Madygenerpeton*, qui appartient à la famille des *Chroniosuchidae* – littéralement, les « crocodiles du temps ». Cela fait bientôt 30 millions d'années que les *Chroniosuchidae* – avec leur dos cuirassé par des plaques encastrées – mènent une vie crocodilesque dans les cours d'eau d'Asie, mais ce temps arrive à sa fin. Le mode de vie des crocodiles fonctionne plutôt bien, toutefois et, quand les *Chroniosuchidae* disparaissent dans les coulisses, ils passent le relais à des amphibiens géants comme le *Mastodonsaurus*, une sorte de salamandre de 6 mètres dotée d'un crâne plat et presque parfaitement triangulaire, si plat que ses deux plus grandes dents du bas, coniques et pointues comme des poinçons, font saillie à travers des trous spéciaux disposés sur le haut du museau. Les phytosaures, un autre groupe d'archosaures triasiques, ressemblent tellement aux crocodiliens modernes que, n'eussent été leurs naseaux positionnés très à l'arrière de leur museau, on confondrait facilement ces deux groupes[17].

Le *Madygenerpeton* a adopté une existence particulièrement aquatique. Son armure de plaques encastrées, telle une minerve osseuse qui couvrirait tout son corps, est plus flexible que celle de ses ancêtres et lui permet d'avoir une colonne vertébrale sinueuse. Attiré vers le fond grâce à ce poids supplémentaire, il peut nager bas sous la surface, sa petite tête d'alligator émergeant à peine au-dessus de l'eau. Des herbes flottantes s'emmêlent sur son corps dur et noueux, sur lequel seuls ses petits yeux et ses naseaux font saillie. La récente extinction de masse de la fin du Permien a frappé alors que les *Chroniosuchidae* commençaient tout juste à se diversifier, et les a pour ainsi dire étouffés dans l'œuf. Ceux qui ont survécu l'ont fait tant bien que mal, et l'on pense que le *Madygenerpeton* est à l'époque la dernière espèce encore représentée. Silencieusement, il se laisse à nouveau fondre dans les riccies des flots[18].

Tout au fond du lac, bien trop profondément pour concerner les habitants de la surface, on trouve des cœlacanthes et des poissons pulmonés, ainsi qu'un habitant des plus surprenant pour un lac montagneux aussi profondément enfoncé à l'intérieur des terres – un requin. Vous pouvez attendre aussi longtemps que vous voudrez à la surface, vous n'en verrez probablement jamais, mais il arrive qu'une bourse de sirène, torsadée et pointue comme un citron allongé, échoue sur le rivage. Trouver la capsule d'œuf d'un requin, loin dans les terres, en haut d'une montagne, revient à découvrir la carcasse d'un bouquetin au fond de la mer ; avant leur découverte au lac Dzhaylyaucho, les seuls requins connus pour pondre des œufs provenaient d'un royaume marin radicalement différent. Ici, à Madygen, il existe deux sortes de requins pondant des œufs, dont le plus courant est le requin « aux dents coniques ». Les hybodontes, pour utiliser leur vraie dénomination, possèdent de longues épines incurvées sur le bord avant de chaque nageoire, et ceux du Madygen sont, pour des requins, plutôt petits et lents, plus proches d'une roussette que d'un grand requin blanc[19].

Pendant longtemps, personne n'a rien su de la manière dont les hybodontes se reproduisaient, hormis les spéculations inférées de nos connaissances à propos d'autres groupes de requins, en réalité assez différents. Tout a changé avec la découverte des capsules d'œufs au lac Dzhaylyaucho. Pour au moins une espèce d'hydobontes, les lacs montagneux d'Asie centrale ont constitué une pouponnière pour les jeunes, un lieu où les adultes se rassemblaient et s'accouplaient. Dans les eaux peu profondes, au milieu des tiges plongeantes des prêles, les bébés requins éclosent et commencent leur lente vie. En grandissant, ils s'éloignent des côtes, et se mettent à habiter dans des eaux toujours plus profondes. Nous n'avons aucune idée de leur destination suivante. De nombreux hybodontes vivent en eau douce toute leur vie, mais d'autres sont marins. Le lac Dzhaylyaucho est si éloigné de la mer que l'explication la plus simple à la présence de ces œufs est que les adultes sont juste en train d'évoluer plus profondément dans le lac, loin sous la surface, et loin du bouillonnement des fleuves et des sédiments qui s'infiltrent. Une autre explication, moins probable, est que, comme le saumon rouge, cette espèce particulière de requin hybodonte, le requin-lance de Ferghana, fasse le voyage depuis l'océan pour se reproduire dans cette pouponnière protégée à l'intérieur des terres[20].

Il y a un animal que nous connaissons bien en revanche, dans la mesure où il est quasiment inévitable le long des côtes du lac Dzhaylyaucho, ce sont les simulies. Malgré le grand nombre d'insectivores à Madygen, depuis les drépanosaures et les sharoviptérygides jusqu'aux poissons et aux « crevettes têtards », il existe un très grand nombre de populations variées de diptères, les as de la voltige. Grâce à l'ingéniosité de leur conception, il est fort difficile de se débarrasser de ces créatures qui se sont diversifiées peu de temps auparavant. Historiquement, les insectes ont quatre ailes, et presque tous les groupes, depuis les papillons jusqu'aux scarabées en passant par les grillons et les abeilles, continuent à se coltiner cette contrainte ancestrale. Les diptères, tout comme les drosophiles, les mouches domestiques et les moustiques, se sont certes pliés à cette contrainte fondamentale, mais ils sont également parvenus à jouer avec elle. Leur seconde paire d'ailes, les postérieures, ne sert plus à créer une poussée. Elles se sont transformées en des structures en forme de boutons de porte appelées « haltères » ou « balanciers », attachées au corps de la mouche grâce à une articulation horizontale, qui vibrent énormément pendant le vol. Chaque fois que la mouche change de direction et modifie l'angle d'attache de l'articulation, le mouvement fait plier les haltères à leur base et les transforme en gyroscope. Quand ils détectent ce mouvement, les muscles dédiés au vol s'ajustent automatiquement et corrigent leur position. En termes pratiques, cela veut dire que le diptère peut opérer des manœuvres bien plus audacieuses en vol que n'importe quel autre insecte, ce qui lui permet de faire de rapides embardées pour éviter un danger, comme la mâchoire grande ouverte d'un *Sharovipteryx*, tout en gardant un contrôle total de sa course[21].

À terre, l'insecte que l'on peut le plus facilement trouver dans le lit de feuilles qui tapissent le sol de Madygen est sans conteste le cafard. Mais dans ses rêves les plus fous, l'entomologiste peut aussi se laisser aller à espérer rencontrer l'un de ces insectes énigmatiques aux ailes de titan que l'on pense être de lointains parents des sauterelles. Ils sont habiles dans l'art du camouflage, et savent rester immobiles comme des statues au milieu des feuilles de fougère. Ils ont évolué pendant le Permien en Russie, et n'ont pas été identifiés sur beaucoup de sites de la planète, sauf à Madygen où on en trouve plusieurs genres. Leur apparence comme leur comportement évoquent davantage la mante, mais leur taille n'a rien à voir avec celle des mantes ou des sauterelles d'aujourd'hui. De nos jours, l'insecte qui possède la plus grande envergure est le *Thysania agrippina* (ou « sorcière blanche »), qui peut atteindre 28 centimètres. Chez l'animal aux ailes de titan, laconiquement appelé *Gigatitan*, chaque aile peut individuellement atteindre 25 centimètres. Se tenant sur quatre pattes, cette sauterelle ne peut pas sauter. Au lieu de cela, la paire de pattes avant est relevée et armée d'aiguilles pointues pour mieux capturer les proies. En revanche, comme la sauterelle contemporaine, le *Gigatitan* peut chanter. Quand il frotte son « archet » contre son plectrum situé le long de ses ailes, il produit une stridulation basse de baryton, proche du mugissement de la grenouille-taureau[22].

Le *Gigatitan* est même plus grand que plusieurs tétrapodes habitant ces bois, dont sans doute le plus étrange des résidents arboricoles des environs du lac Dzhaylyaucho. La créature connue sous le nom de *Longisquama insignis*, dont le nom signifie « longues écailles », est un autre reptile bizarre proche du lézard et sans doute également apparenté aux archosaures. Cet animal unique et minuscule – il fait à peine 15 centimètres de long – est un grimpeur d'arbre doté de membres faits pour escalader, mais ce qui ressort vraiment quand on le regarde, au sens propre comme au sens figuré, ce sont ses énormes écailles, en forme de crosses de hockey, qui émergent en arêtes sur son dos. Il y a plus d'une demi-douzaine de ces protubérances le long de sa colonne vertébrale, et chacune est aussi grande que le *Longisquama* lui-même. Nous ne savons pas exactement à quoi servent ces écailles, mais l'hypothèse la plus couramment admise est qu'elles sont utilisées à la fois pour la parade et pour le camouflage. Elles sont si fines qu'elles sont en tout cas incapables de lui apporter le moindre bénéfice mécanique. Il importe de préciser qu'à ce jour, un seul et unique individu de cette espèce a été découvert, que le spécimen n'était pas dans un état optimal, et que, comme toujours dès que l'on parle d'étranges créatures hantant la forêt, seule la découverte de nouveaux spécimens permettra de répondre aux questions soulevées par le premier d'entre eux[23].

Les forêts et le lac de Madygen portent en eux une importante leçon d'humilité sur notre rapport au temps profond. La présence de créatures aussi difficiles à interpréter que le *Longisquama*, de styles de vie si distincts de leurs parents des temps modernes, comme le *Sharovipteryx* ou le requin-lance, et la présence purement locale d'espèces comme celles du *Madysaurus* ou du *Madygenerpeton*, les derniers de leurs lignées, nous rappellent l'étendue de notre ignorance quant à la vie qui a autrefois existé sur Terre. Madygen constitue un unique point de données, et, en tant que tel, il est difficile de le comparer à quoi que ce soit d'autre. Nous ne pouvons pas dire dans quelle mesure cette communauté était unique, affirmer à quelle distance les ailes des sharoviptérygides pouvaient les emmener, ni quelles merveilles endémiques existaient dans d'autres paysages de l'intérieur des terres.

Madygen et la vallée de Ferghana racontent une histoire de pure contingence. À partir de l'échafaudage fondamental du plan corporel des tétrapodes, de multiples variations ont émergé, chacune construite dans le respect des limitations de ses ancêtres. L'évolution est un processus d'adaptation sous contrainte, et tout autant l'exploration de nouvelles manières d'échapper à ces contraintes. Depuis les haltères dérivés des ailes des diptères, apparus pour la première fois au Trias, jusqu'à la peau tendue du *Sharovipteryx*, de nouveaux usages pour de vieilles structures changent les façons dont les animaux se déplacent et agissent dans leur environnement. Il s'agit en réalité de solutions ingénieuses apportées à des défis évolutifs apparus le long de l'arbre de la vie. Le Trias est une période de changement et d'exploration, une époque sur Terre à laquelle, à nos yeux, tout semblait permis.

Cette liberté d'expérimentation est peut-être due à la gueule de bois qu'a connue la vie après l'extinction de masse qui marque la limite séparant le Permien du Trias, la pire extinction à avoir jamais frappé la planète, au cours de laquelle près de 95 % de la vie fut anéantie. Après les extinctions de masse, le rythme auquel de nouvelles espèces apparaissent a tendance à s'accélérer, et l'extinction devient temporairement un phénomène plus rare. À l'époque de Madygen, les paysages clairsemés du Trias inférieur se sont bien remplis, et la vie est à nouveau abondante et glorieuse. Au début du Jurassique, les organismes qui en viendront à être caractéristiques du reste du Mésozoïque auront plus ou moins atteint leur position écologique dominante, ce qui marquera la fin d'une folle époque d'expérimentation[24].

Pendant le Permien et le Trias, la zone entourant Madygen a été une chaîne typique de montagnes de moyenne altitude qui s'est élevée suffisamment lentement pour que l'érosion conserve les sommets à une altitude constante. Bientôt, elles commenceront à s'écrouler, et, à l'Oligocène, presque 200 millions d'années plus tard, ces montagnes auront une nouvelle fois laissé place à la mer. Par un improbable effet de miroir, le site moderne de Madygen, dissimulé dans les contreforts septentrionaux des monts Turkestan, est une récapitulation de la topologie triasique. La chaîne de montagnes allant de Tian Shan au nord jusqu'aux monts Alaï et aux monts Hissar au sud, édifiée à partir du même plancher océanique du Paléozoïque, descend dans la gigantesque vallée de Ferghana qui forme la région frontalière entre le Kirghizistan, l'Ouzbékistan et le Tadjikistan. Les communautés végétales contemporaines sont des steppes semi-arides, couvertes d'herbacées, si bien que les habitants humains de la vallée ont historiquement toujours été des bergers nomades.

Il n'y a pas de séparation entre la biologie et l'histoire. Toutes les choses vivantes sont le résultat d'une évolution biologique et sont influencées par la vie de leurs ancêtres. Cela peut être anatomique, comme les contraintes pesant sur les différentes manières dont un vertébré peut utiliser ses membres. Ou bien cela peut être géographique, comme la migration à travers les immenses espaces à ciel ouvert de la steppe à mammouths du Pléistocène. Au début du Trias, toutes les principales plaques tectoniques continentales sont connectées entre elles, formant le supercontinent appelé Pangée. L'absence de barrières importantes entre les différentes communautés terrestres signifie que, après que la poussière de l'extinction Permien-Trias fut retombée, après que l'oxygène fut retourné dans les profonds océans, et quand les flammes, enfin, eurent disparu, les survivants purent essaimer relativement facilement dans le monde, constituant une faune homogène qui ne deviendrait que plus tard endémique et propre à chaque lieu. Par comparaison, la faune qui survécut sur les continents séparés par des océans après l'extinction de la fin du Crétacé était, de manière générale, bien moins homogène[25].

Les contingences dans la paléontologie s'étendent également au registre fossile, à ce qui est conservé ou non. Le fait que Madygen, un écosystème de l'intérieur des terres, ait été préservé avec un tel luxe de détails est un hasard quasiment miraculeux. En effet, les écosystèmes de l'intérieur des terres ne sont généralement pas le lieu où se déposent des sédiments. Le vent, la pluie ou encore l'enfouissement des racines ont plus tendance à patiner la roche exposée que le contraire. L'histoire de la vie terrestre sur Terre est, en termes très généraux, l'histoire des cours d'eau, des fleuves et des côtes, des deltas et des estuaires. Les lacs sont si rarement préservés que le registre fossile des lacs a été décrit comme un *megabias*, ou « biais taphonomique à grande échelle » – un modèle qui empêche toute analyse sur le long terme parce que toutes les données se concentrent sur quelques cas isolés. Quand des sédiments terrestres se forment, ils ont le plus souvent du mal à préserver les détails. Madygen est remarquable à cet égard, et occupe une place plus claire dans l'histoire écologique de la Terre que la plupart des sites marins. Les preuves de l'existence d'essaims d'insectes dans les plaines inondables entourant le lac Dzhaylyaucho sont si nombreuses qu'un expert de cette formation décrit certaines couches de roches comme « littéralement carrelées de minuscules ailes, si petites qu'elles sont parfois dures à voir » – et, en effet, plus de 20 000 spécimens d'insectes y ont été collectés à ce jour. Nous sommes contraints par ce qui peut ou non être préservé, mais Madygen a levé pour un temps cette contrainte, et nous permet de voir avec acuité ce qui sinon nous serait à jamais resté inconnu[26].

Ce qui existe aujourd'hui ne peut venir que de ce qui a existé précédemment. Mais au Trias, ce qui a existé précédemment a été presque intégralement détruit. Il restait bien peu de matériau vivant avec lequel les forces évolutives pouvaient jouer, mais ces dernières excellent quand il s'agit de s'affranchir de la contingence pour combler des lacunes évolutives et travailler avec le peu qui reste pour engendrer de nouvelles merveilles de diversité. Les extinctions et les spéciations vont en général main dans la main, et les curiosités du Trias vivent à une époque où il existait de nombreuses options écologiques pour que les corps survivent : les tanystrophéides à l'affût avec leur incroyable long cou ; les drépanosaures avec leur queue-griffe hélicoïdale ; ou encore la voltige des mouches. Quelque part sur le versant d'une colline, loin au-dessus du lac, un *Sharovipteryx* se déplace sur l'écorce d'un arbre. D'un coup sec, il se projette dans les airs et s'envole vers l'inconnu.

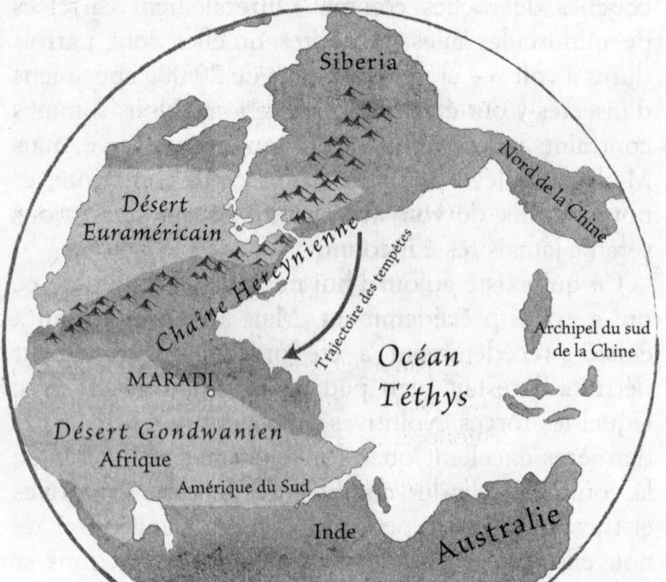
Siberia
Nord de la Chine
Désert
Euraméricain
Chaîne Hercynienne
Trajectoire des tempêtes
Archipel du sud
de la Chine
Océan
Téthys
MARADI
Désert Gondwanien
Afrique
Amérique du Sud
Inde
Australie
Antarctique

10. Saisons

Maradi, Niger
Permien – il y a 253 millions d'années

« Une telle pluie soulage comme des larmes. »

Mary Hunter AUSTIN,
Le Pays des petites pluies

« L'eau suinte jusqu'à ce que nos pas flottent, puis que nos chevilles semblent profondément enfoncées dans le ciel. »

Rachael MEAD, *Kati Thanda / Lake Eyre*

Les vents ont changé. Le vent du nord souffle au milieu des rares dunes, fouettant leur faîte et emportant vite et fort des éclats de silicate dans les airs. Il est difficile de voir quoi que ce soit distinctement. Dehors, sur l'immense plaque de sel, il n'y a aucun répit, nulle part où s'abriter contre le vent perçant, rouge et profond. Une gorgone* femelle essaie de

* Le terme « gorgone » est utilisé ici pour désigner les membres du sous-ordre des gorgonopsiens.

Bunostegos akokanensis

s'arracher au sol, secouant le sable accumulé en faisant un nouveau pas. Résister à cet enterrement continu est épuisant, mais les tempêtes de sable sont si fréquentes que celle-ci n'est clairement pas la première qu'elle affronte. Sa peau épaisse, meurtrie, balafrée, la protège suffisamment. La saison des pluies est imminente, annoncée par le retour du vent du nord, mais, tant que la tempête de sable ne se calme pas, il n'y a rien d'autre à faire que ronger son frein. Sa mâchoire est enflée, et elle boite. Rien n'est plus pareil depuis qu'un *Bunostegos* qu'elle chassait lui a brisé la patte d'un vilain coup. La blessure a guéri – le sang a envahi la zone de la fracture afin d'aider le tissu biologique à se reformer rapidement, conséquence physiologique pour le moins pratique découlant de son sang chaud et d'un style de vie actif –, mais le nouvel os s'est mal développé, formant une bosse qui soude la fracture depuis l'extérieur. Le tout est plus fragile qu'auparavant[1].

Pour un membre du sous-ordre des gorgonopsiens comme elle, les superprédateurs de la région poussiéreuse de Maradi, de telles blessures, parfois graves, sont monnaie courante. La mâchoire enflée, en revanche, est plus inhabituelle. Le jeu dans sa canine de gauche, longue et pointue, est peut-être dû au fait qu'une nouvelle dent essaie de se frayer un chemin ; non seulement les gorgones ont des dents différenciées comme les mammifères – des incisives, des canines et des dents jugales –, mais elles remplacent leurs dents en continu, tout comme les reptiles modernes. Les gorgones sont des prédateurs actifs, et ont besoin pour se nourrir de canines inférieures et supérieures fonctionnelles. Pour s'en assurer, elles alternent le remplacement des canines gauches et droites, et renouvellent les dents d'en haut et d'en bas en même temps. Néanmoins, ses canines de droite sont déjà à moitié remplacées, si bien que la dent qui bouge à gauche doit signifier autre chose. Il s'agit en réalité d'un accident de la division cellulaire. À l'intérieur de l'os de sa mâchoire, il y a un odontome, une tumeur cancéreuse qui fait pression sur la racine de la canine. Cette tumeur est pleine de dents miniatures qui, en se développant, érodent lentement la racine voisine. Elle fait bouger sa mâchoire de manière désagréable. La tempête sera bientôt terminée[2].

Un éclair illumine brièvement les sommets du massif de l'Aïr tandis que l'orage se calme, attirant son attention. Elle penche son museau de bull-terrier en avant, et regarde fixement un point du sable tourbillonnant. Sous ses immenses pattes se trouve le lit d'un lac asséché, d'environ 80 mètres de diamètre et identique dans toutes les directions – blanc, et pavé de figures géométriques irrégulières laissées par les stries de gypses cristallins sur l'argile. Chaque année, ce lac est à nouveau rempli d'eau douce, et, chaque année, il est également complètement asséché ; les souvenirs de cette eau sont tout entiers contenus dans les ondulations de la lumière sur le sol de boue durcie. Même quand les rivières des montagnes orientales se jettent dans le lac, aucune eau ne s'échappe de ce dernier. Si un peu d'eau s'infiltre dans les sols, l'air chaud et sec fait s'évaporer la plus grande partie de l'humidité. C'est un point final, un lac asséché avec une entrée mais pas de sortie, une dépression dans une énorme masse continentale[3].

Presque toutes les terres du monde, à l'exception des îles sur la côte, appartiennent à un même supercontinent, la Pangée. Il y a des terres proches du pôle Nord, d'autres au pôle Sud, et une bande continue entre les deux, hachurée de terres froides et tempérées, de forêts humides, ainsi que des grands déserts rouges occidentaux proches de l'équateur. Le cycle de l'eau dépend des océans comme source de nuages et de pluie, mais, dans la mesure où la plus grande partie de la surface du supercontinent est par définition loin à l'intérieur des terres, très peu de cette précieuse eau de pluie parvient à gagner le centre aride. Quand elle y arrive, elle le fait pourtant en immenses quantités. La Pangée a *grosso modo* la forme d'un C, comme une grande coupe, ouverte à l'est autour de l'équateur, là où est en train de se former l'océan Téthys. À l'est du paléo-océan, un grand archipel d'îles tropicales toujours détrempées – la masse continentale qui deviendra un jour la Chine méridionale et l'Asie du Sud-Est – joue le rôle de barrage contre les assauts de la Panthalassa, l'océan géant qui recouvre tout le reste de la planète, plus grand que l'Atlantique et le Pacifique réunis, d'une superficie supérieure à celle d'un hémisphère. Avec les énormes blocs continentaux situés au nord et au sud, et les barrières situées à l'ouest et à l'est, l'enfoncement de la Téthys n'est pas sans évoquer une version plus profonde et plus grande des Caraïbes. Et, comme ne le savent que trop bien tous ceux qui habitent aux marges de cette mer de nos jours, cette situation géographique favorise les orages[4].

Pendant l'été septentrional, les terres de la Pangée du Nord se réchauffent, tandis que celles du Sud, alors en plein hiver, se refroidissent. Entre les deux, la mer, qui conserve la chaleur, reste à peu près à la même température. Borné par les îles à l'est, la Téthys est traversée par très peu de courants forts, si bien qu'une réserve d'eau chaude de 32 °C à la surface s'est constituée dans l'océan, glissant au nord et au sud en fonction du progrès des saisons. Là où se trouve cette réserve, la pression de l'air est basse, aspirant l'air de cette moitié-là plus froide du monde pour l'envoyer, fraîchement saturée de l'eau évaporée de la Téthys, vers les côtes estivales de l'autre moitié de la Pangée. La quantité d'eau qui tombe sur la route de ces vents a été estimée à 8 litres d'eau de pluie par mètre carré chaque jour pendant le pic du mois d'août. La Pangée est la terre de la méga-mousson[5].

La région de Maradi se trouve dans la partie méridionale de la Pangée, juste au sud de la région tropicale luxuriante qui délimite l'équateur où tombe la principale ceinture de pluie. Elle forme l'extrémité nord de la ceinture désertique méridionale. À cause de sa position à la frontière, à environ 2 000 kilomètres de la mer la plus proche, la région de Maradi abrite les deux extrêmes. Les terres situées entre les déserts et les tropiques trempés sont chaudes, extrêmement sèches, et bénéficient de précipitations exceptionnelles pendant de toutes petites périodes de l'année. Quand la Terre tourne son côté méridional vers le Soleil, les montagnes du massif de l'Aïr, à l'est, captent les pluies torrentielles et la vie descend en cascade le long de leurs escarpements glissants pour remplir le paysage desséché du bassin de Tim Mersoï, s'évasant pour devenir des talus inclinés de boue, avant de lentement s'incurver dans tous les sens pour former un immense réseau maillé de cours d'eau[6].

Loin de la platitude blanche du lac asséché, le paysage monte légèrement jusqu'à une plaine rouge-brun recouverte de lœss. Ici et là, de petits arbustes conifères du genre *Voltzia* se rassemblent. La tempête de sable ne les a pas épargnés, et leurs longues feuilles en forme de rubans ainsi que leurs pousses naines qui portent des aiguilles – les petites structures bourgeonnantes qui seraient un jour devenues de nouvelles branches – gisent amochées, éparpillées, à moitié engoncées dans la couche de sable. Ces conifères du genre *Voltzia* se rassemblent en petits groupes le long des cours d'eau du Tim Mersoï, fournissant de l'ombre et un abri aux animaux de la région de Maradi[7].

Les gorgonopsiens sont de loin les plus grands prédateurs aux derniers stades du Permien, et les plus grands gorgonopsiens, appelés rubigéinés, ne se trouvent que dans la partie africaine de la Pangée. Certains rubigéinés, comme le *Dinogorgon*, peuvent posséder une tête plus grande que celle des ours polaires, et le corps qui y est assorti. Avec leur front puissant, leur queue courte et épaisse, leur paire de longues canines, et leur mâchoire immense à la Shere Khan *, leur autorité est indéniable. L'aspect général d'une gorgone arpentant le sable tient autant du fauve que du varan. Leurs pattes leur permettent

---

* Le terrible tigre du *Livre de la jungle*, de Rudyard Kipling, dont le nom signifie « seigneur lion » en ourdou.

de relativement bien s'agripper, par exemple à une grande proie se débattant, tout comme un fauve, mais ils n'ont en revanche pas de poils et leur posture est un peu affalée. En tant que carnivore du désert, le rubigéiné de la région de Maradi fait face à un problème particulier pour s'approvisionner en eau. Certaines mares fraîches et ombragées sont présentes toute l'année et, là-bas, de petites populations de poissons pulmonés, qui peuvent respirer de l'air si nécessaire, et des mollusques bivalves d'eau douce – les *Palaeomutella* – parviennent tant bien que mal à s'accrocher à la vie. Pendant l'été, la gorgone étanchera bien sûr sa soif dans ces mares, mais il est probable que, à l'instar d'autres grands carnivores du désert, la grande majorité de l'eau qu'elle consomme provienne du sang et de la viande de ses proies[8].

Le plus grand gibier de toutes les proies de la région de Maradi est un animal à l'air délicieusement obtus appelé le *Bunostegos akokanensis*, soit le « lézard bossu d'Akokan ». Un petit troupeau de lézards bossus s'est rassemblé près d'un bosquet entre les lits asséchés de deux cours d'eau. Ici, un chemin usé sur la rive s'est durci en des bosses incompressibles sous l'incessant martèlement de leurs pattes. Leur corps trapu et imberbe fait à peu près la même taille que celui d'un bison, leur queue est courte et épaisse, et leurs pieds ont la forme de pelles. Ils doivent leur nom à leurs bosses osseuses protubérantes – deux ou trois à l'avant de leur museau, et un plus gros à chacun des coins arrière de leur tête, plus encore un au-dessus de chaque œil. Leur dos est également protégé par une armure, parsemée de petites bosselures osseuses – l'ostéoderme – qui les protège des attaques de gorgonopsiens. Le principal avantage de l'animal est son gabarit, et tous les paréiasaures grandissent rapidement jusqu'à atteindre leur taille adulte. Comparé aux autres grands tétrapodes de la région de Maradi, le *Bunostegos* sort clairement du lot. Plutôt que de s'affaler, comme un lézard, il se dresse et place ses membres sous son corps. Il est le premier exemple de tétrapode à marcher droit sur ses quatre pattes[9].

Pour un animal aussi gros dans ce type de paysage, marcher ainsi est une adaptation utile. Afin de trouver suffisamment d'eau et de nourriture pour survivre, les herbivores doivent être capables de se déplacer efficacement entre les sources d'eau qui subsistent. Si leur masse corporelle se trouve au-dessus de leurs membres plutôt qu'entre ces derniers, ils ont besoin de beaucoup moins d'énergie pour marcher. Dans des habitats arides à ciel ouvert, les animaux ont tendance à se déplacer sur de grandes distances, et les sources de nourriture et d'eau sont souvent très éloignées les unes des autres. Pour cette raison, ces créatures tendent à adopter des postures plus verticales que leurs proches parents, et leur grande taille est contrebalancée par une utilisation de l'énergie proportionnellement plus efficace. Les *Bunostegos* sont les premiers à adopter cette posture, mais tous les tétrapodes qui les imiteront ne sont pas leurs descendants. Les dinosaures, dont les membres postérieurs sont droits – quand ils ont l'habitude de marcher – tandis que leurs membres antérieurs restent affalés, ou les mammifères les plus gros chez qui les quatre membres sont droits, sont vraiment des cousins très très éloignés des *Bunostegos*. Ce sont tous des « amniotes », un nom créé pour distinguer ces animaux qui développent un sac amniotique pour protéger l'embryon ou le fœtus des amphibiens ; mais des divisions aboutissant à des lignées distinctes se sont opérées très tôt dans l'arbre généalogique des amniotes[10].

C'est au Permien que les amniotes ont commencé à conquérir la Terre. La relative sécheresse de la période, ou, tout du moins, son extrême saisonnalité, est un phénomène nouveau. Pendant le Carbonifère, un groupe d'animaux amphibiens a fait évoluer ses œufs de manière très maligne. Dans la mesure où ils descendent des poissons aquatiques, ces œufs, tout comme ceux de leurs ancêtres, possèdent la même chimie salée fondamentale que la mer elle-même. Les protéines impliquées dans le développement et la réplication de l'ADN ont été adaptées de façon à fonctionner dans un environnement aqueux, et ne fonctionnent plus une fois déshydratées. Même si les amphibiens peuvent quitter l'eau, ils sont incapables au tout début de leur vie de survivre ailleurs que dans des eaux immobiles. Amniote est le nom qu'ont reçu les descendants des premières espèces à avoir résolu ce problème en scellant chacun de leurs œufs et en l'entourant d'une série de membranes : une coquille destinée à la protection physique ; l'amnion et le chorion, deux couches d'enveloppe protectrice, à l'intérieur desquelles l'embryon se développe ; et, enfin, l'allantoïde, qui fait fonction de poumon embryonnaire, apportant de l'oxygène à l'embryon depuis la coquille poreuse afin qu'il puisse continuer à respirer, et qui permet aussi de récupérer les déchets liés à cette respiration. Ces membranes protectrices maintiennent la chimie interne de l'œuf tandis que celui-ci se développe, et ce, même dans des environnements totalement secs[11].

Au cours des 30 millions d'années qui marquent le passage de la fin du Carbonifère au début du Permien, le climat de la Terre est passé d'une franche humidité à une aridité extrême. Quand cette nouvelle scène sèche fut définitivement installée, les amniotes étaient déjà dans la place. Ce qui n'avait été jusque-là qu'une simple option de rechange en cas de sécheresse temporaire est devenu un moyen d'explorer de nouvelles niches et de créer de nouvelles communautés dans les terres. Libérés de la règle qui les contraignait à toujours devoir trouver de l'eau douce pour y pondre leurs œufs, ils se sont installés dans des déserts et des terrains élevés de la Pangée qui étaient jusqu'ici restés inaccessibles. Les vertébrés avaient enfin suivi les insectes, les arachnides, les champignons et les plantes qui s'étaient déjà aventurés à terre, chacun avec sa propre version de graine, de spore ou d'œuf résistant aux sécheresses. De nos jours, les seuls tétrapodes n'appartenant pas au clade des amniotes sont les grenouilles, les salamandres, ainsi que les cécilies aveugles et fouisseuses, qui toutes appartiennent à la sous-classe des lissamphibiens. Tous les autres animaux, y compris les humains, sont des variations sur le thème amniote. Nous connaissons tous l'amnion dans la mesure où il est l'endroit d'où se perdent les « eaux » lors d'un accouchement, l'océan miniature que chacun d'entre nous crée pour se protéger pendant son développement. Le chorion et l'allantoïde ont uni leurs forces pour produire le célèbre placenta. Nous continuons à trimballer en nous les vestiges de nos anciens traits écologiques. Nos cellules sont incapables de s'affranchir des contraintes dictées par notre chimie la plus fondamentale, et nos corps portent en eux l'héritage du tour de passe-passe développemental qui a permis à nos ancêtres de venir s'installer sur la terre ferme[12].

Les gorgonopsiens, nos parents les plus proches dans la région de Maradi, pondent des œufs à coquille molle, tout comme les troupeaux de *Bunostegos*. Mais, si improbable que cela puisse paraître, la région accueille aussi quelques robustes amphibiens. La forme et la taille de l'animal qui patrouille dans le lit rocailleux d'une rivière asséchée évoquent une sorte de grand alligator. Ses petits yeux font saillie sur son crâne de façon un peu plus ridicule que chez les alligators ; ses narines, qui ressemblent à deux cratères de volcan, ne sont pas au bout du museau mais en plein milieu de celui-ci ; et ses deux longs crocs du bas transpercent bizarrement le bout du museau. Le *Nigerpeton* est un temnospondyle, plus proche des amphibiens modernes que des amniotes, mais bien plus gros que les minuscules amphibiens d'aujourd'hui. Même la salamandre géante de Chine, ou *Andrias davidianus*, que l'on peut encore trouver dans quelques rares fleuves de la Chine et du Japon contemporains, fait rarement plus d'1,80 mètre de long, soit 60 centimètres de moins que le *Nigerpeton*. Ce dernier, ainsi qu'un autre temnospondyle géant de la région de Maradi, son proche parent, le *Saharastega*, sont peut-être encore liés à l'eau pour la reproduction, il n'en reste pas moins qu'ils sont avant tout des animaux terrestres[13].

Peut-être que les habitants les plus à leur aise dans l'écosystème humide et désertique de Maradi sont les membres de l'espèce qui a été trouvée ici la première, le *Moradisaurus*, ou « lézard de Maradi ». Ce n'est pas un véritable lézard, mais un captorhinide, un autre des tout premiers amniotes à ne pas avoir de descendance directe. Le régime des premiers amniotes, y compris celui du *Moradisaurus*, a connu un changement important quand il a dû s'adapter à une végétation riche en fibre. Cette fibre est principalement constituée d'un glucide, la cellulose, une molécule que seule peut digérer une enzyme que les vertébrés sont incapables de produire. Les humains, par exemple, ne peuvent absolument pas digérer la cellulose, si bien que l'énergie que nous tirons de ces plantes provient d'autres sources, comme de l'amidon ou des sucres. Par conséquent, nous mangeons principalement des fruits et des graines, dont les céréales et les noix, et des tubercules comme les pommes de terre ou les navets. Quand nous mangeons des feuilles ou des tiges comme des épinards, du chou ou du céleri, nous le faisons pour des raisons nutritionnelles autres que l'énergie – les vitamines, les minéraux, et cette fibre de cellulose que nous ne pouvons pas digérer. Quand une source d'énergie est inaccessible, la meilleure chose à faire est en général de collaborer avec un micro-organisme qui, lui, y a accès, à l'instar de la façon dont les coraux collaborent avec les algues pour digérer la lumière. Un régime avec beaucoup de cellulose nécessite une collaboration de ce type : les *Bunostegos* et les autres paréiasaures possèdent un estomac en forme de tonneau rempli de bactéries dans lequel la cellulose peut fermenter. D'autres, comme le plus petit *Moradisaurus*, accélèrent le processus en découpant les plantes grâce à plus de 12 rangées de dents séparées. Cette nouvelle écologie porte également en elle d'autres opportunités évolutives ; les déjections d'autres synapsides du début du Trias ont préservé les œufs d'un type spécifique de ver parasite, connu pour ne vivre que dans les intestins des herbivores[14].

Dans le lit de la rivière, les ombres des arbres ondulant sous la chaleur s'effacent derrière un sombre reflet, et le sable écume. Il y a quelques jours, la mousson a atteint le massif de l'Aïr, et la pluie n'a cessé depuis de descendre jusqu'au bassin. Ça y est, la limite a été franchie, et les précipitations salées gonflent l'ancienne rivière, entraînant de fines feuilles d'arbres striées dans le lac encore plein d'air. Maintenant, l'eau occupe le chenal, au point qu'il est presque impossible d'imaginer qu'il y a peu encore, il n'y avait pas de rivière. Tandis qu'une noirceur soudaine obscurcit le lit du cours d'eau, il semble que jamais l'eau ne cessera de s'écouler. Quand elle déboule dans le lac, l'eau se répand sur le plat, un arbre est emporté, trait noir sur la toile blanche, avant de lentement se déposer au fond. Comme les différentes veines se rejoignent pour former une surface plane, l'argile qui, nue il y a peu encore, tapissait le lac asséché, se gonfle. Des cristaux dans le sol semblent accueillir avec joie ces volumes d'eau, et la terre craquelée guérit. Le flux se ralentit, la boue de la montagne s'immobilise, et le lac devient encore moins salé et encore plus clair. Les rives des années précédentes sont irrégulières et horizontales, conséquence de ces remplissages éphémères. Des plantes adaptées à l'aridité qui poussent non loin de la bordure du lac sont d'un coup noyées, et des fils de fine végétation perforent ici et là la surface de l'eau.

Sous le soleil, l'eau est un miroir parfait du ciel. Et là où il y avait le lit d'un lac, il n'y a désormais que l'apparence d'une masse d'air renversée. Des centaines de kilomètres plus haut, dans les montagnes, la tempête fait rage et les violentes pluies semblent prendre un malin plaisir à arracher les feuilles des arbres, à déstabiliser leurs racines dans un vacarme assourdissant. Mais ici, à la fin de la tempête de sable, règne la sérénité. Un petit *Moradisaurus* se dandine en secouant sa tête aplatie, son petit tronc l'obligeant à balancer en avant ses membres courts à chaque pas, se penchant d'un côté puis de l'autre pour faire de plus grandes enjambées, les pieds pataugeant dans la boue. Il entre dans l'eau et là, tandis qu'il flotte à la surface, il se sert de ses membres ballants pour canoter. Sa queue se ramifie de manière abrupte à mi-chemin, et une queue plus petite et plus fine en émerge comme une jeune pousse sortirait d'une souche d'arbre ; les jeunes captorhinidés, tout comme les iguanidés modernes, perdent leur queue si elle est attrapée par un prédateur mais la font repousser[15].

Pendant deux mois, les cours d'eau sont en crue, et les plaines salées sont entièrement submergées. Le *Bunostegos* se rend au lac pour s'y vautrer et enfoncer sa grosse carcasse dans le sol détrempé. Les plantes conifères, dont les racines pivotantes s'enfoncent profondément pour garder le contact avec les nappes phréatiques, verdissent et s'épanouissent, tandis que les mollusques qui se sont tant bien que mal accrochés à la vie dans d'obscures petites mares ont enfin l'opportunité d'émerger et de s'accoupler. Des reptiles évoquant des lézards détalent ici et là. À l'endroit où la rivière vivifiante se jette dans le lac, l'on peut voir les habitants de la région de Maradi apparaître pour enfin étancher leur soif.

Des déchets végétaux venus de l'amont se rassemblent, coincés contre le bord du chenal, et, à l'occasion, quand le courant se fait trop fort, se retrouvent emportés jusque dans des fondrières peu profondes. Comparé aux plantes à la lente croissance qui vivent toute l'année dans la région de Maradi, ce matériau échoué témoigne de l'existence d'un environnement bien plus luxuriant en amont. Des os de *Bunostegos* et de *Moradisaurus* sont également charriés par les rivières – érodés par les rives sablonneuses où les animaux ont péri, leurs angles aigus adoucis par les eaux tourbillonnantes. Dans ces terres sèches, la décomposition est lente. Entre cinq et dix ans se sont peut-être écoulés depuis la mort des propriétaires de ces os. Dans ce laps de temps, le squelette s'est brisé en os isolés, et la peau, devenue sèche comme un drap tendu, prend le sable et le vent. Les tempêtes de sable ont laissé des marques sur les os, et leurs surfaces ont été chimiquement altérées, formant une sorte de chrysalide cristalline. Quand la rivière est de nouveau grosse et recommence à serpenter, le courant balaye les os, qui ne sont pas encore fossilisés, pour les enterrer une fois encore dans un nouveau rivage. Le voyage d'être vivant à fossile est rarement sans détours.

Il arrive toutefois que ce voyage soit très simple. Si les méandres des rivières érodent les rivages et les bancs de sable, ils interfèrent également avec les terriers. Dans la région de Maradi, l'un de ces terriers, inondé par la rivière, a préservé de manière poignante quatre jeunes *Moradisaurus* : confortablement blottis les uns contre les autres, ils ont été emportés par les eaux de crue et enterrés dans la foulée, sans même en avoir conscience, peut-être alors qu'ils étaient en train de dormir à l'abri de la chaleur d'un jour d'été. Maintenant que la rivière s'est réveillée, tout animal essayant de s'y abreuver s'expose à de nouveaux risques. Là où les courbes des bancs de sable accueillent des déchets légers, peut-être même quelques os, les rivières sont larges et suffisamment profondes pour transporter des débris autrement conséquents, à l'instar des énormes troncs charriés depuis le massif de l'Aïr. Dans l'un de ces coudes, une bûche de 25 mètres de long, presque un arbre entier, a piégé de plus en plus de débris ligneux, et cet amoncellement de branches commence à créer un barrage, un embâcle naturel. Au cours de ce voyage d'une centaine de kilomètres, les branches les plus fragiles se sont brisées, pour ne laisser voguer, seul, que le large tronc. En coupe, ce dernier ne montre aucun cerne de croissance – les arbres qui sont tombés lors de la mousson de cette année ont poussé de manière continue, signe d'une chute de pluie constante sur toute l'année. Maintenant, le tronc bloque le flux, ralentit la rivière pendant la saison des pluies, et offre un peu d'ombre aux animaux après que le flux se fut réduit à peau de chagrin[16].

Les embâcles ont tendance à jouer un rôle de premier plan dans l'écologie des rivières. Quand un flot fonce comme un torrent sur un embâcle, il perd une petite partie de son énergie en tentant de passer par-delà cette barrière de bric et de broc. Au-dessus et en dessous de l'embâcle, l'eau ralentit. De cette manière, le bois perturbe et adoucit le cours de la rivière, il réduit les dégâts qu'il provoque en aval. En amont, l'eau est détournée vers la plaine inondable et laisse des mares temporaires, ce qui peut expliquer la persistance d'animaux amphibiens pendant toute l'année dans la région. Dans ce type de paysage, avec une faible déclivité et un débit de la rivière relativement lent, les embâcles ont peu d'effets sur la géologie, mais, dans des systèmes fluviaux plus larges, leur taille tout comme leurs effets peuvent être extrêmement importants. Le plus grand embâcle de l'histoire dura presque 1 000 ans dans les terres de culture Caddo du Mississippi, aujourd'hui appelées la Louisiane. Connu sous le nom de *Great Raft*, il a à une époque couvert presque 250 kilomètres de rivière, et forme un tapis perpétuellement changeant de troncs se décomposant lentement dans l'eau. Il fut également un élément important de l'agriculture et du folklore local, dans la mesure où il fournissait une eau de crue fertile et piégeait un limon utile aux récoltes. Cet embâcle serait encore là s'il n'avait pas été détruit pour laisser passer les bateaux. Une fois l'embâcle disparu, la rivière a inondé la terre en aval, si bien que de nouveaux barrages durent être construits – ce qui a une nouvelle fois changé la dynamique des cours d'eau dans la région[17].

La région de Maradi, en tant qu'écosystème, est inhabituelle même pour le Permien. Il est tentant d'imaginer n'importe quelle période du passé comme homogène partout sur la Terre. Mais les planètes ne sont jamais exclusivement des mondes neigeux, désertiques ou forestiers. Il existe toujours des variations, des spécificités régionales. Autour du monde, les espèces sont distribuées en fonction d'une combinaison de facteurs historiques et de tolérances climatiques. La région de Maradi est assez extrême en termes de chaleur et d'aridité, si bien que les créatures qui y vivent sont assez différentes d'autres écosystèmes connus du Permien, comme ceux, par exemple, de Karoo en Afrique du Sud, ou d'Europe de l'Est. Sur ces sites, les climats tels que nous les avons reconstruits sont tempérés, avec des hivers froids et des étés chauds ; les espèces qui s'y trouvent sont radicalement différentes. Les thérapsides, le groupe qui comprend les gorgonopsiens, sont éparpillés aux quatre coins de la planète et sont très variés d'un point de vue écologique. Par exemple, le *Suminia*, qui ressemble superficiellement à un singe et appartient à un groupe russe particulier de thérapsides, est le premier animal à posséder des pouces opposables, et le tout premier vertébré à monter aux arbres[18]. La différence dans la région de Maradi est peut-être en partie due à l'absence de *Glossopteris*, une sorte de fougère à graines avec des feuilles distinctives en forme de langues. Leurs forêts dominaient le sud de la Pangée et elles constituaient la nourriture préférée des dicynodontes. En leur absence, ce sont d'autres herbivores, comme les paréiasaures et les captorhinides, qui se sont développés[19].

Des saisons extrêmes représentent un défi pour toutes les communautés. Exactement de la même manière que les chevaux de l'Ikpikpuk du Pléistocène cessent de grandir pendant l'hiver, les *Bunostegos* stoppent leur croissance à la saison sèche. Leurs membres sont marqués par des anneaux de croissance, qui, tous, sont la trace d'un arrêt de croissance, le souvenir d'une sécheresse à laquelle l'individu a survécu. Même si leur vie est difficile, les communautés du désert qui parviennent à survivre pendant la saison sèche sont incroyablement diverses. Dans la Namibie actuelle, une rivière coule à travers d'imposantes dunes, hautes de plusieurs centaines de mètres. À leur point le plus bas, l'eau se rassemble dans une cuvette de sel et d'argile – un lac asséché appelé le Sossusvlei, l'un des rares analogues modernes du désert humide de Maradi. Il s'en faut en général de plusieurs années avant que l'eau de pluie ne coule à nouveau à travers les dunes du désert de Namibie, si bien que le Sossusvlei est le plus souvent sec. Même ainsi, la nappe phréatique est suffisante pour que les *Vachellia erioloba* (ou *camel thorns* en anglais, soit « acacias à chameau »), dont les racines pivotantes peuvent aller jusqu'à 60 mètres, plongent profondément dans la terre pour en extraire l'eau en dépit de sa haute salinité, et ce sans avoir à changer son rythme d'assimilation au cours de l'année. À leur tour, ces arbres soutiennent une communauté vivace de lézards et de mammifères. Non loin de Sossusvlei, un autre lac asséché illustre ce qui se passe quand même cette ultime source d'eau en vient à disparaître. Deadvlei est l'une des principales attractions touristiques de Namibie, un étrange paysage surmonté d'un ciel invariablement bleu, sans nuages, et composé de dunes rouille, d'un sol pâle d'argile blanchâtre parsemé d'« acacias à chameau » noir graphite. Ici, il y a plusieurs centaines d'années, les dunes se sont déplacées sur le lit de la rivière et l'ont obstrué. Depuis, les arbres – trop secs pour pourrir – se dressent tels des monuments tout en angles et noircis par le soleil à la gloire d'un écosystème disparu. Sans l'inondation annuelle, sans les pluies sur le massif de l'Aïr, sans la mousson et sans la forme spécifique de son continent, la région de Maradi aussi deviendrait un véritable désert[20].

Mais même les pluies les plus fiables ne peuvent protéger du changement sur le point d'advenir. L'histoire des roches de la région de Maradi s'étend jusqu'à 252 millions d'années avant notre époque, avant de s'interrompre brutalement et de faire un bond de 15 millions d'années dans le futur. Cette lacune dans les archives n'est pas tout ce qui a été perdu. Le vent chaud de la Pangée est en train de se lever, et, depuis le haut de la Terre, l'Arctique est sur le point de balancer une rafale unique en son genre. La Sibérie est sur le point d'entrer en éruption. Quand elle le fera, elle projettera 4 millions de kilomètres cubes de lave – assez pour remplir à ras bord la mer Méditerranée actuelle – qui inonderont une zone de la taille de l'Australie. Cette éruption ravagera les gisements de charbon qui venaient de se former, transformant les terres en une immense bougie, balayée par des cendres de houille et des traînées de métaux toxiques, ainsi que les cours d'eau en une mixture mortelle. L'oxygène bouillira dans les océans ; les bactéries s'épanouiront et produiront du sulfure d'hydrogène dont l'odeur infecte envahira les mers et les cieux. Quatre-vingt-quinze pour cent de toutes les espèces vivant sur la Terre périront dans ce qui a été appelé *the Great Dying*, ou, en français, « la Grande Extinction »[21].

Tandis que le ciel s'assombrit au-dessus de la région de Maradi, la méga-mousson continue son œuvre, imperturbable, même si l'eau qu'elle envoie en aval du massif de l'Aïr est imbuvable, saturée d'arsenic, de chrome et de molybdène. Privées de leur source de vie, les créatures du désert et leurs os disparaîtront dans la tempête.

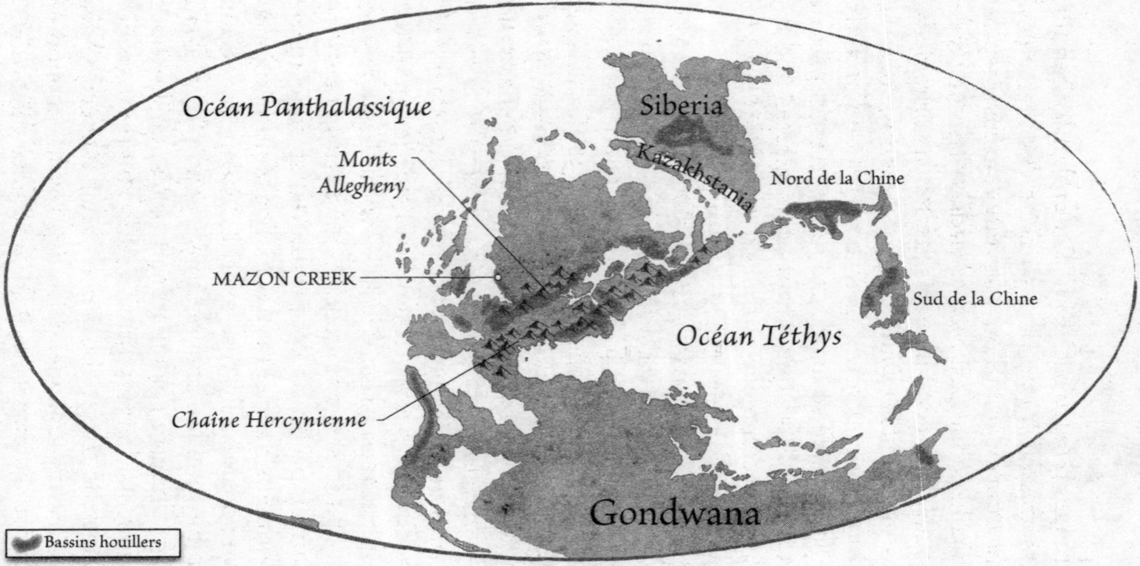
Océan Panthalassique
Siberia
Kazakhstania
Nord de la Chine
Monts
Allegheny
MAZON CREEK
Sud de la Chine
Océan Téthys
Chaîne Hercynienne
Gondwana
Bassins houillers

11. Combustible

Mazon Creek, Illinois, États-Unis
Carbonifère – il y a 309 millions d'années

> « J'ai vu le Medullosae avec sa fronde multipartite, et j'ai vu le lever du soleil rose percer à travers les *Calamites*. »
>
> Dr E. Marion DELF-SMITH

> « Qu'est-ce que serait un océan sans un monstre tapi dans l'obscurité ? »
>
> Werner HERZOG

> « Toutes les saisons sont abolies
> dans ces zones inexplorées
> qui occupent la moitié du monde
> et la parent de floraisons inconnues. »
>
> Jean-Joseph RABEARIVELO,
> *Traduit de la Nuit*

Une terrible humidité et une chaleur vivifiante. Une végétation boueuse quasiment infranchissable, coulant dans des eaux noires et désespérément immobiles. Des prêles droites et fières et des fougères

Lepidodendron sp.

arborescentes montent haut dans le ciel en s'escaladant les unes les autres dans l'espoir d'atteindre la lumière du soleil. L'air est enivrant – tout autour de la planète, la matière végétale a saturé l'atmosphère d'oxygène, avec des niveaux 50 % supérieurs à ceux que nous connaissons à l'époque contemporaine. Sur la côte pangéenne occidentale, un fleuve coule à flots au milieu d'un dense marais équatorial, vidant cette réserve de limon dans une immense mer épicontinentale. Rien à voir avec le paysage actuel de la Corn Belt du comté de Grundy, dans l'Illinois. Là où, à l'époque moderne, la rivière Illinois commencera son long voyage à travers des champs de monoculture pour rejoindre le large Mississippi, à l'époque, un autre cours d'eau, sans nom, se jette dans la mer pour déposer dans un riche delta le plateau érodé des jeunes monts Allegheny[1].

Un grand bosquet d'arbres pousse dans la tourbière. Serrés les uns contre les autres, jamais séparés de leurs congénères de plus de quelques mètres, ils avoisinent tous la dizaine de mètres de hauteur. Leurs troncs sont vert crocodile, et texturés de carreaux se superposant comme des écailles. Chaque écaille est légèrement décalée par rapport à celles situées au-dessus et en dessous d'elle, elles se chevauchent de façon à former une spirale, donnant l'illusion d'un escalier en colimaçon qui monterait jusqu'à un grenier de duvet noir. Alors que les premiers 5 mètres sont composés d'écailles brillantes et sans ornements, les écailles de la seconde moitié de ces arbres arborent toutes une unique feuille longue et fine, sombre et poilue, qui s'encastre dans ses plus proches voisines et projette des ombres sur les eaux immobiles et peu profondes qu'elle surplombe. Des feuilles étroites, déjà tombées des écailles inférieures, flottent au-dessus des reflets de leurs cousines. Les arbres n'obstruent pas la lumière du soleil ainsi que le font les forêts d'arbres à feuilles caduques d'aujourd'hui, mais ils s'avèrent tout de même efficaces quand il s'agit de capter la lumière. En effet, les rayons qui percent à travers la canopée peu fournie sont tout à fait utilisables : chez le *Lepidodendron*, ou « arbre à écailles », l'ensemble du tronc garni de carreaux reste capable de photosynthèse, et de transformer l'air et les rayons du soleil en nouveau matériau végétal[2].

En ce début de soirée, la plus grande partie de la lumière qui pénètre cette canopée de goupillons arrive de manière horizontale, reflétée par les grandes surfaces d'eaux plus profondes où les arbres ne poussent pas et où les cieux sont dégagés. Si à l'ombre il fait encore frais, le soleil équatorial de l'Illinois du Carbonifère est blanc et aveuglant. L'eau empeste à cause de la lente décomposition des troncs de *Lepidodendron* en train de pourrir et des tiges noircissantes des fougères, tandis que le sol meuble de la rive est en train de s'affaisser sous le poids d'une branche tombée. Non loin d'ici, on trouve d'autres « arbres à écailles », mais différents, puisque les branches de ceux-ci se divisent en deux, puis à nouveau en deux, bouchant les trous et se déployant pour constituer une canopée partielle. Leurs troncs forment des angles bizarres sur le sol détrempé, comme s'ils étaient ivres, mais ils se débrouillent tout de même pour atteindre la même taille, si bien que la canopée, à quelque 30 mètres au-dessus de la surface de l'eau, ressemble à un marché couvert vénitien, avec des colonnes torves et finement texturées ainsi qu'un toit d'un vert profond. L'enchevêtrement des branches a beau être épais et imprécis, de manière étonnante, les arbres atteignent tous la même hauteur. Aucun arbrisseau ne se mêle à ces juvéniles broussailleux : ici, tous ces arbres sont des adultes, un peu comme si un jardinier consciencieux et à l'esprit géométrique s'était attelé à la tâche. Cet ordre n'est évidemment pas le fruit d'un schéma de plantation délibéré, pas plus qu'il n'a d'ailleurs à voir avec les variations locales de qualité du sol ou de quantité disponible de rayons de soleil – ces arbres sont tous de la même espèce, et, à chaque étage, tous précisément du même âge. Chaque groupe de troncs a littéralement grandi ensemble[3].

S'ils ont poussé aussi serrés les uns les autres, c'est pour une raison très précise. Ils ont beau être de grands novateurs dans le monde de l'ingénierie végétale, avec leur écorce robuste, l'une des toutes premières, le *Lepidodendron* n'est pas très ligneux à l'intérieur. Le vrai bois, ce matériau rigide et dense que l'on s'attend à trouver dans les arbres, est alors rare. Seules les gymnospermes, courantes à l'époque, sont principalement faites de bois. Dans les « arbres à écailles », le véritable bois se trouve en toute petite quantité au centre de leur tronc. Leur intérieur est surtout composé d'un tissu spongieux et léger qu'on s'attendrait davantage à trouver dans une plante bien plus herbacée. L'écorce est forte, et c'est la seule façon dont l'« arbre à écailles » peut atteindre une telle taille, mais son tronc n'est pas aussi rigide que s'il était fait d'un bois solide. Ces arbres seraient par conséquent relativement instables sans un phénomène souterrain tout à fait particulier.

Les racines de ces « arbres à écailles », connues sous le nom de *Stigmaria* en raison de leur texture trouée et perforée, poussent en s'enroulant les unes autour des autres, et en s'entrelaçant étroitement aux racines de leurs voisins dans un sol qui devient de plus en plus tourbé. Elles forment ensemble des plaques continues et peu épaisses, un socle ferme sur lequel faire tenir les arbres dans le sol. Ces racines sont remarquablement denses, et les petites radicelles qui en dérivent forment une grande surface pour absorber l'eau – de l'ordre de quasiment 26 000 radicelles pour chaque mètre carré de sol. Si un arbre tombe, un nouvel arbre poussera immédiatement à sa place, mais ce puissant système racinaire rend peu probable une chute par grand vent – ces arbres s'accrochent les uns aux autres pour rester stables[4].

Ces plaques racinaires peu profondes sont en train de transformer le monde. Si la principale raison d'être de ces racines consiste à arrimer les plantes et à absorber l'eau ainsi que les nutriments qui leur sont nécessaires, elles ont un impact qui va bien au-delà de ces seuls individus. Les racines sont également des transformatrices de paysages, qui, au sens propre, ouvrent la terre aux autres, à tel point que ce monde d'interactions souterraines est appelé la « rhizosphère », le monde-racine. L'enfouissement des systèmes racinaires érode la roche, la transforme sans relâche en sable, et piège l'humus en pleine décomposition. Sans racines, les sols ne se forment pas, parce que ces fragments sont emportés par les vents ou les pluies. Sans les racines pour sécuriser cette terre compactée, la pluie donne naissance à de grandes rivières plates dont les rives s'écroulent et dont les voies sont simples et directes ; par plaques, elles parcourent un monde sans plantes. Les méandres naturels des systèmes fluviaux, avec leurs centaines de chenaux changeant en permanence, leurs plaines inondables et leurs bras morts, ont été créés par ces milliers d'individus ayant tenu ferme contre les flots et ayant obligé les cours d'eau à s'incurver autour d'eux. Le chemin des rivières est donc déterminé par les plantes. Les racines plongent peut-être vers les entrailles de la Terre, mais, tout comme les feuilles, elles ont un impact direct sur la chimie de l'atmosphère. Elles se frayent en permanence un chemin à travers le grès, riche en silicates de métaux alcalins, comme le sodium, le calcium et le potassium, et capturent puis relâchent ces minéraux dans l'eau à l'aide de leurs champignons et de leurs microbes associés. Les métaux dissous déchargés dans ces chenaux nouvellement tressés devraient rendre la rivière plus alcaline, mais le dioxyde de carbone, dissous dans l'eau, réagit avec eux et fait tampon, empêchant cette transformation. Ce tamponnage permanent fait passer davantage de dioxyde de carbone de l'air jusque dans l'eau. L'effet de l'érosion racinaire des silicates dans l'atmosphère est si puissant que, récemment, on a pu suggérer d'utiliser des plantes comme le bambou, à fort potentiel d'érosion, pour contribuer à la capture du carbone. À l'échelle temporelle géologique, cela peut effectivement faire une grande différence. Comparée au début du Dévonien 110 millions d'années auparavant, la concentration de dioxyde de carbone dans l'atmosphère de la Terre a baissé d'environ 4 000 parties par million – un nombre dix fois supérieur au total de dioxyde de carbone présent dans l'atmosphère aujourd'hui. Ce phénomène est en très grande partie dû à l'enfouissement des racines[5].

Ce n'est pas le seul changement qui affecte le temps. Il pleut davantage à Mazon Creek qu'autrefois ; l'élévation des monts Allegheny a modifié les vents, et encore plus d'eau de pluie dévale leurs versants escarpés. Des rivières puissamment érosives sont apparues, et celle qui se jette dans la mer tropicale de Mazon, à la teinte brune de thé au lait, achemine les restes de « fougères à graines » et d'autres plantes des hauteurs qui ont été arrachées à leurs rives. Une douce marée vient lécher deux fois par jour les bordures de la baie, qui, de manière saisonnière, monte et inonde les terres alentour. Mazon Creek est un véritable marais – certaines parties en sont en permanence inondées, et d'autres, brumeuses, sont exposées à l'air libre, couvertes de feuilles et de branches pourrissantes[6].

Les eaux de crue, tourbillonnantes, labourent le paysage. Ce qui avait sombré est révélé, ce qui était à terre est emporté par les courants furieux. Au bord de l'eau, la succession écologique – la séquence de rétablissement d'une communauté – est perpétuellement en cours. Là où la boue est molle et où le terrain est inondé, les racines des « arbres à écailles » arrivent en premier et stabilisent le sol, collectant le limon de la rivière. Ils poussent droit et projettent un peu d'ombre, si bien que d'autres espèces peuvent pousser autour d'eux. Les différentes espèces d'« arbres à écailles » tolèrent plus ou moins l'humidité ; le *Lepidodendron* lui-même pousse hardiment les pieds dans l'eau, tandis que d'autres, même s'ils apprécient les rives des cours d'eau et l'humidité, préfèrent un terrain drainé. Autour des troncs de *Lepidodendron* poussent de grandes prêles appelées les calamites. Elles sont fixées par des tiges horizontales, les rhizomes, qui sont généralement posées dans des eaux pauvres en oxygène. Pour surmonter cet obstacle, les prêles envoient du gaz dans leurs rhizomes afin de leur permettre de fonctionner correctement, autour de 70 litres de gaz par minute. Après les « arbres à écailles » et les prêles géantes arrivent les crosses de fougère, ou « têtes de violon » ferlées des polypodiales (en anglais, *true fern*, soit « vraie fougère »), puis les « fougères à graines » arborescentes et les cordaites proches des conifères, qui ne pousseront que sur les arêtes et les hautes terres suffisamment sèches qui entourent la zone de Mazon Creek[7].

Pour un grand nombre de « fougères à graines » et de conifères, l'inondation est un risque relativement rare, dans la mesure où ils poussent sur un sol plus sec. En revanche, même la pluie grandissante ne peut rien pour empêcher les incendies. Pour ces habitants de la forêt du Paléozoïque supérieur, le feu est une grave menace. Au Carbonifère supérieur, les feux de forêts n'ont jamais été aussi courants, et, à l'exception du Permien inférieur, ne le seront jamais autant. Il faut trois ingrédients pour faire un feu : du combustible, de l'oxygène et de la chaleur. Avec le développement des premières grandes plantes arborescentes – les calamites, les « arbres à écailles » et les cordaites –, ces trois ingrédients n'ont jamais été aussi abondants que pendant le Carbonifère. Jamais auparavant on n'a vu de telles quantités de matériau organique concentrées dans les plantes. Leur photosynthèse a également augmenté le niveau de concentration en oxygène de l'atmosphère, qui atteint le niveau ahurissant de 32 % de l'air, à comparer avec nos plus ou moins 20 % d'aujourd'hui. Pendant la plus grande partie du Carbonifère, la température mondiale moyenne dépasse celle d'aujourd'hui de plus de 6 °C. Malgré son mouvement récent en direction des pôles glacés, la chaleur n'a pas encore abandonné un Mazon Creek équatorial et tropical. L'air peut être aussi humide et le sol aussi tourbé que possible, quand la concentration en oxygène de l'atmosphère dépasse les 23 %, l'humidité du matériau végétal ne l'empêchera pas de prendre feu ; du bois qui aujourd'hui serait bien trop humide pour prendre feu brûle, à l'époque, comme du bois sec[8].

Et c'est peut-être la probabilité du feu qui est responsable des troncs nus et efflanqués des « arbres à écailles ». S'il existe peu de plantes ayant activement besoin de brûler pour germer, la plupart des plantes ne sont capables de tolérer un environnement souvent sujet aux flammes que grâce à certaines adaptations, comme le déclenchement d'une croissance rapide ou d'une libération des graines immédiatement après un incendie, quand un nouveau feu a moins de chances de frapper. Les « arbres à écailles » poussent vite, et, en poussant, leurs feuilles grêles les plus basses tombent au sol. Cela donne naissance à un tapis de feuilles occupant une grande surface ; et quiconque a déjà vu des pins brûler sait à quel point leurs épines fines et huileuses prennent vite feu. Cela signifie que, lorsqu'un feu démarre, il se répand rapidement au sol à basse température, épuisant rapidement son combustible sans être capable de gagner assez de hauteur pour atteindre la canopée ; les conifères qui connaissent régulièrement des feux possèdent des aiguilles qui poussent bien plus vite qu'ailleurs. Un immense fossé vertical entre le sol de la forêt et la cime des arbres offre un espace aux flammes pour se déployer – mais pas trop haut quand même[9].

Parmi les milliers d'insectes et de centipèdes qui détalent et bourdonnent à travers le tapis plumeux de « fougères à graines » rampantes – les *Mariopteris* – ainsi que parmi les racines entremêlées des « arbres à écailles », on trouve des scarabées. Mazon Creek est le premier endroit connu de l'histoire de la Terre a les avoir accueillis. Les arthropodes sont monnaie courante, ici, depuis les libellules jusqu'aux mille-pattes, en passant par les crustacés et les araignées. Avec son corps rond abandonné par la marée, qui évoque une passoire retournée à laquelle on aurait ajouté des pattes, l'*Euproops*, un « crabe fer à cheval » ou limule, est un arthropode nettement moins familier. Les « crabes fer à cheval » actuels sont des créatures lentes dotées d'une coquille marron, que l'on peut apercevoir, lors de leur accouplement annuel et de leurs pontes d'œufs rituelles, sur les côtes orientales et caribéennes d'Amérique du Nord ainsi que sur celles d'Asie du Sud-Est. L'*Euproops* peut sembler surprenant pour qui s'attend à découvrir un « crabe fer à cheval » moderne : il louche un peu, il est facile de prendre ses piquants pour des feuilles de lycopode, et ses membres semblent adaptés pour attraper et tirer des brindilles et des branches. Ce « crabe fer à cheval » a donc plutôt l'apparence d'une créature qui s'épanouit à terre, mais il s'agit en réalité d'une coïncidence, le résultat de la façon dont Mazon Creek survivra au passage du temps[10].

La vie de Mazon Creek sera dans l'ensemble préservée ailleurs. Un corps, même après la mort, peut parfois entamer un voyage, emporté par les eaux pour dériver dans des océans, échouer dans des grottes, ou se voir réduit en pièces par les charognards et les éléments. Maintenant, à Mazon Creek, avec ces inondations noirâtres qui ont purgé les montagnes de leur boue, la terre est emportée dans la mer et, avec elle, les carcasses et les débris végétaux du marais de lycopodes. Dans la mort, terre et mer sont unies, abandonnant derrière elles un palimpseste paléontologique, un plancher océanique sur lequel notre marais aurait écrit une nouvelle histoire. La montée du niveau de la mer a inondé davantage de forêts d'« arbres à écailles » proches de la mer, et ces derniers font maintenant la planche, accueillant des méduses à la dérive ou encore des scorpions de mer qui se débarrassent de leur vieille carapace. Des branches détrempées de conifères des montagnes et des pieds palmés de temnospondyles d'eau fraîche se retrouvent dans un tas de détritus, dans une baie[11].

Dans l'ensemble, la substance la plus importante qu'on retrouve au fond de ces marais est en train de pourrir lentement dans la vase. Les racines, les feuilles et les branches passent progressivement du statut de verdure à celui de tourbe, puis de tourbe à houille. Cette houille qui tapisse le sol est précisément ce qui rend le Carbonifère célèbre, et ce phénomène n'est dû qu'à une seule chose. La mort, *en masse**.

Il y a une vibration dans l'air parmi les plus grands « arbres à écailles », et la canopée de 30 mètres bruisse. Un *pop* de feu d'artifice résonne le long de leurs troncs, sans que l'on puisse en détecter la source. Un moment, on peut croire que rien d'autre ne se produira, puis le *pop* se transforme en un tir d'artillerie, et la base de l'un des « arbres à écailles » se fend, laissant apparaître ses racines entremêlées ; des fêlures apparaissent tout du long de l'un des flancs de l'arbre à l'agonie. L'écorce verte lâche un dernier rugissement explosif quand le haut de l'arbre s'abat, emportant des branches dans sa chute. Avec si peu d'espace pour tomber, il bascule sur l'un de ses voisins, déjà bruni par la décomposition, et, comme des dominos, tous deux s'écroulent, projetant de la tourbe noire partout vers les airs dans un vacarme de tous les diables. Leurs souches meurtries brandissent fièrement des épées dentelées d'écorce en direction de la canopée, tandis que le soleil semble avoir gagné

---

* En français dans le texte.

en force. La raison de tous ces troncs aux angles bizarres et de cette canopée éparse est désormais plus claire : les « arbres à écailles » ont tendance à tomber.

Les arbres adultes, qui ont étendu leurs feuilles comme on ouvre un parapluie sous la pluie, n'en ont plus pour longtemps. Chacun a pris plusieurs décennies pour pousser, parfois même un siècle, mais ça y est, l'unique moment important de leur existence est sur le point d'advenir. Les cônes des *Lepidodendron* se développent exactement aux terminaisons de la plante, si bien qu'une fois qu'elle est devenue fertile, elle ne peut plus grandir. Chaque jour, il faut choisir entre continuer à pousser ou s'arrêter pour se reproduire, et la reproduction n'est pas quelque chose que l'on fait tout seul dans son coin. Pour maximiser leurs chances de se reproduire avec succès, tous les *Lepidodendron* d'un groupe font la bascule en même temps, puis relâchent d'un même élan leurs spores dans le vent dans l'espoir qu'elles atterrissent pour donner naissance à une nouvelle génération. Très peu de plantes fonctionnent de cette manière, et, là où elles le font, elles poussent plus vite, atteignent plus vite la maturité sexuelle, et relâchent davantage de graines. Une fois que les spores abondantes des « arbres à écailles » ont été relâchées dans la nature, ces derniers n'ont plus aucune raison de continuer à grandir. Et, comme les « arbres à écailles » adultes monopolisent la lumière dont a besoin la prochaine génération, sans plus servir aucun but, ils meurent tous d'un coup, ensemble, et ne restent debout qu'aussi longtemps que tient l'intégrité structurelle de leur écorce, avant que ne s'écroule leur tronc léger et spongieux.

Ainsi, un simple craquement constitue la promesse que, d'ici à quelques mois au maximum, toute une génération d'arbres finira sur le sol boueux[12].

La vie est souvent structurée près des bordures, et la diversité est la plus haute là où des régions homogènes entrent en contact. Un delta de fleuve marque justement une frontière entre un environnement d'eau douce et un environnement d'eau salée, tous deux proposant des défis physiologiques très différents. Parfois, l'eau est saumâtre et le bas niveau en sel fait office d'environnement intermédiaire. Quand un fleuve se jette dans une baie profonde, comme dans le delta de Mazon, la division peut être maintenue étonnamment loin en direction du grand large. Plus l'eau est salée, plus elle est dense, si bien que lorsqu'un fleuve se jette dans la mer, il laisse derrière lui un panache d'eau douce nettement délimité par rapport à l'eau salée située sous lui, qui s'amincit en direction de la terre tandis que le plancher océanique s'élève pour rejoindre l'estuaire. Toutes les eaux ne sont pas égales, et des eaux à différentes températures ou différents taux de salinité peuvent demeurer des entités physiquement séparées en l'absence de toutes barrières physiques. Généralement, il s'agit d'une division horizontale : dans l'Arctique, là où les océans Atlantique et Pacifique se rencontrent, les masses d'eau se superposent les unes sur les autres, et ne se mélangent au final que très peu. La plus longue rivière de l'Antarctique, l'Onyx, se jette dans le lac Vanda, un lac composé de trois différentes couches d'eau dotées chacune d'une concentration saline différente. Ces différences de taux de salinité sont suffisantes pour prendre le pas sur des différences extrêmes de température. La couche inférieure du lac Vanca est en permanence à l'agréable température de 23 °C, tandis que la couche supérieure semble toujours sur le point de geler. Parfois, cette division est maintenue par l'inertie et peut être verticale ; là où les trois rivières de la ville actuelle de Passau, en Bavière, se rejoignent, l'Ilz bleu sombre, l'Inn blanc et le Danube marron continuent à couler dans la même direction, mais sans se mélanger, et créent ainsi en aval un fleuve tricolore sur plusieurs kilomètres[13].

Dans le segment salé qui se trouve à l'embouchure de Mazon Creek vit une étrange créature, de celles qui défient véritablement l'entendement. Un naturaliste aguerri possède normalement le don d'identifier une espèce grâce à sa seule vision, parfois sur la base de détails visuels appréhendés à un niveau quasiment subliminal. Sortir de la zone de confort de la biologie qui nous est familière peut s'avérer profondément déconcertant. Un ornithologue européen mal préparé qui verrait pour la première fois des moqueurs, des cardinaux rouges ou des « rouges-gorges » d'Amérique du Nord se retrouverait submergé par une vague de créatures inconnues, au point que la vue d'une espèce invasive mais connue comme un étourneau serait un véritable soulagement. Et, sans aller aussi loin que la reconnaissance d'une espèce précise, il y a tout de même en général quelque chose de familier auquel se raccrocher. Même si l'on ne connaît pas le nom du geai bleu, ce dernier dégage clairement un je-ne-sais-quoi de corvidé. D'une manière ou d'une autre, nous nous débrouillons toujours pour ranger l'inconnu dans l'une de nos classifications mentales.

Pour un paléobiologiste, le voyage vers un nouveau biome peut avoir un effet similaire. Le registre fossile est plein de créatures plus ou moins familières qui peuvent facilement être placées dans le grand arbre généalogique de la vie et, par conséquent, être interprétées ; leurs différences seront soulignées, elles pourront même nous émerveiller, mais elles resteront comprises dans le contexte plus large de l'évolution de l'arbre de la vie. Même quand des groupes éteints et excessivement diversifiés sont découverts, par exemple la description de Dinosauria, nous voyons des similarités dans les structures préservées par le temps qui nous conduisent à reconnaître dans les oiseaux modernes un groupe membre du superordre des dinosaures, ce qui en retour informe notre interprétation de leurs caractéristiques les plus étranges. Mais parfois, comme avec l'animal qui vit dans l'estuaire saumâtre de Mazon Creek, il arrive que les caprices de la sélection naturelle et l'absence de créatures similaires au sein du registre fossile créent un ensemble anatomique si inhabituel qu'il en devient quasiment impossible d'établir la moindre connexion entre cette créature et quoi que ce soit d'autre. Face à cette nouveauté totale, notre premier instinct nous pousse à utiliser la métaphore du surnaturel ou du non-naturel. Sous les vagues qui recouvrent la section d'eau salée, parmi les clochettes pâles et pulsantes ainsi que les angoissantes danses du voile des méduses *Essexella*, nage l'insaisissable créature que nous appelons le monstre de Tully[14].

Contrairement aux monstres légendaires de la cryptozoologie moderne – Nessie, Bigfoot, le chupacabra –, le monstre de Tully existe, mais, passé cette information, nous n'avons pas grand-chose à dire de plus. Ce n'est même pas comme s'il était rare : on a trouvé des centaines de spécimens de cette créature de la taille d'un hareng. Ou, pour le dire autrement, on a trouvé trente fois plus de fossiles de *Tullimonstrum* que d'*Archéoptéryx*, le premier oiseau, bien connu. Mais l'interprétation des restes est rendue difficile en raison de ce qui a été conservé de chaque spécimen. Ils ont un corps en forme de torpille segmentée et, à l'arrière, possèdent une paire de petites nageoires ondulantes comme celle des seiches. À l'avant, un appendice long et fin, comme le tuyau d'un aspirateur, se tortille et se termine par une minuscule pince pleine de dents. Comme si l'ensemble n'était pas déjà suffisamment absurde, une barre solide traverse de part en part la bête sur son haut, un peu avant l'appendice, formant deux tiges horizontales au bout desquelles sont situés deux organes bulbeux, que l'on suppose le plus souvent être des yeux. Cette créature ne ressemble à rien de ce que nous connaissons sur plus d'un demi-milliard d'années d'évolution animale. La similitude superficielle la plus proche est une curiosité cambrienne à cinq yeux appelée *Opabinia*, une créature qui, à notre connaissance, n'existera pas avant 250 millions d'années – une faille gigantesque dans le registre fossile, comme si une volée de *Rhamphorhynchus* du

Jurassique européen attaquait d'un coup les pêcheurs du lac de Constance, ou bien comme si un plésiosaure avait effectivement survécu dans le lac du Loch Ness.

La question n'est donc pas de savoir si le *Tullimonstrum* existe, mais de comprendre ce qu'il est. Toutes ces années, les paléontologues se sont penchés encore et encore sur cette curieuse anatomie, et certains d'entre eux ont conclu qu'il s'agissait d'une sorte de ver, peut-être un némèrte, ou bien un ver de la famille des annélides, le groupe qui comprend les vers de terre, ou bien encore un nématode, un groupe de vers le plus souvent microscopiques qui existent par milliers de milliards sur pratiquement toute la surface de la Terre. D'autres ont conclu qu'il s'agissait d'un arthropode comme les araignées, les crabes ou les cloportes, ou encore un mollusque, comme un escargot, ou même un vertébré. Ces bosses aux deux extrémités de la barre verticale ? Est-ce que ce sont vraiment des yeux, ou bien plutôt des capteurs de pression ? Peut-être que ces bosses ont quelque chose à voir avec la reproduction du *Tullimonstrum*, ou bien qu'elles servent à le stabiliser quand il nage ? Rien n'enflamme autant les imaginations que la chasse au monstre[15].

Chaque morceau de l'anatomie du *Tullimonstrum* trouve au niveau individuel un écho chez des organismes largement répandus dans le royaume animal. De nos jours, le poisson-dragon noir, ou *Idiacanthus altanticus*, rôde dans les mers les plus profondes. Quand il est adulte, avec son allure d'anguille à la gueule béante, il ne semble pas être un très bon candidat pour être un analogue du *Tullimonstrum*. Mais ce poisson passe par un stade larvaire, bien plus près de la surface, sous la forme d'un petit animal quasiment transparent et doté de longs yeux situés à l'extrémité de deux tiges, qui ne sont pas sans rappeler la barre organique du *Tullimonstrum*. On retrouve également les yeux au bout d'une tige chez un certain nombre de mollusques et d'arthropodes – il s'agit en réalité d'une adaptation écologique fort utile apparue maintes fois dans l'évolution. Même si la mélanine présente dans les yeux-tiges ressemble à celle des vertébrés et que certaines taches évoquent la notochorde – une structure cartilagineuse que l'on retrouve chez tous les vertébrés –, l'absence d'un grand nombre d'autres caractéristiques vertébrées, dont les tissus solides situés à côté des « dents » de la trompe en forme de stéthoscope, témoigne en faveur de l'hypothèse selon laquelle le *Tullimonstrum* est un poisson, certes inhabituel, mais au pire controversé. Comme avec tous les monstres, leurs apparitions ont toujours l'air de se produire à la limite de notre champ de vision[16].

Il est incroyable qu'il ait été conservé alors que son corps est mou. Des minerais de fer, acheminés depuis l'intérieur des terres par du grès rouge, ont violemment réagi au dioxyde de carbone et enfermé les restes de l'animal dans une sorte de nodule arrondi qui a par la suite été enterré. Lentement, ces nodules se sont pétrifiés, et se sont transformés en des capsules temporelles impénétrables faites de sidérites. À leurs côtés, dans les tourbières, le matériau végétal est, de manière anaérobique – c'est-à-dire en l'absence de dioxygène –, lentement converti en houille[17].

Personne ne sait exactement pourquoi le rythme auquel le matériau organique est déposé le long de la ceinture houillère équatoriale est aussi rapide au Carbonifère. L'une des hypothèses est que la lignine, l'un des principaux composants du bois, est une biomolécule relativement nouvelle, qui à ce stade n'est pas facilement digérée par les microbes – ils n'ont pas encore développé la capacité de les consommer, si bien que la lignine se transforme en houille. Une autre hypothèse soutient que ce sont les particularités de la géographie du Carbonifère qui ont mené à la création de cette ceinture houillère, dans la mesure où ce fut la seule fois de l'histoire de la Terre où les tropiques ont été à la fois complètement humides et dominés par des bassins géographiques. Quoi qu'il en soit, que ce soit en expérimentant de nouveaux matériaux en prenant les microbes de vitesse, ou bien en raison des hasards du climat et de la géographie, les innovateurs tels que les « arbres à écailles » sont en train de radicalement transformer la composition de l'atmosphère. La Terre est en train d'amorcer un changement climatique qui la mènera à un refroidissement proche d'une période glaciaire, qui augmentera la saisonnalité et l'aridité, et, au bout du compte, entraînera la destruction de l'écosystème même qui permet aux « arbres à écailles » de vivre. Il sera alors temps pour eux de disparaître, et les marais houillers du Carbonifère laisseront place à la sécheresse du Permien. En enlevant une telle quantité de carbone de l'atmosphère, ces arbres créèrent la scène sur laquelle se déploierait l'évolution pendant les 300 millions d'années suivantes, une scène sur laquelle ils n'étaient plus viables. L'effondrement de la forêt tropicale du Carbonifère, seulement 4 millions d'années après l'inondation des lycopodes de Mazon Creek par la montée locale du niveau de la mer, ne se contentera pas d'abattre quelques arbres, mais fragmentera à une échelle continentale les forêts tropicales houillères de toute l'Europe et de toute l'Amérique. C'est l'une des deux seules extinctions de masse à avoir gravement affecté les plantes, l'autre se déroulant à la fin du Permien. C'est avec l'avènement de ce monde sec du Permien que les premiers amniotes, les premiers synapsides et les premiers sauropsides, tous apparus pendant le Carbonifère, pourront bénéficier de leur adaptation à l'aridité, se dispersant en passant par les chenaux asséchés et devenant les habitants cosmopolites de la Pangée[18].

L'ironie de l'histoire est que, en raison de cette houille déposée dans la chaîne hercynienne, ces lieux – l'Illinois et le Kentucky, le pays de Galles et les Midlands de l'Ouest en Grande-Bretagne, ainsi que la Westphalie en Allemagne – joueront un rôle de premier plan dans les premières industrialisations rapides des XVIIIe et XIXe siècles – la force motrice qui a de nouveau relâché dans l'atmosphère le carbone stocké dans la Terre depuis quelque 309 millions d'années. Environ 90 % de tout le charbon actuel de la Terre a été déposé pendant le Carbonifère. C'est cette abondance même dans les sols qui a fait du charbon le combustible fétiche de la révolution industrielle, un combustible peu coûteux et efficace, capable non seulement d'alimenter les machines à vapeur mais également composant fondamental de l'acier dur et extradur. L'héritage des « arbres à écailles » est encore vivant, et nous défaisons cette transformation climatique pour chaque tonne de charbon que nous brûlons. Pour Mazon Creek même, berceau d'excellence de tous les fossiles du Carbonifère, l'ironie se fait encore plus mordante. Alors que l'anthracite continue à être extrait partout dans le monde, les fossiles de Mazon Creek sont devenus aujourd'hui impossibles à mettre au jour en raison d'une sorte d'énergie très différente. Transformés en pierre dans des eaux chaudes et marécageuses baignées par les rayons du soleil du Carbonifère, ils reposent désormais dans un autre bassin fumant connecté à une source d'énergie plus propre et plus efficace : ces fossiles ont été inondés pour fournir un bassin de refroidissement aux réacteurs de la centrale nucléaire de Braidwood, dans le comté de Will, dans l'État de l'Illinois.

Il s'agit d'un futur incroyablement lointain et inimaginable pour les habitants du delta de Mazon, et, pour ceux qui ont survécu aux inondations et aux incendies, la vie dans les marais de lycopodes semble sans danger, immuable. Le soleil brille entre les tiges ligneuses des fougères arborescentes, et la surface de l'eau se brise pour donner naissance à un arc-en-ciel ensorcelant, digne des plus beaux contes de fées, qui fait miroiter toutes les couleurs du monde. Cette matière végétale, qui meurt et coule jusqu'au fond de ce bourbier pour y devenir tourbe et houille, relâche des huiles organiques qui flottent à la surface de l'eau. Lors d'un après-midi calme comme celui d'aujourd'hui, l'huile accumulée, étalée sur une couche de l'épaisseur d'une molécule, suffit à transformer l'eau miroitante en un paysage de rêverie psychédélique, en une palette de bulles de savon tourbillonnantes striée par les ombres des lycopsides et brisée par les minuscules ondulations des poissons. Seule la marée mettra un terme à ce spectacle enchanteur.

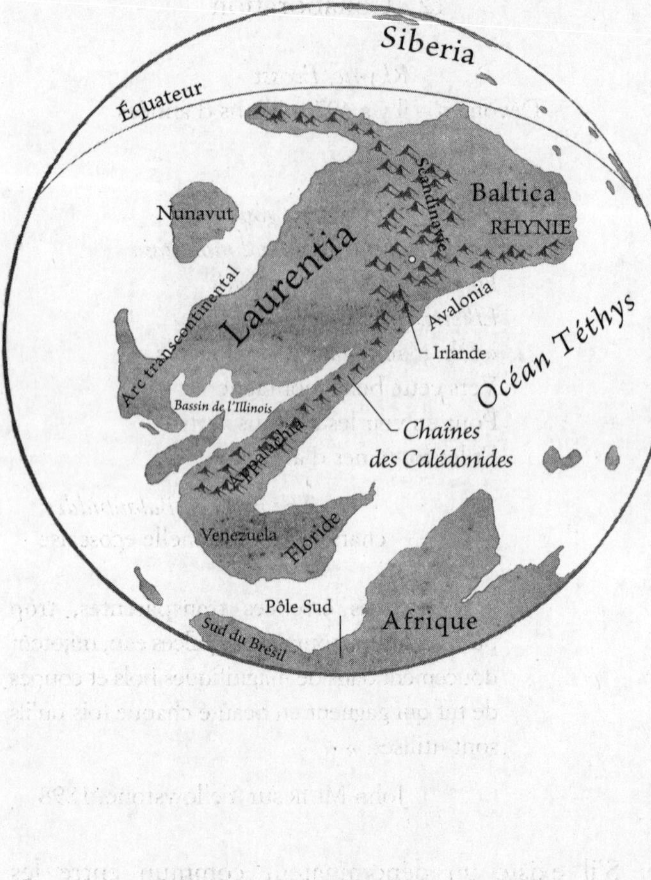
Siberia
Équateur
Nunavut
Laurentia
Baltica
RHYNIE
Scandinavie
Avalonia
Irlande
Océan Téthys
Arc transcontinental
Bassin de l'Illinois
Appalachia
Chaînes
des Calédonides
Venezuela
Floride
Pôle Sud
Sud du Brésil
Afrique

12. Collaboration

Rhynie, Écosse
Dévonien – il y a 407 millions d'années

« Oh now they have gone
To that bonnie highland mountain
For to view the green fields
Likewise its silvery fountain. »
« Oh, maintenant ils sont partis
Vers cette belle montagne
Pour en voir les champs verts
Et les fontaines d'argent. »

The Braes of Balquhidder,
chanson traditionnelle écossaise

« De fines essences transparentes, trop pures et belles pour être appelées eau, mijotent doucement dans de magnifiques bols et coupes de tuf qui gagnent en beauté chaque fois qu'ils sont utilisés. »

John Muir sur Yellowstone, 1898

S'il existe un dénominateur commun entre les Cairngorms d'Écosse, les plaines cramponnées au

Palaeocharinus rhyniensis

ciel du Hardangervidda norvégien, les noires collines de Donegal ou encore les Appalaches d'Amérique du Nord, c'est bien le son du violon. Le son primitif du bois chantant, de l'arbre devenu bruit, terrestre, respirant. La tradition des violoneux a été transmise verticalement à travers les générations et horizontalement à travers les continents, chaque vallée possédant ses propres chansons tout en participant d'une culture plus vieille et plus large. L'histoire partagée de ces chaînes de montagnes n'est toutefois pas que musicale, loin de là. Individuellement, ces montagnes, à ces endroits précis, ne se sont élevées que relativement récemment, mais leurs racines sont profondes, et s'enfoncent loin dans le manteau terrestre sous le poids de la roche au-dessus. Les fondations mêmes sur lesquelles les Appalaches, l'Irlande, l'Écosse et la Scandinavie sont construites appartiennent à un unique événement géologique, la même chaîne de montagnes du temps profond. Le fait qu'il s'agisse de lieux élevés aujourd'hui n'est que l'écho lointain de leur passé commun de hautes terres[1].

Les montagnes et les océans sont des structures géologiques temporaires. Les montagnes se créent là où les plaques s'entrechoquent, les unes passant pardessus les autres. Les montagnes rapetissent quand l'érosion emporte sa roche, miette par miette, jusque dans la mer. Les océans se forment là où les plaques se séparent, aux dorsales médio-océaniques. Quand une plaque océanique s'enfonce sous une autre plaque, l'océan devient plus petit. Au Dévonien supérieur, l'océan Iapétus, qui fut à une époque le plus grand océan du monde, a quasiment disparu. Un peu plus tôt, il s'est rétréci et a rapproché les continents, au point que désormais nul espace ne les sépare. Pendant des millions d'années, le Iapétus a régné dans l'hémisphère Sud entre trois continents isolés – Baltica (principalement composé de la Scandinavie et de la Russie occidentale), Laurentia (principalement l'Amérique du Nord et le Groenland, mais aussi l'Écosse et le nord et l'ouest de l'Irlande), ainsi qu'Avalonia (qui comprenait la Nouvelle-Angleterre, les parties méridionales de la Grande-Bretagne et de l'Irlande, ainsi que les Pays-Bas). Sous l'influence des forces tectoniques, Laurentia a avalé le plancher océanique, dévoré la croûte les séparant, et réuni ces masses continentales. Au début du Silurien, l'océan Iapétus n'a plus que la taille d'une mer Méditerranée, avant de complètement disparaître sous les assauts des masses continentales. Baltica est fait d'une roche plus dense que celle qui compose Laurentia, si bien que, tandis que les deux continents flottent au milieu d'un bain de magma, ce dernier a tendance à glisser sur le dessus, tandis que le bord de Baltica s'enfonce en dessous. Il ne s'agit pas d'un procédé particulièrement propre : les continents se froissent, et, emportés par leur élan, projettent de la terre vers le ciel et dans le manteau terrestre, la croûte devenant alors deux fois plus épaisse que celle d'une plaque continentale standard. Il se passe exactement la même chose que pour un capot de voiture dans un crash-test, quand des montagnes et des vallées émergent de ce qui était il y a quelques instants une plaque de métal sans aucun relief. Les masses continentales de la Terre convergent une nouvelle fois les unes vers les autres, dans un cycle sans fin de séparation et de collision. La Pangée, l'unique continent mondial avant sa fragmentation au Jurassique, est en train de se former. La moitié nord est désormais complète, et se joindra au Gondwana au Carbonifère. Le continent qui a émergé de ce carambolage à trois voies est connu sous divers noms, comme la Laurussia, le Continent des Vieux Grès Rouges ou l'Euramérique, et ces nouveaux sommets sont appelés les Calédonides, une chaîne de montagnes dont, de nos jours, une extrémité se trouve dans le Tennessee et l'autre en Finlande. C'est au moment qui nous intéresse la plus grande chaîne de montagnes de la planète[2].

Une fois en place, comme nous l'avons déjà vu au Trias, les écosystèmes montagneux ont davantage tendance à être érodés qu'à laisser une trace de leur existence. Au cours des 400 millions d'années qui séparent le Dévonien de notre époque, les Calédonides seront lentement usées par le vent et la pluie. Le paysage de la Finlande, autrefois montagneux, est pour l'instant le socle rocheux plat du précambrien, les fondations des Calédonides. Les seuls indices permettant de deviner que ces montagnes s'étendaient aussi loin à l'est sont de rares bosses de roches plus jeunes, formant des saillies sur le plat pays. Les Calédonides irlandaises ont été réduites à l'état de paysage vallonné et glacé, sans qu'il subsiste aucune trace de son relief passé. C'est seulement dans des circonstances exceptionnelles que les écosystèmes des montagnes sont préservés, et c'est justement le cas ici, dans une vallée de sources chaudes. Voici Rhynie : de nos jours, des terres agricoles vallonnées destinées au bétail de l'Aberdeenshire, mais, au Dévonien inférieur, un vallon chamarré et éthéré, un paysage de vapeur, de sels, de vie émergeant de la pierre, le foyer des tout premiers ancêtres des *Citharexylum spinosum* (en anglais, *fiddlewood trees*, « arbres violons »)[3].

Comparé à l'air revigorant du Carbonifère, le Dévonien est bien pauvre en oxygène. Les plantes sont rares à terre, et Rhynie est une communauté pionnière, l'un des rares lieux où la Terre se verdit. La vie engendre la vie et, là où des espèces parviennent à s'installer, d'autres suivent, une accumulation de vie qui laissera bientôt place à des marais bouillonnants. Les terres existent, indépendamment de leur degré d'inhospitalité, depuis des milliards d'années, et il a pourtant fallu attendre le Dévonien pour que s'établissent et soient préservées avec un grand luxe de détails les toutes premières communautés fonctionnelles. Un exercice inédit de coopération est en train d'avoir lieu, et, pour la première fois, des animaux, des plantes, des champignons et des microbes entrent en concurrence ou collaborent de manière complexe. C'est un écosystème se découvrant lui-même, c'est ici que les modèles fondamentaux de la vie sur Terre sont en train d'être établis[4].

Depuis les pentes ombragées de la montagne, les cieux quasiment équatoriens sont d'un bleu pur et l'arête dentelée au-dessus d'un gris granite flirtant avec le rose ; les versants de la montagne sont noirs, accidentés et dangereux, couverts d'éboulis. De l'autre côté de la vallée, au sud-est, ces éboulis évoquent dans le soleil de l'après-midi un léger saupoudrage sur l'éclat de la surface ignée. Ici et là, des saillies rocheuses, débarrassées par l'érosion des roches moins résistantes qui les entouraient, effilées, grêlées, leur surface grossièrement creusée par le vent et les rares pluies[5].

Des lits de rivières à sec dévalent les pentes nues jusqu'à la vallée, slalomant entre les plus grandes extrusions rocheuses. Comme si leur mouvement était chorégraphié, les chenaux bifurquent brusquement vers le nord-est aux trois quarts du flanc de la montagne, leurs chemins parallèles dictés par le paysage plein de failles tandis que les montagnes plongent à leur tour dans le vallon : c'est là la ligne de moindre résistance dans la collision des continents, révélée par les chemins empruntés par les eaux de pluie. Cette dernière est rare, désormais, même si les chemins sablonneux arborent encore les canaux miniatures sculptés par la dernière bruine. Les mares formées par l'eau de pluie ne sont généralement qu'éphémères, mais, au pied des rochers qui bloquent le courant, ces mares se rassemblent et sont suffisamment profondes pour persister entre deux pluies. C'est là qu'habitent les toutes premières *amoebae* terrestres connues. Il n'a pas plu ici depuis un mois, et ces mares sont stagnantes, pleines de filaments d'algues. Si le ciel lui-même est vide, des nuages diffus et bas rôdent dans la vallée, surface blanche timidement marbrée de vert. Au milieu de ces zones verdoyantes, l'on peut voir des piliers éparpillés qui se dressent, tandis que des mares fumantes, des sources chaudes, émergent de la terre pâle – l'eau passant alternativement d'un bleu éclatant à toutes les nuances de l'arc-en-ciel. Au-delà, une plaine inondable, jonchée des vestiges asséchés des lacs éphémères, s'incline jusqu'à un lit de rivière nu et tanné au creux duquel coule vers le nord un minuscule cours d'eau sinueux. Sur le gabbro de l'Ordovicien, cette roche volcanique noire, Rhynie offre un spectacle en technicolor[6].

Tout en bas, dans la vallée, l'air pue le soufre. Les hauts murs noir et rose sont partiellement dissimulés par les douches brumeuses des mares alcalines. Les failles abondent tandis que les continents se poussent les uns contre les autres comme des bouquetins. La distance jusqu'à l'intérieur de la terre est fine : des colonnes de magma sont montées à ras de la surface et menacent de jaillir au grand jour. La Terre est lézardée, dans cette vallée qui abrite cette jeune et vigoureuse chaîne de montagnes n'ayant pas fini de grandir et qui est déjà aussi haute que l'Himalaya. Les grands volcans à l'ouest, dont l'immense Ben Nevis, crachent leur lave. D'autres ont déjà explosé, comme le gigantesque cratère supervolcanique de 50 kilomètres carrés qui deviendra plus tard Glen Coe, et dont l'éruption titanesque n'a eu lieu que 13 millions d'années plus tôt, au Silurien. Les jours de Ben Nevis sont également comptés, et son éruption résonnera à des milliers de kilomètres à la ronde. Les montagnes d'aujourd'hui sont seulement le cœur effondré et érodé d'un cratère dont les bords s'élevaient à des centaines de mètres de haut. À Rhynie, un lac souterrain issu de l'infiltration d'eau de pluie a poussé la chaleur à se manifester sous la forme d'une vallée de sources chaudes longue de plusieurs kilomètres. Des chaudrons colorés remplis d'une eau presque invisible déversent leur contenu, recouvrant d'une fine croûte de silicium les plantes suffisamment désinvoltes pour pousser à côté. L'eau qui jaillit en bouillonnant par-dessus ces minuscules feuilles, ramifiées et mouillées comme de la criste-marine, a la température d'un bain chaud, autour de 30 °C. Là où les sources émergent du sol, chauffées par la roche en fusion près de la surface, ces dernières peuvent atteindre 120 °C – l'eau ne reste liquide qu'en raison de la pression souterraine, et refroidit rapidement à l'air libre[7].

Les sources de Rhynie sont des environnements extrêmes à plusieurs titres. La plus grande partie de l'eau est trop chaude et alcaline pour la plupart des êtres vivants, et pourtant elle a bel et bien été colonisée. La terre, elle aussi, est hostile, mais les plantes ont commencé à s'y aventurer – au moins 40 espèces différentes de plantes vivent dans l'eau ou près de l'eau à Rhynie. En collaborant et en entrant en compétition pour les ressources, en se parasitant et en se dévorant, des communautés fonctionnelles se sont établies à distance de la sécurité relative qu'offre l'eau, et la quantité de terre habitable devient de plus en plus grande. Les plantes grandissent davantage grâce à des accords avec les champignons, et ces derniers grandissent davantage en assimilant de manière symbiotique des cyanobactéries, tandis que les arthropodes comme les champignons contribuent à décomposer les organismes morts, créant un sol à même d'accueillir de nouvelles plantes[8].

Les seuls occupants des eaux les plus chaudes sont des microbes qui s'épanouissent dans ce type de conditions extrêmes, les alcalino-thermophiles.

Beaucoup d'entre eux sont des bactéries sulfureuses, qui, contrairement à la plus grande partie du vivant, ne tirent pas leur énergie du Soleil – la photosynthèse ne se produit plus au-dessus de 75 °C –, ni de la prédation de ce qui tire son énergie du Soleil, mais bien plutôt de l'éclatement même de la roche. Pour se protéger des conditions alcalines, elles produisent des chaînes de protéines faites de séquences d'acides aminés. Ces acides neutralisent dans une certaine mesure l'eau alcaline et rendent possibles les réactions chimiques normales de la vie. Dans les mares les plus chaudes, seules survivent des cellules dévoreuses de roches, et l'eau est alors absolument claire. Pas claire comme dans un fleuve ou l'océan, car elle est encore remplie par les minuscules bêtes qui lui confèrent un aspect légèrement voilé, mais bien plutôt comme de l'alcool distillé, le seul indice de la présence de ces bactéries étant un scintillement quand la surface vibre de bulles. Sous la bonne lumière, quand le Soleil est exactement au bon angle, le tunnel vide qui mène aux entrailles de la Terre est illuminé comme s'il s'agissait de l'entrée d'une caverne, et seule une très légère réfraction de la lumière peut briser cette illusion[9].

Plus loin de la bouilloire géologique de l'aquifère souterrain, les mares sont colorées et brillent. L'eau est encore à 60 °C, mais ces conditions conviennent aux cyanobactéries. Ce sont les plus vieilles photosynthétiseuses du monde, et elles se nourrissent de la lumière du Soleil depuis bientôt 3 milliards d'années. Elles piègent l'énergie de la lumière dans un pigment spécial ; si un photon – une particule de lumière – frappe ce pigment au bon endroit, sa composition chimique est déstabilisée et son rééquilibrage engendre une énergie sous une forme qui peut être utilisée dans d'autres réactions cellulaires, comme la création de sucres ou d'amidon. Les pigments combinés des millions de cyanobactéries produisent des couleurs incroyablement pures, chaque espèce possédant sa propre nuance subtile. Certaines espèces préfèrent les températures du centre de la mare et d'autres aiment être plus loin, s'étendant progressivement jusqu'à la périphérie, si bien que les couleurs changent, et passent du bleu au centre de la mare, là où le ciel se reflète dans l'eau, à des nuances de vert, de jaune, d'orange et de rouge. Les cyanobactéries sont incroyablement variées à Rhynie, et peuvent être aussi bien des cellules individuelles que des colonies composées de centaines de cellules[10].

Tout autour des mares, claires ou colorées, se trouvent des couches de tuf blanc, un sédiment riche en silicium qui demeure après l'évaporation de l'eau ayant débordé. L'expulsion périodique de ce minéral, blanc et friable, comme du sucre compacté, ne cesse d'élever la bordure de la source elle-même, si bien que le point d'eau s'élève centimètre par centimètre sur un plateau en terrasses, telle une pile toujours plus haute de pancakes poussiéreux. Là où la surface a dépassé les rebords, un peu d'eau pénètre les plantes situées en dessous. Les cours d'eau montagneux qui coulent au milieu de ces terrasses de tuf surélevées charrient les sombres gabbros arrachés de haute lutte aux sommets calédoniens pour les plonger dans des mares peu profondes, tout aussi sombres, qui se rafraîchissent un peu au contact de ce nouvel arrivage d'eau. Loin des cours d'eau, où les charophytes s'accrochent pour résister au courant, les pentes sont nues ; pour l'instant, peu de chose peut vivre à distance de l'eau, et la verdure ne pousse qu'au fond de la vallée, recouverte d'une forêt de tiges guère plus hautes que de la mousse, dans laquelle les faucheux et les mites, les insectes, les myriapodes d'eau douce et les crustacés forment un écosystème qui recouvre deux cinquièmes de la surface terrestre[11].

L'eau qui se déverse de ces mares chaudes recouvre les plantes, les animaux et les champignons, puis s'infiltre en eux. Tandis que l'eau se refroidit, le silicium sursaturé se précipite, se cristallise autour des imperfections qu'il trouve, et infuse tous les aspects de la vie à cet endroit. Rapidement gelées sur place, même les structures subcellulaires se comportent comme des moules minuscules qui fondent alors des œuvres éphémères d'opale translucide. Avec le temps, l'opale se stabilisera en quartz, et, combiné avec le sédiment sablonneux charrié jusqu'ici par les cours d'eau locaux, formera le type de roche connue sous le nom de chaille, dans laquelle des communautés entières ont été conservées en trois dimensions[12].

Surplombant les autres habitants de cette vallée humide, et illustrant parfaitement la tension y régnant entre compétition et collaboration, se dressent de grands piliers gris pâle, des bornes tannées comme des cactus lisses hauts de 3 mètres. Les *Prototaxites* sont des gratte-ciel au milieu d'un village en modèle réduit, et les plus grands organismes de toute la planète. À d'autres endroits, à peu près à cette époque, des individus du même genre ont quasiment atteint les 9 mètres, tandis que d'autres possèdent des troncs d'un mètre de diamètre. Cent fois plus grands que les plantes poussant sur le même sol, ils semblent aberrants dans ce paysage. Leur peau est douce et recouverte de picots, ils évoquent un peloton de bonshommes de neige gris à moitié fondus, des tours hautes et fines, sans la moindre saillie, qui dominent les alentours. Ils ne ressemblent à rien ni à personne dans la forêt miniature à leur pied, et ce pour une bonne raison : les *Prototaxites* ne sont pas des plantes, mais, de manière étonnante, des champignons. Leurs proches parents actuels rassemblent une variété déconcertante de champignons, dont la « maladie hollandaise de l'orme » (la graphiose), la levure de bière, le pénicillium et la truffe. La manière dont ils ont atteint cette taille gigantesque reste assez mystérieuse – dans la mesure où nous ne connaissons rien de leur structure souterraine. Une solution qui a été avancée est que, comme beaucoup de membres de leur famille, ce sont des lichens[13].

Les champignons sont les grands collaborateurs de la vie, et forment d'étroites relations avec des espèces si éloignées les unes des autres que nous les plaçons dans des règnes distincts. L'association la plus intime qu'ils sont capables de former nécessite un partenaire adepte de la photosynthèse, qu'il s'agisse d'une plante ou d'une cyanobactérie, pour former un lichen. Excellent dans l'art de décomposer de la matière organique, le partenaire fongique dans un lichen peut extraire d'immenses quantités de nutriment minéral de la surface la plus nue, pour le partager avec son partenaire photosynthétisant (appelé le photobionte) et le protéger grâce à une solide gaine de tissu. En retour, en accédant à la lumière, le photobionte produit une énergie dont il nourrit le champignon. Cette puissante combinaison signifie que, partout où il existe, sur une surface exposée à la lumière et à l'eau, le lichen peut pousser[14].

Rhynie est le foyer de deux types de lichens, qui sont incroyablement différents. Les *Prototaxites* sont les premiers organismes à avoir une taille quelque peu conséquente, un brouillon de ce que pourrait être la vie à une échelle macroscopique. Une maille entremêlée d'hyphes – les chaînes incroyablement fines de cellules absorbatrices de nutriments qui constituent la majorité de la structure d'un champignon – forme la couche extérieure. S'il s'agit bien d'un lichen, c'est là que sera gardé en place le photobionte. Les animaux présentent des trous sur leurs flancs, et abritent eux-mêmes de petits écosystèmes, un peu, à un niveau écologique, comme un arbre lisse et sans branches. Ils possèdent certes des photobiontes, mais les isotopes révèlent qu'ils consomment également régulièrement d'autres organismes. Leur taille, peut-être, résulte de cette capacité à exploiter deux sources d'énergie, en tant que consommateurs et en tant que collaborateurs[15].

De petites marques noires, comme des éclaboussures de peinture, sont incrustées sur certains éboulis et évoquent bien davantage les lichens contemporains. Le *Winfrenatia* dispose d'une structure simple : sa croûte plate, principalement constituée d'un hyphe fongique indifférencié et disposé comme une natte, le fixe à la surface de la roche. Sur toute la surface de la structure se trouvent de minuscules trous dans lesquels vivent des cyanobactéries unicellulaires, qui restent en place dans le champignon comme des porcs dans un enclos. La comparaison fermière n'est pas complètement incongrue : sur le spectre des interactions mutuellement bénéfiques, il n'est pas évident de décider ce qui différencie cette relation de toutes les autres formes de domestication. Il existe même des cas de vol de bétail – certains champignons ne forment du lichen qu'en tuant d'autres champignons créateurs de lichen pour leur voler leurs photobiontes, avant de se faire eux-mêmes lichens. Les relations d'élevage entre les espèces ont évolué plusieurs fois au cours de l'histoire de la vie. Parmi les animaux, les fourmis coupe-feuilles font composter les feuilles pour faire pousser des champignons dans des chambres souterraines spéciales, tandis que d'autres espèces de fourmis élèvent des pucerons pour les traire et récupérer leur miellat, ou même des cochenilles pour leur viande. Les poissons-demoiselles prennent soin des jardins d'algues rouges dans les récifs de corail et les récoltent pour s'en nourrir. Comme les humains élèvent de nombreux animaux et de nombreuses plantes. Chaque fois, l'éleveur protège l'élevé, et prend son énergie en échange. Ce sont clairement les champignons qui ont le contrôle de la relation lichénique, et, souvent, quand ils extraient de l'énergie de leur photobionte, ils consomment également ce dernier au passage. Est-ce que les lichens sont eux aussi le résultat d'une relation agricole plus proche de celles dont nous sommes capables ? Est-ce que le premier fermier d'Aberdeenshire fut un champignon ? En tout cas, il est déjà en train de diversifier ses récoltes : le *Winfrenatia* n'élève pas une mais deux espèces différentes de photobiontes cyanobactériens, et tous trois vivent ensemble en une relation étroite d'interdépendance à trois bandes[16].

Chacun des principaux types de champignons modernes est représenté sous une forme archaïque à Rhynie, et certains ont des interactions avec les plantes. L'un d'eux, un ancêtre de l'actuelle « moisissure noire du pain », a fait pousser des hyphes fins comme des cheveux à travers la tige d'une plante nommée l'*Aglaophyton*, dans ce que nous appelons de nos jours une relation « mycorhizienne », « myco » faisant référence au champignon et « rhizienne » aux racines. L'*Aglaophyton* domine les parcelles de vert les plus répandues de cette vallée. Il s'agit d'une plante minuscule, aux tiges douces, éparpillées sur le sol en brins verticaux et fourchus, chacun terminé par un organe en forme d'œuf pour relâcher les spores. Un individu est tentaculaire, et ses tiges sont jointes par de petits stolons horizontaux. À intervalles réguliers, des nodules soutiennent les tiges allongées comme des traverses de chemin de fer. C'est une plante structurée de manière très lâche, qui compte sur ces fins cheveux appelés des rhizoïdes pour absorber l'eau. Une photosynthèse correcte nécessite un apport suffisant et régulier en eau, et le champignon est prêt à faire du troc. Il fournit la plante en eau et en nutriments tirés du sol, et prélève une dîme sur les sucres produits par la photosynthèse. Au total, les mycorhizes contribuent à l'apport en nutriments de 80 % des espèces modernes de plantes. Le fait qu'elles soient présentes si tôt dans l'histoire évolutive des plantes suggère que cette relation n'est pas seulement importante à un niveau écologique local, mais qu'elle a été fondamentale au développement de la vie sur la terre ferme[17].

La conquête de la terre a été facilitée non seulement par les relations interespèces, mais également par le changement des dynamiques de pouvoir qui s'est joué à des échelles temporelles géologiques entre les générations. Les plantes disposent d'un héritage évolutif très différent de celui des animaux en ce qui concerne le système sexuel. Chez les animaux, les parents et les enfants sont physiologiquement identiques ; chez les espèces sexuées, les adultes mâles produisent des spermatozoïdes et les adultes femelles des œufs, et chaque partie fournit la moitié des chromosomes qui, combinés, permettent le développement d'un nouvel individu. Chez les espèces asexuées, les adultes pondent des œufs dotés de tous les chromosomes nécessaires, ce qui suffit au développement d'un nouvel individu. Jusque-là, c'est simple.

Chez les plantes, en revanche, la progéniture ne ressemble absolument pas aux parents, et c'est cette complexité générationnelle qui les a équipées pour conquérir la terre ferme. La reproduction de l'algue verte, l'ancêtre de toutes les plantes, est un processus qui se déroule en deux étapes. Tout d'abord, le spermatozoïde fertilise l'ovule pour produire une génération monocellulaire avec deux fois plus de chromosomes. Après avoir brassé les chromosomes, elle se sépare en deux spores, qui, chacune, croissent pour devenir une algue adulte, avant que le cycle ne se répète[18].

Toutes les plantes de l'époque moderne alternent entre une génération qui produit des spermatozoïdes et des ovules (les gamétophytes) et une génération qui produit des spores (les sporophytes), mais les contrôles ont été inversés. Les premières plantes terrestres ont développé une paroi sporale qui résiste à l'assèchement, une invention reproductive aussi cruciale pour la vie sur Terre que les coquilles d'œufs pour les amniotes. Les plantes qui pouvaient produire davantage de spores avaient de meilleures chances de réussir, si bien que la génération des sporophytes est devenue encore plus importante, passant d'une unique cellule à tout un corps distinct du gamétophyte. À Rhynie, nous sommes au beau milieu de cette révolution générationnelle[19].

Aujourd'hui, les sporophytes dans les mousses, les cornifles, les hépatiques et les spécialistes des environnements humides restent des seconds rôles, jouant principalement celui de parasite de leurs parents. Mais ils demeurent importants, dans la mesure où le gamétophyte repose sur les minuscules arthropodes pour transférer leurs spermatozoïdes. Le corps principal d'une fougère est un sporophyte, mais on peut encore trouver des gamétophytes qui vivent de manière indépendante, de petites nattes en forme de cœur qui finiront par se reproduire pour créer une nouvelle fronde de fougère. Dans les graines des plantes, le gamétophyte ancestral s'est atrophié jusqu'à quasiment disparaître. En revanche, toutes les parties visibles d'une plante à graines, du séquoia géant jusqu'à la pâquerette, produisent des spores. Les plantes à fleurs se sont encore plus éloignées de leurs ancêtres. La pollinisation déplace les spores mâles – le pollen – jusqu'aux spores femelles. Au sein des parois de la spore femelle se développe une toute petite structure – ce qui reste de l'algue marine géante –, et les spermatozoïdes ainsi que les œufs sont relâchés[20].

À Rhynie, pendant le Dévonien, le sporophyte de l'*Aglaophyton* commence à tracer son propre chemin*. Cela ne fait pas si longtemps qu'il a évolué à partir d'un stade de développement monocellulaire, si bien qu'il n'a pas de racines, rien qui ressemble à des feuilles, et qu'il est en train de découvrir son anatomie. En s'associant avec le champignon, il peut accéder à des nutriments en outrepassant les contraintes liées à son propre développement, et fait

---

* Toutes les plantes de Rhynie pendant le Dévonien existent alternativement en tant que sporophyte multicellulaire et gamétophyte. Ce dernier point représente un problème certain pour les paléobotanistes, dans la mesure où tous deux peuvent être conservés de manière fossile, mais vivent séparés et possèdent des formes radicalement différentes. Quand on nomme des espèces découvertes dans le registre fossile, les seules données utilisables sont relatives à la forme du fossile, et, plus rarement, à sa chimie. Relier sporophyte et gamétophyte est donc tout simplement impossible, mais, à Rhynie, la préservation est si exceptionnelle que même un spermatozoïde individuel a été retrouvé, accompagné des structures cellulaires détaillées permettant de démontrer l'identité des deux générations, en tant que stades de développement permettant de boucler la boucle du cycle de la vie. [*N.d.A.*]

quelque chose dont aucune vie multicellulaire n'a été capable jusqu'ici. Ces plantes et ces champignons ont été le premier groupe d'organismes à se libérer de l'eau, et constitueront bientôt les structures fondatrices sur lesquelles se construiront les futurs écosystèmes terrestres[21].

La notion d'individu unique est un concept très animal, complètement ignoré des autres royaumes de la vie. Les sporophytes n'ont pas du tout besoin de se reproduire sexuellement, et, comme d'autres plantes, peuvent le moment venu se cloner eux-mêmes, et produire leurs propres boutures. La présence de mailles mycorhiziennes, ces réseaux de champignons associés à des entités végétales séparées, brouille encore un peu plus le concept d'individu – dans la mesure où elle permet à des signaux et même à des nutriments de circuler entre différentes plantes, utilisant l'hyphe fongique comme un conduit. Dans un monde dans lequel vos voisins les plus proches sont probablement vos clones génétiquement identiques, avoir un partenaire fongique peut permettre de partager les ressources quand les temps se font plus durs. La collaboration possède un bon retour sur investissement. Certes, aucune espèce n'évolue dans l'isolement, mais la synergie des plantes et des champignons a probablement modifié l'avenir de la vie sur Terre davantage que n'importe quelle autre innovation évolutionnaire[22].

Il existe des plantes plus complexes dans les mares de silicium de Rhynie. L'*Asteroxylon* (en anglais, *starwood*, « arbre étoile ») ressemble à une pomme de pin verte, dotée de structures comme des écailles qui, à l'instar des feuilles, se chargent de la photosynthèse. Elles sont toutefois plus simples que de « vraies » feuilles. La structure squelettique de la feuille moderne n'est pas encore apparue. Le transport interne des nutriments et de l'eau des plantes vasculaires de l'époque moderne est rendu possible par la présence du xylème et du phloème, qui circulent dans toute la plante depuis les racines jusqu'aux feuilles, tandis que l'eau quitte la plante par le biais des stomates. Les premières plantes, toutefois, n'ont ni xylème, ni phroème, ni même de racines d'ailleurs, et possèdent seulement des structures rhizoïdes, comme des cheveux, capables d'absorber tout de même l'eau et les minéraux. L'*Asteroxylon* est l'une des plus grandes plantes de Rhynie, qui peut pousser, dans le sédiment, jusqu'à 50 centimètres. Ses pousses ont évolué et ressemblent davantage à des racines, lesquelles d'ailleurs ont une origine indépendante de celles des autres plantes vasculaires. Les pousses quasi racinaires de l'*Asteroxylon* peuvent plonger jusqu'à une vingtaine de centimètres sous la surface, soit plus loin que toutes les autres plantes, afin de trouver de nouvelles ressources. Leurs tissus se sont adaptés pour faire circuler très rapidement de grandes quantités d'eau afin de photosynthétiser et de pousser, ce qui pose un problème pendant les périodes sèches, dans la mesure où ils perdent davantage d'eau qu'ils n'en absorbent. Afin d'équilibrer cet arbitrage auquel toutes les plantes sont confrontées – une croissance rapide et une utilisation efficace de l'approvisionnement en eau –, ils ont peu de stomates, très espacés entre eux. Pour l'instant, l'*Asteroxylon* a choisi de grandir, et son organisme cherche donc moins à préserver l'eau. En revanche, il doit se montrer particulièrement attentif au moment auquel il se reproduit. Le climat tropical de Rhynie est très volatil. D'ailleurs, sur toute la tige de l'*Asteroxylon* se trouvent des régions alternant adaptation à la fertilité et à la stérilité, une autre solution économique en énergie à un problème environnemental[23].

Toute cette croissance finira par arriver à son terme et, une fois mortes, les plantes devenues inutiles à leur symbiote fongique commenceront à pourrir. D'autres champignons, comme les ascomycètes, envahissent alors la plante par ses stomates relâchés pour la digérer de l'intérieur. Les champignons, en extrayant les ultimes nutriments des plantes, sont en train de développer l'un des tout premiers sols. Avec le temps, cela créera un substrat plus doux, meilleur pour les plantes, sur lequel elles pourront devenir plus grandes, jusqu'à atteindre la taille de celles des marais de lycopsides du Carbonifère. La végétation en train de pourrir et de s'enfoncer dans la basse prairie ne régale pas seulement les champignons immobiles, mais également les arthropodes, les seuls animaux vivant sur la terre ferme. Aucune créature dotée d'une colonne vertébrale n'a pour le moment émergé de l'eau ; tous les vertébrés sont encore résolument aquatiques, et, écologiquement, des poissons. Il faudra attendre encore 35 millions d'années avant qu'un groupe de poissons du Dévonien, d'à peu près un mètre de long, dotés de nageoires charnues et lobées, ne gagnent la terre, les tout premiers vertébrés à quatre pattes, ou tétrapodes. Ce ne sera d'ailleurs pas loin d'ici. Les premiers tétrapodes avec des membres postérieurs, pendant le Dévonien supérieur, sont apparus juste en bas d'Elgin. À seulement 320 kilomètres et 50 millions d'années de là, au début du Carbonifère, dans ce qui deviendrait plus tard le fleuve Tweed. La diversification des amphibiens et des reptiles se fera de manière fébrile et nous, vertébrés, prendrons nos toutes premières goulées d'air sur la terre ferme[24].

Arthropodes signifie « pieds articulés », et ce nom fait référence à leur exosquelette solide qui fournit support et articulation aux membres. Les arthropodes constituent l'embranchement le plus riche en espèces animales de l'époque moderne, et cette richesse date de la diversification initiale de la vie animale autour du Cambrien, il y a quelque 540 millions d'années. Pendant le Dévonien inférieur, ils sont surtout marins, et comprennent les crustacés, les scorpions de mer, les pycnogonides et les trilobites, mais quelques-uns sont déjà parvenus à mettre un pied sur la terre ferme. Les arachnides sont apparus sur la terre ferme pendant le Silurien inférieur, et furent parmi les premiers arthropodes à se diversifier, s'adaptant rapidement aux conditions sèches. Au Dévonien, les arachnides comptent déjà dans leurs rangs les scorpions, les mites, les faucheux, et les trigonotarbides, qui ressemblent superficiellement à des araignées[25].

Une tige de lycopside en pleine décomposition dégage une odeur fétide. Elle grouille de créatures, chacune longue de quelques millimètres à peine, des bêtes à six pattes, un corps articulé, de longues antennes et un fin pelage. Les collemboles ne sont pas des insectes au sens strict du terme en raison de la position de leurs pièces buccales, mais ils en sont clairement les plus proches cousins. Mettez un corset à un collembole, serrez-le à la ceinture, et il ressemblera franchement à une fourmi. Se régalant de plantes en décomposition, le *Rhyniella praecursor*, ou « petit ancêtre de Rhynie », rampe dans les broussailles, mais il est également suffisamment petit pour glisser sur les mares et sc nourrir des algues flottant à la surface. Malgré les faibles niveaux en oxygène, les *Rhyniella* sont suffisamment minuscules pour que l'oxygène se diffuse directement dans leur corps[26].

Pour un petit animal, la sécurité n'est jamais acquise. Depuis leur planque parmi les tiges d'*Asteroxylon*, les bras griffus d'un prédateur blindé jaillissent pour attraper un malheureux *Rhyniella*. Immédiatement, un feu d'artifice de petits collemboles noirs s'éparpille dans tous les sens, expliquant au passage l'origine de leur nom anglais (*springtails*, « queue à ressort ») qui vient d'un organe spécialisé, appelé furcula. La furcula, ou fourchette, est *grosso modo* un « bâton » rigide et long qui est brandi sous le corps quand ce dernier est sous haute tension. Quand le collembole relâche la pression, le « bâton » pousse le sol, ou même la surface de l'eau, comme une catapulte à l'envers, et projette le collembole dans les airs de manière semi-contrôlée. Peu importe où il atterrit, ce sera toujours mieux que de rester trop près de la créature qui l'a effrayé[27].

La *Rhyniella* se trouve directement sous le corps d'un *Palaeocharinus*, une « ancienne araignée fouet », dont les huit membres forment comme une cage autour de sa proie. Les vraies araignées ne sont pas encore apparues, mais les trigonotarbides sont des arachnides superficiellement semblables à nos tisseuses. La distinction entre les deux est d'ailleurs relativement cosmétique – ils possèdent moins de segments corporels, deux pour être précis, blindés ; leur tête est coincée entre deux plaques accueillant respectivement les yeux et la bouche. Ses membres extrêmement poilus sont capables de ressentir les vibrations de la plus petite des proies qui aurait le malheur de s'aventurer trop près de son embuscade. Une série de ses plaques corporelles sont perforées de trous en dessous pour que l'air pénètre leur appareil respiratoire – ces plaques sont aussi efficaces que complexes, et sont appelées des « poumons feuilletés » ; le *Palaeocharinus* est un prédateur actif[28].

Si rien ne semble se passer depuis l'extérieur de la cage formée par les pattes du trigonotarbide, le destin de la *Rhyniella* est en réalité peu désirable. Sans poison ni soie pour immobiliser sa proie, l'arachnide doit transpercer, briser et écrabouiller sa victime. La bouche d'un trigonotarbide évoque davantage un tamis qu'un trou, et la *Rhyniella* sera digérée à l'extérieur du corps du prédateur, avant d'être aspiré par une série de poils encore plus fins que les autres.

Dans l'eau douce et stagnante des mares, au milieu des charophytes et de la substance visqueuse et filandreuse des cyanobactéries, la vie est plus sûre. Les mares sont suffisamment éphémères pour ne pas développer de réseaux trophiques internes complexes. Au lieu de cela, elles sont dominées par des crustacés qui se nourrissent de détritus : les minces *Lepidocaris*, une sorte de minuscule crevette de 3 millimètres, dont on peut apercevoir les yeux fixés en haut de bâtonnets au milieu des algues ; le *Castracollis*, un notostracé (en anglais, *tadpole shrimp*, « crevette têtard »), au long corps et à la remarquable tête blindée ; et enfin le minuscule *Ebullitiocaris oviformis*, rond et blindé – littéralement la « crevette bouillie en forme d'œuf », en référence aux conditions chaudes et alcalines[29].

Malgré la simplicité d'un grand nombre de relations animales ici, les charophytes, comme tant d'autres photosynthétiseurs de Rhynie, entretiennent une profonde connexion écologique avec les champignons. Les charophytes sont un groupe d'algues d'eau douce relativement proches des plantes terrestres. Dans les mares d'eau froide de Rhynie, le charophyte le plus courant est une sorte d'axe unique et droit d'où émergent des spirales de branches latérales, à partir desquelles poussent encore d'autres spirales. Contrairement au travail d'équipe sur la terre ferme entre l'*Aglaophyton* et son mycorhize, ou au sein des *Prototaxites* et des *Winfrenatia*, cette relation est à sens unique et toxique. Les champignons vivant dans l'eau s'attachent aux charophytes, et s'incorporent aux parois cellulaires ou les transpercent avec des tubes. Puis ils pillent les nutriments dont ils ont besoin, sans rien offrir en échange. D'autres champignons, comme le *Cultoraquaticus*, l'un des tout premiers parasites fongiques connus, digèrent les œufs de crustacés. Ces quatre champignons sont des chytrides, un groupe spécialisé d'une façon ou d'une autre dans le parasitisme, avec une prédilection pour les algues[30].

Quand elles sont attaquées par des parasites, de nombreuses plantes ont une réaction appelée l'hypertrophie ou le gigantisme, qui reste encore aujourd'hui un symptôme courant des maladies des plantes. Dans ce cas, les cellules grandissent jusqu'à atteindre dix fois leur taille d'origine, et ce afin d'isoler l'infection dans une ou plusieurs cellules uniques. Une réaction du même ordre est l'hyperplasie, où davantage de cellules sont créées pour cantonner la maladie à une seule partie du tissu, comme avec les tumeurs. Plusieurs des charophytes de Rhynie sont infectées par un parasite fongique, et arborent sur toute leur longueur les grosseurs bulbeuses qui en résultent[31].

Les parasites sont également la cause de problèmes sur la terre ferme. Dans les stomates de l'*Aglaophyton*, des nématodes ou vers ronds éclosent, grandissent et se reproduisent, le tout sans jamais quitter la plante. La *Nothia aphylla* est l'une des premières plantes terrestres à exister principalement sous terre, ce qui lui confère l'avantage d'un meilleur accès à l'eau que ses concurrents, dont la plupart se contentent de tiges horizontales suspendues au-dessus du sol sablonneux. Cette stratégie, toutefois, la rapproche dangereusement d'espèces parasites, et la *Nothia aphylla* a trouvé une alternative à l'hypertrophie pour repousser ses attaquants fongiques. Si un rhizoïde est attaqué par un champignon, les parois cellulaires de la *Nothia aphylla* se durcissent, empêchant l'hyphe de pénétrer plus avant dans la cellule et coupant court du même coup à l'infection. Mais ce n'est pas tout : la *Nothia aphylla* a également des partenaires mycorhiziens, qui s'associent à la plante plus ou moins de la même manière que le font les parasites, mais qui ne sont pas isolés par la réponse immunitaire. C'est là un contrat d'exclusivité évolutive. Le symbiote fongique est autorisé dans les cellules de la plante, où l'hôte et le symbiote peuvent échanger des ressources. Mais si un autre type de champignon tente la même chose sans disposer du bon laissez-passer chimique, il se retrouvera rapidement entouré et isolé. Le champignon préféré se voit garantir un accès à des ressources refusées aux autres espèces, tandis que la plante peut obtenir des minéraux rares et difficiles d'accès sans pour autant être exploitée. Les organismes ne sont pas intrinsèquement de bons samaritains, et, pour qu'ils passent des contrats de ce type, il faut plusieurs générations de marchandage opéré par le biais de la sélection naturelle. On pense que cette relation est apparue parce que, en tolérant une activité fongique dans une partie d'elle-même, la *Nothia aphylla* serait devenue plus compétente pour identifier les autres champignons en tant qu'hôtes indésirables. Une relation mutuellement bénéfique n'est pas forcément le fruit de moyens pacifiques[32].

Mutualisme ou parasitisme, une chose est sûre, la conquête d'un nouvel environnement ne se produit pas dans l'isolement. Ce qui, il y a peu encore, était une terre inhospitalière et peu prometteuse grouille désormais de vie. Pour les 400 millions d'années suivantes, cette planète sera un monde de plantes, de champignons et d'arthropodes. Les bêtes plus grosses qui apparaîtront ensuite, tout ce qui marchera ou rampera dépend des innovations de communautés comme celles de Rhynie. Les racines et les hyphes s'accrochent toujours plus fermement, et plongent profondément, s'entrelaçant comme les doigts d'un danseur dans la roche en train de céder. Ensemble, ils vont tout changer.

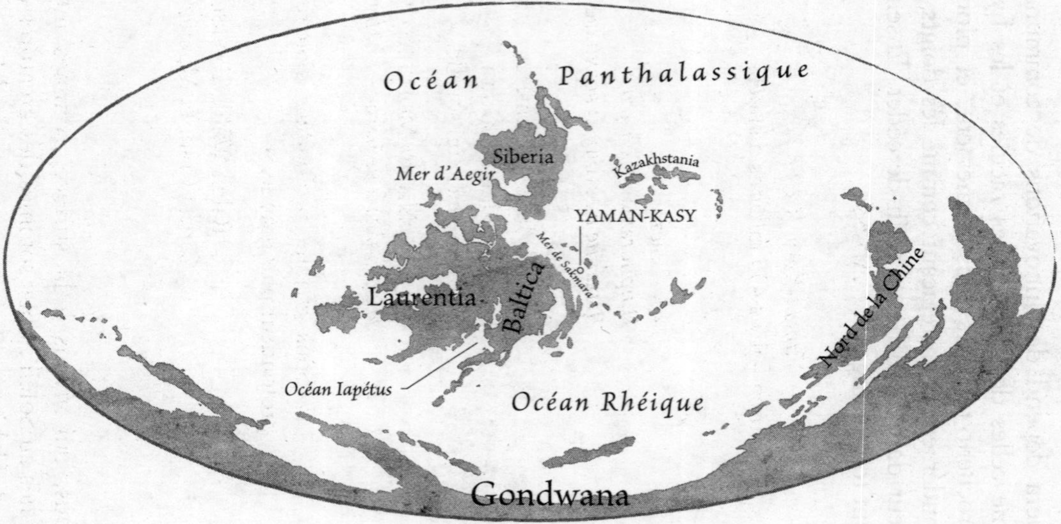
Océan Panthalassique
Siberia
Kazakhstania
Mer d'Aegir
YAMAN-KASY
Mer de Sakmara
Laurentia
Baltica
Océan Iapétus
Océan Rhéique
Nord de la Chine
Gondwana

13. Abysse

Yaman-Kasy, Russie
Silurien – il y a 435 millions d'années

« Я – свет.
И пристально смотрю :
Дыхание в глубинах возникает. »

« Je suis faite de lumière.
Je regarde intensément :
L'abysse révèle un souffle. »

Natalia MOLCHANOVA,
И осознала я небытие / L'Abysse

« Sous chaque profondeur s'ouvre une profondeur plus grande. »

Ralph Waldo EMERSON,
Cercles (trad. É. Montégut)

Nous, qui vivons à la surface, sommes intimement liés au Soleil : nous sommes des créatures de la lumière. Habitants du fin vernis atmosphérique qui entoure notre planète, nous sommes tous les jours

Yamankasia rifeia

bombardés par le rayonnement électromagnétique qu'émet l'étoile la plus proche. Ces rayons constituent la source d'énergie qui fait pousser toute notre nourriture, réchauffe l'air, évapore l'eau pour qu'elle revienne sous forme de pluie, et règle notre horloge biologique interne. Même les organismes vivant tout au fond des cavernes karstiques dépendent de ce Soleil qu'ils n'ont jamais vu. Vivant dans les mares qui se sont formées sur un sol de schiste argileux, les poissons des cavernes des monts Ozark, dans l'État du Missouri, habitent une unique couche stratigraphique. Cela fait si longtemps que leurs ancêtres vivent loin de la lumière que même si leurs yeux rudimentaires détectaient par le plus grand des hasards un photon, ils ne disposeraient pas du nerf optique capable de transmettre un signal au cerveau. Toutefois, la chaîne alimentaire des poissons des cavernes dépend de la litière végétale en suspension dans les cours d'eau qui traversent leur habitat, ainsi que du guano des chauves-souris, si bien que le Soleil, en fin de compte, exerce une action loin sous la surface de la Terre. En revanche, descendre dans les profondeurs de l'océan revient à quitter de manière définitive le Soleil et tout ce qui lui est lié[1].

Même dans l'eau la plus pure flottent de minuscules particules qui dispersent toute lumière qui les traverse. L'eau, aussi, absorbe la lumière. Plus la longueur d'onde de la lumière est longue, et plus vite elle se dissipe. Le rouge disparaît en premier, autour de 15 mètres de profondeur. L'orange, le jaune ou le vert ne sont guère capables d'aller beaucoup plus loin, et, lentement, l'arc-en-ciel se consume. La longueur d'onde verte disparaît vers 100 mètres de profondeur, au fond de ce qu'on appelle la zone euphotique, et la photosynthèse devient alors impossible. Au-delà de cette profondeur, dans ce que l'on appelle la zone mésopélagique (en anglais, *twilight zone*, « zone crépusculaire »), seules les longueurs d'onde allant du bleu foncé au violet peuvent passer : tout ce qui vit sous cette limite dépend soit de la nourriture coulant d'au-dessus, soit d'autres sources d'énergie que le Soleil. À 1 000 mètres sous la surface, les ultimes rayons de lumière luttent en vain pour passer, et la vie pénètre dans la zone bathypélagique (en anglais, *midnight zone*, « zone de minuit »), là où tout est noir.

Un kilomètre d'eau est une charge très lourde, sachant que chaque mètre carré est déjà écrasé par le poids d'une tour océanique lourde d'une dizaine de tonnes – soit cent fois la pression atmosphérique. Tous les dix mètres de profondeur s'ajoute le poids d'un nouveau ciel. Peu importe que le plancher océanique se trouve à un pôle ou à l'équateur, et peu importe l'époque géologique, pour vivre au fond de la mer, les organismes doivent définitivement rompre avec tout ce qui les lie au royaume familier de la surface. Il ne s'agit pas seulement d'une différence d'expérience. Le fonctionnement d'un grand nombre de parties de la physiologie d'un animal dépend des conditions de la surface. Au fond de la mer, la température constante de 3 °C ralentit les voies métaboliques les plus importantes des animaux. Le poids écrasant de l'océan a, lui aussi, de profonds effets physiologiques. Les protéines accomplissent souvent leur fonction en changeant régulièrement de forme, et les pressions existant dans les profondeurs sont suffisantes pour écraser ces protéines et forcer les cellules qui en sont composées à adopter de nouvelles structures, altérant leur efficacité, à moins que ces protéines n'évoluent pour adopter des formes plus résistantes à la pression. Pour ces descendants d'habitants de la surface, vivre dans l'abysse signifie se transformer jusqu'à un niveau moléculaire[2].

Avant 1977, les seuls écosystèmes de mer profonde connus étaient les immenses étendues de la plaine abyssale, l'infini plancher océanique presque sans relief qui relie les continents, les fosses océaniques et les dorsales. Ces plaines sont extrêmement riches en microbes, et accueillent un nombre étonnamment élevé de poissons, de crustacés et de vers adaptés aux profondeurs, même si la nourriture est suffisamment rare pour qu'ils soient très éloignés les uns des autres. La première fois que cette vision des choses a été remise en question remonte au jour où la caméra d'une sonde sous-marine envoyée explorer la géologie et la chimie d'une crevasse océanique a découvert une dense population de mollusques fantomatiques et de crabes charognards, grouillant près d'une source d'eau chaude qui miroitait tel un mirage dans la lumière des projecteurs. Une vie complexe mais cachée existe donc dans les profondeurs de l'océan depuis aussi longtemps que celle de la surface. Une cheminée hydrothermale n'est en fin de compte pas si différente des mares d'extrémophiles de Rhynie : un écosystème qui n'est pas fondé sur le rayonnement électromagnétique mais bien plutôt sur l'oxydo-réduction – un monde dans lequel les alchimistes microbiens savent comment transformer en nourriture des potions tourbillonnantes de roche dissoute[3].

Dans le monde-océan du Silurien, l'océan Oural, un océan plutôt petit et profond d'environ 1 600 mètres, enjambe l'équateur. Dans les basses latitudes nord, le plancher s'élève brusquement pour rejoindre le plateau de l'île sans vie de Siberia. À l'est s'est récemment élevé le continent de Kazakhstania. Dans le coin sud-ouest de l'océan Oural se trouve une région distincte, la mer de Sakmara, proche du plateau d'un autre continent nommé Baltica. Les tremblements de terre sont courants dans cette zone particulière de la mer de Salmara, juste au large des côtes de Baltica. Ils retentissent dans l'eau avec des sons inaudibles pour l'oreille humaine, et, comme aujourd'hui, les bruits du vent qui hurle et de la pluie qui tambourine circulent jusque très profond sous la surface, même si rien de vivant n'est encore là pour les entendre. Bizarrement, tout au fond, il ne fait pas complètement noir. De manière subtile, presque imperceptible, même la plus faible des lueurs infrarouges parvient à s'infiltrer dans l'obscurité. Aucun œil vivant ne peut le détecter, mais il est bien là, ce léger bourdonnement de photons. Sa source est un havre, une oasis dans l'abysse – la cheminée de Yaman-Kasy. Ici, de récentes forces géologiques ont insufflé la vie dans les ténèbres. Une série de fines barrières insulaires, les Sakmariens, se trouve non loin au large, calmant la surface d'eau située entre eux et le continent. Leur présence est cependant ce qui provoque des turbulences au niveau du plancher océanique. Les Sakmariens s'approchent de Baltica depuis des millions d'années, et la plaque sur laquelle ils reposent est en train de pénétrer sous celle de son voisin océanique. Cette subduction provoque des remous magmatiques dans le manteau, et un tourbillon complexe de roche liquide contraint la plaque à se scinder en deux sous l'arc des îles – une longue et fine fêlure qui, lentement, s'agrandit, et déchire le plancher océanique connu sous le nom de « bassin arrière-arc ». Ici, à Yaman-Kasy, le magma brûlant du manteau se précipite à la rencontre des eaux froides de la mer, et l'autodestruction de la terre est contrebalancée par son autocréation, en entrant en éruption et en se solidifiant en roche volcanique – du basalte et de la rhyolite, de l'andésite et de la serpentinite –, et en exhalant en abondance de l'énergie chimique et thermique sous la forme de fluides riches en sulfures – énergie nécessaire à la vie. Ailleurs, les sites fossilifères se forment à partir de sable qui s'immobilise lentement, à la suite de l'effondrement d'un plateau ou d'une dune, un tumulus de roches ayant déjà connu plusieurs stades de l'existence. À Yaman-Kasy, la roche qui préservera ses habitants est toute neuve, à peine refroidie au sortir de la forge[4].

C'est ce refroidissement qui produit la lueur infrarouge – il s'agit de lumière de la Terre, et non du Soleil. Comme l'eau surchauffée refroidit dans son environnement, elle émet des photons – une radiation thermique. La lumière des cheminées est suffisamment puissante pour qu'à l'époque moderne, il existe une espèce de bactérie capable de photosynthèse, quelque 2,5 kilomètres par-delà la portée du Soleil. Peut-être que l'une des bactéries du Silurien est capable d'en faire autant[5].

Il existe quantité de planchers océaniques où un tel phénomène pourrait se produire. Aujourd'hui, 71 % de la surface de la Terre est composée d'eau salée, et la profondeur moyenne de ces mers et de ces océans est de 3 700 mètres. Même en incluant les plus grandes montagnes et les plus hauts plateaux, l'altitude moyenne de la surface de la Terre aujourd'hui est à plus de 2 kilomètres sous le niveau de la mer. Ce n'est rien comparé au Silurien inférieur et moyen, au cours desquels les niveaux de la mer ont atteint leur record historique, oscillant entre 100 et 200 mètres de plus qu'aujourd'hui. Avec l'arrangement continental moderne, une hausse du niveau de la mer de 150 mètres bouleverserait radicalement la carte du monde. Le bassin de l'Amazonie serait presque complètement inondé, le Pérou se découvrirait une côte à l'est, et l'empiétement de l'océan ferait de Pékin, Saint-Louis et Moscou des villes côtières. C'est le monde de la surface qui est une exception, les continents sont un éparpillement d'élévations aberrantes, de fragments de roches empilées sur une planète principalement composée d'une croûte océanique basse, une croûte qui craque et crache ses exhalaisons[6].

À Yaman-Kasy, c'est l'architecture industrielle d'une cheminée d'usine opérationnelle qui est à l'œuvre. Une série de tours à l'éclat minéral s'élève au-dessus de la basse ville rocheuse, leurs orifices haut perchés laissant s'échapper en permanence une eau noircie de plusieurs centaines de degrés. Sous les cylindres fumants, une vie grouillante est rassemblée dans une composition tout droit sortie d'une peinture de Laurence Stephen Lowry : une scène urbaine, colorée ici et là, peuplée de fines créatures se nourrissant de l'ondoyante obscurité[7].

Le *Yamankasia* est un annélide, et fait partie du groupe qui comprend les vers de terre, dont les corps sont divisés en segments en forme d'anneau. Ils ressemblent peut-être à des pogonophores (littéralement, « porteurs de barbe »), des spécialistes des eaux profondes que l'on trouve souvent près des évents, des carcasses et autres oasis des profondeurs. Comme les pogonophores, les *Yamankasia* vivent dans leur propre cheminée, un tube flexible construit par le ver lui-même à partir d'un mélange de protéines et de polysaccharides comme la chitine. Quand ils se nourrissent, leurs têtes, chacune couverte de centaines de tentacules minuscules, apparaissent et disparaissent comme les taupes que l'on doit frapper avec un maillet dans les fêtes foraines. Le *Yamankasia* fait à peu près la même taille que le *Riftia*, le ver tubicole géant spécialiste des cheminées hydrothermales d'aujourd'hui, avec un tube d'environ 4 centimètres de diamètre, mais il ne partage aucune autre des caractéristiques propres à un phylum spécifique de vers. Ils ont probablement convergé vers un style de vie fondé sur le même partenariat avantageux que celui noué par de nombreux autres animaux des eaux profondes. Ils sont clairement gigantesques comparés aux vers lilliputiens qui s'agitent à leur base – de petits *Eoalvinellodes*, dont les tubes font à peine quelques millimètres de diamètre. Les tubes des *Yamankasia* sont composés de plusieurs couches d'un matériau organique fibreux, ridé dans le sens longitudinal, et sont flexibles, même si les seuls courants à agiter ces eaux sont la convection résultant de l'élévation de l'eau chaude à partir de la cheminée, de son refroidissement, et de sa retombée[8].

Quand les plantes cxtraient de l'énergie de la lumière du Soleil à la surface, le phénomène ne se produit pas au sein de structures qui seraient *génétiquement* des plantes. En effet, tout comme les bactéries de fermentation chez les animaux herbivores, les plantes incorporent des organismes unicellulaires appelés cyanobactéries pour se charger de la photosynthèse à leur place. Ces cyanobactéries sont si profondément engoncées dans les cellules de la plante que, en quelques centaines de millions d'années, elles en sont venues à perdre une partie de leur ADN, au point d'être incapables de survivre de manière indépendante. Aujourd'hui, elles sont connues sous le nom de chloroplastes, des petits organites en forme de pilule logés dans la cellule et travaillant en complète interdépendance avec la plante pour survivre. Alors que la collaboration des plantes et des champignons mutualistes et symbiotiques qui date du Dévonien met en scène des espèces différentes vivant dans une étroite proximité, la relation entre le chloroplaste bactérien et la plante eucaryote est si intime et si difficile à démêler qu'il est plus pertinent de considérer qu'il s'agit d'un seul et unique individu. L'énergie, ici, ne peut pas être partagée par l'eucaryote, mais par ses compagnons de voyages bactériens[9].

De la même manière, les créatures de Yaman-Kasy et d'autres cheminées hydrothermales sont incapables d'accéder directement et de leur propre chef à l'énergie des fluides sulfureux de la cheminée, et beaucoup d'entre elles incorporent une bactérie qui, elle, en est capable. Les pogonophores modernes, les plus grands des vers à vivre de nos jours dans des cheminées hydrothermales dégageant du sulfure, possèdent un organe spécialisé appelé le trophosome. Dans le trophosome, chaque ver accueille des milliards de bactéries sulfureuses symbiotiques, nécessaires pour extraire de l'énergie de l'évent. Comme les pogonophores, le *Yamankasia* s'est étroitement associé à des bactéries vivant le long de son tube. Le ver protège le symbiote, et le symbiote fournit le ver en nourriture. Dans ce cas précis, l'interaction se situe quelque part entre les eucaryotes et leurs organites et l'étroitesse du mutualisme du lichen, ce qui brouille encore un peu plus si besoin les limites de ce qui constitue véritablement un individu. Le terme pour signifier cet ensemble est « holobionte » (ou « supra-organisme »), un tout vivant et inséparable composé d'au moins deux organismes indéniablement différents. Ensemble, ils s'épanouissent. Séparés, ils meurent. De nos jours, par exemple, certains vers vestimentifères (c'est-à-dire vivant près d'une source hydrothermale abyssale) ne possèdent aucun système digestif : ce sont les bactéries qui les nourrissent entièrement. Certaines palourdes habitant également près de ces cheminées, dans un geste d'assimilation encore plus radical, sont devenues des usines à protéines fer-soufre, ce qui leur permet d'améliorer les capacités naturelles des bactéries sulfureuses. Leurs processus internes commencent à fusionner, à former un alliage[10].

Au Yaman-Kasy, des traces se sont solidifiées à partir des fluides devenus minerais – à la suite de la baisse de pression et de température survenue lors du passage de la roche à l'océan. Les différences de chimie entre le fluide hydrothermal et l'océan créent un flux d'électrons qui, dans certaines cheminées, peut atteindre les 700 millivolts, ce qui en fait une centrale électrique naturelle. Les conduits centraux de ces cheminées surnaturelles sont recouverts de sélénium et d'étain. De cette solution émergent également des atomes de bismuth, de cobalt, de molybdène, d'arsenic et de tellure, ainsi que d'or, d'argent et de plomb. De nos jours, les minerais qui se forment à partir de ce suintement élémentaire sont des marchandises recherchées. Exposées à l'air pour la première fois depuis leur formation, les marges de l'océan Oural se sont transformées en mines industrielles à ciel ouvert. Leurs roches, qui contiennent les fragiles tubes des vers vestimentifères, ont été écrasées, réduites en poudre, dissoutes, fondues ou explosées par des champs électriques afin d'extraire les précieux métaux qu'elles recèlent. Yaman-Kasy, qui a abrité la première faune connue des cheminées hydrothermales, est donc encore productive[11].

Un aspect extrêmement surprenant des écosystèmes abyssaux à travers le temps est que, malgré leurs similitudes, les espèces qui les habitent ne sont pas du tout des parents proches. L'identité des habitants des cheminées a considérablement varié au fil du temps, et les membres actuels des communautés des évents sont généralement des descendants d'espèces qui, il y a peu encore, vivaient dans des eaux bien plus superficielles. Étant donné l'absence de lumière, la température et le niveau phénoménal de pression, il est légitime d'imaginer que s'adapter à la vie dans l'abysse n'a pas dû être une partie de plaisir. De nos jours, aucun corail n'y habite, mais, au Dévonien, les coraux des cheminées hydrothermales semblent avoir été relativement courants et avoir tous évolué de manière indépendante en développant une seconde couche au-dessus de leur tissu externe solide, le calice, dans lequel vivent ses doux polypes, sans doute pour se protéger de la température[12].

Les différences entre familles présentes dans la faune des évents hydrothermales montrent que la colonisation des sombres profondeurs était en réalité une pratique assez courante, malgré l'isolement qui en découle. Les champs de cheminées hydrothermales sont souvent groupés, mais restent tout de même espacés de quelques kilomètres les uns des autres, l'écoulement fertile de minéraux étant entouré d'un plancher océanique stérile et nu. Toutefois, si l'on change d'échelle, l'on s'aperçoit que ces champs forment des lignes qui, associées aux failles dans la croûte, donnent à la vie une chance de s'épanouir dans les profondeurs abyssales. En général, les courants océaniques ont tendance à s'aligner le long des failles de la croûte, tout particulièrement dans les « bassins arrière-arc ». Cela signifie que les larves peuvent dériver passivement, peut-être sur des centaines de kilomètres, avant de trouver un nouveau foyer. Ainsi, des communautés pourtant distantes peuvent appartenir à la même population connectée, un paysage marin dans lequel seules les larves tout juste sorties de l'œuf sont en mesure de disperser et de dynamiser des populations sinon décroissantes. Les cheminées fonctionnent comme des îles de la surface, et forment ensemble ce que l'on nomme une métapopulation, un petit groupe semi-isolé se mélangeant peu avec le monde extérieur. Chaque petite cheminée contribue à la diversité génétique de l'ensemble. Ce dernier point est important dans la mesure où les cheminées sont temporaires, et ne durent qu'aussi longtemps que la chaleur du magma continue à faire pression sous la faille. Quand un changement tectonique survient, cette source d'énergie peut disparaître et toute la communauté s'engage alors sur le triste chemin de l'anéantissement. Chaque fois que s'ouvre une nouvelle crevasse, cette dernière a autant de chances de se faire coloniser par une espèce s'adaptant depuis le dessus que par des larves à la dérive. Quoi qu'il en soit, cette colonisation connaîtra un terme. Contrairement à la constance du soleil, l'abysse est un lieu d'impermanence permanente, un lieu de fugacité où la nouveauté, toujours, le dispute à la destruction[13].

De petits fruits de mer, appelés des *Pyrodiscus*, forment une foule compacte. Ces derniers, dont le nom signifie « disque de feu », sont des brachiopodes, le groupe de fruits de mer dominant dans les océans du Paléozoïque, de la côte jusqu'à l'abysse, avant que les mollusques ne prennent le relais. La coquille des *Pyrodiscus* évoque celle des moules, avec leur forme de langues, mais ils s'accrochent à la surface des rochers grâce à une sorte de longue tige tendineuse. Tous les brachiopodes du Silurien inférieur appartiennent à l'une des rares espèces à avoir eu la chance de survivre à l'Ordovicien, dont la fin fut marquée par une extinction de masse qui fit disparaître de la surface de la Terre la plus grande partie de la diversité de l'embranchement des brachiopodes. Au cours de cette extinction massive, déclenchée par un refroidissement mondial, les communautés des eaux profondes furent particulièrement touchées, y compris celles qui, du moins en théorie, possédaient toutes les caractéristiques censées les rendre robustes face à une extinction. Si le hasard aveugle a toujours un rôle à jouer, c'est également le cas ici pour les circonstances particulières qui ont entouré l'extinction de masse de l'Ordovicien. En lui-même, le refroidissement de la planète semble avoir eu davantage d'effet sur les eaux chaudes proches de la surface que sur l'eau des grandes profondeurs. Mais le refroidissement a en revanche été suffisant pour changer la circulation de l'eau dans les profondeurs de l'océan, et a apporté de l'air dissous plus bas, sur des plateaux continentaux qui seraient sinon restés pauvres en oxygène. Quand cela se produit, les espèces habitant les eaux peu profondes, adaptées à des conditions hautement oxygénées, deviennent en mesure d'envahir le plateau et d'entrer en concurrence avec les spécialistes de l'absence d'oxygène que sont les créatures des abysses[14].

Elles s'exposent au même sort partout où les eaux de Yaman-Kasy deviennent plus riches en oxygène. Les bactéries qui sont ici à la base de la chaîne alimentaire s'épanouissent dans un environnement pauvre en oxygène. Si elles sont à la peine, c'est toute la communauté qui peut rapidement s'effondrer. Les cheminées sont des endroits étranges, elles sont riches en nutriments, avec leurs pâtés de maisons empilés grouillant de vie animale au milieu d'une plaine microbienne et s'étalant sur des milliers de kilomètres carrés, mais elles abritent pourtant un nombre limité d'espèces. Yaman-Kasy est la cheminée hydrothermale fossile la plus vieille et la plus diverse jamais découverte, or nous connaissons moins de 10 espèces y ayant vécu[15].

La diversité autour des cheminées est généralement faible, similaire à celle des mares entre les rochers, avec quelques taxons dominants, et quelques rares taxons uniques. Elles ressemblent à ces autres écosystèmes volatils comme les forêts sujettes aux incendies ou les mares entre les roches balayées par les marées. Mais elles sont également des lieux d'une grande constance : il n'y a pas de jour ni de saison près d'une cheminée, aucun cycle sur le long terme. Par conséquent, la croissance est rapide, et la reproduction continue. Les communautés se rétablissent facilement à la suite de perturbations à petite échelle, mais, s'il survient une grande perturbation, elles deviennent particulièrement vulnérables[16].

Ces communautés sont isolées, et chaque cheminée fait saillie dans le paysage à la manière d'un Mont-Saint-Michel. Elles sont pourtant connectées entre elles et appartiennent à un même groupe – il semblerait *in fine* que ce qui compte, ce n'est pas une cheminée isolée, mais toute la dorsale. Yaman-Kasy est une unique cheminée au sein d'une chaîne, une série de vagues balises courant tout au long des marges tectoniques de l'océan Oural. Les caractéristiques des cheminées hydrothermales varient en fonction de l'échelle adoptée – locale ou globale, aujourd'hui ou à l'aune de l'histoire de la planète.

Si la vie à l'échelle macroscopique est appauvrie, les microbes sont bien plus variés près des cheminées abyssales. La chimie de la nouvelle roche signifie qu'un grand nombre des réactions qu'ont les bactéries pour obtenir de la nourriture se produisent bien plus facilement, et qu'elles peuvent mieux extraire les molécules organiques de l'océan et les fixer dans un tissu vivant. Dans le monde entier, le basalte au fond de l'océan accueille ce type de bactéries, et augmente d'un coup la quantité de matière organique dans les profondeurs. Jusqu'à un milliard de tonnes de carbone sont fixées chaque année par les pellicules transparentes des bactéries qui recouvrent les communautés basaltiques des profondeurs un peu partout dans le monde. Autour des cheminées, on trouve des communautés de bactéries encore plus productives, sous le plancher océanique lui-même, qui profitent des fluides nutritifs qui viennent d'en dessous. De manière peut-être plus surprenante, il existe également des centaines d'espèces de champignons microscopiques qui ne peuvent vivre que dans les profondeurs[17].

Dans la mer de Sakmara, le magma qui parvient à gagner la croûte est un peu plus froid que la moyenne, et particulièrement riche en silicium, en potassium et en sodium. Ces sortes de laves, qui produisent la roche appelée rhyolite, sont souvent gazeuses, et peuvent former des blocs de pierre ponce. Ces blocs remontent des profondeurs pour créer des radeaux sulfureux qui sont souvent, du moins au départ, suffisamment solides pour qu'un humain adulte marche dessus. En 2012, une éruption dans un « bassin arrière-arc » près de Tonga a produit jusqu'à 400 kilomètres carrés de « radeau » de pierre ponce en une seule journée, pour finir par se stabiliser en une fine couche d'un peu plus de 20 000 kilomètres carrés. Sous l'océan, la lave se solidifie en de la roche déchiquetée, remplie de coins et de recoins, point d'ancrage d'un grand nombre d'habitants de la cheminée de Yaman-Kasy[18].

Des escargots de mer délicats, d'à peine quelques millimètres de diamètre, glissent le long d'autres coquilles blanches et hérissées de picots. Le *Thermoconus* – le « cône chaud » – est un monoplacophore, un type de mollusque généralement surmonté d'un toupet, comme si la chaleur avait fait à moitié fondre le haut d'une patelle. Ce sont des sapins de Noël miniatures, un empilement de cônes, évasés à la base, qui grandissent vers le haut en y ajoutant d'autres cônes. La différence de fertilité entre les eaux proches de la cheminée et celles qui en sont loin est particulièrement frappante si l'on compare la taille de ces créatures. Plus on s'éloigne de la cheminée et plus tout rapetisse, ce qui produit un drôle d'effet de perspective. Quand ils se rapprochent de l'eau tournoyante, ces cônes peuvent devenir relativement gros – et atteindre la taille honorable de 6 centimètres de haut[19].

Les monoplacophores constituent un type extrêmement ancien de mollusques, le plus vieux connu dans le registre fossile. À l'aide de leur unique pied central et ondulant, ils se traînent sur le sédiment. Où qu'ils aillent, ils laissent derrière eux les égratignures provoquées par leur radula, cette langue râpeuse qui leur permet de limer la roche pour en extraire leur minuscule nourriture. Les monoplacophores existent encore de nos jours, mais, alors que la plupart des monoplacophores fossiles vivaient près du rivage, on ne les trouve plus aujourd'hui que dans les profondeurs abyssales. Les premiers membres de ce groupe à s'aventurer aussi profondément sont les *Thermoconus* de Yaman-Kasy. Il se peut, même si le registre fossile est trop pauvre pour le prouver, que les monoplacophores de Yaman-Kasy représentent le tout début d'une retraite dans un monde où nul autre ne peut survivre, une cachette évolutive, une niche écologique inaccessible et quasiment sans concurrents[20].

Les profondeurs de l'océan sont effectivement une bonne cachette. En 1952, un monoplacophore a été remonté à la surface au large des côtes du Mexique, alors qu'il se trouvait à 3 500 mètres de profondeur – à la grande surprise de la communauté scientifique qui avait jusqu'ici soutenu que ce groupe avait disparu au Dévonien, il y a quelque 375 millions d'années. La découverte fut saluée comme une résurrection : un groupe qui était considéré comme mort, mais qui a mystérieusement réussi à survivre et est revenu parmi les humains est appelé un taxon Lazare. Ce n'est pas la première fois que l'abysse révèle des secrets oubliés depuis longtemps. Les cœlacanthes sont des poissons trapus et coriaces dotés d'une queue et de nageoires symétriques et charnues, qui font partie du groupe des sarcoptérygiens (en anglais, *lobe-finned fishes*, « poissons aux nageoires lobées »), un groupe plus proche des humains que du haddock. Avec les tétrapodes, les poissons pulmonés ont longtemps été considérés comme le seul autre groupe vivant de sarcoptérygiens, mais, en 1938, un cœlacanthe, un type de poisson que l'on pensait disparu depuis l'extinction Crétacé-Paléogène, a été pêché dans des filets dans l'océan Indien – l'espèce avait survécu sous notre champ de vision, au cœur de l'écrasante obscurité des profondeurs abyssales, depuis 65,5 millions d'années[21].

Ce phénomène se produit également au sein de groupes éteints. Un site fossilifère du Dévonien en Allemagne, ayant préservé un autre « bassin arrière-arc », moins profond, les Ardoises de Hunsrück, contient tous les poissons classiques du Dévonien, mais également un *Anomalocarididae* nommé le *Schinderhannes*, un type d'arthropode prédateur que l'on ne connaissait qu'à l'époque du Cambrien et de l'Ordovicien inférieur – ce qui signifie qu'il nous manque 100 millions d'années d'évolution. Le deuxième *Anomalocarididae* le plus jeune à avoir été découvert est un étrange géant, vivant dans les eaux plus profondes de Fezouata, au Maroc, pendant l'Ordovicien, et appelé l'*Aegirocassis*. Cet animal atteignait deux mètres de long et était un microphage suspensivore, tout comme les baleines d'aujourd'hui. Il était fort différent des autres *Anomalocarididae*, et un grand nombre de ses caractéristiques n'ont pas pu être observées – et peut-être ne le peuvent-elles pas. L'abysse n'est pas seulement un endroit où les espèces peuvent échapper au regard des habitants de la surface, mais également un lieu où, sans le ballottement poussiéreux de la terre, une lignée peut – au moins pour un temps – échapper au potentiel de préservation du registre fossile. Et, le temps que la Terre capture à nouveau l'image de l'une de ces lignées secrètes, elle peut avoir changé au point d'en être devenue méconnaissable[22].

Tandis que la roche, le médium dans lequel ces images se forment, est créée pour la toute première fois, les éléments se mélangent pour adopter leur forme ignée cristalline. Chaque élément possède de nombreux isotopes, des formes qui sont chimiquement identiques mais avec des poids différents, et qui existent à des ratios naturellement constants. Certains d'entre eux sont radioactifs, et se transforment en d'autres éléments à des rythmes prévisibles, une horloge qui commence à faire tic-tac au moment où la roche passe de l'état liquide à celui de solide. Si la datation carbone fonctionne comme une horloge de la vie sur un temps court, d'autres éléments, à l'intérieur de la roche elle-même, permettent de mesurer le temps profond. Le zircon, par exemple, un minéral extrêmement courant dans la roche magmatique, contient fréquemment de l'uranium, mais jamais de plomb à sa formation. L'uranium possède deux isotopes, et chacun se désintègre en deux isotopes différents du plomb, chacun menant sa propre demie-vie*. La quantité de plomb présente dans un cristal de zircon est donc une mesure directe de l'âge de la roche. Pour les roches plus vieilles, riches en mica et en hornblende, c'est la désintégration d'un isotope radioactif de potassium en argon qui fera figure d'horloge[23].

Pour les océans, le temps a tendance à prendre son temps. Les eaux du cycle océanique mondial semblent prises dans une boucle éternelle les emmenant de l'équateur aux pôles, depuis le fin fond de l'océan jusqu'à la crête des vagues, le tout très lentement. Pour décrire ce mouvement, on utilise souvent la métaphore du tapis roulant, mais il faut savoir que là où ce tapis va le plus vite – comme dans le Gulf Stream –, la vitesse à la surface peut tout de même atteindre les 8 kilomètres-heure. Il faudra par ailleurs un bon millénaire à une gouttelette pour parcourir toute l'étendue de ce tapis roulant. Le courant qui, de nos jours, passe de l'Islande au Groenland et poursuit sa route vers le Labrador contient peut-être les mêmes eaux sur lesquelles Leif Erikson et son équipage naviguèrent – ils furent les premiers Européens à traverser l'océan Atlantique –, ces eaux qui, sans doute, reviennent pour la première fois à leurs mers d'origine[24].

---

* Également appelée « période radioactive », temps au bout duquel la moitié des noyaux radioactifs d'une source se sont désintégrés.

L'eau froide et polaire est plus dense que l'eau chaude, si bien qu'elle coule et charrie de l'oxygène vers les profondeurs. L'eau possède une propriété inhabituelle : sa forme solide est moins dense que sa forme liquide, raison pour laquelle la glace flotte. La densité de l'eau est à son maximum autour de 4 °C, donc, même si la température de l'eau à la surface fluctue et varie en fonction des saisons et du temps qu'il fait, l'eau située dans les niveaux inférieurs de l'océan Oural reste à la même température. Yaman-Kasy est une zone de remontée des eaux, où les eaux des abysses commencent à se diriger vers la surface, mais certains des phénomènes qui affectent la surface continuent à pénétrer jusqu'en bas. Les gros orages, par exemple, peuvent mener des sédiments depuis la surface jusqu'au fond. Dans la zone bathypélagique, la nourriture arrive donc par en haut. Ce n'est peut-être pas une manne tombée du ciel, mais il s'agit tout de même d'une chute continue de matériau organique en pleine décomposition, qu'on appelle « neige marine », les cadavres pourrissants des algues et des cyanobactéries qui coulent lentement avant d'être enterrés dans la vase. À l'époque moderne, presque la moitié du dioxyde de carbone capturé par la vie finit enfouie au tréfonds de la mer[25].

En un certain sens, nous sommes toutes et tous des créatures des profondeurs. Les cheminées hydrothermales, les panaches d'eau surchauffée riches en minéraux, sont grosses d'un incroyable potentiel chimique, et mûres pour être exploitées – elles ont leur rôle à jouer dans les origines de la vie. La bouillie primordiale, l'image d'une soupe organique frappée par la foudre, qui prendrait vie telle la créature de Frankenstein, est peut-être l'image d'Épinal représentant l'émergence de la vie sur une planète inerte, mais elle est complètement fausse. Tout indique, en revanche, que la chimie des tuyaux d'évacuation des cheminées abyssales a posé les bases de la chimie interne de ce qui est vivant aujourd'hui.

Trois milliards et demi d'années avant Yaman-Kasy, selon la science dominante, un type particulier de cheminée alcaline a fourni l'environnement basique, dans les deux sens du mot, au sein duquel la vie elle-même est apparue. Depuis les profondeurs de la Terre, ces cheminées relâchaient de l'hydrogène et du méthane dans un océan relativement acide et riche en nitrates. Dans les conditions alcalines et sans oxygène de ces cheminées, des bulles d'acides gras se sont spontanément formées, en une structure analogue à celle des membranes cellulaires. Ces membranes grasses sont alors à la fois en contact avec le fluide des cheminées et l'eau de mer, et forment un protobionte (ou microgoutte) à l'intérieur légèrement alcalin. La différence entre l'acidité de l'eau de mer et l'alcalinité de la cheminée crée un flux d'ions hydrogène qui, de l'eau de mer, passe à travers le protobionte pour gagner la cheminée – et là où il y a du flux, il peut y avoir travail. Les cheminées alcalines produisent aussi naturellement un minéral appelé fougérite, communément appelé la « rouille verte », qui constitue peut-être la clé permettant de résoudre certains des mystères entourant l'origine de la vie. Il agit comme un catalyseur naturel – un facilitateur de réactions chimiques – qui contribue à produire en série un grand nombre des molécules sur lesquelles est fondée la vie, comme l'ammoniac, le méthanol, ainsi que la structure fondamentale des acides aminés. Les cristaux de fougérite sont généralement suffisamment petits pour devenir partie intégrante des membranes d'un protobionte, qui transforment ces cristaux en des canaux naturels permettant de transporter et de concentrer au sein de ces membranes un élément chimique appelé le pyrophosphate[26].

De nos jours, peu importe la source de cette énergie : qu'il s'agisse du Soleil, des minéraux ou de la digestion d'autres créatures vivantes, absolument tous les êtres vivants convertissent avant tout cette énergie en un composé du pyrophosphate, l'ATP, ou adénosine triphosphate, surnommée la « monnaie énergétique universelle de la vie ». Chez tous les êtres vivants, cette conversion ne se produit que lorsqu'une concentration d'ions hydrogène est autorisée à circuler à travers leurs propres membranes légèrement percées. Pour accomplir n'importe quelle action, depuis l'activation d'un nerf, la sécrétion de la salive ou la contraction d'un muscle jusqu'à la réplication de l'ADN, toutes les cellules de tous les corps vivants doivent en premier lieu reproduire une partie de la chimie qui a caractérisé l'épanchement de la Terre dans l'océan[27].

Au-dessus du calme de l'abysse, la pluie s'acharne à tambouriner un rythme que rien ni personne n'entend. La faible lumière du jour, voilée par l'eau réchauffée, illumine les masses blotties autour d'une cheminée hydrothermale comme autour d'un feu de camp en plein hiver. Elle dégage une lueur infrarouge insipide et trop faible pour être utilisée comme de l'énergie, mais saturée du souffle sulfureux du manteau terrestre. Insensibles aux changements au-dessus d'elles, et inconnues des créatures de la zone photique, les faunes de l'abysse continuent ce qu'elles ont toujours fait – grandir, extraire, bouger, survivre. Aussi longtemps que la fragile surface de la planète continuera à se fracturer et que ses plaques continueront à jouer entre elles, il y aura des ouvertures dans la Terre, qui seront autant d'opportunités pour ceux qui savent vivre et grandir au fond des mers sans soleil.

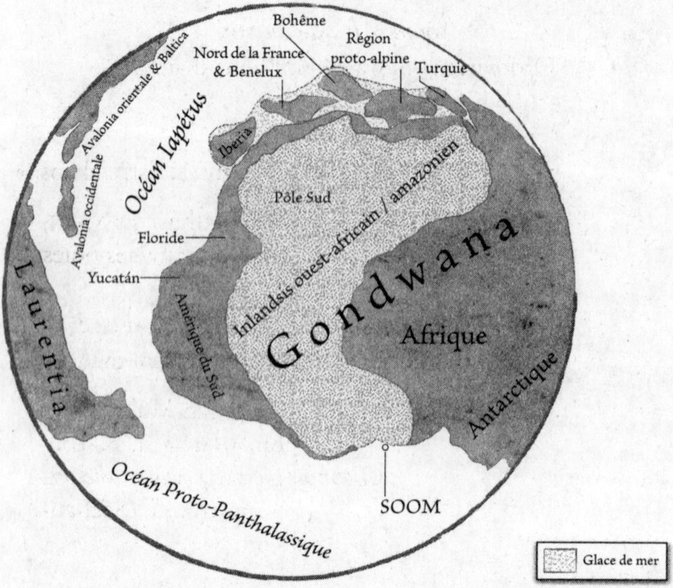
Bohême
Région
proto-alpine
Nord de la France
& Benelux
Turquie
Avalonia orientale & Baltica
Océan Iapétus
Iberia
Avalonia occidentale
Pôle Sud
Inlandsis ouest-africain / amazonien
Floride
Yucatán
Laurentia
Amérique du Sud
Gondwana
Afrique
Antarctique
SOOM
Océan Proto-Panthalassique
Glace de mer

14. Transformation

Soom, Afrique du Sud

Ordovicien – il y a 444 millions d'années

« De la glace brisée, un sinistre chaos. »

Matthew HENSON,
explorateur des pôles

« Avec le passage du temps, la mer devient terre sèche et la terre sèche devient mer. »

Abū al-Rayḥān Muḥammad
ibn AḤMAD AL-BĪRŪNĪ,
Chronologie des peuples anciens
(trad. E. Sachau)

Au-dessus du fleuve de glace bleu-gris, un terrible vent rugit. Refroidi par les hautes terres gelées, et n'ayant d'autre goût que celui de la neige, il gronde sur la barrière de glace avant de plonger vers la mer. Ces vents sont appelés des vents catabatiques, et ces rafales de froid résultent du fait que l'air dense est attiré depuis les hauteurs par le poids de la Terre elle-même, et ce avec une force presque équivalente

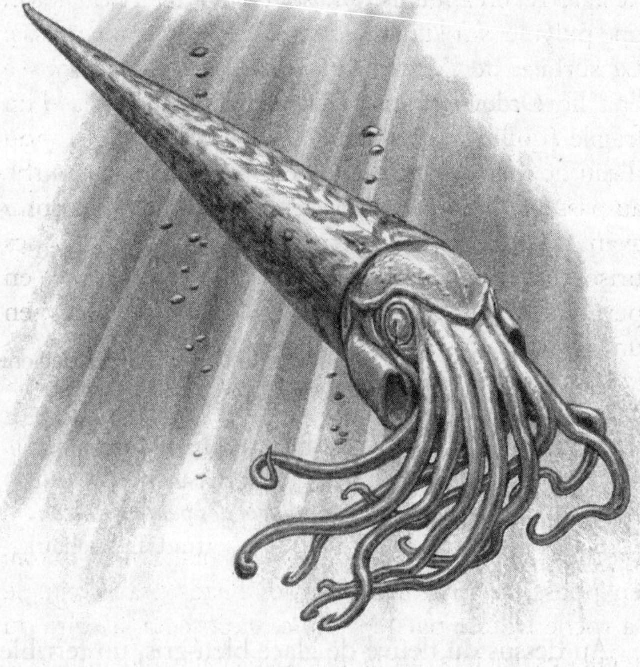

Céphalopode orthocône

à celle d'un ouragan. Le vent vient de loin depuis le centre de la couche de glace de Pakhuis, jusqu'au point où, enfin, le glacier s'effondre lourdement dans la baie. Maintenant, le vent d'hiver s'accroche aux irrégularités de la mer de glace flottante et l'éloigne de la terre, créant ainsi une zone ouverte et non gelée, une polynie, sur la marge méridionale de Panthalassa. La surface de l'océan ne resterait pas longtemps à l'air libre avec un air aussi glacé, et il s'agit là d'un fragile équilibre. Du frasil, un mélange lisse et fondu d'eau de mer et de fines aiguilles de glace, se courbe au passage de la vague – le frasil se forme en continu avant d'être systématiquement balayé. Avec les blocs brisés et fragmentés du glacier vêlant *, cette glace en perpétuelle formation est parquée loin des côtes, en une instable géographie de fragments[1].

Plus loin, la glace soufflée et les fragments glacés s'agglutinent pour former une croûte. L'océan est rendu solide par ce paysage de glaces flottantes et de hummocks. Tandis que le vent passe au peigne fin les drumlins de cette extrémité de l'Afrique, récurant les flancs usés des vallées sans neige, il se charge en poussière, puis emporte les restes granuleux de la roche frottée par le sable et exposée à la suite du recul des glaciers. De la terre dans l'air, donc. La banquise est sillonnée de sastrugi, des lignes de crêtes de neige, parfois lisses comme de la soie froissée, parfois entourées de couronnes orange dispersant la lumière du soleil d'hiver, à l'image des vagues furieuses et déchiquetées de l'océan enfermé sous elles. Le sable

* En glaciologie, le vêlage désigne la production d'icebergs.

se dépose sur la glace, et cette dernière, en grandissant pendant l'hiver, l'incorpore en un mélange glacé qui reste en place, patient[2].

En contrebas du glacier, à l'intérieur de la polynie, deux fleuves coulent, l'un de sel et l'autre de terre. La source du fleuve salé est là où l'eau disparaît au profit de la glace qui se forme. Tandis que gèle l'eau à la surface, le sel se dissout, et ces molécules deviennent incapables de conserver de manière stable leurs structures de cristaux. Cela rend les eaux non gelées qui les entourent encore plus salées, et plus denses. De la surface de la polynie, cette eau salée coule dans la mer, se dispersant loin des côtes pour s'enfoncer dans les noires profondeurs de l'océan ou s'accumuler sur les marges continentales avant d'être, plus loin, emportée par les courants marins. Les fleuves souterrains se comportent exactement comme ceux de la surface. Là où ils passent, sur le paysage du plancher océanique, ils construisent des rives ondoyantes, érodent des canyons, et forment des lacs ainsi que des chutes d'eau salée. Le Bosphore moderne contient l'un de ces fleuves, qui coule sur une soixantaine de kilomètres depuis la Méditerranée jusqu'au fond de la mer Noire, et charrie à lui tout seul davantage d'eau que le Mississippi, le Nil et le Rhin réunis. En volume, c'est l'un des dix plus grands fleuves du monde. À Soom, alors que le fleuve de sel descend de la polynie, depuis l'intérieur du glacier, un fleuve d'eau fraîchement fondue sort en tourbillonnant d'une caverne de glace sous-marine. C'est un trou noir, le déversement de flots tout neufs qui coulent dans la fine zone séparant la roche de la glace. Le cours d'eau est écrasé par le poids de la glace, et a emporté de la boue, si bien qu'il jaillit en un torrent de sédiment noir. De la terre dans l'eau, donc. Elle remonte progressivement, trouble mais dessalée, et donne à la surface l'apparence d'une eau frémissante, comme si quelque chose était tapi sous la surface. Il n'y a pas grand-chose à voir, en fait, sous cette dernière. Au-dessous de zéro, avec ces nuages de boue cauchemardesques qui se dilatent et deviennent épais de plusieurs dizaines de mètres dès qu'ils rencontrent les eaux plus chaudes de l'océan, aucune lumière ne peut pénétrer[3].

Dans la glace flottante, des sons se font entendre. Des craquements, des grincements, de longs gémissements et des grondements résonnent pour dénoncer l'écroulement inévitable de la glace sous son propre poids. Le glacier ne transporte pas que de l'eau. De la terre dans la glace, donc. Des rochers, petits et gros, ont été balayés au petit bonheur la chance par la couche de glace flottante des centaines d'années auparavant, et semblent enfin arriver au terme de leur voyage : ils sont relâchés dans l'eau, et coulent jusqu'au fond. L'air dans les bulles, de petits paquets de l'atmosphère du passé, archive gelée des siècles et millénaires précédents, est conservé dans la glace tandis qu'elle descend depuis le sommet de la couche de glace de Pakhuis, à quelque 200 kilomètres de là. Depuis, ces bulles d'air ont été compressées au fur et à mesure que le glacier bleuissait et les accumulait, pressées jusqu'à vingt fois la pression atmosphérique, attendant patiemment leur heure. Tandis que le glacier fond, ces bulles d'air sont enfin relâchées, s'égaillant telles des volées de moineaux sous l'eau, et formant un mur naturel d'eau de Seltz, ajoutant le grésillement d'une tranche de bacon en train de frire au paysage sonore composé des grincements du glacier ainsi que des bruits sourds des dropstones *. Le monde se réchauffe, et des millions et des millions de bulles éclatent chaque seconde dans l'eau, un volume qui ne fait qu'augmenter. Même les icebergs chantent, et ceux qui sont suffisamment gros pour être des îles flottantes abritent leurs propres fleuves, ils font retentir leur basse profonde et leurs sombres rythmes et vibrent le long des côtes sur des centaines de kilomètres[4].

Soom est un monde stratifié, défini par ses couches dans la vie comme dans la mort. Le vent, la glace, l'eau de mer, les panaches de boues fraîches, ainsi que le sol immobile de ce fjord et de cette baie, sont tous privés d'oxygène faute d'un mélange suffisant. Tous sont empilés les uns sur les autres, ou cachés les uns dans les autres, et relâchés dans un seul et unique océan. L'été à Soom fait briller des couleurs extraordinaires sur la couche de glace. Le soleil de la fin de soirée se reflète sur la banquise en train de fondre et illumine d'un orange profond les versants nus des flancs des montagnes situées à l'est du glacier. Les nuages bas qui recouvrent la polynie en hiver se sont dispersés, et le vent lui-même semble reprendre son

---

* Un dropstone ou « bloc de délestage » désigne un bloc isolé de taille variable, abandonné sur les sédiments fins du fond marin ou lacustre par la fonte d'un glacier, d'un iceberg, ou apporté par des bombes volcaniques.

souffle. Les icebergs qui sont en train de rapetisser dégagent une lueur humide à la lumière du soleil – le bleu électrique, là où leur surface a été débarrassée de la neige par le vent et où l'air fait des bulles après avoir longtemps été gardé sous pression, indique qu'il s'agit dorénavant d'une pure structure de glace. Le fleuve trouble continue à cracher du limon, mais, loin de ce panache boueux, les eaux claires de la polynie toujours plus grande de Soom révèlent à quel point ce lieu est vivant. Les polynies sont des oasis océaniques, et, à mesure que l'eau se réchauffe, les parties couvertes des icebergs les plus petits, visibles sous la surface de l'eau, deviennent d'un vert mousseux parfait, presque lumineux[5].

Sous la banquise, les couches commencent à se mélanger, ce qui signe le départ de la pluie rocheuse. Après des centaines d'années de suspension glacée, les icebergs perdent leur prise sur la roche, qui s'abîme dans l'eau salée et crible le plancher océanique nu situé dessous. La poussière charriée par le vent catabatique coulera elle aussi, mais tranquillement ; les particules sont plus petites et s'attardent plus longtemps en suspension. Elles attirent alors l'attention des planctons, ces organismes microscopiques qui sont également suspendus dans les eaux supérieures. Les particules contiennent aussi des composants du phosphore, dont l'océan se régale. Les algues microscopiques qui se nourrissent de la lumière, dont la croissance était jusque-là limitée par le manque de minéraux, font un festin de cette eau sans alcool et d'un vert vif. Ces phytoplanctons se reproduisent rapidement et utilisent ces minéraux autant qu'ils le peuvent. Quand la nourriture est abondante, il n'y a pas de concurrence, pas de lutte pour survivre, seulement des générations de croissance sans limite. Cet âge d'or ne peut bien sûr pas durer éternellement. Quand les ressources diminuent, ou que les populations grandissent jusqu'au point où elles épuisent les ressources plus vite que ces dernières ne se renouvellent, la mort frappe à la porte. Plus la croissance est rapide, et plus le boom sera court. Maintenant, les phytoplanctons se reproduisent si vite et leurs populations grandissent si rapidement qu'ils en sont venus à former un massif, leurs cadavres commençant à faire pleuvoir de la matière organique sous les couches situées en dessous[6].

Les écosystèmes polaires nous donnent souvent à voir une vie plus lente. Les ressources y sont le plus souvent limitées, et le froid ralentit un grand nombre de processus biologiques, dont la croissance. Quand survient une perturbation, qu'un désastre tue un grand nombre d'individus au sein d'un écosystème, le rétablissement de ce dernier peut s'avérer extrêmement long. Il peut être sujet aux caprices des charognards, et finit le plus souvent par former une communauté à la diversité faible et à la composition variable. Ce schéma change toutefois quand des nutriments sont importés des terres. Partout où il existe un enrichissement local en nutriments, même dans le froid polaire, les environnements deviennent en quelques années capables de reconstituer des communautés entières après de graves désastres, et, à Soom, cet enrichissement survient année après année[7].

Mais cette générosité est récente et ne durera pas toujours. La baie glaciale de Soom n'existait pas il y a seulement quelques milliers d'années, et il s'en faudra de peu pour qu'elle ne soit plus qu'eau des profondeurs. C'est ici que la glace a péniblement gagné du terrain depuis le nord il y a plus d'une centaine de milliers d'années, et ici que, maintenant, elle commence à se retirer. L'écosystème post-glaciaire s'épanouit tandis que le monde se réchauffe, après le grand gel de l'Ordovicien – la première extinction de masse qu'a connue la vie multicellulaire.

Il y a à peine un million d'années avant Soom, la Terre est passée de chaude à froide, entraînant un événement connu sous le nom de glaciation hirnantienne au cours duquel l'écologie des océans fut gravement affectée, y compris au niveau microbien. L'extinction de masse qui marqua la fin de l'Ordovicien fut la seconde plus grande extinction subie par la vie multicellulaire complexe, après la Grande Extinction de la fin du Permien. Avant l'Hirnantien, le dernier étage géologique de l'Ordovicien supérieur, la vie était douce dans les mers ordoviciennes. La diversité était montée en flèche pendant cette période, excédant de très loin tout ce qui avait pu exister jusqu'ici au Cambrien. C'est dans les mers ordoviciennes que le développement des animaux constructeurs de récifs commença pour de bon, et la vie s'adonna sans réserve à la nage libre, plutôt que de rester confinée dans des communautés proches du plancher océanique ou à même ce dernier. Mais au cours d'un laps de temps qui dura peut-être 200 000 ans, une période glaciaire commença, centrée sur ce qui deviendrait l'Afrique. En tant que partie du Gondwana, le supercontinent contenant tous les continents méridionaux actuels, ainsi que l'Inde, l'Arabie et certaines parties du sud de l'Europe, l'Afrique ordovicienne est proche du pôle Sud. Le site de Soom, qui de nos jours se trouve dans la réserve naturelle du Cederberg, en Afrique du Sud, se situe pendant l'Ordovicien à 40° Sud, une latitude pas tellement plus au sud qu'aujourd'hui. Mais, entre l'Ordovicien et notre époque contemporaine, l'Afrique a glissé sous le bas de la Terre ; à l'époque des glaciers de Soom, le pôle Sud lui-même se trouve proche de ce qui deviendra le Sénégal. Sur un globe, l'Afrique a l'air d'avoir la tête à l'envers. À partir du pôle, le Gondwana s'élance depuis le sud de l'Afrique et passe par l'Antarctique et l'Australie, au niveau de l'équateur. Le pôle lui-même n'est pas recouvert d'une couche de glace, mais deux sites majeurs le sont. L'un émerge au sud de ce qui constitue aujourd'hui la région du Sahara, ses champs de glace dérivant vers le nord. L'autre région recouvre l'Afrique du Sud et certaines parties du centre de l'Amérique du Sud, et se déplace en direction de l'extrémité du continent pour émerger dans la mer Péninsulaire[8].

Pendant l'Ordovicien, les organismes qui commencent à s'adapter à la vie à l'extérieur de l'eau deviennent plus nombreux et plus courants. Jusqu'à présent, ils sont principalement microscopiques, et, si l'on trouve des espèces véritablement individuelles ici et là, elles ne forment pas encore les communautés prospères qui s'épanouiront au Silurien et au

Dévonien, même s'il est vrai que certains cours d'eau commencent à être colonisés. Les premiers efforts miniers des champignons et des simples plantes ont érodé les rochers à la surface des continents, relâché des composés phosphorés dans les cours d'eau et par conséquent à la surface de l'océan, inondant cet espace d'une ressource minérale précieuse, sinon très rare dans l'eau de mer. Les algues continuent à s'épanouir partout où arrivent ces composants dans les environs de Soom, leurs populations sont de plus en plus nombreuses et les individus de plus en plus grands. Cette surabondance augmente la neige marine sur le plancher océanique qui, de quelques flocons, devient un interminable blizzard. Tandis que les cadavres riches en carbone des algues se déposent et sont enterrés, ils emportent du dioxyde de carbone provenant de l'atmosphère. Au même moment, sans que les deux phénomènes entretiennent le moindre lien, une augmentation des éruptions volcaniques accompagnant l'élévation des Calédonides produit une bien plus grande quantité de roches silicatées. Comme nous l'avons vu, l'altération des silicates crée une réaction avec le dioxyde de carbone présent dans l'air. Ces jeunes silicates contribuent également à réduire la concentration de dioxyde de carbone dans l'atmosphère. Au cours du changement climatique rapide qui a suivi, 85 % des espèces de la Terre, presque toutes marines, ont disparu à jamais. La glaciation n'a pas duré longtemps, mais suffisamment pour faire des ravages. C'est la première des cinq grandes extinctions massives, et la seule directement provoquée par un refroidissement mondial[9].

En ce qui concerne l'extinction elle-même, ce n'est pas le climat qui en est absolument responsable, pas plus que le type de changement, mais plutôt la vitesse à laquelle ce changement a eu lieu. Les communautés d'organismes ont besoin de temps pour s'adapter – si elles doivent affronter trop de changements d'un coup, l'issue la plus courante est l'échec et la mort. Cela est vrai de la fin du Crétacé, quand l'impact d'un rocher extraterrestre a entraîné un hiver mondial quasiment immédiat, ou de la fin du Permien, quand les gaz à effet de serre issus d'une série sans précédent d'éruptions volcaniques ont entraîné un réchauffement mondial. Pendant l'Hirnantien, alors que la Terre est revenue à un état de déglaciation, le réchauffement a provoqué une deuxième vague d'extinction, plus petite. Ce réchauffement est toujours à l'œuvre à Soom, où le glacier recule à toute allure[10].

Sous l'eau, là où la banquise qui couvre encore la mer s'amincit en été, l'océan est tapissé d'un bleu-vert doux et diffus. Loin des côtes, l'eau disparaît dans d'insondables profondeurs. Des bosses arrondies et des structures ressemblant à des stalactites texturent le dessous de la couche de glace, et rares sont les êtres vivants nageant dans ce froid. De minuscules fragments de glace, cristallisés à partir de l'eau sur-refroidie, restent en suspension, immobiles, telle une tempête de neige toujours sur le point de s'abattre. Plus bas, la lumière du soleil continue à atteindre péniblement le plateau peu profond, à quelque 50 mètres. L'eau est froide et si immobile et claire qu'on la prendrait presque pour de l'air. Il est rare qu'un courant perturbe la vie sous la couche de glace, et, de toute façon, il y a bien peu à perturber. Cette eau est quasiment déserte, privée de toute vie. L'immobilité a rendu le plancher océanique irrespirable, privé d'oxygène. Les algues qui sont tombées sont rapidement consommées, non par des brouteurs ou des détritivores, mais bien plutôt par les omniprésentes bactéries sulfureuses, les reines des lieux privés d'oxygène. Dans ces eaux immobiles, ce qui reste de leurs réactions dérive presque par diffusion – des nuages de sulfure d'hydrogène qui, dans l'eau, forment par endroits des poches d'acide sulfurique concentré[11].

Là où les cours d'eau salée dérivent, de l'oxygène est temporairement emmené par plaques jusqu'au fond, et, là-bas, de petits brachiopodes, des juvéniles de moins d'un demi-centimètre de long et qui commencent tout juste à grandir, s'enfouissent dans le sédiment, tandis que quelques trilobites rampants et des lobopodes au corps mou et ressemblant à des vers s'aventurent courageusement sur le sol. Dans les eaux au-dessus, des poissons nagent ici ou là, et, parmi eux, des poissons inquiétants, dénués de membres et de mâchoire, des parents sans écailles des lamproies. Avec uniquement des nageoires dorsales et anales situées près de leur queue pour se diriger, ils nagent en petits groupes, plongeant dans les profondeurs pour s'attaquer à des animaux mous, avant d'agiter leur queue d'anguille pour reprendre de l'altitude et pouvoir à nouveau respirer. Rester sur le sol boueux et noir serait tout simplement mortel, ce qui arrive à certaines créatures plus sédentaires.

Avoir une coquille riche en carbonate de calcium dans un monde d'acide vous condamne à une réaction chimique certaine. Pendant les périodes d'immobilité, quand les nuages d'acide se concentrent, les coquilles carbonatées de ces habitants des profondeurs vont tout simplement se dissoudre. Pour cette raison, Soom abrite une très faible biodiversité en comparaison d'autres sites des profondeurs. Pour qu'une créature puisse s'épanouir sur le long terme dans les eaux de Soom, elle doit nager en continu ou bien trouver une autre solution. Pour les brachiopodes palourdesques, dont les coquilles sont principalement composées de phosphate de calcium, cela implique par exemple de faire en permanence du stop, en s'attachant à la surface d'autres créatures capables, elles, de nager dans les couches supérieures, oxygénées et moins corrosives, de la mer de Soom[12].

Flottant non loin des parois bleues et bouillonnantes du glacier se trouvent des coquilles coniques d'une trentaine de centimètres, des orthocônes, et c'est sur ces derniers que les brachiopodes grandissent parmi les tuyaux rigides des vers tubicoles. Parents des nautiles modernes, les céphalopodes orthocônes illustrent ce qui se passerait si la spirale d'une ammonite ou d'un nautile était redressée. Si certains orthocônes atteignent la taille admirable de 5 mètres, les espèces courantes à Soom ont une taille plus modeste. Leurs bras charnus se contractent à l'extérieur de leur coquille, leurs grands yeux inspectent l'océan qui les entoure, et ils se propulsent dans l'eau comme s'ils étaient des jet-skis. Le moteur d'un orthocône est un organe tubulaire spécial, situé à l'ouverture de la coquille, appelé un hyponome ou un siphon, et composé d'un anneau musculaire qui se contracte comme une vague. En temps normal, l'orthocône nage vers l'avant, mais l'hyponome peut effectuer une pulvérisation d'urgence et envoyer le cône hydrodynamique vers l'arrière à grande vitesse, avec un puissant jet qui fait frémir les algues brunes et éparpille les nuées de crevettes[13].

Une créature d'une quinzaine de centimètres, avec une grosse tête, deux membres inférieurs en forme de rames et des yeux comme des perles, agite ses pinces – il s'agit d'un scorpion de mer, un prédateur, plutôt petit pour cet ordre. Les scorpions de mer sont l'un des groupes les plus divers de la faune du Paléozoïque, et connaîtront leur heure de gloire au Silurien et au Dévonien inférieur, quand vivront les plus grands arthropodes de tous les temps, mesurant plus de dix fois la taille des espèces de Soom. Même s'ils ne sont pas de véritables scorpions, ce ne sont pas non plus des parents très éloignés, et leur structure corporelle est très similaire à celle de ces derniers, avec leurs corps épais et leur longue et fine queue effilée – sans toutefois l'aiguillon venimeux des vrais scorpions. Ils possèdent six paires d'appendices multi-usage – dont une paire de petites pinces, la chélicère, pour saisir la nourriture. Les scorpions des mers plus tardifs de cette région du monde équiperont ces membres de plaques couvertes d'épines afin de se nourrir, faisant glisser leur proie vers leur bouche également composée d'appendices[14].

Utiliser ses membres comme une mâchoire est une attitude relativement ordinaire chez les arthropodes :

la tête et le corps segmentés des arthropodes constituent un véritable couteau suisse développemental, et chaque segment contient un appendice flexible et articulé qui peut être adapté à toute une foule d'usages. En termes développementaux, les crochets des araignées possèdent la même structure que les antennes des insectes. Ce qui, au cours du développement des insectes, constitue les éléments de leurs pièces buccales deviendra les trois premières paires de pattes de l'araignée. À Soom, les espèces autochtones de scorpions des mers ont modifié leurs derniers membres pour en faire des rames, aplaties et mobiles tout comme celles d'une barque. Ils conservent bien sûr certains traits de leur anatomie ancestrale : de petites griffes de préhension marquent l'extrémité de ces avirons, qui leur donnent d'ailleurs leur nom, *Onychopterella*, ou « griffe-aile »[15].

L'*Onychopterella* est l'un des plus grands prédateurs connus de Soom. « L'un des plus connus » parce que, en effet, il existe un autre prédateur mystérieux quelque part dans cet océan, que nous n'avons jamais vu. Il s'agit de l'un de ces animaux identifiés de manière indirecte, que l'on ne connaît que par les traces qu'il a laissées. Les seuls indices de son existence sont des excréments, des gouttes de matière fécale retrouvées dans la boue et contenant des fragments brisés et broyés de coquilles et de dents. Ce prédateur se nourrissait sans l'ombre d'un doute des crustacés nageant non loin de là, ainsi que de l'un des habitants les plus inhabituels de Soom – le *Promissum pulchrum*, ou la créature de la « belle promesse »[16].

Le *Promissum* appartient au groupe des conodontes, qui sont des chordés – c'est-à-dire des parents des poissons. Ils font partie des créatures les plus abondantes de toute la planète, et on peut en trouver absolument partout depuis le Cambrien inférieur jusqu'à la fin du Trias. Le registre fossile des conodontes est si dense et si constant dans le temps que l'ordre d'apparition des différentes espèces de conodontes est exceptionnellement clair. Au point d'ailleurs qu'ils forment pour les paléobiologistes un fossile stratigraphique (ou « fossile d'index »), c'est-à-dire qu'ils servent à dater avec précision la roche dans laquelle ils ont été trouvés. Pendant plus d'un siècle, tout ce qu'on a trouvé d'eux était leurs mystérieuses dents. Ces éléments dentaires, formés comme des tiares garnies d'épines, sont très robustes, la seule partie dure de ces créatures molles évoquant les anguilles. Avant même de savoir à quoi ressemblait l'animal complet, ils ont été utilisés comme des repères temporels fossiles, leur première et leur dernière apparition définissant les tranches de temps qui permettent aux géologues de diviser l'histoire du monde. Parmi tous les fossiles stratigraphiques, ce sont eux qui marquent les plus grandes divisions de toute l'histoire. Ainsi, le début et la fin du Permien sont tous deux définis par la première apparition d'espèces particulières de conodontes. Tout comme avec les années de règne des monarques, notre perception du temps est formée par la vie de ces créatures[17].

Glissant avec grâce dans l'eau, le *Promissum* d'une trentaine de centimètres est loin d'évoquer de près ou de loin la moindre promesse, belle ou non, et pourtant, c'est bien grâce à lui que nous disposons du tissu mou le plus détaillé provenant de n'importe quel conodonte. Ce n'est qu'ici et dans les Granton Shrimp Beds du Carbonifère, en Écosse, que l'on trouvera un bout de musculature, quelque chose d'autre qu'une dent. Le *Promissum* nage délibérément mais lentement, évoluant habilement dans le froid. Sa chair rougeâtre prouve que ses fibres musculaires sont à contractions lentes, c'est-à-dire qu'il nage et contracte les muscles en permanence. La plupart des muscles des poissons sont blancs, avec des fibres à contractions rapides, et ne sont pas utilisés en permanence mais plutôt pour la vitesse de leur réaction. Chez les chordés, plus de muscles signifie plus de besoins en oxygène, et donc que la myoglobine, la protéine approvisionnant le muscle en oxygène, est concentrée ici. Tout comme l'hémoglobine dans le sang, la myoglobine confère aux muscles qui font régulièrement appel à elle une couleur rouge. C'est la raison pour laquelle les pattes des poulets, qui doivent être capables de les soutenir toute la journée, sont d'une couleur plus foncée que leur poitrine – qui ne sert qu'à voler, et encore pas beaucoup. C'est également la raison pour laquelle le thon, qui nage en permanence, possède une chair sombre. Le *Promissum*, lui, ne possède que des fibres musculaires lentes dotées d'une structure en V relativement peu efficace, et doit de surcroît se déplacer en permanence. Soom nous permet d'affirmer tout ceci car la préservation, ici, fonctionne comme à l'envers. Les tissus les plus solides s'y préservent très, très mal tandis que les muscles sont conservés jusqu'à leurs fibres individuelles[18].

La pluie de vase et d'algues qui tombe l'été à Soom confère également au plancher océanique une chimie inhabituelle pour une formation fossile. Si un *Promissum* meurt en hiver, il coulera jusqu'au fond et se retrouvera progressivement enterré dans cette boue noire subglaciaire * permanente. Le cadavre se décomposera, les dents disparaîtront, et rien ne sera préservé. Mais, l'été, quand le lœss tombe aussi, les zooplanctons et les bactéries mangeuses d'organismes sont incapables de tout métaboliser, si bien qu'une couche plus pâle de riches sédiments se dépose, améliorée par l'apport organique des planctons mourants – un dépôt annuel strié qu'on appelle une varve. La préservation de cette double couche à Soom est un véritable almanach, le récit annuel des conditions d'il y a 400 millions d'années, un peu comme si les tout premiers humains d'Europe de l'Ouest, il y a 1,2 million d'années, avaient tous les jours tenu leur journal intime[19].

Dans ces conditions acides, le squelette cartilagineux du *Promissum* continuera à se décomposer, mais d'autres forces élémentaires prendront le dessus. Quand les protéines présentes dans les muscles commencent à se désagréger, elles dégagent de l'ammoniac et du potassium. Réagissant avec les minéraux de fer, et se dissolvant dans les espaces existants entre les grains de sable individuels, ils se transforment en une riche illite. La forme des fibres musculaires détermine la forme même de cette argile, et le

* C'est-à-dire située sous un glacier.

muscle se retrouve sculpté dans un minéral, remplacé par son propre fac-similé. La conversion des muscles mous en argile à Soom est unique, et magnifique : elle donne à voir une vie en mer avançant – ou, comme le disent bizarrement sur la défensive les géologues, *transgressant* – sur la terre, chassant la glace en train de fondre tandis que reculent les glaciers.

Grâce au réchauffement climatique mondial, le monde de Soom est devenu relativement tempéré, et ce malgré la glace. Le réseau invisible et non navigable des canaux d'eaux de fonte recrache ses eaux dans la mer et approfondit l'océan. Plus les glaciers reculent et plus le niveau de la mer monte, mais cette montée des eaux ne se fait pas de manière équivalente partout dans le monde ; paradoxalement, la fonte des glaciers a tendance à remplir les endroits éloignés des glaciers plus vite et davantage que les mers proches des inlandsis. C'est en vérité une bonne manière de prendre la mesure de l'échelle à laquelle ont opéré ces périodes d'énormes glaciations : les calottes glaciaires sont des objets suffisamment massifs pour avoir attiré les océans vers elles en vertu de leur propre force d'attraction gravitationnelle. Une fois que la glace fond, cette tension se relâche, et l'océan retourne à des profondeurs encore plus grandes qu'avant[20].

De manière contre-intuitive, peut-être, l'élévation mondiale du niveau de la mer n'a pas pour autant fait couler les parties du monde qui étaient depuis longtemps prises dans les glaces. À court terme, l'eau de la mer fera bien sûr des incursions sur le continent au fur et à mesure que la glace reculera, mais la croûte terrestre est une entité flexible. De l'eau peut être balancée par les vents et par les marées, et facilement déplacée par la gravité. Tout cela se produit à une échelle de temps ridicule, biologique. En vertu de son poids de planète, la Terre flotte, rebondit et réagit à son propre rythme. La croûte de la Terre est exceptionnellement fine : sous les océans, elle peut aller jusqu'à 5 kilomètres d'épaisseur, soit 0,08 % de la distance jusqu'au centre de la Terre. Dessous se trouve un liquide bouillonnant sur lequel la croûte flotte comme la banquise sur la polynie. Sous nos pieds existe un monde dissimulé dans le manteau. Là où il y a des pics sur Terre, la croûte s'épaissit en dessous pour créer d'autres pics inversés qui s'enfoncent vers le centre de la planète. Et là où le bassin des océans s'enfonce, le magma s'élève. La chaîne de l'Himalaya cache sous elle la croûte la plus épaisse de l'époque moderne, d'environ 70 kilomètres d'épaisseur, alors que le mont Everest ne s'élève que de 9 kilomètres au-dessus de la mer. Si les montagnes sont grandes, c'est parce qu'elles ont des racines profondes qui flottent dans le manteau plus dense. La majeure partie des terres flottent, tapies sous la surface : nous aussi, nous marchons sur des icebergs[21].

Quand un continent est recouvert de glace, le poids de cette couche met à mal l'équilibre appelé isostasie qui permet à la croûte de flotter comme elle le fait. La croûte est enfoncée dans le manteau, coulant exactement comme un navire trop chargé. Lorsque ce poids aura finalement fondu, elle s'élèvera à nouveau, pendant des dizaines de milliers d'années, et fera régresser la mer. Cette régression ne s'est pas encore produite à Soom, au premier rang pour assister à la fonte, mais ce sera bientôt le cas. Même aujourd'hui, les parties de la Terre qui étaient lestées par la glace au Pléistocène sont en train de s'élever, et ne se sont pas encore complètement débarrassées du poids de la période glaciaire. La Grande-Bretagne, par exemple, gîte le long d'une ligne que l'on pourrait approximativement tracer entre Aberystwyth et York : les terres du Nord montent d'environ un centimètre par an, et, tandis que le magma s'engouffre dans cet espace rendu libre, les terres du Sud s'enfoncent d'autant. Ce processus continuera pendant encore des milliers et des milliers d'années[22].

La transgression qui est en train de se produire à Soom est bien moins illicite que ne pourrait le faire croire le terme – on pourrait en effet tout autant y voir la juste revendication d'un plancher océanique perdu. À l'époque de l'Ordovicien supérieur, juste avant que le monde ne se couvre de glace, les niveaux des mers étaient exceptionnellement hauts. Des mers épicontinentales peu profondes inondaient les continents, remplies, comme elles le sont toujours dans ce cas, d'une immense diversité. Quand la glace a commencé à se former, il a bien fallu prendre cette eau quelque part, et par conséquent les mers se sont drastiquement amenuisées. Les terres situées sous les mers épicontinentales devinrent exposées, et, sur des centaines de milliers de kilomètres carrés, la vie s'éteignit. C'est typiquement ce genre de géographie qui est responsable de la gravité de l'extinction de la fin de l'Ordovicien. À l'époque de la glaciation comparable de l'Antarctique à l'Oligocène, ce phénomène se produisit dans fort peu de mers épicontinentales, si bien que les pertes liées à la chute du niveau de la mer furent relativement faibles[23].

Quand l'environnement change, il est souvent plus facile de suivre les conditions les plus favorables, ces paramètres environnementaux qui définissent une niche. Dans la mer, ces conditions sont en général la température, la salinité et, tout particulièrement, la profondeur. Quand le monde se réchauffe ou se refroidit, se déplacer au nord ou sud suffit à trouver des conditions habitables. À l'Ordovicien supérieur, le placement de presque toute la terre du monde au sud de l'équateur, centrée sur le pôle Sud, a rendu impossible ce déplacement. Les côtes du Gondwana courent sur des dizaines de kilomètres, mais la plus grande partie d'entre elles se trouvent *grosso modo* à la même latitude. Si les mers se refroidissent, un invertébré marin ne peut pas échapper au froid en se déplaçant vers le nord, à moins d'être capable de vivre dans des eaux plus profondes. De la même manière, si les mers se réchauffent, il ne peut pas survivre en se déplaçant vers le sud, à moins de s'établir dans des eaux peu profondes qui, très vite, peuvent devenir synonymes de terre ferme et de mort. Les continents qui ne font pas partie du Gondwana ne sont pas moins vulnérables, dans la mesure où il s'agit de continents petits avec très peu de lignes de côtes nord-sud, contrairement aux continents orientés nord-sud de l'Oligocène. Les inlandsis, en avançant aussi rapidement, repoussent ou détruisent les niches fondamentales de cinq espèces sur six[24].

Les glaciers sont des destructeurs, des agents d'érosion de reliefs et de communautés biologiques qui se sont développés pendant des millions d'années – la roche la plus molle cède à leur approche. Mais ils sont également des constructeurs exceptionnels. Le passage d'un nombre incalculable de tonnes de glace sur un paysage le marque à jamais, et y dessine de moelleuses courbes, de profondes vallées et de doux drumlins. Les glaciers de Pakhuis, de leur hauteur, ont dévalé dans les vallées et autour des montagnes avant de plonger dans les eaux côtières, et, au passage, ont remplacé un monde par un autre. Les paysages glaciaires invitent à une perspective sur le long terme, à se mettre au diapason du rythme planétaire. De ce point de vue, la glace coule aussi sûrement que l'eau ; les paysages glaciaires contiennent des séracs pleins de crevasses, des cascades gelées au-dessus de précipices, et des chemins où le flux est plus rapide, des fleuves de glace dans la glace. Tel un bulldozer, la glace a ravagé Soom pour y produire le sable de quartz de la mer Péninsulaire, et a fait se cabrer le sol pour former d'immenses ondulations, des moraines, des tillites et des hummocks. La terre est en train de revêtir une nouvelle forme[25].

Depuis l'air, le sable de la montagne coule, couche après couche, et recouvre la sombre boue de l'hiver d'un pâle habit estival. Le processus qui fait s'épanouir l'océan et qui apporte la vie à Soom est également celui qui la préserve dans la mort. La disparition de la glace jette le monde dans un tourbillon de paradoxes apparents, un rappel de la puissance du changement ainsi que de la manière dont les transitions sont capables de tout bouleverser. Les glaciers, incarnation de l'invincibilité et de la lenteur pendant des siècles de poésie paysagère, s'avèrent des éléments rapides et bruyants, des fauteurs de troubles qui harcèlent la terre, prenant un malin plaisir à créer et à détruire les formations rocheuses. Des fleuves coulent là où ils ne devraient apparemment pas, des fleuves d'air dans l'air, des fleuves de glace dans la glace, et des fleuves d'eau dans l'eau. Les états de la matière semblent se fondre les uns dans les autres, se confondre, et les transformations de la terre en glace en rivière en panache de fumée, de la roche à la poudre au vent à la banquise, font jaillir la vitalité au milieu d'un désert continental, en un cycle saisonnier d'épanouissement de la vie. À Soom, même la préservation de cette vie semble être un miroir inversé de l'ordinaire. Des muscles mous et des branchies sont conservés avec un infini luxe de détails, tandis que les coquilles et le cartilage se sont dissous dans le néant, et ne sont préservés qu'en creux, en tant que moule, connus uniquement par la forme laissée par leur absence. Une communauté dont les vestiges reposent uniquement dans un limon sur lequel elle n'aurait jamais pu vivre. De la vie devenue argile. La terre fluide et respirante qui fait trembler et convulser un peu plus haut une Afrique prise dans les glaces. Comme un poids levé. Avec le temps, l'élévation des terres dépassera le niveau des mers.

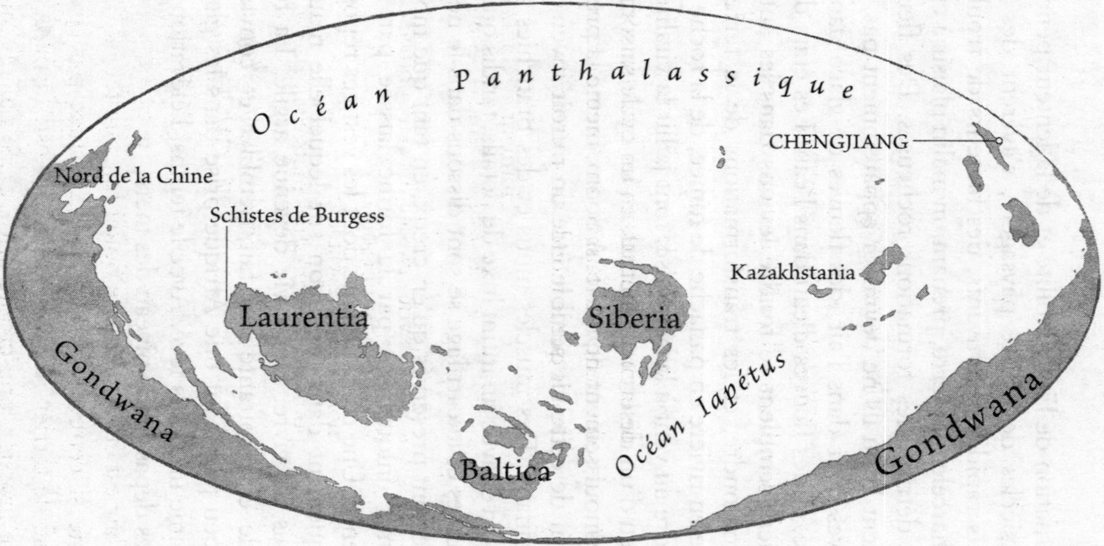
Océan Panthalassique
Nord de la Chine
Schistes de Burgess
Laurentia
Siberia
CHENGJIANG
Kazakhstania
Gondwana
Baltica
Océan Iapétus
Gondwana

15. Consommateurs

Chengjiang, Yunnan, Chine
Cambrien – il y a 520 millions d'années

« Considérez le cannibalisme universel de la mer, dont toutes les créatures s'entre-dévorent, se faisant une guerre éternelle depuis que le monde a commencé. »

Hermann MELVILLE,
Moby Dick (trad. J. Giono)

« Vous devriez garder vos yeux pour la vue ;
Vous en aurez besoin,
mon cher observateur,
pour les innombrables nuits à venir. »

Sarah WILLIAMS (Sadie),
The Old Astronomer

L'air est étouffant et le Soleil fait mijoter la Terre, même si cette Terre n'a pour l'instant pas grand-chose de terrien. La surface au sol est du papier de verre grossier, une croûte aride créée par les micro-organismes qui ne vivent que dans les tout derniers

Omnidens amplus

millimètres de la surface, formant une approximation brouillonne de sol. La mer vaporeuse se refroidit, du moins de manière relative. Avec une atmosphère sans doute supérieure à 4 000 parties par million de dioxyde de carbone – dix fois celle d'aujourd'hui – et des niveaux d'oxygène légèrement inférieurs, l'air a la fraîcheur d'un sous-marin au milieu de son voyage. La latitude est celle du Honduras ou du Yémen, mais la température de la surface de la mer dépasse de plusieurs degrés celle de la mer Rouge un jour lambda – bien au-dessus de 35 °C. Sans ombre, avec le soleil matinal qui se réverbère sur la mer, la terre semble sèche et désolée, tandis qu'un vent du désert chaud et poussiéreux souffle en rafales sur la roche nue[1].

Au sud de cet endroit qui s'appelle Chengjiang, les terres du Gondwana sont en train de s'élever pour former une chaîne de montagnes à la latitude polaire, au climat tempéré, l'une des rares parties de la Terre à être alors franchement surélevée par rapport au niveau de la mer – lui-même déjà relativement haut. En effet, dans ce monde « serre » extrême, le niveau de la mer est cinquante mètres plus haut qu'aujourd'hui, et la plus grande partie de la surface de la planète se trouve sous les vagues. Chengjiang fait partie d'un plateau continental inondé situé à la frontière séparant la partie équatoriale déserte du Gondwana de son Sud plus pluvieux. L'hémisphère Nord n'accueille quant à lui quasiment aucune terre. En revanche, de gigantesques courants circulaires, que nulle barrière continentale n'entrave, tournent à toute vitesse autour du pôle Nord. Une ceinture de tempêtes tropicales déferle sur les côtes septentrionales des îles-continents de Siberia et Laurentia. Au point planétaire diamétralement opposé de cette région turbulente, le ciel de Chengjiang est pour l'instant vide mais torride. Dans l'humidité étouffante des côtes, il existe bien peu de raisons de rester au-dessus de la surface de l'eau, et toutes de plonger loin dessous[2].

Sous la mer, le calme sans vie de la Terre laisse place à une activité frénétique. Le sédiment frémit, grêlé de trous de vers. Les vagues qui s'agitent au-dessus projettent des ombres en passant, et le fond marin ridé se balance doucement d'avant en arrière. La profondeur jusqu'à laquelle les vagues peuvent avoir un effet sur le fond marin est appelée la « limite d'action des vagues » (*wave base*). Sous cette limite d'action des vagues, le fond marin est plat, et n'est perturbé que par les animaux fouisseurs. Au-dessus de cette limite, le fond marin est ridé, affecté par le vent qui souffle à la surface. Pendant les tempêtes, les vagues deviennent plus fortes et plus longues, la limite d'action des vagues descend, tandis que la partie du fond marin qui n'est pas affectée par les vagues s'éloigne des côtes. C'est dans cette zone liminale située entre la zone d'action des vagues par beau temps et celle de l'action des vagues par tempête, parfois calme et parfois agitée par la houle, que se trouve le biota de Chengjiang, l'un des écosystèmes les mieux connus du Cambrien, et qui accueille une diversité tout simplement extraordinaire[3].

Des petits trilobites appelés *Eoredlichia* détalent sur le fond marin, chassant d'autres petits arthropodes. Un autre chasseur bien plus grand, l'*Odaraia*, un crustacé de 15 centimètres avec un gros corps, 90 pattes et d'énormes yeux, se précipite sur un rocher avant de faire un virage à 180° et de nager sur le dos, stabilisé par une sorte de gouvernail à trois branches évoquant la queue d'un avion. Le *Sidneyia*, un arthropode qui ressemble à un homard aplati, arpente mécaniquement le plancher – avec ses longues antennes, ses pattes préhensiles et sa terrible mâchoire qui croque indistinctement dans les coquilles de trilobites et de mollusques. Le *Fuxianhuia*, une créature qui ressemble à un cloporte aux yeux pédonculés qu'on aurait affublé d'une queue de perce-oreille, marche en se tortillant[4].

Les trous qui criblent le plancher océanique sont les entrées des terriers des priapulides – ou « vers pénis », nommés ainsi en raison de leur apparence – et de leurs cousins blindés, les paléoscolécides. Le *Mafangscolex*, en particulier, peut facilement être aperçu en train de pointer la tête à l'extérieur du sédiment, avec un mouvement de torsion tout à fait ophique. Ce ver construit un terrier de presque deux fois sa longueur dans lequel il reste accroché grâce aux crochets situés sur son extrémité. Il excrète un liquide sur les côtés du tunnel qui fixe le sédiment à la manière d'un ciment un peu mou. Les trous ne sont pas très profonds : les paléoscolécides sont des fouisseurs horizontaux.

À la surface du sable, les éponges dominent, et les cordes, les tubes colorés et les excroissances champignonesques filtrent l'eau de l'océan. Au milieu de ce champ d'éponges se cachent des brachiopodes pédonculés, balançant leurs valves en forme de palourdes pour se livrer à leur microphagie suspensivore, ainsi qu'un *Xianguangia* avec ses tentacules plumeux, l'une des toutes premières anémones de mer. C'est une prairie jonchée de créatures pédonculées aussi belles que mystérieuses, les *Dinomischus*, éparpillées à la manière des pâquerettes auxquelles elles ressemblent tant. Parfois, les arrangements sont complexes ; le brachiopode le plus courant ici est le *Diandongia*, et il arrive fréquemment que des créatures plus petites grandissent sur lui. Des brachiopodes pédonculés, les *Longtancunella*, et un animal proche de l'anémone, l'*Archotuba*, restent immobiles, crânement ventousés à leur hôte tandis que ce dernier ouvre et referme ses valves pour se nourrir. Les arthropodes creusent, détalent et nagent autour d'eux tel un manège aux formes variées[5].

L'explosion du Cambrien a longtemps été décrite comme une organisation soudaine et pratiquement instantanée de tous les phyla, ou embranchements, sur une période qui ne dura pas plus de 20 millions d'années. Cela peut sembler simplificateur, mais il est extrêmement troublant que, aussi bien à Chengjiang que plus tard, dans le biota plus célèbre des schistes de Burgess, dans le lointain Canada, tous les embranchements modernes, c'est-à-dire tous les ingrédients fondamentaux de la diversité moderne, soient déjà présents. Chaque embranchement animal existant aujourd'hui fait remonter ses origines au Cambrien, voire plus tôt dans certains cas. Pour être rassemblés dans un même embranchement, les animaux doivent partager le même plan d'organisation fondamental. Le plan d'organisation chordé inclut par exemple une tige solide remontant sur la face supérieure – chez les vertébrés, cette dernière est soutenue par une colonne vertébrale en os ou en cartilage – ainsi que des segments répétés de muscles en chevrons (ou « myomère »). Les cnidaires, comme les méduses ou les coraux, possèdent quant à eux des couches monocellulaires épaisses de tissus abritant entre autres leurs cellules de chasse caractéristiques (les « cnidocystes »), chacune armée d'un minuscule harpon toxique. Les arthropodes, eux, possèdent une armure de plaques extérieure ainsi que des membres articulés et segmentés[6]. Et ainsi de suite.

De nos jours, les créatures appartenant à un même embranchement peuvent être très éloignées les unes des autres. Mais il existe un certain nombre de similarités développementales entre, disons, la mouche du vinaigre, ou drosophile, qui a fait l'objet d'un grand nombre d'études, et les humains, surtout au niveau du plan d'organisation le plus fondamental. Par exemple, ce sont les mêmes gènes qui définissent l'axe avant-arrière dans le corps humain et dans l'embryon de la mouche. Ces gènes autorisent chaque cellule à modifier la manière dont elle se développe, coordonnant des batteries de gènes pour déterminer quel organe ou tissu doit ou non être produit. Cette similarité dans la régulation persiste malgré les centaines de milliers d'espèces davantage apparentées aux humains que les mouches, et les millions d'espèces davantage apparentées aux mouches qu'aux humains[7].

La vie est souvent représentée par un arbre, avec un unique tronc ancestral qui se diviserait en rameaux, branches et brindilles, ou en embranchements, familles et espèces. Si vous descendez depuis l'extrémité de l'une des brindilles, vous trouverez un point de jonction, là où les branches se joignent. L'une des manières de mesurer le degré de parenté de deux espèces consiste à mesurer la distance séparant les extrémités de leurs brindilles respectives : plus la distance est courte, et plus elles sont des parents proches. À Chengjiang, nos notions de distance et de parenté entre animaux commencent à se brouiller à un niveau fondamental. Comparer des créatures des temps modernes à leurs homologues anciens est source de nombreux problèmes, dans la mesure où le temps a eu tout loisir de faire son office. Près de 200 espèces sont connues à Chengjiang, mais la plus importante, d'un point de vue vértébro-centré, est un animal trapu, de seulement quelques centimètres de long, avec la forme d'une feuille d'arbre ou d'une goutte d'eau allongée, et une nageoire courant telle de la dentelle autour de l'extrémité de sa queue. Il s'agit du poisson haïku, ou *Haikouichthys*, l'un des tout premiers candidats au titre de poisson, et le premier parent avéré des vertébrés. Même s'il n'a pas de vertèbres, il possède une notochorde, la tige solide courant le long du dos caractéristique des chordés, et à partir de laquelle de très lointains descendants construiront des colonnes vertébrales osseuses ou cartilagineuses. À part sur sa queue, il n'a aucune nageoire et évolue sinueusement dans l'eau. Sur le plancher océanique, en dessous, détalent les stars incontestées du Paléozoïque, les trilobites. Les trilobites sont appelés ainsi parce que leur corps est composé de trois sections ou « lobes », chacune courant de l'avant à l'arrière. Peut-être que leur pouvoir de séduction découle de leur sens de la mode – un trilobite est souvent orné d'épines aussi improbables que magnifiques, qui sont apparemment purement cosmétiques. Leur exosquelette solide a souvent permis de conserver l'intégralité de leur forme, et on a toujours l'impression qu'ils sont sur le point de ramper hors de notre portée. Leur comportement est généralement compréhensible à partir de la posture dans laquelle ils ont été conservés, qu'ils aient été découverts roulés en boule comme un cloporte ou marchant les uns derrière les autres en file indienne pour se protéger du courant. Ils sont tout particulièrement adorés à Dudley, dans les West Midlands du Royaume-Uni. Là-bas, les tailleurs de pierre qui creusent le calcaire silurien retournent régulièrement des « bestioles de Dudley », et ces dernières ont gagné suffisamment de suffrages pour devenir le symbole de la ville. Selon la légende, une conférence publique sur les bestioles de Dudley organisée dans la carrière dans laquelle elles avaient été trouvées attira jusqu'à 15 000 personnes au milieu du XIXe siècle. Dans l'État actuel de l'Utah, les trilobites cambriens étaient utilisés comme bijoux et amulettes médicinales par le groupe des Pahvants, appartenant à la tribu des Utes. En Europe, des pendentifs trilobites vieux de 15 000 ans ont été découverts – ils étaient portés par des peuples du Pléistocène[8].

Longtemps avant d'avoir été fossilisées dans la pierre, les pattes des trilobites de Chengjiang ondulaient et leur corps se balançait dans la légère houle marine. Le petit *Eoredlichia*, avec ses grands yeux, est un genre courant de trilobites par ici, arborant un croissant de lune en guise de tête et un rideau de minuscules épines dépassant de chaque segment tacheté de son thorax. Ils ne font pas plus de 2,50 centimètres, ce qui ne les empêche pas de dominer de toute leur carrure le minuscule *Yunnanocephalus*, qui fait un sixième de leur taille. Les trilobites sont des arthropodes archétypiques, uniformément segmentés d'une manière qui n'est pas sans rappeler celle du cloporte, avec un membre et une branchie faisant saillie sur chaque segment[9].

Les trilobites partagent un ancêtre commun avec la mouche du vinaigre qui est, par définition, le tout premier arthropode. Le poisson haïku et les humains ont de leur côté un ancêtre commun qui est donc le tout premier chordé. De cela, l'on pourrait être tenté de conclure que les *Haikouichthys* et les humains, et les *Eoredlichia* et les mouches du vinaigre, forment des paires ayant un degré de parenté plus élevé que n'importe quelle autre combinaison de ces quatre éléments, et, effectivement, c'est généralement ainsi que l'on exprime le degré de parenté. Mais le temps a également un rôle à jouer ; le nombre de mutations qui se sont accumulées au sein d'une lignée, même si le rythme auquel ces mutations surviennent connaît de subtiles variations, est *grosso modo* proportionnel à la quantité de temps depuis laquelle cette lignée existe[10].

Le temps qui sépare le dernier ancêtre commun des quatre créatures de la période de Chengjiang, c'est-à-dire le temps des *Eoredlichia* et des *Haikouichthys*, représente une période bien plus courte que celle qui sépare les humains et les mouches du vinaigre de leur dernier ancêtre commun. Et en effet, la quantité de temps d'évolution qui sépare les *Eoredlichia* et les *Haikouichthys* est également plus petite que celle qui sépare les deux arthropodes, les *Eoredlichia* et les mouches du vinaigre, ou les deux chordés, le *Haikouichthys* et les humains[11].

En ce sens, même si nous partageons des traits anatomiques fondamentaux avec les *Haikouichthys*, depuis la tige solide courant le long du dos jusqu'à notre structure interne de protection de nos organes sensoriels et de notre cerveau, en passant par les muscles segmentés en chevrons, les premiers arthropodes et les premiers vertébrés sont plus proches en termes de temps d'évolution que les humains et les kangourous ne le sont aujourd'hui ; autrement dit, les phyla sont plus similaires à Chengjiang qu'ils le seront jamais.

Cela soulève une question importante. S'il existe moins de temps d'évolution séparant l'*Eoredlichinia* et l'*Haikouichthys* qu'il n'en existe entre les kangourous et les humains, pourquoi sont-ils si différents d'un point de vue anatomique ? Comment peut-il exister des différences aussi fondamentales comparées à la relative similarité de deux mammifères ? Cent millions d'années d'évolution constituent certes une longue période, mais, chose remarquable, il est possible sous certaines conditions de la surmonter. À l'époque moderne, deux espèces de poissons – l'esturgeon du Danube et le spatulaire – ont entamé chacune sa propre route évolutive il y a à peu près 150 millions d'années, et, pourtant, on a découvert qu'ils restaient capables d'avoir ensemble une progéniture fonctionnelle. Qu'est-ce qui a rendu aussi distincte la séparation des embranchements au Cambrien ? D'autant que les plans d'organisation des animaux sont tous apparus en même temps. Pourquoi, précisément, à ce moment[12] ?

Personne ne connaît exactement la réponse à ces questions, mais deux hypothèses ont été considérées. La première se penche sur les structures internes des animaux eux-mêmes. Peut-être que, au Cambrien et avant, le développement de l'œuf fertilisé en embryon puis en animal était moins défini. Si tel était le cas, des changements fondamentaux des tissus et de leur arrangement se seraient avérés en moyenne moins dommageables. Une fois fixés, les fondamentaux deviennent beaucoup plus difficiles à changer. Un peu comme pour un ordinateur : tripatouiller le code d'une unique application est relativement simple et a peu de chances d'endommager le fonctionnement global de la machine, tandis qu'éditer la moindre ligne du système d'exploitation a une forte probabilité de créer des problèmes. La sélection naturelle, ainsi, finit par aboutir à un bricolage si complexe que ce dernier est devenu incapable – ou que, du moins, la chose est extrêmement improbable – de supporter la moindre tentative de variation de sa structure interne fondamentale. De ce point de vue, un nouveau phylum ne peut pas apparaître à l'époque moderne parce que l'anatomie des êtres vivants est tout simplement devenue trop complexe comparée à celle de leurs prédécesseurs du Cambrien et du Précambrien. L'évolution ne peut aujourd'hui que jouer au sein des contraintes établies par le passé[13].

L'autre hypothèse s'intéresse à l'extérieur, et soutient qu'il n'existe aucune raison intrinsèque interdisant le développement d'un nouveau plan d'organisation aujourd'hui, si ce n'est l'existence d'autres êtres vivants. Selon ce point de vue, le monde du Cambrien était beaucoup plus ouvert à la nouveauté, dans la mesure où les écosystèmes y étaient plus simples, les rôles disponibles moins nombreux, et qu'il existait moins de manières possibles de vivre. L'origine des phyla est décrite selon un modèle dit de « remplissage de tonneau ». Établir les rôles principaux au sein d'un écosystème revient à ajouter de grosses pierres dans un tonneau. Aujourd'hui, si un nouveau plan d'organisation apparaissait, il entrerait en compétition avec un espace écologique déjà occupé par d'autres espèces qui ont évolué pour occuper au maximum leur niche. C'est une gageure, et une véritable barrière naturelle à l'apparition de la nouveauté. Plutôt que d'ajouter de nouvelles grosses pierres, les processus évolutifs ont rendu les écosystèmes plus « intégrés », plus complexes, ajoutant des divisions toujours plus fines de processus écologiques, tels des cailloux et du sable tombant dans le tonneau et se glissant dans les espaces laissés par les plus grandes pierres, c'est-à-dire telles des structures construites sur d'autres structures[14].

À Chengjiang, certaines de ces premières structures, des réseaux trophiques complexes, sont en train d'apparaître, le tout sous la domination naissante du monde marin par les bilatériens, le groupe d'organismes définis par leur symétrie bilatérale ainsi que par une structure des tissus internes plus complexe. La structure fondamentale d'un bilatérien est alors la forme d'un ver. Ce dernier modèle connaît de nombreuses variations. Certains ajoutent des nageoires pour se déplacer plus efficacement dans l'eau, comme le poisson haïku. D'autres, comme les arthropodes, ajoutent des membres pour pouvoir ramper sur le plancher océanique, et certains ajoutent également un blindage, si bien que le ver évolue pour adopter une forme plus complexe. Les trilobites, en particulier, possèdent un blindage difficile à percer. Calcifiés, et disposant d'une protection plus proche de celle, high-tech, des crabes et des homards que de la chitine insectoïde dont disposent la plupart des autres créatures, avec leurs yeux comme des tourelles et leurs prismes de calcites, les trilobites sont des forteresses ambulantes – ce qui leur permet d'espérer ne pas être pris pour proie, et, qui sait, d'en attraper peut-être une eux-mêmes. Même aux tout premiers jours des animaux à la symétrie bilatérale, le ver a toujours été un ver pour le ver.

Finie, l'innocence de l'Éden précambrien, la course à l'armement a bel et bien commencé. Le monde avant le Cambrien était un monde de planchers océaniques relativement immobiles, dont la surface était l'unique habitat occupé par la vie multicellulaire. Rien ni personne ne se terrait profondément dans la boue, et rien ni personne ne nageait activement et vite dans l'eau. Dans un monde généralement stable composé de microphages suspensivores, d'animaux attrapant tranquillement les détritus et les planctons à la dérive ou bien broutant lentement des communautés microbiennes, certains ont décidé de partir comme des grands à la recherche de leur nourriture. Les animaux se sont animés, et les prédateurs sont nés.

Même si des organismes qui en consomment d'autres peuvent être observés dans le registre fossile avant le Cambrien, c'est seulement à cette période que les réseaux de relations prédateurs-proies sont devenus répandus, complexes, et suffisamment clairs pour être étudiés. Soudainement, l'énergie a cessé de traverser l'écosystème uniquement du producteur au consommateur, avant de passer à la décomposition. Dorénavant, le consommateur peut lui-même devenir le consommé. Les animaux ont adopté toutes sortes de stratégies pour éviter ce destin, comme le blindage pour empêcher ou dissuader une attaque, des yeux ou d'autres organes pour rapidement détecter les prédateurs et les proies, ou encore un mouvement efficace pour chasser ou fuir. De manière remarquable, ces tout premiers réseaux trophiques du Cambrien ont des propriétés tout à fait similaires à celles d'aujourd'hui, et ce en commençant tout en bas de la chaîne alimentaire[15].

La structure d'un réseau trophique peut être pensée comme une échelle de corde. Les espèces en sont les nœuds, et sont connectées par leurs interactions – les espèces les plus hautes se nourrissent de celles d'en dessous. Au Cambrien, certaines relations prédateurs-proies sont moins clairement définies, et la chaîne alimentaire a tendance à être un peu plus longue, bien que les principes en soient essentiellement les mêmes. Quand la vie interagit, elle le fait en vertu des mêmes règles de circulation des flux d'énergie, des mêmes règles qui régissent les probabilités d'une rencontre, des mêmes mathématiques fondamentales de l'univers. Depuis la naissance des réseaux trophiques, certains rôles ont toujours été présents. Les structures écologiques sur lesquelles toutes les communautés vivantes sont construites ont à peine changé en plus d'un demi-milliard d'années, et n'ont finalement été que des variations sur un très vieux thème.

À la base de la chaîne alimentaire du Cambrien, on trouve les grains de poussière qui flottent dans les rayons du soleil ; des nuages de phytoplancton à la dérive, les ancêtres des plantes, ainsi que des bactéries, fabriquent leur propre nourriture grâce à la photosynthèse et à la chimiosynthèse. Les algues meurent et se décomposent, et leurs restes sont dévorés par les dépositivores, à l'instar de celui qui fut probablement l'unique herbivore du Cambrien, le *Wiwaxia*. Avec les étranges molécules organiques dissoutes dans la colonne d'eau, ils produisent la ressource brute à partir de laquelle il devient possible à un écosystème de se construire. Dans n'importe quel paysage, chaque être vivant tire sa constitution atomique des producteurs primaires, quels qu'ils soient, qui sont tout en bas de la chaîne alimentaire, et qui ont à leur tour tiré leurs molécules de la chimie de ce qui les entoure, qu'il s'agisse d'air, d'eau ou de roche. Toute la vie, au bout du compte, est construite à partir des minéraux de la Terre. De nos jours, bien sûr, les réseaux trophiques sont disséminés partout autour de la Terre. Un individu buvant une tasse de thé accompagnée d'un biscuit au chocolat à Londres peut très bien être en train de consommer des atomes empruntés à plusieurs continents, et formés au cours de milliards d'années. Des ions absorbés par des théiers indiens dans un bosquet poussant sur un sol de gneiss au Gondwana, au Précambrien, puis projetés dans des versants escarpés de montagne à la suite de la collision des continents aux Éocènes. Des atomes absorbés par du blé à partir d'un loam glaciaire, puis transformés en farine comme si, une fois encore, se jouait l'action des glaciers du Pléistocène. Du cacao ivoirien, poussé grâce à de l'engrais créé à partir de dépôts de phosphates du Paléocène sur des sols de forêts humides tropicales perpétuellement recyclés, sols qui, à leur tour, sont issus des anciens sous-sols de granite, de quartz et de schiste du cœur géologique de l'Afrique de l'Ouest, qui, même à l'époque du biota de Chengjiang, reposent sous la terre depuis déjà environ 3 milliards d'années[16].

Un fait statistique régulièrement énoncé indique que chaque fois que vous inspirez, vous respirez des atomes qui, en leur temps, l'ont été par Shakespeare. Mais n'est-il pas nettement plus satisfaisant d'imaginer que vous ne cessez de vous réapprovisionner en atomes avec ceux qui, peut-être il y a encore seulement un an, appartenaient à une montagne, qui elle-même fut à une autre époque un plancher océanique ? En fait, il existe naturellement des transports de minéraux sur de longues distances – le bassin amazonien, par exemple, dépend de l'afflux annuel de sable soufflé depuis le désert du Sahara pour contrebalancer les minéraux qu'il perd en aval. Mais, la plupart du temps, dans le monde naturel, les chaînes alimentaires ne disposent pas de la luxueuse envergure mondiale qui caractérise les riches communautés modernes, et restent désespérément locales. Le Chengjiang ne fait pas exception[17].

Dans le courant du Chengjiang ondulant lentement, du zooplancton, de minuscules animaux qui flottent librement sans dépenser d'énergie, se nourrissent du phytoplancton et de bactéries. Des éponges en forme de loofah filtrent le plancton, tandis que des *Canadaspis*, des sortes de crevettes, créent de petits tourbillons de boue quand ils fourragent. Les « vers pénis » saillent de leur terrier, en quête de détritus ou, avec un peu de chance, d'une carcasse. Au-dessus, des anomalocarididés (soit les « étranges crevettes ») font de grands gestes de leurs bras-mâchoires, dans l'espoir de saisir une proie[18].

Un lobopode serpente sur le fond ; son corps ressemble à celui d'un ver de terre, long, cylindrique, et divisé en anneaux. Mais cette créature possède également sept paires de membres doux et flexibles, contrôlés par la pression hydrostatique et tous surmontés d'une griffe. De son dos dépasse un très très long piquant, légèrement écaillé. Cette créature étrange et vaguement extraterrestre a été appelée l'*Hallucigenia*. Les membres les plus proches des *Hallucigenia* à avoir survécu de nos jours sont des créatures énigmatiques et curieusement élégantes appelées les vers de velours. Ces créatures, qui vivent dans le doux humus des sols des forêts, ressemblent un peu à des limaces dotées de membres, mais avec la texture spongieuse d'une balle antistress. De nos jours, les vers de velours attrapent des insectes en leur projetant activement dessus une substance visqueuse et collante, mais, sous la mer, les *Hallucigenia* et leurs cousins lobopodes se contentent généralement de brouter les éponges[19].

Les premiers lobopodes présentent un mélange de caractéristiques qui empêche de leur assigner facilement une position sur l'arbre de la vie. La première partie du système digestif de l'*Hallucigenia*, le pharynx, est remplie de dents, ce qui fait penser à un arthropode, tandis que la partie plus basse de son système digestif, celle où les éponges sont brisées, est très proche de celle des crustacés. Le *Megadycton* et le *Jianhanopodia* sont deux lobopodes prédateurs qui se distinguent des autres par la taille de leur intestin – ils sont ce qu'ils mangent. Entre chaque paire de membres du lobopode, il y a huit ou neuf paires de culs-de-sac disposés sur le principal boyau qui agissent comme une glande unique permettant de digérer les carcasses qui ont été consommées, une stratégie physiologique qui a peut-être contribué à l'explosion de la diversité des arthropodes et de leurs proches. Mais l'*Hallucigenia* et les autres lobopodes disposent d'un autre tour dans leur sac de chair. Afin de localiser les proies et de repérer les autres prédateurs, ils ont, à l'instar d'un grand nombre de leurs contemporains du Cambrien, développé une capacité extraordinaire et radicalement nouvelle chez les animaux. Ils sont devenus capables de détecter et d'utiliser le rayonnement électromagnétique. Autrement dit, ils ont des yeux[20].

Pour un être vivant, le monde est saturé d'informations, et seulement quelques-unes d'entre elles sont utiles. Accorder une signification à une information et réagir en fonction de cette dernière est le fondement de tout comportement – un organisme qui réagit de manière adéquate à de nouveaux événements dans un environnement donné survivra plus longtemps. Les sens les plus simples sont chimiques, capables de détecter les molécules avoisinantes. Cela inclut les capacités chimiosensibles des bactéries, qui cherchent des gradients dans leur concentration de nourriture, et se déplacent dans la direction de ces derniers – l'équivalent de l'ascension d'une colline en se contentant de sentir la déclivité sous ses pieds. Le goût et l'odorat des animaux sont également chimiques, et la plupart des espèces sont capables de détecter le salé, l'acide, et tout autre élément chimique qui pourrait s'avérer pertinent. Mais la détection des éléments chimiques locaux n'est que l'une des formes que peuvent revêtir les sens. Les champs magnétiques, la direction de la gravité ou encore la température contribuent tous à s'orienter dans un environnement – et à y réagir de façon appropriée. Ces sens possèdent une histoire de plusieurs milliards d'années. Pendant la plus grande partie de ce laps de temps, la lumière a certes été détectée, mais n'a constitué une source d'énergie utile que pour les cyanobactéries et les autres créatures photosynthétisantes. En revanche, avec les débuts d'un monde dans lequel les créatures se déplacent rapidement, un monde dans lequel les variations de croissance ou les lentes migrations ne sont plus suffisantes pour assurer la survie, la lumière est devenue importante non seulement en tant que source d'énergie, mais aussi en tant que source d'information[21].

Il est tentant de considérer la capacité de voir comme un acquis, peut-être pour la simple raison que cette capacité est si incroyablement utile qu'elle est plus ou moins omniprésente dans la vie multicellulaire. Les plantes détectent les ondes lumineuses et poussent dans leur direction, mais leur manière de vivre est suffisamment lente pour qu'elles n'aient pas besoin d'organes spécialisés pour faire converger la lumière – elles ont juste besoin de savoir qu'elle est là. Quand les animaux deviennent plus actifs, leurs réactions ont besoin de devenir plus rapides, et beaucoup d'entre eux profitent du fait que certaines longueurs d'onde du spectre électromagnétique se réfléchissent sur d'autres surfaces. L'*Hallucigenia*, en particulier, a des yeux qui ressemblent à ceux des premiers arthropodes et assimilés, mais il existe en réalité une immense variété d'organes de la vue[22].

Les yeux des trilobites sont les plus impressionnants. Tout comme chez les autres arthropodes, ils sont composés d'innombrables lentilles individuelles d'environ un dixième de millimètre de diamètre, fixées en place et pointant chacune dans une direction différente. Ainsi, le trilobite dispose d'une représentation du monde détaillée et mosaïque. Chaque cellule est construite à partir d'un cristal de calcite – un minéral transparent à travers lequel la lumière prend la forme d'une image nette. Les lentilles des yeux des vertébrés ont besoin d'un muscle pour faire converger la lumière, avançant et reculant, se tordant dans un sens ou dans un autre, et ce, afin de leur permettre de voir une image détaillée quelle que soit la distance choisie – c'est ce qu'on appelle l'accommodation. Ce mécanisme est loin d'être parfait : à n'importe quel moment donné, nous ne pouvons voir précisément un objet qu'à une seule et unique distance. Si vous faites le point sur votre main placée devant votre visage, vous serez incapable de voir les détails du tableau accroché au mur de l'autre côté de la pièce. Toutefois, les yeux de certains trilobites qui vivaient au Cambrien supérieur sont bifocaux, et utilisent des lentilles faites de deux matériaux différents et disposant de propriétés réfractives différentes. Cela leur permet de se concentrer simultanément sur de petits objets flottant à quelques millimètres de distance et sur des objets lointains, et même, théoriquement, à une distance infinie, sans la moindre modification – bien peu d'espèces ont par la suite développé cette capacité. La plupart des animaux de Chengjiang ont une vue relativement bien développée, et des cerveaux devenus suffisamment puissants pour traiter ces informations. La pression de sélection pour développer une bonne vue pendant le Cambrien a dû être particulièrement intense[23].

Cette pression, peut-être, est due au superprédateur de Chiengjiang. Son nom inquiétant, *Omnidens amplus* – « grande dentition » –, est un indice de la nature prédatrice de ce ver pour le moins particulier. Certains des chercheurs qui l'ont étudié le comparent au sarlacc, le ver gigantesque et carnivore caché dans le sable de la planète Tatooine, dans *Le Retour du Jedi.* Long de 150 centimètres, large et plat comme un skate-board, le véritable *Omnidens* est un ancien parent des arthropodes, et est probablement bien plus éloigné de l'ensemble des autres êtres vivants. Rampant sur le fond marin à l'aide de ses 24 membres charnus, sa gueule, une massue circulaire sur laquelle se dressent 16 épines en forme de doigts de sorcière, reste cachée. Quand l'*Omnidens* a faim, il peut ouvrir ses épines à la façon d'un objectif d'appareil photo pour faire sortir ses véritables pièces buccales : jusqu'à 6 spirales de dents, chacune à 6 pointes, entourent l'entrée de son système digestif[24].

À Chengjiang, les autres superprédateurs sont ceux qu'on appelle les arthropodes « à grands appendices ». Avec leurs yeux de crapaud fixés au bout d'une tige, leurs plaques d'armure de homard alignées comme une dizaine de paires d'ailes, leur ondulation de dauphin, leur queue évasée et leurs appendices préhensiles, ils forment une espèce pour le moins étrange. Les grands appendices vont également par deux : il s'agit de deux grands crochets pointus à l'avant de la bouche, aussi flexibles que des doigts, et capables de capturer une proie. D'après la manière dont les cerveaux des arthropodes « à grands appendices » sont câblés, ces crochets semblent être des structures homologues – c'est-à-dire différentes versions du même organe – aux crochets des chélicérates, comme le prédateur des minuscules trigonotarbides de Rhynie ou les scorpions de mer barbotant dans la polynie de Soom. L'*Anomalocaris*, l'un des arthropodes « à grands appendices » les plus connus, possède également un système digestif proche de celui des lobopodes, ce qui en fait une autre créature hybride. Les anomalocarididés de Chengjiang peuvent atteindre 2 mètres de long, ce qui les rend gigantesques comparés à n'importe quel autre élément de cet écosystème[25].

Dès cette époque, il est possible d'identifier des comportements modernes. De tout petits arthropodes détalent dans la boue, chacun portant une coquille incurvée composée de deux moitiés et séparée au milieu par un pli. Chaque moitié de coquille ressemble à une lune gibbeuse ou à des pétales de monnaie-du-pape. Ils possèdent 7 paires de pattes qui ondulent quand ils se déplacent. Il y en a absolument partout : ils composent plus des trois quarts de la communauté. Chacune de leurs pattes abrite une structure secondaire, une branchie, mais les femelles des *Kunmingella douvillei* ont adopté une innovation évolutive. Des œufs minuscules, de moins d'un cinquième de millimètre de diamètre, sont attachés à chacune de leurs trois dernières paires de pattes. Chaque femelle peut transporter environ 80 œufs, protégés sous sa coquille. Depuis le début de l'histoire de la vie, la *Kunmingella* fait partie des tout premiers animaux à couver leurs œufs avant qu'ils n'éclosent. Le *Fuxianhuia* est censé être également un couveur ; un adulte a par ailleurs été trouvé aux côtés de quatre juvéniles du même âge, ce qui en fait le cas le plus ancien, dans le registre fossile, d'une attention parentale s'étendant au-delà de l'éclosion. Toutes ces créatures ont une chose en commun : elles ont une progéniture composée d'un petit nombre de petits de grande taille, l'une des options reproductives qui déterminent l'histoire de vie de toutes les créatures sur cette planète[26].

Il y a une limite à l'énergie qu'un organisme peut dépenser pour sa reproduction mais, d'un point de vue évolutif, il n'a pas le choix s'il veut éviter l'extinction de son espèce. Il existe donc un équilibre entre, d'un côté, dépenser toute son énergie dans un unique acte reproductif et perdre la vie au passage et, de l'autre, consacrer toute son énergie à la survie et ne jamais procréer. La quantité optimale d'énergie consacrée à la reproduction, tout comme le moment où celle-ci débute, varie énormément en fonction des espèces et dépend de quelques facteurs principaux. La mort, comme toujours, est le facteur le plus pressant. Si les adultes d'une espèce ont un taux de mortalité particulièrement élevé, il est logique en termes évolutifs que la reproduction ait lieu le plus tôt possible dans la vie d'un individu, afin de pallier le risque d'une mort prématurée. Là où les adultes ont un taux de mortalité moins élevé que les juvéniles, il s'ensuit que, parvenu à l'âge adulte, et pouvant espérer une plus grande durée de vie, un individu aura peut-être une plus nombreuse progéniture, et ce, tout au long de sa vie. Quand des rejetons peuvent être produits à plusieurs reprises au cours de la vie, il est logique d'investir beaucoup dans chacun d'entre eux, et de maximiser les chances pour que cette progéniture survive au-delà d'un stade juvénile beaucoup plus risqué. D'autres facteurs, comme la manière dont ces taux de mortalité varient en fonction de la densité de la population, de la disponibilité en nourriture, ou encore de la saisonnalité, ajoutent une nouvelle couche de complexité. De manière générale, cependant, une espèce qui met beaucoup de temps à devenir mature et qui a peu de petits à la fois, comme les humains, les *Kunmingella* ou les *Fuxianhuia*, possède un taux de mortalité infantile naturellement élevé – compensé par l'incroyable quantité d'efforts consacrée à élever chaque individu. Avec moins de petits à un moment donné, le risque de mettre tous ses œufs dans le même panier est contrebalancé par une plus grande probabilité de survivre et de pouvoir procréer de nouveau si la fournée actuelle ne survit pas[27].

Ces expérimentations valorisant la qualité plutôt que la quantité comme méthode de reproduction sont la preuve de la stabilité sur le long terme de la faune du Cambrien. Même si des orages réguliers peuvent endommager à un niveau local la communauté du fond marin, cette dernière est capable de se rétablir. Loin d'être uniquement une période explosive de changement radical, l'écologie du Chengjiang a également été suffisamment stable et suffisamment prévisible pour que les forces de la sélection naturelle n'aient pas sévèrement puni le pari sur la vie consistant à avoir une progéniture peu abondante à un moment donné.

Le long de la côte de Chengjiang, il n'y a peut-être pas de manifestation vitale pour marquer le passage de l'année, pas de floraison, pas de chute de feuilles, pas d'essaims d'insectes, mais la Terre reste quoi qu'il en soit sujette à deux saisons, l'humide et la sèche. Même si la communauté parvient à persister durant les deux saisons, aucun fossile n'est préservé pendant la saison sèche. C'est là le paradoxe central, celui qui est au cœur de la paléontologie, en vertu duquel à peu près toutes les informations que nous avons sur la vie ne proviennent que de la mort. Les lieux où les fossiles sont préservés peuvent nous montrer les conditions de vie au moment de la mort, ou bien le lieu où le cadavre a fini par reposer. Les traces fossiles sont ce qu'il y a de plus proche d'une observation directe de la vie – des comportements solidifiés. Mais, le plus souvent, le chercheur ne dispose pas de corps à associer à la trace, et l'auteur de cette dernière doit être inféré. Nous savons déjà que différentes conditions peuvent altérer la probabilité qu'une carcasse devienne un fossile, mais la fossilisation est affectée non seulement par l'espace, mais aussi par le temps. À la saison sèche, le flux de l'eau douce est plus lent. Le plateau continental reste salé, et la décomposition est rapide. Pendant la saison humide, les orages s'en donnent à cœur joie, les vagues s'écrasent, les fleuves rafraîchissent l'océan, et le sédiment est coagulé en une texture orageuse appelée la tempestite. C'est seulement dans la mesure où le fond marin s'immobilise et accueille du silicate terrestre que les carcasses peuvent être enterrées. Dans le fond argileux, riche en fer mais très pauvre en carbone, les bactéries avides de minéraux s'installent pour se nourrir des restes, et, en réduisant le fer, convertissent les muscles et les autres tissus mous en pyrite, comme si ces derniers avaient été touchés par le roi Midas en personne[28].

L'idée d'un Cambrien qui aurait été le théâtre d'une explosion frénétique après 4 milliards d'années d'inactivité est en partie une illusion, fondée sur les caractéristiques des animaux du Cambrien – et plus précisément leurs parties solides. Les pièces buccales, les exosquelettes et les yeux minéralisés sont tous bien mieux préservés dans le registre fossile que les muscles et les nerfs. Ces parties solides sont considérées comme des adaptations à ce nouveau monde, un monde de prédation : le Cambrien est le moment où la vie multicellulaire s'est véritablement retournée contre elle-même pour obtenir sa nourriture. La pression pour survivre dans ce monde a fait apparaître des outils de plus en plus spécialisés pour chasser et échapper à la capture. Il s'agit d'un développement crucial dans l'origine des écosystèmes tels que nous les connaissons aujourd'hui, une nature rougie par les gueules et les appendices carnassiers, mais l'explosion du Cambrien n'est pas le commencement. Avant que les bilatériens ne surgissent sur le devant de la scène en faisant un raffut de tous les diables, avant la compétition et le chaos, l'ascension et la chute d'une multitude d'organismes connus et inconnus, il existait d'autres communautés multicellulaires. Attachés au fond marin de Chengjiang, quelques animaux ressemblant à des plumes, des *Stromatoveris*, se balancent doucement dans le courant, badauds issus d'un autre éon, plus pacifique, qui se seraient un peu attardés pour assister au spectacle. Et, en effet, il nous reste un site à visiter, dans l'étrange calme qui précède la tempête[29].

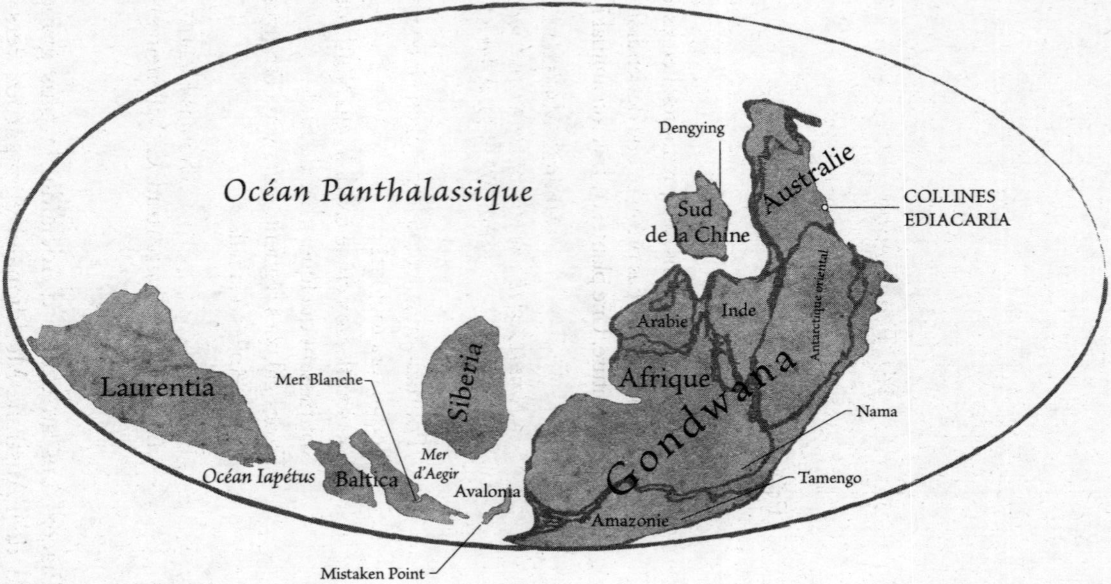
Océan Panthalassique
Dengying
Sud
de la Chine
Australie
COLLINES
EDIACARIA
Arabie
Inde
Antarctique oriental
Afrique
Gondwana
Nama
Tamengo
Amazonie
Laurentia
Mer Blanche
Siberia
Mer
d'Aegir
Océan Iapétus
Baltica
Avalonia
Mistaken Point

16. Émergence

Colline Ediacara, Australie
Édiacarien – il y a 550 millions d'années

« La nature, dans ses premières heures de création, n'avait pas prévu ce que deviendrait sa progéniture. Une plante, ou bien un animal ? »

Athénaïs MICHELET,
Nature, or the Poetry of Earth and Sea
(trad. W.H.D. Adams)

« Pourtant, fragment de cette plaine inconnue
Hodge sera toujours ;
Son souffle, son crâne candide, du Nord issus
Nourrissent quelque arbre du Sud,
Et des galaxies règnent, leurs yeux étranges,
Sur ses étoiles à jamais. »

Thomas HARDY,
Le Tambour Hodge (trad. G. Villeneuve)

Placez-vous au centre d'Adélaïde, la plus grande ville de l'Australie-Méridionale, et regardez vers le nord. Illuminée par le soleil de midi, la route qui relie

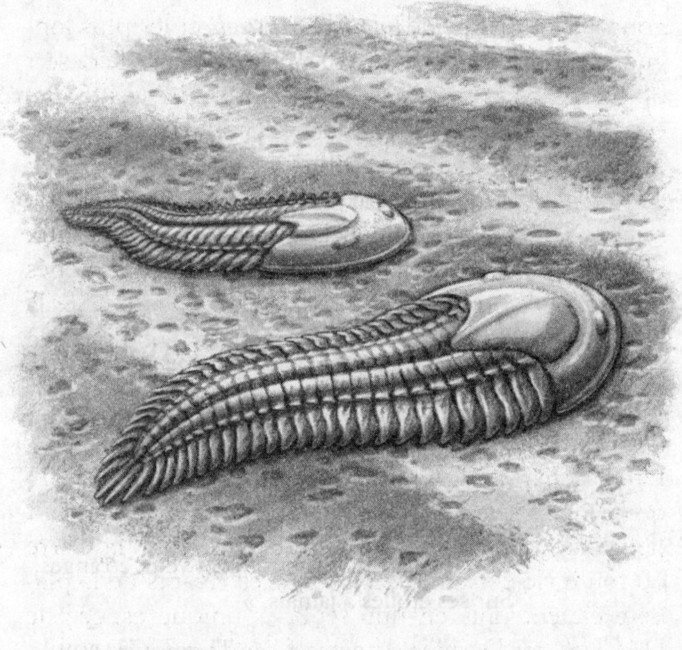

Spriggina floundersi

Adélaïde à Port Augusta passe à travers la chaîne des Flinders, l'une des plus anciennes chaînes de montagnes continues du monde, avant de traverser les immenses déserts du centre de ce gigantesque pays. Poursuivez ce chemin suffisamment longtemps, et il deviendra plus étroit, plus poussiéreux, et encore plus isolé, à travers les terres des émeus et des kangourous, les maquis d'eucalyptus secs, et les plus longues dunes de la Terre qui se déplacent dans le désert de Simpson. La terre, ici, est encore plus vieille que celle de la chaîne de Flinders, et fait partie de l'ancienne aire continentale – ou craton – de l'Australie ; elle contient des minéraux déposés sous la forme de minerais il y a des milliards d'années. Arrivée aux mines de Mount Isa, là où ces métaux sont arrachés aux entrailles de la Terre sur une grande échelle, la route s'incurve vers l'ouest, et finit par rejoindre la plus grande ville du Nord, Darwin[1].

Le voyage à travers l'histoire de la vie est par moments incroyablement long. Exprimé en des termes physiques, il faut imaginer la ville de Darwin, qui porte certainement bien son nom, comme point de départ de cette époque de l'histoire de la Terre où toute vie existante, tous les êtres vivants de la planète étaient unis en une seule et unique espèce, le DACU – ou Dernier Ancêtre Commun Universel –, tandis que le centre d'Adélaïde marquerait l'époque actuelle. En voyageant le long de cette route, chaque millimètre à travers la chaîne des Flinders est l'équivalent d'une année ; chaque kilomètre de ce voyage qui en compte 3 500 représente donc un million d'années en arrière dans l'histoire de la vie en Australie.

Faites un pas depuis le centre d'Adélaïde, et il n'y a plus d'influence coloniale. Encore 17 mètres, et ça y est, nous sommes de retour au Pléistocène, au temps de la steppe à mammouths septentrionale, quand les humains se partageaient l'Australie avec des wombats de la taille d'une vache, des pythons géants, et des *Thylacoleo*, ces parents félinesques des koalas connus sous le nom de « lions marsupiaux », de bons grimpeurs dotés de deux prémolaires terriblement acérées. À un pâté de maisons de notre point de départ, l'histoire humaine sur le continent australien n'a pas encore commencé. Quand les limites de la ville sont dépassées, et que nous nous retrouvons à une distance de marathon du centre, nous sommes déjà de retour dans l'Éocène, quand les marsupiaux habitaient de grandes forêts luxuriantes depuis l'Australie jusqu'à l'Amérique du Sud en passant par l'Antarctique. Et il nous reste encore quasiment tout un continent de temps à traverser[2].

Continuons donc à marcher, à nous enfoncer de plusieurs centaines de millénaires en longeant la route et en remontant le temps. Le craton australien flotte autour du monde, épouse d'autres continents, en divorce, tandis que le niveau de la mer monte et descend, tout comme les espèces apparaissent et disparaissent, avant qu'au bout du compte la vie abandonne les terres pour leur préférer les flots salés. Après une randonnée d'une quinzaine de jours, 550 kilomètres de marche et 550 millions d'années dans le passé, nous nous trouvons enfin parmi les collines Ediacara. Arrêtons-nous un instant pour prendre nos marques. Devant nous, dans l'outback infini du tout début de l'histoire de la Terre, nous ne trouverons que des microbes[3].

Rien ne vit sur la terre ferme, et rien n'y a d'ailleurs jamais vécu. Les mers peuvent bien s'évaporer et pleuvoir sur les terres, elles n'arrosent d'aucune vie le sol sablonneux. Au cours de l'immense bâillement du temps géologique, les montagnes se sont contentées de s'élever lors d'un soulèvement tectonique, avant, une fois encore, d'être érodées par les forces élémentaires, coulant en boue et en sable sous l'action d'une pluie sans vie. Sur la pente escarpée qui mène à l'ancienne côte australienne, un cours d'eau en tresses serpente vers la mer, son large cours en perpétuel changement déviant d'un côté à l'autre comme la pluie sur une fenêtre, tandis que les sédiments amenés depuis les collines s'accumulent, forment des bancs et des îlots. La sédimentation, la compaction, la minéralisation, peut-être un peu de métamorphisme, de soulèvement et d'érosion. Un infatigable cycle de minéraux, encore et encore, d'une côte à l'autre. Il en est ainsi depuis que les continents se sont solidifiés et que les océans se sont formés, il y a 3,9 milliards d'années. Et les mers sont certainement étincelantes ce soir, sous la lumière de l'immense pleine lune sertie dans le ciel édiacarien[4].

Pour nos yeux habitués aux constellations modernes, même le ciel étoilé est très différent. Nous pensons aux étoiles comme à des éléments permanents, fixés dans le firmament, mais elles bougent en fonction du Soleil. L'Édiacarien est situé à plus de deux années galactiques dans le passé – cela signifie que le système solaire a pendant ce laps de temps opéré deux fois sa révolution autour du trou noir situé au centre de notre galaxie, un voyage total de 350 000 années-lumière. Nos voisins stellaires les plus proches ont leur propre trajectoire, et nous les avons tous laissés derrière nous. Même si nous ne les avions pas distancées, un grand nombre d'étoiles dont nous sommes aujourd'hui familiers n'existent tout simplement pas encore. Nous sommes peut-être dans l'hémisphère Nord, mais vous n'avez aucune chance de vous repérer grâce à l'étoile Polaire, qui n'a commencé à briller qu'au Crétacé. Aucune des sept étoiles qui composent les épaules, les pieds et la ceinture d'Orion n'existe avant le Miocène. Sirius, la plus brillante des étoiles de l'époque moderne, a certes une longue histoire, et pourtant sa naissance au Trias est plus proche de notre Holocène que de l'Édiacarien. Deux des cinq étoiles de la constellation en W de Cassiopée sont suffisamment vénérables pour exister quelque part dans la galaxie, mais, dans son ensemble, le canevas à partir duquel nous aimons à dessiner des formes dans les cieux n'existe pas encore[5].

Même la Lune est surprenante. Depuis qu'une collision entre un énorme astéroïde et une jeune Terre en fusion a projeté la Lune dans le ciel, elle s'est lentement écartée de la Terre, et continuera à le faire. À l'échelle ridicule de l'histoire humaine, elle a à peine bougé, mais de petits changements se sont tout de même accumulés en 550 millions d'années, la Lune édiacarienne est 12 000 kilomètres plus près et 15 % plus brillante que l'astre décrit par le plus romantique de tous les poètes. Attardez-vous un peu, et vous découvrirez que le jour est également plus court, et que deux levers de soleil ne sont séparés que de vingt-deux heures – par la suite, la friction ralentira progressivement la rotation de la Terre. C'est un monde véritablement étranger, plus proche d'une Mars aqueuse que de la Terre telle que nous la connaissons aujourd'hui. Et pourtant, dans l'eau s'épanouit déjà une vie complexe[6].

Tout cela se déroule avant le début du Phanérozoïque, l'éon géologique au cours duquel le monde biologique commencera à ressembler au nôtre. Passer de l'origine de la vie dans les cheminées hydrothermales alcalines des mers profondes à ces mers-ci a pris au bas mot 3,5 milliards d'années. Le premier milliard d'années a été assez tranquille, avant que les cyanobactéries n'aient découvert la magie de la photosynthèse et ne se soient attelées à pomper de l'oxygène dans l'atmosphère pendant une période de plus de 10 millions d'années. L'oxygène, un gaz extrêmement réactif, a provoqué l'oxydation du fer dissous dans les océans, qui a lui-même coulé pour former des couches de roches ferrugineuses rouges, faisant littéralement rouiller les océans partout sur la planète. La Terre a gelé encore et encore au cours de l'une des séries de périodes glaciaires, parmi les plus grandes à avoir jamais assailli la planète. Les calottes glaciaires ont avancé depuis les pôles jusqu'à l'équateur, si bien que la plus grande partie du globe était couverte de neige et de glace – c'est qu'on appelle l'hypothèse de la « Terre boule de neige ». La glace était si épaisse aux latitudes les plus hautes que les glaciers ont glissé sur des calottes glaciaires qui s'élevaient des centaines de mètres au-dessus de la surface de la mer, tels des fleuves d'eau solide faisant fi du monde liquide situé sous eux. À l'équateur aussi, les glaciers continuaient à couler, même si nous savons qu'au moins une partie de ces eaux tropicales n'étaient pas recouvertes en permanence par la glace[7].

Alors que les glaciers recouvraient le monde, les seuls organismes qui se nourrissaient des rayons du Soleil étaient les cyanobactéries. Elles se développaient mieux que les autres dans les océans pauvres en oxygène, quasiment un désert en termes de nutriments. Seuls les flots glacés des fleuves d'eau fondue apportaient suffisamment d'oxygène dans les mers pour permettre la sauvegarde de la vie aérobique. Quand la boule de neige a commencé à dégeler, la glace fondue a emporté la surface continentale et a dragué des millions de tonnes de phosphate dans l'océan, créant les conditions d'une prise de pouvoir par les algues. D'un coup, l'avantage décisif dont disposaient les cyanobactéries – leur capacité à absorber les nutriments rapidement grâce à leur petite taille – n'était plus pertinent. Les organismes plus grands étaient désormais capables de rester dans la course, et les cyanobactéries suffisamment nombreuses pour devenir la proie des plus gros microbes. Être grand est un avantage pour un prédateur, même à l'échelle d'une cellule microscopique, et c'est à cette époque que les algues multicellulaires devinrent communes. Au début de l'Édiacarien, il n'y avait quasiment pas d'oxygène dans les mers, mais les grandes fluctuations qu'a connues leur chimie durant les dizaines de millions d'années qui ont suivi ont fini par transformer un monde anoxique en un nouvel océan bien mélangé, une instabilité qui a peut-être, en tant que telle, été le moteur de l'innovation évolutive[8].

La multicellularité avait déjà évolué à de nombreuses reprises par le passé, incluant peut-être des organismes proches des plantes et des algues rouges pendant le milliard d'années qui a précédé l'époque actuelle, mais c'est pendant la « Terre boule de neige » et juste après que les organismes autocoopérants ont émergé pour changer à jamais les écosystèmes mondiaux[9].

De nouvelles écologies sont devenues possibles et une autre manière de vivre est apparue. Avec la multicellularité vient la division du travail, la spécialisation des différentes cellules en tissus, chacun avec un rôle spécifique à jouer. Quand les groupes se transforment en individus, les formes peuvent être contrôlées et optimisées en fonction de leur objectif, et la reproduction être plus étroitement contrôlée. C'est dans ces océans tout juste devenus tempérés, ces mers peu profondes et limoneuses situées sur les abords de continents caillouteux et ravagés, lors de la période appelée l'Édiacarien, que la vie s'impose enfin[10].

Quand apparaît l'écosystème qui a été préservé dans les collines Ediacara, cela fait déjà 20 millions d'années que la vie existe à l'échelle macro. La première vie multicellulaire connue vient d'un fond marin boueux du plateau continental situé sur les marges méridionales de l'océan Iapétus, sur un terrane d'environ la taille de Madagascar appelé Avalonia – du nom de l'île sur laquelle fut emmené le roi Arthur, mortellement blessé après sa défaite à Camlann, pour y dormir jusqu'à ce qu'on fasse de nouveau appel à lui. Les restes d'Avalonia, mais pas toujours ceux des organismes y ayant habité, peuvent être trouvés dans les plaines de la Frise et de la Saxe, dans les parties méridionales de la Grande-Bretagne et de l'Irlande, à Terre-Neuve et en Nouvelle-Écosse, ainsi que dans certaines parties du Portugal. C'est un lieu ancien dont seuls des fragments ont survécu, éparpillés le long des marges brisées des continents[11].

Sur l'une de ces marges, sur la péninsule de Terre-Neuve répondant au doux nom de Mistaken Point (« la pointe erronée »), des empreintes ressemblant à des plumes recouvertes de cendres volcaniques révèlent les traces du premier grand organisme connu. Au large des côtes d'Avalonia, la toute première vie multicellulaire s'éveille de son sommeil cryogénique pour conquérir le monde. Le temps que les collines Ediacara se forment, et ces écosystèmes qui s'étendent de la Russie à l'Australie sont devenus étonnamment complexes[12].

Le ciel édiacarien peut bien être brillant et éclairé par la Lune, l'eau reste trouble et traversée par des orages. Sous les vagues, puissantes et glaciales, il est difficile de distinguer quoi que ce soit au milieu du limon d'un marron sombre. L'eau devient plus claire au fur et à mesure que l'on s'éloigne des côtes et que le fond marin se fait plus profond. Il n'y a pas de poissons, rien qui nage activement. Presque tout ce qui vit ici est attaché au fond marin et échappe aux mouvements du dessus. À la surface, la marée montante amène de gros rouleaux, et chaque poche d'eau tourbillonne en des cercles verticaux étourdissants. Juste en dessous de la surface, il n'y a que turbulence et chaos, mais en descendant le calme revient : le mouvement circulaire devient de moins en moins perceptible à mesure que le monde se fait plus bleu, plus sombre, plus immobile[13].

À certains endroits, le fond est recouvert d'une couche ferme et plissée, que seule sa texture permet de distinguer du reste du fond marin, tels les plis d'une peau rugueuse de rhinocéros contrastant avec la douceur de sucre en poudre du fond de sable de quartz. Cette texture rugueuse est le tapis microbien recouvrant l'interface entre terre et eau, une structure écologique qui existe depuis déjà des milliards d'années. Les deux domaines les plus simples de la vie, les bactéries et les archées, se sont nourris et se sont reproduits à Ediacara depuis des milliers d'années, construisant chaque couche en stabilisant le fond marin, et formant une couche supérieure homogène, comme la peau d'une crème renversée. Là où les microbes sont des cyanobactéries, les tapis microbiens constituent souvent des sortes de blocs distincts appelés des stromatolites, des structures en forme de gros rochers visqueux grandissant lentement en direction de la lumière. Ailleurs, comme dans ce delta, les tapis sont plats, une mince feuille de vie plissée sur le fond de l'océan. Seules les quelques couches supérieures sont vivantes à un moment donné, mais les générations combinées de millions de cellules microscopiques signifient que ces tapis peuvent atteindre plusieurs centimètres d'épaisseur[14].

Des formes plumeuses s'élèvent dans l'eau jusqu'à 30 centimètres au-dessus de ces parcelles de tapis microbiens. Des créatures en forme de ballons de rugby nervurés, d'à peine un centimètre de diamètre, dérivent entre ces dernières. Au-dessus plane un étrange cône, une soucoupe volante miniature qui tourne sur elle-même en dérivant avant de se poser une nouvelle fois sur le fond. De plus près, on peut observer que cette créature indistincte est composée de 8 stries, qui descendent en spirale depuis le sommet du cône jusqu'à sa base, dans le sens des aiguilles d'une montre, tels des toboggans en colimaçon qui flotteraient de manière hypnotisante. Incapable de se déplacer à grande vitesse dans l'eau, et médiocre nageur, il lui arrive tout de même de quitter son foyer pour s'aventurer à l'extérieur du tapis microbien. On trouve ces créatures dans la quiétude des eaux calmes situées sous la « zone d'action des vagues de tempête », et, quand elles nagent, elles croisent la route d'êtres vivants encore plus étranges, comme suspendus dans l'eau. La vie multicellulaire est déjà complexe, et il s'agit en réalité de l'une des toutes premières créatures que nous pouvons sans l'ombre d'un doute appeler un « animal ». L'*Eoandromeda* – nommé ainsi car, aplati au cours de sa fossilisation, ses huit bras évoquent la galaxie en spirale d'Andromède – est une lanterne dans l'obscurité édiacarienne, l'une des rares formes de vie de la région à être reconnaissable à quelque distance. La parenté exacte de l'*Eoandromeda* nous reste pour l'heure inconnue. Certains ont émis l'hypothèse que sa symétrie octuple, avec ses structures en vagues situées sur chaque bras, en fait un parent des cténophores, ou cténaires, ces magnifiques animaux qui de nos jours nagent librement dans les océans et irradient de lumière grâce à leurs cristaux photoniques – une lumière qui fait office d'appât pour attirer leurs proies. Mais cette similarité est peut-être superficielle[15].

Chaque fois que nous parvenons à placer avec assurance une créature disparue sur l'arbre de la vie, notre connaissance des autres branches de l'arbre s'accroît également. Connaître l'héritage d'un organisme nous permet de comprendre la séquence des événements au sein du temps évolutif, d'élucider la nature des anatomies ambiguës, et d'en apprendre plus sur les histoires de vie. Pour d'autres questions, il s'avère parfois plus pertinent de décrire la manière dont une espèce agit et interagit avec ses voisins, et de la juger non pas en fonction de son héritage mais bien plutôt de ses actions. L'*Eoandromeda* est extrêmement répandue, et on peut la trouver partout dans le monde, depuis l'Australie, au nord, jusqu'à la Chine, au sud. Si l'on considère toute l'ambiguïté qui teinte son anatomie et sa biologie fonctionnelle, comparée avec le reste du biota de l'Édiacarien, la suggestion selon laquelle l'*Eoandromeda* appartiendrait à la famille des cténophores est relativement précise, même si elle n'est en aucun cas avérée. S'il s'agit bien d'un cténaire, cela devrait signifier que d'autres groupes, comme les éponges, les cnidaires qui utilisent un harpon pour se nourrir, ou encore les créatures semblables à des vers symétriques et bilatéraux, devraient également se trouver dans les environs, mais les identifier est clairement une autre paire de manches.

La vie édiacarienne rend les scientifiques perplexes depuis la découverte de ses tout premiers spécimens. L'idée reçue avait jusque-là été qu'il n'existait aucun fossile macroscopique datant du Précambrien. Le registre remontait au Cambrien, pas plus haut. Par conséquent, les toutes premières découvertes dans les collines Ediacara furent assignées au Cambrien inférieur. Puis, en 1956, dans la forêt de Charnwood, dans le Leicestershire, les traces d'un fossile particulier en forme de plume furent découvertes par une jeune fille âgée de quinze ans, Tina Negus, dans de la roche qui datait sans l'ombre d'un doute du Précambrien – même si personne ne l'a crue au début. Quand un autre étudiant, Roger Mason, montra le site au professeur de géologie local, cet organisme fut décrit et baptisé *Charnia*. Plus tard, il en fut retrouvé d'autres à Mistaken Point, dont on établit qu'ils étaient identiques à ceux d'Ediacara et de Siberia. Certaines créatures, comme le *Charnia*, continuent à résister à une classification précise. Vivant, le *Charnia* est charnu, en forme de plume, avec une série de barbes remplies de fluide partant d'un rachis central flexible, le thalle ancré dans le sédiment par un gros crampon enterré. Les thalles se reproduisent en se clonant, et des filaments en forme de fil, des stolons, relient ensemble ces crampons pour former un réseau maillé qui permet à ces organismes de se partager la nourriture. Même s'ils ne ressemblent à rien de vivant aujourd'hui, le *Charnia* et de nombreux autres organismes édiacariens ont quoi qu'il en soit appartenu à l'histoire du royaume animal[16]. La question qui reste est de savoir quel rôle ces créatures ont pu jouer.

Tout bien considéré, c'est tout un monde d'incertitude qu'abritent ces tapis microbiens. Il existe par exemple des rassemblements fumants de créatures arrimées au tapis, des centaines par mètre carré, chacune formant une tour fièrement dressée composée de divers renflements, telle une corde à nœuds, un peu comme si Gaudí avait décidé de dessiner une ville industrielle. Entre ces quilles de bowling se trouvent des disques quasiment plats, marqués de nervures spiralées, comme d'immenses empreintes digitales dans la boue.

La fumée d'un blanc laiteux qui dérive lentement depuis le groupe de tours fait partie d'une adaptation écologique révolutionnaire. Chaque tour est un individu appartenant à l'espèce des *Funisia dorothea*, ou Dorothy's Rope (« corde de Dorothée »), et, même si les algues se reproduisent de manière sexuée depuis déjà un demi-milliard d'années, ce sont là les premiers parents clairement sexués. Le sexe est si profondément associé à quelque chose que pratique la grande majorité des animaux qu'il est facile d'oublier qu'il s'agit d'une stratégie écologique comme une autre. Sans sexe, les rejetons sont des clones de leurs parents. Quand produire un maximum de descendants est le seul paramètre à prendre en compte pour évaluer le succès évolutif, le clonage est clairement la solution idéale. Toutefois, comme tous les clones sont identiques, cette stratégie comporte des risques spécifiques. Les clones seront bien adaptés au même environnement que leurs parents, mais si le monde se réchauffe, ou devient plus acide, ou si la nourriture se fait plus rare, ils échoueront – ou réussiront – tous de la même manière. Les animaux asexués ne vivent généralement pas sur de très longues périodes de temps d'évolution, même s'il existe quelques exceptions. Dans un monde variable, le sexe est une manière de brouiller le code génétique avec de nouveaux matériaux, afin de ne pas mettre tous ses œufs (métaphoriquement et littéralement parlant) dans le même panier, et d'augmenter ainsi la probabilité qu'au moins quelques individus survivront. Même un tout petit peu de reproduction sexuelle permet de contrebalancer les désavantages du clonage, si bien que les « cordes de Dorothée » font un peu des deux[17].

Les disques qui reposent parmi les fils des « cordes de Dorothée » sont des *Dickinsonia*, des brouteurs de bactéries. Chaque sillon marque un nouveau segment de croissance, une paire commençant à midi et migrant lentement dans chaque direction pour se rejoindre à 6 heures, comme une guirlande en accordéon. Si étrange que cela puisse paraître, ces créatures aussi sont plus proches d'un animal que n'importe quel autre être vivant, et elles laissent derrière elles des traces d'une forme de cholestérol, l'une des signatures moléculaires des animaux. Leur développement suggère même qu'elles sont sans doute plus proches de nous que ne le sont les éponges. Regardez-les suffisamment longtemps, et vous les verrez remplir la part « animée » de la vie animale. Elles bougent de manière régulière, se reposant sur le tapis microbien avant de se déplacer à nouveau, une fois que les ressources en nourriture ont été épuisées[18].

Mais il y a davantage de mouvements que les seuls déplacements intermittents des *Dickinsonia*. Dans les eaux peu profondes alentour, là où les courants des vagues se font plus forts, il y a des canaux dans le sable, des sillons aux bords légèrement surélevés, comme si l'on avait fait glisser des doigts sur le fond marin. Le créateur de ce sillon est inconnu, mais il ne fait nul doute que nous trouverons un animal d'un genre ou d'un autre au bout de cette piste, en train de glisser sur son ventre. Le candidat le plus probable est l'*Ikaria*, un petit animal avec un avant et un arrière définis, le premier organisme symétrique bilatéral, mais il n'a jamais été trouvé exactement dans les mêmes gisements fossilifères que les autres membres de la communauté édiacarienne. Les traces dont les auteurs restent absents sont monnaie courante autour de la planète. À Dengying, dans ce qui deviendra la Chine, il existe des preuves d'un phénomène encore plus incroyable – la marche. Des trous minuscules – des terriers, peut-être, pour se protéger – mènent sous le tapis microbien. Les routes reliant ces trous sont faites de minuscules empreintes allant par paires, les traces de pas d'un animal inconnu. Dans ce cas précis, aucun sillon ne signale qu'un corps a été traîné ; l'animal s'est donc soulevé. Ces traces sont de plus irrégulières : l'organisme qui a laissé cette empreinte s'est probablement fait balader par des courants tourbillonnants. Le fait que ces empreintes fonctionnent par paires est tout simplement stupéfiant car cela signifie que son créateur, le premier et mystérieux marcheur, est symétrique bilatéralement, contrairement à, par exemple, les éponges ou les méduses[19]. La nature exacte de la créature qui a laissé ces traces à Dengying est inconnue ; et il est probable qu'elle le reste à jamais, parce que, contrairement à ce qu'a pu nous laisser croire Sherlock Holmes, il y a une limite à ce que l'on peut apprendre d'une série d'empreintes.

La décomposition des créatures charnues, dont les vies sont presque uniquement préservées dans les marques qu'elles ont laissées dans la pierre, les os ou les coquilles qui résistent infiniment mieux aux affronts du temps, est un rappel cruel et permanent de l'incomplétude du registre fossile. Tant de choses, à propos de cette période de la Terre, restent indistinctes car nous sommes réduits à faire ici une inférence à partir d'un sillon, à identifier là un schéma dans la distribution de formes étrangères. Grâce au moule limoneux des collines Ediacara, nous pouvons faire un peu mieux que simplement jouer aux devinettes, mais notre perception de ce monde reste dramatiquement incomplète. Une chose est sûre cependant, dans le doux limon des plateaux continentaux édiacariens existent certainement davantage de créatures que celles que nous avons jusqu'ici identifiées.

La tempête se termine, et se déplacer vers les côtes est devenu plus facile. Tandis que l'eau se fait moins profonde, les tubes des *Funisia* s'agitant dans tous les sens disparaissent pour laisser place à des créatures enroulées sur elles-mêmes, également en forme de corde, mais plates, d'environ 80 centimètres de long, qui gisent passivement sur le fond marin, ainsi qu'aux frondes plumeuses des parents des *Charnia*. Le *Dickinsonia* continue à brouter le tapis microbien, mais ce dernier couvre toujours davantage de fond marin. Déjà, assez tôt dans l'histoire de la vie multicellulaire, des niches se forment, les espèces se séparent en communautés distinctes, et se créent des habitats épars au sein de l'écosystème. Cette structure de niche est tout à fait nouvelle – les premiers biotas de Mistaken Point donnent à voir une communauté dans laquelle la place qui échoit à un individu dépend plus de la situation géographique de ses parents que d'une spécialisation dans un style de vie quelconque. En tout cas, les espèces commencent à se partager les ressources. Le fond marin moins profond est davantage affecté par les vagues, et les *Funisia* tolèrent moins bien ces changements. Ici, le sable est ridé : l'effet cumulatif de chaque vague poussant le sable forme des dunes miniatures. Pour les créatures vivant au-dessous des « zones d'action des vagues de tempête », ces dunes forment des arêtes naturelles protectrices, l'équivalent sous-marin d'un brise-vent. Un groupe de petites structures ressemblant à des volcans offre encore plus de protection. Autour des bords de leur cratère se trouvent des épines dures et droites comme des I, deux fois plus grandes que le cône qui les accueille. Les *Coronacollina*, probablement des parents des éponges, sont les tout premiers organismes du monde à fabriquer des parties du corps solides. Recroquevillé derrière, un petit groupe de *Spriggina* s'abrite des turbulences de la mer. Avec sa tête en forme de croissant de lune et son corps segmenté d'environ 3 centimètres de long, le *Spriggina* – un autre des tout premiers animaux – ressemble à un ver mou et aplati[20].

Tout à coup retentit un choc sourd, tandis que l'eau s'épaissit et brunit comme un thé en train d'infuser. Les vagues de tempête ont affaibli le sédiment charrié par le cours d'eau en tresses. À mesure que la tempête s'essouffle, les forces qui le repoussaient vers la côte se relâchent, ce qui provoque un effondrement du limon ainsi qu'un glissement de terrain sous-marin qui avale les *Eoandromeda* en train de nager et enterre le tapis microbien. La boue en suspens redescend très lentement, encore secouée par les vagues de plus en plus douces. Les espèces qui sont arrimées au fond n'y survivront pas, elles finiront par se décomposer et laisser des empreintes parfaites. Tout ce qui restera de cette communauté sera une préservation dans le style de Pompéi, un moule parfait sur le dessous d'une couche de sable solidifié, donnant à voir une forme et rien d'autre[21].

Derrière le banc de sable peu profond, l'eau est plus calme, moins affectée par les vagues. Ici aussi, il y a eu un effondrement du limon, mais la boue s'est reposée plus rapidement, l'eau immobile lui permettant d'échapper à son état de suspension – un peu comme la différence entre une bouteille d'eau secouée en permanence et une autre laissée tranquille. Toute la vie a été enterrée, le fond marin est dorénavant désertique et uni. Et puis, soudain, un mouvement. Tout comme de l'eau dans la bonde d'un évier, un cercle de sable blanc et frais est régulièrement agité de pulsations, aspiré par le bas par une force invisible. Une coquille d'écailles rigides émerge ; son propriétaire se traîne à l'aide de son pied musclé et ondoyant. D'autres cercles de sable agités de pulsations apparaissent, suivis de créatures blindées ; c'est un petit groupe de *Kimberella*. Chaque individu évoque grossièrement un aéroglisseur écailleux en silicium : un tégument flexible et caoutchouteux renforcé par des écailles plus rigides, recouvrant un matelas de muscles gonflant sous le poids de son armure. À l'une de ses extrémités, une tête ronde située au bout d'un membre flexible, extensible, quasiment hydraulique, explore le sable à la recherche de nourriture[22].

Avant d'être enterrés, ces *Kimberella* broutaient aux côtés des *Dickinsonia* et des *Charniodiscus*, utilisant leur tête pour ratisser des cercles de sédiments comme un croupier rassemblant des jetons. Quand le glissement de terrain sous-marin s'est produit, ils se sont réfugiés à l'intérieur de leur ébauche d'armure pour se protéger, et chaque individu s'est servi de sa musculature digne d'une limace pour se creuser un terrier vertical. Tous ne s'en sont pas sortis. Certains des *Kimberella*, les plus jeunes et les plus petits, ont pu s'y retrouver piégés, incapables de rassembler suffisamment de force ou de survivre suffisamment longtemps pour regagner la surface. Leurs efforts inutiles seront eux aussi préservés, sous la forme de tubes verticaux qui se terminent par un cul-de-sac là où les autres atteignent la nouvelle surface, un hommage de pierre à l'échec de leur ultime tentative de survie[23].

À l'exception de ce type d'accidents, rien ne s'enfouit vraiment dans le fond marin ; le monde édiacarien est constitué d'habitats en deux dimensions. Les microbes pénètrent bien à une certaine distance dans le sédiment, mais les organismes multicellulaires accros à l'oxygène restent confinés à la surface. Le phénomène qu'on appelle la « bioturbation », au cours duquel des couches de sédiments stratifiés sont mixées et mélangées par des êtres vivants, qui ce faisant incorporent des éléments chimiques de l'eau de mer dans la roche, est avant tout une invention du Phanérozoïque, et l'une de celles qui ont très certainement contribué à la diversification des animaux. Les frondes et les crampons de l'Édiacarien sont peut-être en train de semer les graines de leur propre destruction ; en tant que protubérance existant à la fois au-dessus et en dessous de la surface, ils modifient la distribution des ressources alimentaires, et rendent possible l'évolution à venir des animaux bilatéraux qui, à un niveau écologique, leur succéderont. Les créatures de l'Édiacarien survivront à certains endroits au Cambrien, y compris à Chengjiang, mais ils seront incapables de survivre en nombre dans le monde hautement compétitif des vers sur le point de naître[24].

Si, effectivement, l'*Eoandromeda* est bien un cténophore, si le *Spriggina* est proche du ver, si le *Coronacollina* est une éponge, et qu'un autre animal adepte de la nage libre, l'*Attenborites*, est un parent cnidaire de la méduse, alors cela signifie que nous disposons à l'Édiacarien, sous la forme de brouillons, de membres d'un grand nombre de groupes d'animaux. Ailleurs, d'autres organismes avec des affinités animales sont en train d'émerger de l'obscurité de la mer trouble. À Charnwood, l'*Auroralumina*, la « lumière de l'aurore », est un animal de presque 30 centimètres ; chaque individu est composé de deux coupes rigides dont émergent des tentacules. Il semblerait qu'il s'agisse d'un cnidaire encore plus vieux que celui des collines Ediacara. Tout comme les cténophores, les cnidaires sont des prédateurs, ce qui suggère un écosystème bien plus complexe que celui qui fut imaginé lors de la découverte du *Charnia*[25].

Autour de la planète, alors que les animaux sont en train de poser les premières pierres de leur règne, d'autres formes de vie partent à la conquête du monde. À Doushantuo en Chine et à Tamengo au Brésil, de minuscules algues ramifiées se balancent dans le courant, pour former les tout premiers jardins d'algues sous-marines. Le concept d'un règne du vivant radicalement nouveau et émergeant apparemment *ex nihilo* est difficile à appréhender, mais il s'agit avant tout, en réalité, d'un simple problème de temps. Si nous définissons les eumétazoaïres, les animaux, comme un « règne », c'est seulement parce qu'ils ont commencé à diverger les uns des autres très loin dans le passé de l'histoire de la Terre. Certains règnes sont plus indépendants que d'autres : les animaux et les champignons entretiennent par exemple un lien de parenté plus proche que chacun d'eux avec les plantes. Si l'un des organismes de l'Édiacarien fait partie d'un règne qui n'existe plus aujourd'hui, ils ne sont aberrants que d'un point de vue strictement moderne. Au sein de la période de l'Édiacarien, le temps écoulé depuis que ces aberrations ont divergé d'autres groupes multicellullaires n'a pu être que de quelques dizaines de millions d'années, soit la même distance temporelle qui sépare, par exemple, un singe-araignée d'un lémur catta[26].

Après avoir voyagé aussi loin dans le passé, ce n'est qu'en nous retournant pour contempler la route menant jusqu'au présent que nous pouvons commencer à classer les êtres vivants du passé profond. Avec un demi-milliard d'années à sa disposition, n'importe quelle créature de l'Édiacarien devrait pouvoir en théorie fonder un règne riche en diversité. Les divergences initiales apparues dans la vie animale pendant l'Édiacarien définiront les plans d'organisation des habitants et des parties constituantes de l'ensemble des écosystèmes à venir. En partant du monde des *Dickinsonia*, des *Charnia* et des *Spriggina*, il est possible d'emprunter de nombreuses routes. Nous croyons que le biota édiacarien s'organise pour sa plus grande part autour de ces divergences : ces créatures bifurquent plus ou moins loin sur le chemin, tandis que d'autres les regardent passivement s'éloigner. La plupart de ces chemins ne mènent nulle part, d'autres dureront des millions d'années et traverseront des mondes fabuleux, avant – comme quasiment tous les autres chemins – de se perdre dans les sous-bois. Si nous ne sommes pas parvenus à faire émerger distinctement le biota édiacarien du monde obscur auquel il appartient, c'est parce que nous essayons de le définir de la seule manière que nous pouvons : en nous fondant sur les quelques survivants qui ont réussi à se frayer un chemin jusqu'au présent après deux années galactiques, c'est-à-dire quasiment un huitième de l'âge du système solaire.

Tout comme au Paléocène, au cours duquel nous avons observé les premiers membres des mammifères placentaires en train de se diversifier, les moules dans la roche des collines Ediacara ont été créés par des créatures qui ont participé au rayonnement de la vie multicellulaire, qu'il s'agisse d'animaux, d'algues ou d'autres choses, et qui, du seul fait de n'avoir pas survécu, n'ont pas hérité d'un nom commun. Peu après les origines de la multicellularité, les processus développementaux sont encore très instables. Ces processus vont se fixer au fur et à mesure que la sélection naturelle va guider la vie vers la spécialisation, par le biais de la spéciation : le « tonneau » dont nous parlions au chapitre précédent est plus ou moins rempli. Comme les organismes développent de nouveaux processus, de nouvelles fonctions et de nouvelles manières de vivre, de nouvelles contraintes apparaissent. Chaque bifurcation en ajoute davantage, et la vie bricole des réparations à la va-vite sur ce qui existe déjà. Les bilatériens sont tous bilatéraux de manière symétrique. Ils ont tous une gauche et une droite. Bidouiller les mécanismes fondamentaux qui, au tout début de la division embryonnaire, conduisent à cette symétrie s'avérerait à coup sûr fatal. Mais cela ne veut pas pour autant dire que l'on ne peut pas jouer avec ces règles ; la sélection naturelle a un don pour les voies de traverse, mais, une fois les règles fondamentales posées, si l'on bidouille trop avec le système, le reste du corps s'écroule à coup sûr.

Une chose est certaine : qu'ils aient ou non fait partie des créatures que nous avons observées, il existe nécessairement des êtres à l'Édiacarien qui ont entamé la longue marche – notre longue marche – jusqu'à aujourd'hui. Le biota édiacarien est justement en train d'explorer et de définir ce que cela signifie d'être un animal.

Pour la plus grande partie d'entre eux, leurs descendants ont quitté leur foyer ancestral. L'écosystème du tapis microbien a quasiment disparu, après que l'enfouissement du Cambrien eut amené un oxygène empoisonné à ceux qui n'en voulaient pas. Mais les vieilles habitudes persistent dans certains des lieux les plus profonds du monde, là où la roche est difficile à creuser et où le niveau d'oxygène est suffisamment bas. Dans ces royaumes reculés, les tapis microbiens sont bel et bien vivants. Autour de la mer Blanche, en Russie, ils continuent à se développer, là même où vivaient leurs lointains ancêtres il y a un demi-milliard d'années. Et les stromatolites continuent à dresser leur étrange structure laminaire au large des côtes de l'Australie moderne – une œuvre qu'ils ont commencée il y a quelque 3,5 milliards d'années[27].

Dans l'Outback australien, affranchis de l'eau, les bêtes moulées de l'Édiacarien émergent de la roche, telles les épitaphes de tombes ancestrales. La planète a bien changé depuis le temps où elles gisaient sous le ciel étoilé. Au-dessus de leurs moules, 10 millions d'années de limon et de sable se sont accumulés, continuellement barattés par les forces telluriques. Leurs roches se sont pliées et se sont poussées pour former la chaîne des Flinders pendant le Cambrien, et, pendant 540 millions d'années, les pics en perpétuelle érosion dans lesquels ils ont été enfermés ont navigué du nord au sud, s'arrimant à d'autres continents et échangeant avec eux des habitants, les descendants et les successeurs chanceux de ces tout premiers aventuriers de la multicellularité. Aujourd'hui, dans l'ombre d'un eucalyptus, leurs empreintes peu profondes et parfois indistinctes reposent sur de petites collines penchées, sous les étranges et nouvelles étoiles qui constellent notre vieux ciel.

ÉPILOGUE

Un village nommé Espoir

Aujourd'hui

« Un cœur peut se briser
pour des terres inconnues,
Pour des bois ayant abrité sa vie,
Et auxquels il n'est jamais revenu. »

Violet JACOB, *Les Ombres*

« Il n'existe qu'une seule manière de mériter l'espoir, et c'est de remonter nos manches. »

Diego Arguedas ORTIZ,
journaliste scientifique

En 1978, pour la première fois dans l'histoire du monde, une humaine, Silvia Morella de Palma, a accouché sur le continent antarctique. Depuis, au moins 10 enfants y ont vu le jour, principalement au même endroit que le tout premier, c'est-à-dire dans un petit village appelé Esperanza – Espoir, en français –, l'une des deux seules bourgades civiles permanentes de ce bout du monde. Au moment de la naissance d'Emilio Marcos Palma, la lente migration des individus vers les principaux continents du monde est terminée depuis longtemps. Esperanza est une communauté argentine d'une centaine de personnes, un ensemble de maisonnettes trapues aux murs rouges dans l'ombre des montagnes noires et enneigées de l'ouest de la péninsule antarctique. C'est une station de recherche active, peuplée quasiment exclusivement par des familles de géologues, d'écologues, de climatologues et d'océanographes, venues sur le front pour rassembler les données permettant de faire des prévisions quant au futur de la vie sur notre planète[1].

Il s'agit désormais, et sans l'ombre d'un doute, d'une planète humaine. Elle ne l'a pas toujours été, et ne le sera peut-être pas toujours, mais, pour l'instant, notre espèce dispose d'une influence qui surpasse peut-être celle de n'importe quelle autre force biologique. Le monde tel qu'il existe aujourd'hui est le résultat direct – non pas une conclusion, ou un dénouement, mais bien un résultat – de ce qui s'est produit auparavant. Si la plus grande partie de la vie dans le passé s'est déroulée dans un état stable au cours duquel les changements survenaient lentement, elle a également connu de brusques accélérations, des bouleversements radicaux : des impacts inévitables avec des météorites, des éruptions à l'échelle continentale, des glaciations mondiales – toutes ces transitions globales qui obligent les structures de la vie à se remodeler elles-mêmes. Si n'importe lequel de ces événements s'était déroulé différemment, ou ne s'était pas produit du tout, alors c'est un autre futur qui aurait été écrit. C'est en regardant vers le passé que les paléobiologistes, les écologues et les climatologues peuvent aborder l'incertitude qui caractérise le futur à court et à long terme de notre planète – autrement dit, il s'agit d'interroger le passé pour prévoir nos futurs possibles.

Contrairement aux fois où, par le passé, une espèce unique ou un groupe unique d'espèces a fondamentalement altéré la biosphère – l'oxygénation des océans, le dépôt carbonifère –, notre espèce est dans une position inhabituelle, dans la mesure où elle possède un certain contrôle sur l'issue. Nous savons qu'un changement est en cours, nous savons que nous en sommes responsables, nous savons ce qui se produira s'il continue, nous savons que nous pouvons l'arrêter, et nous savons comment. La seule question est donc de savoir si nous le ferons.

Considérer le passé paléontologique de la Terre, c'est passer en revue toute une série de résultats possibles, de perspectives sur le long terme. D'un côté, la vie a survécu à la Terre boule de neige et à des cieux empoisonnés, à des impacts de météorites et à des volcans à l'échelle continentale, et, pour autant, le monde d'aujourd'hui n'est pas moins divers ni spectaculaire que par le passé. La vie se rétablit, et l'extinction est jusqu'ici toujours suivie par la diversification. Il s'agit évidemment d'une pensée réconfortante, mais qui est loin de rendre compte des enjeux. Les rétablissements sont gros de changements radicaux et donnent bien souvent naissance à des mondes terriblement différents de celui d'avant.

De plus, un rétablissement prend au minimum des dizaines et des dizaines de milliers d'années. Pour le dire autrement, un rétablissement ne peut jamais remplacer ce qui a été perdu.

La communauté d'Esperanza a adopté pour devise : *Permanencia, un acto de sacrificio* – « La permanence, un acte de sacrifice ». Comme nous l'avons vu, dans l'histoire de la Terre, la véritable permanence n'existe pas. Les maisons d'Esperanza sont construites sur une roche qui est elle-même la preuve du caractère temporaire de la vie. Cette roche abrite en elle les restes des mers peu profondes du Trias inférieur, et de l'environnement marin de la Grande Extinction de la fin du Permien. Ces roches sont remplies de traces fossiles : des terriers de mudstone * en forme de U abandonnés depuis des lustres, les foyers rebouchés que des vers et des crustacés s'étaient construits dans le sable[2].

Le fond marin de la Hope Bay Formation, une roche formée par des glissements de terrains limoneux sous l'océan, était à l'époque particulièrement pauvre en oxygène. En 2018, on a déterminé que le manque d'oxygène dans l'océan du Permo-Trias a sans l'ombre d'un doute été provoqué par un réchauffement climatique mondial catastrophique à une échelle sans précédent. L'activité volcanique en Sibérie a produit suffisamment de gaz à effet de serre pour que les températures mondiales montent de manière frappante, et déclenchent une libération

* Texture fine de roche sédimentaire composée à l'origine d'argile ou de boue.

massive d'oxygène des océans, tuant les poissons et le reste de la vie marine active partout dans le monde. Les bactéries ont bien profité de leur absence, et ont relâché dans les mers un produit dérivé de leur propre respiration, des nuages de sulfures d'hydrogène qui ont imprégné l'atmosphère et empoisonné les écosystèmes terrestres et marins. Les populations se sont éteintes – bien peu ont survécu. La fin du Permien a été le moment où la vie – ou plutôt la vie multicellulaire – n'a pas été à la hauteur. Cela reste un exemple des pires perturbations que peut connaître un environnement, et face auxquelles la survie dépend de quelques caractéristiques préexistantes et d'une bonne dose de chance[3].

Si nous comparons notre monde avec celui de la fin du Permien, nous pouvons découvrir quelques similarités inquiétantes. La perte d'oxygène des océans n'appartient pas au passé, cela se produit également maintenant. Entre 1998 et 2013, la concentration en oxygène du courant de Californie, le principal courant océanique circulant vers le sud en longeant la côte occidentale nord-américaine, a baissé de 40 %. Au niveau mondial, depuis les années 1950, la superficie couverte par les eaux de fonds marins à faible teneur en oxygène s'est multipliée par huit, pour atteindre 32 millions de kilomètres carrés en 2018 – deux fois la superficie de la Russie –, et les océans ont perdu une gigatonne d'oxygène par an depuis cinquante ans. Ce phénomène peut en partie s'expliquer par le fait que les algues sont plus régulièrement stimulées par les écoulements de nitrates liés à l'agriculture, mais aussi par le fait que la mer devient plus chaude, tout comme à la fin du Permien[4].

Des mers plus chaudes sont synonymes d'un triple problème pour les espèces aérobiques marines. Le premier problème est purement chimique : plus l'eau est chaude, et plus l'oxygène a du mal à se dissoudre, si bien qu'il y a logiquement moins d'oxygène. Le second est physique : l'eau chaude est moins dense que l'eau froide et monte donc vers la surface ; de plus, si cette eau reçoit de la chaleur du Soleil, sa surface se réchauffe encore plus vite, si bien que la couche chaude se sépare nettement de celle, froide, des profondeurs. Les eaux chaudes et froides se mélangent rarement, si bien que l'oxygène qui parvient à se dissoudre ne va pas jusqu'au fond de l'océan. Enfin, il existe un problème biologique. La chaleur pousse les animaux à sang froid à métaboliser plus rapidement, ce qui exige davantage d'oxygène, si bien que le peu d'oxygène dissous est consommé encore plus rapidement. Pour les animaux actifs, cette triple menace est clairement synonyme de catastrophe[5].

Mais ce n'est pas une mauvaise nouvelle pour tout le monde – les animaux qui vivent sur le plancher océanique, comme les crabes ou les vers, peuvent généralement survivre à des concentrations plus basses en oxygène. En ce qui les concerne, c'est un autre gaz qui pose problème. Le rythme auquel la concentration en dioxyde de carbone augmente à la fin du Permien était non seulement élevé, mais complété par un gaz à effet de serre encore plus puissant, le méthane. Nous dépassons allègrement ces taux d'émission de CO_2 aujourd'hui, et ce dioxyde de carbone est en train d'acidifier les océans[6].

Quand le dioxyde de carbone se dissout dans la mer – actuellement à un rythme de plus de 20 millions de tonnes par jour –, il produit de l'acide carbonique, ce qui ralentit la capacité des coraux à produire leurs squelettes carbonatés : à ce jour, la production de nouveaux coraux a connu une baisse de 30 %. Avant la fin du XXIe siècle, les récifs de corail se dissoudront plus rapidement qu'ils ne grandissent. Les coraux en forme de blocs, plus ronds et avec moins de surface, ont sans doute plus de chances de survivre que les charismatiques arbres en dentelle chatoyante. Comme nous l'avons vu à Soom – certes, un cas extrême –, les conditions acides sont une menace extrêmement grave pour les coraux et les autres créatures à coquille comme les mollusques, mais la chaleur en elle-même fait déjà des dégâts. Les algues, qui sont les partenaires des coraux, sont moins efficaces dans les eaux chaudes, si bien qu'elles renoncent à leur style de vie mutualiste, et abandonnent leurs hôtes à leur triste sort. Il existe peu de véritables points de bascule dans le système complexe de la Terre : les récifs de corail en sont un. Quand le monde se réchauffe, davantage de dioxyde de carbone pénètre dans l'océan, et la majorité des récifs de corail peu profonds disparaissent. Comme nous l'avons vu, les coraux ne sont toutefois pas les seuls constructeurs de récifs. À la surprise générale, et *revival* intrigant de leurs jours de gloire du Jurassique, les récifs d'éponges de verre sont en train de revenir sur scène[7].

Pendant la plus grande partie des 200 derniers millions d'années, les éponges de verre ont cultivé une magnifique existence solitaire dans les profondeurs des océans. Une espèce, la corbeille de Vénus, ou *Euplectella aspergillum*, piège des couples de crevettes pour en faire des nettoyeurs, et devient une cage de cristal dont les adultes ne s'échapperont jamais – alimentés par des particules spécialement piégées et transférées à l'intérieur par l'éponge. Seuls les bébés crevettes, suffisamment petits pour se faufiler entre les barreaux qui emprisonnent leurs parents, parviendront un jour à quitter le foyer familial. La corbeille de Vénus vit toute seule mais, dans les eaux privées d'oxygène de la Colombie-Britannique, au Canada, tout en haut du courant de Californie, ces éponges de verre ont commencé à s'agréger, et des récifs ont commencé à se développer, certains déjà hauts de plusieurs dizaines de mètres et longs de plusieurs kilomètres. Ils filtrent doucement l'eau, et n'ont pas besoin de beaucoup d'oxygène pour survivre. De plus, ils sont principalement faits de silicate, ce qui signifie qu'ils sont moins affectés par des eaux acides. S'ils peuvent surmonter les dangers de l'exploration pétrolière et de la pêche au chalut, l'âge des récifs d'éponges de verre – avec l'extraordinaire biodiversité qui les accompagne – est peut-être sur le point de renaître, tel un écosystème Lazare dans un monde en train de se réchauffer, un petit gain au milieu d'un océan de pertes[8].

Hors de l'eau, l'une des conséquences du réchauffement est un nivellement du climat mondial. Pendant les périodes de serre de l'histoire de la Terre, comme l'Éocène avec ses manchots de forêt géants, le gradient latitudinal de température entre l'équateur et les pôles était bien plus faible qu'il ne l'est aujourd'hui. Les données de l'époque de l'île Seymour montrent que l'équateur n'était pas beaucoup plus chaud qu'aujourd'hui, et ce alors même que les pôles étaient couverts de forêts. De nos jours, la Terre tend vers une situation encore plus équilibrée, dans la mesure où les pôles se réchauffent trois fois plus vite que le reste de la planète. Ce phénomène a d'ailleurs déjà commencé à altérer la circulation de notre atmosphère[9].

La stabilité du système de courants atmosphériques est maintenue par les différences de température entre les latitudes basses et hautes. Dans l'hémisphère Nord, quand l'air polaire se déplace vers le sud et que l'air tempéré se déplace vers le nord, ils convergent en un seul courant, le jet-stream – qui est attiré vers l'est par la rotation de la Terre. Il est difficile pour une poche d'air dense de fusionner avec une poche d'air moins dense, si bien que, de manière générale, l'air polaire et l'air tempéré plus chaud ne fusionnent pas, ils s'abstiennent de former un unique et puissant flux quand ils entrent en contact. Mais, comme la Terre se réchauffe, la différence de température entre les airs polaire et tempéré de haute altitude tend à se réduire, et les poches d'air tourbillonnent les unes dans les autres, créant des spirales et de petits tourbillons ; le flux devient alors plus fort, et affaiblit la cohérence du vortex polaire. La frontière séparant les cellules tempérées et polaires se brouille et devient instable, si bien que la trajectoire du jet-stream vire bien plus loin au nord et au sud, tout particulièrement en hiver. Au-dessus des continents, les extrêmes relatifs de températures signifient qu'au-dessus de l'Amérique du Nord, par exemple, le jet-stream a tendance à virer bien plus au sud pendant l'hiver, et à faire souffler un air polaire glacé sur la plus grande partie du continent. Ce qui a pour conséquence des vagues de froid que l'Amérique du Nord subit régulièrement ces dernières années, et qui sont provoquées par l'augmentation des températures – et le nivellement de ces dernières – à une échelle mondiale. Le 9 février 2020, un record de température en Antarctique pour l'époque moderne a été enregistré dans une station de recherche scientifique de l'île Seymour : 20,75 °C ; et la température moyenne augmente de manière stable, année après année, depuis des décennies[10].

Cela ne devrait pas nous surprendre. Nous pouvons prédire les climats mondiaux en les comparant aux atmosphères des climats passés. L'atmosphère actuelle a une composition similaire à celle de l'Oligocène, cette phase de transition entre un état de serre et un état de glacière. Le Groupe d'experts intergouvernemental sur l'évolution du climat (le GIEC) prévoit que, au cours de la vie d'enfants déjà nés, nous atteindrons – si l'on ne modifie pas les plans d'action déjà mis en place – des niveaux de dioxyde de carbone dans l'atmosphère inédits depuis l'Éocène. Si nous atteignons cette composition atmosphérique, nous atteindrons également les températures de l'Éocène. L'incertitude ne concerne pas tant la température finale que le temps qu'il faudra à l'atmosphère pour s'ajuster, car les systèmes de rétroaction de l'environnement de la planète garantissent un décalage entre l'accession à la stabilité atmosphérique et l'apparition d'un plateau thermique final. La seule manière de s'assurer que nous n'atteignions pas ces niveaux de concentration, et par conséquent ces températures, est de réduire nos émissions de carbone à un rythme plus élevé que celui actuellement prévu[11].

La majeure partie de nos émissions de carbone provient des combustibles fossiles : le pétrole né des cadavres de planctons marins, et le charbon issu des marais de lycopodes. À ce jour, 3 000 milliards de tonnes de carbone appartenant à des dépôts de combustibles fossiles ont été découverts ; seuls 500 milliards ont été consommés, et, pourtant, nous en ressentons déjà les effets. Le registre fossile nous renseigne sur les conditions qui ont conduit à leur enfouissement, et les immenses marais tropicaux du Carbonifère sont loin d'être sur le point de revenir. Simplement, le monde n'est pas en état de constituer naturellement des réserves de carbone en quantité suffisante pour contrebalancer le changement climatique. Les plantes restent les plus grands puits de carbone de nos jours, et des niveaux supérieurs de CO_2 stimuleront un petit peu la photosynthèse, mais nous ne disposons pas des écosystèmes forestiers et des grands marais nécessaires pour créer suffisamment de charbon pour contrebalancer notre consommation[12].

Le réchauffement climatique s'accompagne également d'une accélération de la décomposition, ainsi que de la libération du carbone stocké sous forme de tourbe depuis la paludification de la steppe à mammouths. Dans de grandes parties du Canada et de la Russie, d'immenses dépôts de tourbe sont logés dans le permafrost – ce sol qui est perpétuellement gelé. Les tourbières gelées de l'hémisphère Nord renferment 1 100 milliards de tonnes de carbone, approximativement la moitié de tous les matériaux organiques contenus dans les sols du monde, et plus de deux fois la quantité totale de carbone relâché par les humains via la consommation de combustibles fossiles depuis 1850. Mais ce carbone n'est pas stocké de manière stable. De nos jours, le long de la côte septentrionale du North Slope de l'Alaska, juste en face de la mer de Beaufort, le permafrost est en train de fondre, et la terre de s'éroder. De gros morceaux de tourbe, encore maintenus ensemble par la glace dans leur sol, sont trouvés ici et là le long de la côte, plongés dans un océan Arctique dangereusement liquide[13].

La fonte du permafrost est synonyme de libération des sols tourbés, qui rapetissent à mesure que la glace fond. Tandis qu'il se ramollit, le sol d'argile qui s'affaisse fait s'incliner ses arbres, dont les troncs penchent de travers dans toutes les directions. Connus sous le nom de « forêts ivres », des bosquets entiers peuvent s'effondrer d'un coup sans qu'on ait vu l'ombre d'une tronçonneuse. Une fois dégelé, le matériau organique dans le sol commence à se décomposer, et à libérer des gaz à effet de serre, un processus qui prend beaucoup de temps. Si tout le carbone contenu dans le permafrost devait être libéré sous la forme de dioxyde de carbone et de méthane, l'effet de réchauffement serait sans précédent. Mais cela ne va pas se produire d'un coup ; des facteurs locaux font que certaines parties du permafrost fondront plus vite que d'autres – celles, un peu plus chaudes, situées dans des dépressions humides se réchauffant plus vite, ou bien situées sur des versants faisant face au sud. Le permafrost peut regeler, et la décomposition peut prendre des décennies. Tout comme au Permien, la Sibérie, haut perchée au nord du monde, est une présence menaçante, mais, cette fois-ci, elle agit davantage comme une source de pression continue que comme une bombe à retardement qui va exploser tout d'un coup. Son rythme lent d'émission peut être encore ralenti davantage, et même arrêté. La politique actuelle, le comportement actuel, consiste à laisser le permafrost fondre, mais nous pouvons changer cette politique, et ainsi résoudre ce problème. Nous savons pertinemment, aussi bien grâce au registre fossile qu'aux modélisations climatiques contemporaines, quelles seront les conséquences si nous nous abstenons d'agir[14].

Le permafrost n'est pas l'unique relique du dernier Maximum Glaciaire. La glace n'est pas seulement enfermée dans les glaciers et les inlandsis polaires, mais aussi dans les glaciers des hautes altitudes. Même si les inlandsis polaires ont beaucoup décliné depuis le dernier Maximum Glaciaire, les glaciers de l'Himalaya n'ont pas bougé, et ont existé en permanence depuis des dizaines de milliers d'années, aussi bien aux périodes glaciaires qu'interglaciaires. Mais, comme le réchauffement commence également à attaquer ces glaciers, ces derniers se mettent à fondre, et à modifier la distribution de l'eau – l'élément chimique fondamental dont toute la vie dépend – en Asie centrale et du Sud.

Bon nombre de grands fleuves indiens, en particulier l'Indus, le Gange et le Brahmapoutre, sont dépendants de la fonte annuelle des glaciers pour leur approvisionnement en eau. Au total, plus d'un tiers de l'écoulement du Brahmapoutre provient de neige fondue. Pour le dire autrement, l'augmentation de la neige fondue provoque davantage d'inondations et une érosion importante du bassin hydrographique. Cette augmentation est uniquement alimentée par l'élévation de la limite des neiges, et ne peut pas continuer indéfiniment. L'écoulement du Brahmapoutre est déjà extrêmement variable, et il n'est point besoin d'être médium pour prédire que, plus tard au XXIe siècle, quand il ne restera plus de neige sur les glaciers, la saison sèche se transformera inexorablement en sécheresse. Nous avons vu, au Miocène, comment toute une mer peut s'évaporer en à peine un millénaire – et les glaciers de l'Himalaya contiennent bien moins d'eau que la Méditerranée. Pour les 700 millions de personnes qui vivent sur les rives des fleuves alimentés par les neiges de l'Himalaya, il s'agit d'ores et déjà d'une catastrophe apparemment inévitable – 90 % du volume de glace de l'Hindou Kouch va selon toutes les prévisions disparaître. Pour 10 % de la population humaine mondiale, l'eau, à un moment ou à un autre, va cesser d'arriver. Les habitants du Bangladesh, ceux de l'immense delta du Gange, là où le Gange et le Brahmapoutre s'entrelacent dans la mer, vont devoir affronter une triple menace. L'augmentation de la chaleur à l'équateur entraîne davantage d'évaporation à la surface de la mer, et, déjà, les moussons se font plus précoces et plus intenses. L'eau plus chaude prend physiquement plus de place, phénomène auquel s'ajoute la fonte des calottes glacières et des glaciers de l'Antarctique ainsi que du Groenland, si bien que le niveau des mers s'élève. Le Bangladesh, principalement situé à une dizaine de mètres au-dessus du niveau actuel de la mer, sera fort probablement inondé. La terre, les fleuves et le ciel sont tous menacés, pour une population de près d'un quart de milliard de personnes. Au total, dans le monde, environ un milliard d'individus vivent à moins de 10 mètres au-dessus de l'actuelle ligne de marée haute[15].

La population des humains a augmenté à un rythme effréné. Nous sommes dorénavant plus de 7 milliards sur la planète, et nous sommes la force dominante de quasiment tous les écosystèmes. L'une des raisons de ce phénomène est notre faible taux de mortalité infantile, ce qui constitue indéniablement une bonne nouvelle mais n'empêche pas que soit régulièrement posée la question de la surpopulation. Toutes choses étant égales par ailleurs, plus d'humains consommeront plus de ressources – mais justement, toutes les choses ne sont pas égales. Vous, qui avez acheté ce livre, avez probablement un mode de vie de grand consommateur. Les émissions moyennes de carbone par tête dans le monde étaient de 4,8 tonnes de dioxyde de carbone en 2018, mais les pays riches pèsent de tout leur poids sur ce chiffre. Un Américain consomme en moyenne 15,7 tonnes, un Australien 16,5, et un Qatari 37,1. En revanche, les seuls pays d'Afrique à posséder une émission de carbone par tête supérieure à la moyenne sont l'Afrique du Sud et la Libye, et la majorité des pays africains émettent moins de 500 kilos par personne[16].

La surpopulation, en tant que problème, est de ceux qui se résolvent tout seuls. Les taux de fertilité baissent partout dans le monde depuis des décennies, et il est prévu que la population mondiale atteigne son pic démographique au cours de ce siècle, à mesure que progressent l'urbanisation ou l'éducation des femmes. Le problème véritable, celui qui est pressant, est ce que consomme cette population. Le rapport 2018 du GIEC a annoncé que les émissions nettes de dioxyde de carbone devaient baisser de 45 % au niveau mondial pour limiter le réchauffement climatique à 1,5 °C. Si le taux d'émission moyen des Américains était réduit, par exemple, à celui de la moyenne des Européens – ce qui ne constituerait pas un bouleversement radical des modes de vie –, cela suffirait déjà à faire baisser les émissions mondiales de carbone de 7,6 %. Par comparaison, mettre un terme à tous les vols internationaux représenterait une baisse de seulement 1,5 %. Mais les émissions de dioxyde de carbone ne sont pas le seul problème, et les pays riches sont aussi responsables des taux de consommation plus élevés d'autres ressources[17].

Aux côtés du CO_2, le plastique est également devenu l'incarnation publique de notre impact environnemental. Nous voyons d'immenses spirales de plastique tourbillonner dans les océans, nous entendons des rapports à propos de l'augmentation de la fréquence à laquelle nous en trouvons des fragments dans les estomacs des créatures marines. Les effets du plastique dans l'océan vont bien au-delà de la biologie. La disparition de l'héritage culturel des marins, l'effondrement des pêcheries tandis que s'affirment les effets accumulés du plastique sur les populations de poissons, ou encore l'impact qu'a sur la santé mentale des bénévoles le nettoyage des plages, tout cela constitue des coûts moins immédiatement visibles liés au plastique. Sans tenir compte des immenses dégâts sociaux et biologiques, le seul coût économique annuel mondial des dommages provoqués par le plastique dans l'océan a été estimé à 2 500 milliards de dollars américains[18].

L'omniprésence du plastique est illustrée de manière encore plus radicale en considérant la manière dont les microbes évoluent. Le registre fossile nous prouve sans cesse que, chaque fois qu'une nouvelle niche se crée, qu'apparaît une nouvelle ressource à exploiter, un être vivant, n'importe lequel, évolue pour pouvoir l'exploiter. La nature n'est rien si elle n'est pas invention, et la prolifération de produits plastiques pendant la dernière partie du XXe siècle a créé une nouvelle ressource, largement inexploitée. En 2011, on a découvert qu'un champignon de la forêt équatorienne, le *Pestalotiopsis microspora*, avait développé la capacité de décomposer et de digérer le polyuréthane. En 2016, dans de la boue située non loin d'une usine de recyclage de bouteilles en plastique, à Sakai, au Japon, on a découvert une bactérie, l'*Ideonella sakaiensis*, qui a évolué pour pouvoir digérer le polytéréphtalate d'éthylène, en le dégradant en deux produits qui, eux, ne sont pas nocifs pour l'environnement. C'est la première forme de vie connue, qui sera suivie par de nombreuses autres, à être complètement plastivore, capable de décomposer en toute sécurité une bouteille de plastique en autant de temps qu'il faut à un tas de compost fumant pour se dégrader en matière végétale – cette capacité est bien sûr porteuse d'une promesse phénoménale pour le monde du recyclage. C'est la première fois depuis un milliard d'années et les premiers écoulements d'oxygène qu'un changement aussi fondamental affecte le type de ressources disponibles pour une exploitation biochimique, et, comme toujours, les premiers à tirer leur épingle du jeu sont les organismes les plus petits et qui se reproduisent le plus vite[19].

Tout comme pour les créatures de la steppe à mammouths, une autre manière de survivre au changement permanent consiste à simplement migrer. Les manchots de Brown Bluff, au sud d'Esperanza, illustrent parfaitement les migrations causées par le changement climatique. Ce sont surtout des manchots Adélie, vivant sur la péninsule elle-même, mais on les trouve également sur les îles de la mer de Ross. Ils vivent dans d'énormes colonies, et leur guano s'est infiltré dans le sol année après année : le décompte des couches de dépôts permet de savoir depuis combien d'années précisément ces manchots vivent sur un même site. L'Antarctique s'est réchauffé et est devenu plus habitable depuis la dernière période glaciaire, la fouille de plusieurs siècles d'excréments de manchots Adélie a prouvé que ces îles avaient été occupées sans discontinuité par ces colonies depuis presque 3 000 ans. Sur Brown Bluff, la colonie de manchots ne vit que depuis 400 ans. Les espèces peuvent modifier leur aire de répartition : les températures plus élevées ont fait de Brown Bluff un endroit agréable pour élever des petits, si bien qu'une nouvelle colonie s'est implantée[20].

Les manchots, cependant, sont relativement doués pour aller d'un endroit à un autre et, quand les changements des courants font de leur paradis marin une étendue d'eau désertique, ils peuvent s'adapter et évoluer avec leur temps. D'autres espèces ne sont tout simplement pas capables de se déplacer assez vite pour échapper aux changements climatiques. Les plantes à longue longévité ne peuvent pas s'adapter au temps qu'il fait, et chacune possède une limite à sa tolérance environnementale. Je me souviens d'un tilleul à petites feuilles, le *Tilia cordata*, qui poussait sur la colline à côté de ma maison, au fin fond de la campagne écossaise dans le Perthshire. Il faisait des fruits chaque année, mais, contrairement au sorbier, au bouleau ou au pin, c'est le seul de son genre que j'ai vu dans ma vie. Originaire du Royaume-Uni mais adapté à un climat plus clément que celui auquel il était confronté, il produisait des fruits qui n'étaient probablement pas fertiles. Une graine vagabonde, dispersée vers le nord par un quelconque hasard, s'était plantée et avait poussé, tout en se retrouvant juste au-delà de son aire de reproduction. À mesure que les climats changent, l'équilibre des pouvoirs s'est modifié, les ensembles de conditions optimales ont migré, et l'aire de répartition des espèces a suivi. Entre 1970 et 2019, l'écosystème des Grandes Plaines d'Amérique du Nord s'est déplacé vers le nord sur une distance moyenne de 587 kilomètres. Sur un continent immense et plat, ce n'est pas l'espace pour se déplacer qui manque, mais si vous êtes sur une île minuscule, sur des côtes à plus haute latitude ou sur une montagne, vous n'aurez en fin de compte nulle part où aller. Les dispersions sur de longues distances sont rares dans le monde naturel, et, repoussées tout au bout de leur aire de répartition, un grand nombre d'espèces font effectivement le grand saut[21].

Nous introduisons aussi de nouveaux écosystèmes. Peut-être que l'équivalent moderne des écosystèmes post-extinction, dénués d'arbres, de grands animaux et avec une productivité basse, est celui de la ville. De nombreuses espèces sont tout simplement incapables de survivre dans ces nouveaux mondes, et celles qui le peuvent doivent s'adapter, et ce, jusque dans leurs comportements les plus fondamentaux. Même la cacophonie d'une jungle est pratiquement silencieuse comparée à celle d'une ville et, pour les espèces qui signalent leur présence à leurs partenaires ou à leurs rivaux potentiels par le son, ce bruit omniprésent est hautement problématique. Le volume des chants d'oiseaux dans les villes est plus fort, les notes plus hautes, et les mélodies plus rapides et plus courtes que celles des membres ruraux des mêmes espèces. Seuls ceux qui piaillent à ces hautes fréquences peuvent être entendus par-dessus le grondement permanent de la machinerie urbaine. Les signaux fondés sur l'odorat sont également affectés par le changement climatique. À plus haute température, les traces olfactives laissées par les lézards mâles pour attirer les femelles sont plus volatiles, disparaissent plus vite, si bien qu'ils ratent un nombre conséquent d'occasions d'accouplement. Au même rythme que la glace de mer se fragmente, les traces olfactives laissées par les coussinets des pattes des ours polaires disparaissent, ce qui bouleverse aussi bien leurs comportements reproductifs que territoriaux. La survie d'une espèce ne repose pas que sur la tolérance environnementale de la physiologie d'un individu. Elle dépend également de la résilience de ses comportements. Et il n'existe pas un recoin de la planète où nous n'ayons, d'une manière ou d'une autre, affecté la vie des êtres qui y vivent[22].

D'un strict point de vue comptable, nous sommes incroyablement répandus, et depuis le 2 novembre 2000 il existe même une présence humaine continue à l'extérieur de l'atmosphère de la planète. Les humains composent 36 % de la masse de tous les mammifères. 60 % supplémentaires sont des animaux domestiqués – le bétail, les porcs, les moutons, les chevaux, les chats et les chiens. Ce qui signifie que seulement 4 % de la masse des mammifères de cette planète est sauvage. Pour les oiseaux, ces chiffres sont encore plus frappants. 60 % des oiseaux de la Terre appartiennent à une unique espèce – les poulets. Prise dans son ensemble, la masse du matériau produit par les humains est, en 2020, à peu près équivalente à la masse du matériau vivant sur Terre. Si on prélevait un échantillon de la Terre de la même manière que nous prélevons des échantillons du registre fossile, nous regarderions la distribution des os et conclurions que quelque chose de très étrange devait être en train de se passer pour qu'une si grande partie de la biomasse vertébrée soit composée de si peu d'espèces. Et nous parlerions certainement de dégâts environnementaux catastrophiques et d'extinctions de masse. Et effectivement, la biomasse de la vie sauvage a décliné à un rythme glaçant. Le monde dans lequel est né Emilio Marcos Palma en 1978 abritait 2,5 fois plus de vertébrés sauvages que celui de 2018. En un claquement de doigts géologique, nous avons perdu plus de la moitié des individus vertébrés vivants de la planète.

Depuis la dernière période glaciaire, les plus grandes espèces soit se sont éteintes, soit sont en passe de l'être. La planète commence à ressembler à un monde post-extinction, dans lequel l'écosystème humain fait office de refuge pour les taxons du désastre. Survivent alors les animaux qui se sont adaptés à notre monde, des animaux polyvalents capables de vivre de nos ordures, comme les rats, les renards roux, les ratons laveurs, les goélands argentés et les ibis à cou noir, ou bien ceux avec lesquels nous avons établi des partenariats, ou que nous élevons pour servir nos propres objectifs, comme les poules, le bétail ou encore les chiens. De nombreuses plantes et animaux moins mobiles ont également bénéficié d'une dispersion sur une longue distance, accidentelle ou délibérée, par le biais des humains. Les voies de navigation ont remplacé les radeaux de fortune, plus rares, qui connectaient physiquement des continents. En arrachant des organismes à leurs habitats d'origine, nous les soustrayons souvent à leurs concurrents, ce qui permet à ces derniers de se développer et de prendre le pas sur d'autres organismes autochtones importants à un niveau écologique[23].

Quand tant d'espèces disparaissent au rythme d'une extinction de masse, il est tentant, devant l'étendue des dégâts que nous avons causés, de renoncer à tout espoir. Mais nous ne devons pas nous décourager. Le changement provoqué par les humains n'est pas nouveau en tant que tel et peut dans une large mesure être considéré comme naturel. Nous faisons partie du royaume biologique, et nous sommes nous aussi des habitants de l'arbre de la vie. Il existe des preuves solides indiquant que les humains, comme beaucoup d'espèces nous ayant précédés, ont toujours été des ingénieurs naturels de l'écosystème. Les humains créent des pâturages depuis presque 8 000 ans. À peu près à la même époque, les forêts et les prairies ont été rasées par le feu en vue d'y installer du bétail, ce qui a modifié la manière dont certaines parties du continent eurasiatique reflètent la lumière, affecté l'absorption de la chaleur par les sols et altéré les systèmes de moussons en Inde et en Asie du Sud-Est. Les humains déplacent volontairement des espèces avec eux depuis le Pléistocène ; il existe dans les îles Salomon des indices qui suggèrent que le couscous tacheté, un marsupial arboricole qui constitue une espèce de gibier importante, a été introduit dans ces îles à partir de la Nouvelle-Guinée il y a plus de 20 000 ans, apparemment dans le cadre d'un commerce humain d'obsidienne[24].

Nous sommes des ingénieurs d'écosystème si efficaces que l'idée même d'une Terre immaculée, vierge de toute culture et biologie humaine, est impossible. Un tel Éden n'existe pas et n'a tout simplement jamais existé depuis l'émergence des humains. Si les dégâts infligés aux écosystèmes mondiaux sont sans précédent à l'échelle de l'existence de notre espèce, les programmes de conservation doivent décider du degré d'impact humain désirable et atteignable dans un écosystème donné. Faut-il viser un impact préindustriel ? Précolonial ? Préhumain, même ? Il s'agit de questions ardues. Ramener les écosystèmes actuels à un état complètement « sauvage » a souvent tendance à avoir des effets négatifs disproportionnés sur les communautés autochtones pauvres dépendant de ces écosystèmes, si bien qu'il convient d'ajouter une difficulté supplémentaire à la prise de décision environnementale : la prise en compte de contextes sociaux complexes. Le philosophe bangladais Nabil Ahmed, dans son article intitulé « Entangled Earth », déclare à propos de son pays qu'« il n'est pas possible de différencier les terres et les fleuves, les populations humaines, la sédimentation, le gaz, les céréales et les forêts, la politique et les marchés ». Tous ces éléments fusionnent au sein d'une entité unique, et tous portent les stigmates des interactions entre les acteurs politiques et naturels. Cette nation, explique-t-il, est née directement du cyclone de Bohla de 1970, et a fondé son indépendance sur une réaction politique à un désastre naturel et humanitaire[25].

Tout comme à l'époque de la chaleur étouffante qui régnait sur la Pangée au Permien, quand des supertempêtes faisaient rage sur l'océan mondial, nous assistons actuellement à une augmentation des tempêtes tropicales autour de la planète. Le nombre d'ouragans atlantiques par saison augmente de manière stable depuis qu'on a commencé à en tenir le compte, au début du XXe siècle, et en 2020 nous avons atteint le nombre de 30 tempêtes méritant un nom, soit trois fois plus que la moyenne habituelle. En 2018, un cyclone subtropical sans précédent s'est abattu sur la Méditerranée. Cet ouragan est né parce que des eaux plus chaudes augmentent le rythme auquel l'air s'élève dans les latitudes tropicales, ce qui signifie que les ouragans peuvent devenir plus forts plus vite, et qu'ils ont plus de risques d'être extrêmement violents au moment où ils déferlent sur les côtes, avec de terribles conséquences pour les nations qui ont le malheur d'être sur leur chemin[26].

Il est impossible d'ignorer les implications sociales du changement climatique. Depuis la course des pays riches autour du cercle arctique et au-delà, pour exploiter les ressources du plancher océanique tapi sous la glace en train de fondre, jusqu'aux incessantes querelles internationales à propos des barrages qui doivent être construits en Afrique de l'Est afin de regagner le contrôle d'une ressource en eau potable en voie de diminution, les changements de notre environnement affectent les décisions politiques depuis déjà des décennies. Le fait qu'il s'agisse d'un côté d'une course à la richesse, et de l'autre d'un combat pour la protection d'une ressource fondamentale, indique bien à quel point le coût du changement climatique est principalement payé par ceux qui y ont le moins participé et qui en ont le moins bénéficié. Aujourd'hui, nous pouvons anticiper les changements qui vont se produire. L'histoire géologique de notre planète brosse, à grands traits peut-être, mais avec beaucoup de clarté, un tableau figurant les avenirs possibles. Certes, nous subissons une catastrophe naturelle et humanitaire à l'échelle de toute la planète, mais il importe de le rappeler : nous sommes en mesure de la gérer[27].

La beauté et l'étrangeté des mondes d'hier sont une leçon sur l'adaptabilité de la vie. Il existe, toutefois, une seconde leçon gravée dans la roche, tout aussi importante – celle de l'impermanence de notre propre monde. J'ai ouvert ce livre par une référence au célèbre poème de Shelley, *Ozymandia*. Ce que l'on sait beaucoup moins, c'est que ce poème a été écrit à l'occasion d'une compétition de sonnets avec son ami Horace Smith – il s'agissait pour ces touristes littéraires d'écrire en s'inspirant du même artefact. Là où Shelley se tourne vers le passé et se moque de l'hubris des individus au pouvoir, Smith plonge son regard de manière plus directe et plus sombre en direction de l'avenir. Après avoir consacré les deux premiers quatrains à la ville qui a disparu depuis longtemps mais dont témoigne le piédestal, il médite sur le caractère éphémère de la ville qu'il connaît le mieux, et dit :

Nous nous questionnons – ainsi qu'un Chasseur voulant expliquer
Des Merveilles comme les nôtres, lorsqu'à travers l'endroit désormais sauvage

Où Londres se tenait, guettant le Loup en chasse,
Il rencontre des fragments énormes, et s'arrête pour chercher
Quelle race puissante mais inconnue
Habitait autrefois ce lieu anéanti.

Ces paysages que nous considérons comme acquis ne font pas partie intégrante du monde ; la vie continuera sans eux, sans nous. Au bout du compte, le dioxyde de carbone que nous émettons sera absorbé, de nouveau, dans les profondeurs de l'océan, et les cycles de la vie et des minéraux se poursuivront. Comme tous les autres habitants de notre planète, nous avons évolué aux côtés du groupe actuel d'espèces, interagissant avec elles de manière complexe. Nous faisons partie d'un écosystème mondial, nous en avons toujours fait partie, et croire que nous pourrions échapper aux changements que nous avons imposés au monde n'est que folie.

En tant qu'espèce, nous sommes bien placés pour survivre à l'extinction de masse que nous sommes actuellement en train d'engendrer. Avec notre technologie, depuis l'habillement jusqu'aux digues, en passant par l'air conditionné et les dessalinisateurs, nous n'avons jamais cessé de modifier nos propres environnements pour survivre là où la chose aurait sinon été impossible. Mais les écosystèmes qui se sont construits depuis la dernière extinction de masse, il y a 66 millions d'années, sont aujourd'hui sévèrement mis à l'épreuve. En détruisant des communautés et en modifiant la chimie du monde, nous tirons une fois de plus sur les fils de la toile d'araignée, et certains de ces fils se sont déjà brisés. Si suffisamment de ces fils se rompent, les conséquences de la manière dont nous interagissons avec le monde pourraient déboucher sur une catastrophe biologique et sociale sans précédent. Cette considération peut au premier abord s'avérer écrasante, paralysante. Mais le fait même que nous soyons en mesure de réfléchir à l'état de notre environnement, que nous disposions de la capacité analytique de nous plonger dans le passé pour pouvoir le comparer avec le présent, est la raison pour laquelle nous pouvons rester optimistes.

Nous savons ce qui peut se produire pendant les périodes de perturbations environnementales comme celle que nous vivons. En cartographiant le passé, nous pouvons prédire l'avenir, et envisager les routes qui nous permettront d'éviter un désastre. Là où certaines issues catastrophiques sont inévitables, nous pouvons faire des plans afin de minimiser les dégâts, de les atténuer. Depuis les années 1970 au moins, les infrastructures sont construites en tenant compte des effets du changement climatique. La barrière de la Tamise, la principale défense de Londres contre les inondations, est haute de 2,70 mètres et a été spécifiquement conçue en anticipant une hausse de 90 centimètres du niveau de la mer d'ici à 2100. Il convient également de citer les collaborations internationales : le Protocole de Montréal de 1987, signé par 197 gouvernements, a supprimé progressivement la production et l'utilisation des chlorofluorocarbures, qui étaient responsables de l'amincissement de la couche d'ozone. Le « trou » dans la couche d'ozone est en train de progressivement se refermer grâce à ces mesures. Et ces dernières sont payées par un fonds à travers lequel les pays ayant le plus contribué par tête au problème apportent une aide économique aux pays en développement, se conformant aux règles établies[28].

Pendant que j'écrivais ce livre, deux choses se sont produites qui montrent l'importance d'une perspective plus éclairée sur le passé et l'avenir. Début 2019, sans tambour ni trompette, une plaque a été placée sur le site d'Okjökull, le premier des glaciers islandais à perdre son statut de glacier après avoir trop fondu. Le texte de la plaque, rédigé en islandais et en anglais, est une « Lettre au futur » qui, après avoir expliqué la relégation de l'Okjökull au statut de lac de glace, énonce : « Ok est le premier glacier islandais à perdre son statut de glacier. Dans les deux cents prochaines années, tous les glaciers du pays devraient suivre le même chemin. Ce monument vise à reconnaître que nous savons ce qui se passe et ce qui doit être fait. Vous serez les seuls à savoir si nous l'avons fait[29]. » Voyez mon œuvre, ô puissants, et désespérez.

Le second événement, la pandémie du SARS-CoV-2, également connu sous le nom de coronavirus, le virus responsable de la Covid-19, a contraint l'humanité à se confronter de manière plus immédiate à des changements radicaux. En l'espace d'un mois, un tiers de la population mondiale s'est retrouvée confinée de gré ou de force, et a modifié de manière fondamentale certains des aspects de son mode de vie pour échapper à une menace existentielle. Les effets de ces changements ont été immédiats. Los Angeles, la capitale des embouteillages, a connu son air le moins pollué depuis des générations. Venise, qui jusque-là grouillait de bateaux touristiques, n'a jamais eu d'eau plus pure dans ses canaux. Les émissions de carbone ont chuté d'environ 8 % et le pétrole n'a plus servi à rien dans la mesure où les magasins n'ont jamais aussi peu vendu. Plusieurs médias ont affirmé que ces données étaient l'illustration du fait que « la Terre se guérissait elle-même » tout en véhiculant le sous-texte selon lequel le véritable virus, c'était l'humanité. Une telle misanthropie n'est pas nécessaire. Si les humains sont certes capables de vivre en fondant leur existence sur l'exploitation, il y a je crois des leçons plus intéressantes à tirer de tout cela. Par exemple : nous sommes capables de modifier notre comportement et de réagir à une crise, et les changements que nous effectuons peuvent avoir des effets bénéfiques immédiats. La souffrance des habitants des autres nations nous affecte tous, et ce n'est qu'en travaillant ensemble, en mutualisant les ressources et l'aide là où elle est nécessaire, que les dommages causés par ce type de crises internationales peuvent être minimisés. En prêtant une oreille attentive à ce que disent les experts, en prenant les menaces au sérieux, et en accordant la priorité au bien-être, certains pays ont bien mieux géré que d'autres cette pandémie. L'action internationale coordonnée pour développer des vaccins en un temps record témoigne de notre capacité à réagir rapidement et efficacement à une menace mortelle. L'absence de coopération internationale dans la distribution de ces vaccins, et les vagues d'infection et de morts qui en découlent, démontrent en revanche la naïveté d'une réponse défensive et insulaire à une crise mondiale.

Face au changement environnemental, cette complaisance est mortelle. La politique du *business as usual*, où aucun changement n'est apporté au rythme de destruction des écosystèmes ou aux émissions de gaz à effet de serre, engendrera des climats qu'aucun hominidé n'a encore connus. Néanmoins, ceux qui parlent de notre inexorable destruction ne sont au final pas d'une plus grande aide. En matière de conservation, le succès ou l'échec ne résultent pas d'un choix binaire. Quand les journaux annoncent que nous disposons de cinq ans, ou dix, pour mettre un terme au changement climatique, il ne s'agit pas de véritables échéances. Faire les changements dans les temps ne signifie pas que tout redeviendra comme avant, pas plus qu'échouer à le faire ne signe définitivement notre anéantissement. Les écosystèmes qui ont existé dans la première moitié du XXe siècle et avant ont définitivement changé, mais les dégâts continuent à s'accumuler. Plus nous agirons tôt et avec force, moins les dégâts seront globaux. Il dépend de nous de choisir, ou non, d'agir collectivement pour contrecarrer les causes et les effets du changement climatique. La flèche est peut-être tombée, mais la cathédrale est toujours debout – nous devons choisir si nous voulons ou non éteindre les flammes.

Ce n'est qu'en modifiant nos habitudes et en adoptant des modes de vie moins fondés sur l'exploitation que nous pouvons empêcher les changements de notre environnement de déboucher sur une catastrophe sans précédent, une autre Grande Extinction. La planète ne peut pas fournir les ressources nécessaires à une vie aussi extravagante que celle dont nous jouissons actuellement dans les pays économiquement développés, sans parler de celles, supplémentaires, qui permettraient aux autres espèces de se nourrir et de s'accoupler, de vivre leur propre vie. La seule manière fiable d'empêcher les mondes sauvages d'aujourd'hui de devenir un nouvel ensemble d'écosystèmes oubliés, une autre galerie poussiéreuse dans un quelconque musée du futur, est de réduire notre consommation et d'arrêter de dépendre de sources d'énergie contribuant au changement du climat. Sans surprise, ces solutions susciteront des résistances. De manière compréhensible, les gens ont peur de la dégradation à court terme de leur qualité de vie, et des efforts collectifs et individuels qu'il va nous falloir fournir. Mais en quelques décennies, sans une action au niveau de la communauté, de la nation, du globe, il ne fait aucun doute que nos souffrances seront bien plus terribles. Pour notre bien-être à long terme en tant qu'espèce et en tant qu'individus, nous devons apprendre à entretenir une relation plus mutualiste avec notre environnement. Le changement est au bout du compte inévitable, mais nous pouvons laisser la planète adopter son propre rythme, et permettre aux sables mouvants du temps géologique de nous emmener, paisiblement, dans les mondes de demain. Le sacrifice comme acte de permanence. Et alors, nous aussi pourrons vivre dans l'espoir.

TABLEAU DES UNITÉS TEMPORELLES EN GÉOLOGIE

ÉON	ÈRE	PÉRIODE	ÉPOQUE	DATES
PHANÉROZOÏQUE	CÉNOZOÏQUE	Quaternaire	Pléistocène	2,58 millions d'années (Ma) – 12 000 ans
		Néogène	Pliocène	5,333 Ma – 2,58 Ma
			Miocène	23,03 Ma – 5,333 Ma
		Paléogène	Oligocène	33,9 Ma – 23,03 Ma
			Éocène	56 Ma – 33,9 Ma
			Paléocène	66 Ma – 56 Ma
	MÉSOZOÏQUE	Crétacé		145 Ma – 66 Ma
		Jurassique		201,3 Ma – 145 Ma
		Trias		251,9 Ma – 201,3 Ma
	PALÉOZOÏQUE	Permien		298,9 Ma – 251,9 Ma
		Carbonifère		358,9 Ma – 298,9 Ma
		Dévonien		419,2 Ma – 358,9 Ma
		Silurien		443,8 Ma – 419,2 Ma
		Ordovicien		485,4 Ma – 443,8 Ma
		Cambrien		541 Ma – 485,4 Ma
PROTÉROZOÏQUE	NÉOPROTÉROZOÏQUE	Édiacarien		635 Ma – 541 Ma

LISTE DES CARTES

REMERCIEMENTS

Tout comme je le fais dans ce livre, je devrais peut-être remercier tous ceux qui ont été impliqués dans l'existence de cet ouvrage en remontant le fil du temps. Sans l'aide de mes éditeurs Laura Stickney et Rowan Cope à Penguin Press, de Hilary Redmon à Random House, et de Nick Garrison à Penguin Canada, il se serait certainement agi d'un ouvrage bien plus technique, plus ennuyeux et plus saltatoire. Travailler avec Beth Zaiken, alors qu'elle créait pour les têtes de chapitres ces incroyables images d'animaux, a été quelque chose d'extraordinaire, et ce depuis les tout premiers brouillons que, si l'on ne m'avait pas dit qu'il s'agissait d'un travail préliminaire, j'aurais été ravi de voir figurer tels quels dans le livre. Je trouve le résultat final à couper le souffle.

Je remercie Marion Boyars, Dr Alice Tarbuck, la Society of Biblical Literature, Miguelángel Meza, Tracy K. Lewis, John Curl, Canongate Books, Columbia University Press, Laurel Rasplica Rodd, Shambhala, University of Western Australia Press, Rachael Mead, Lascaux Publishers, Robert Ziller, la famille de Natalia Molchanova, Viktor Hilkevich, l'Unesco, Diego Arguedas Ortiz, BBC Futures, ainsi que Taylor & Francis pour nous avoir aimablement autorisés à citer des extraits d'œuvres dont ils sont les auteurs ou les ayants droit.

Mon agent, Catherine Clarke, ainsi que le reste de l'équipe de Felicity Bryan Associates, a fait un travail extraordinaire pour m'accompagner depuis le stade du simple projet jusqu'au choix du bon éditeur, et pour m'aider à prendre ce qui s'est avéré une merveilleuse décision. Je tiens également à remercier les nombreux *sub-agents* qui ont permis à ce livre d'exister par-delà les frontières du Royaume-Uni – Zoë Pagnamenta de ZP Agency, et Barbara Barbieri, Juliana Galvis, Sabine Pfannenstiel, Marei Pittner, Rachael Sharples, Ludmilla Sushkova, Susan Xia et Jackie Yang d'Andrew Nurnberg Associates.

D'un point de vue pratique, je me dois de remercier ceux et celles qui ont rendu possible l'écriture de ce livre en mettant à ma disposition du temps et de l'espace. La majeure partie de ce texte a été écrite alors que je vivais avec Chris Bryan ou Jenny Ainsworth, lors de studieuses semaines loin de ma famille. La British Library et l'Enfield Library sont des lieux extraordinaires non seulement pour écrire, mais également pour accéder à de précieux matériaux. Dans la mesure où une grande partie de tout cela fut écrit pendant le confinement, je dois également ici remercier la Biodiversity Heritage Library : sans leur engagement envers un *open access* aux fonds de la littérature scientifique, je n'aurais pas été en mesure de faire les recherches adéquates pour ce livre.

Merci aussi aux nombreux amis et aux nombreux membres de ma famille qui ont lu des brouillons de ces chapitres et m'ont fait de précieux retours – Dr Catherine Ainsworth, Eugenie Aitchison, Dr Gemma Benevento, Dr Andrew Button, Ivan Brett, Pr Hugh Bowden, Andrew Dickson, Martin Dowling, Charlotte Halliday, Marianne Johnson, Johnny Mindlin, Dr Travis Park, Tammela Platt, Roxanne Scott et Steve Wright.

On ne peut pas tout savoir sur l'histoire de la vie, et j'adresse mes sincères remerciements à mes collègues paléobiologistes qui ont bien voulu consacrer une partie de leur temps et de leur expertise à ce texte et ses reconstructions, eux qui m'ont aidé à éviter les énormes bourdes que je m'apprêtais à faire au sujet de lieux, d'époques, d'espèces et de sujets pour lesquels leur expertise outrepasse largement la mienne : Dr Chris Basu, Dr Gemma Benevento, Dr Neil Brocklehurst, Dr Thomas Clements, Dr Mario Coiro, Dr Darin Croft, Dr Emma Dunne, Dr Daniel Field, Pr Sarah Gabbott, Dr Maggie Georgieva, Dr Sandy Hetherington, Dr Lars van den Hoek Ostende, Dr Dan Ksepka, Dr Liz Martin-Silverstone, Dr Emily Mitchell, Dr Elsa Panciroli, Dr Stephanie Smith et Dr Zhang Hanwen (Steven Zhang). Toute erreur qui subsisterait dans ce texte serait bien sûr de mon seul fait. Un grand merci au Dr Douglas Boubert pour ses conseils en matière astronomique, ainsi qu'au Dr Will Tattersdill pour m'avoir fait lire les textes des premiers popularisateurs victoriens de la géologie, ce qui m'a énormément aidé à comprendre les premières strates de cette littérature.

J'aimerais également en profiter pour remercier Dr Elsa Panciroli, sans qui je n'aurais jamais participé à la Hugh Miller Writing Competition, ainsi qu'aux autres membres du jury de ce concours, et tout particulièrement Larissa Reid. Cette compétition est à l'origine des premières phrases balbutiantes de ce projet. Ivan Brett, qui m'a montré la route à suivre pour écrire un synopsis, mérite également toute ma gratitude.

Pour son soutien, son mentorat et ses conseils, je serai à jamais redevable envers ma directrice de thèse Pr Anjali Goswami – non seulement quand j'écrivais ma thèse, mais également quand j'étais post-doctorant et membre de son équipe de terrain en Inde et en Argentine. Pour le temps qu'ils ont consacré à mon développement en tant que chercheur, j'aimerais remercier les Prs Paul Upchurch et Ziheng Yang, qui m'ont encadré pendant mon travail doctoral et post-doctoral, ainsi que ceux qui m'ont supervisé et encadré pendant d'autres projets de recherche – les Prs Richard Butler, Mike Benton et Andrew Balmford. Pendant tout ce temps, mes amis et mes collègues, trop nombreux pour pouvoir être tous cités, ont fait de la paléontologie l'une des communautés les plus gratifiantes auxquelles appartenir.

L'intérêt pour le monde naturel ne saurait être entretenu sans d'excellents pédagogues, et je ne peux sous-estimer l'influence des conférences de Dr Rob Asher, de Pr Nick Davies, ainsi que de l'immense et regrettée Jenny Clack, pas plus que celle des cours de biologie de Geoff Morgan et de Fuina Graham, aussi bien dans les salles de classe que sur le terrain. En parlant de terrain, je dois aussi mentionner Neo Kim Seng, qui m'a appris à plonger et m'a fait découvrir le monde sous les vagues, ainsi que Dr Federico Agnolin, Dr Andrew Cuff, Dr Ryan Felice, Pr Anjali Goswami, Javier Ochoa, Pr Guntupalli Prasad, Dr Agustin Scanferla, MS Thanglemmoi et Dr Aki Watanabe pour leur compagnonnage et leurs précieux avis au cours de nos chasses aux fossiles.

Loin dans mon Protérozoïque personnel, j'adresse mes remerciements à mes instituteurs qui m'ont appris à avoir tort et ont dû supporter l'exposé d'un enfant de neuf ans sur la classification linnéenne. Ma gratitude la plus profonde est réservée à mes parents, qui, en réponse à mes questions d'enfant – et même si, rétrospectivement, je me rends compte qu'ils devaient pertinemment en connaître les réponses –, me répondaient systématiquement d'aller voir dans un livre. Avec mes parents et mes grands-parents, j'ai appris à observer les oiseaux, à identifier les arbres, à chasser les champignons et à mesurer les précipitations tous les matins. Ramasser des morceaux de quartzite laiteux gros comme des ballons de foot sur des montagnes, observer des bébés balbuzards au télescope dans le grenier de mes grands-parents, aider les deux autres à nourrir leurs chiens et imiter leurs aboiements depuis leur jardin – une chose est sûre, ma famille m'a définitivement habitué à observer et à écouter le monde naturel.

Enfin, je dois rendre justice à ceux dont les terres ont abrité les fossiles exhumés, ainsi qu'aux chercheuses et chercheurs. Sans les innombrables heures de recherches menées par des milliers de femmes et d'hommes ayant dédié leur vie au décryptage de la roche, afin de rendre cette dernière lisible, ce livre n'aurait jamais pu voir le jour. Les références directes dans ce seul livre renvoient aux travaux de plus de 4 000 chercheuses et chercheurs. Parmi ceux-ci, certains ont été cités un très grand nombre de fois, et je tiens à les remercier tout particulièrement. Les voici : Josep Alcover, Mike Benton, Rene Bobe, Darin Croft, Michael Engel, John Flynn, Andrzej Gaździcki, Javier Gelfo, Phil Gingerich, Anjali Goswami, Dale Guthrie, Kirk Johnson, Conrad Labandeira, Meave Leakey, Sally Leys, Lu Junchang, Fredrick Manthi, Sergio Marenssi, Jean-Michel Mazin, Marcelo Reguero, Ren Dong, Sergio Santillana, Gustav Schweigert, Claudia Tambussi, Carol Ward, Lars Werdelin, Greg Wilson, Andy Wyss, James Zachos et Zhang Haichun. Et à tous ceux qui n'ont jamais extrait, dissous, scanné et tamisé des merveilles, qu'ils soient présents dans ces pages ou non, je vous adresse un grand merci.

Retour au présent, et même au futur : j'aimerais témoigner toute ma gratitude à mon épouse Charlotte pour son soutien pendant l'écriture de ce livre, ainsi que pour sa capacité à poser exactement les bonnes questions, de celles qui, en une étincelle, sont capables d'engendrer l'idée d'après. Enfin, j'aimerais dédier ce livre à mes fils – quand vous serez assez grands pour lire ce livre, le monde aura déjà changé. Espérons que ce soit pour le mieux.

*

L'éditeur tient à remercier le traducteur ainsi que Thomas Saucède pour sa précieuse relecture.

NOTES BIBLIOGRAPHIQUES

Introduction. Le temple des millions d'années

1. E. A. Bell *et al.*, *PNAS*, 2015, vol. 112, p. 14518-14521 ; J. E. Chambers, *Earth and Planetary Science Letters*, 2004, vol. 223, p. 241-252 ; A. El Albani *et al.*, *Nature*, 2010, vol. 466, p. 100-104 ; H. Miller, *My Schools and Schoolmasters*, Édimbourg, George A. Morton, 1905.

2. C. Leblanc, *Museum International*, 2005, vol. 57, p. 79-86 ; J. Parr, *Keats-Shelley Journal*, 1957, vol. 6, p. 31-35.

3. M. Ullmann, « The Temples of Millions of Years at Western Thebes », in R. H. Wilkinson et K. R. Weeks (dir.), *The Oxford Handbook of the Valley of the Kings*, Oxford, Oxford University Press, 2016, p. 417-432.

4. J. A. Dunne *et al.*, *PLoS Biol.*, 2008, vol. 6, p. 693-708 ; P. D. Gingerich, *Paleobiology*, 1981, vol. 7, p. 443-455 ; J. J. Gu *et al.*, *PNAS*, 2012, vol. 109, p. 3868-3873 ; J. M. Pardo-Perez *et al.*, *J. Zool.*, 2018, vol. 304, p. 21-33 ; E. J. Rayfield, *Annual Review of Earth and Planetary Sciences*, 2007, vol. 35, p. 541-576 ; F. M. Smithwick *et al.*, *Curr. Biol.*, 2017, vol. 27, p. 3337.

5. M. Black, *The Scientific Monthly*, 1945, vol. 61, p. 165-172 ; J. A. Cunningham *et al.*, *Trends in Ecology and Evolution*, 2014, vol. 29, p. 347-357.

6. R. W. Frey, *The Study of Trace Fossils: A Synthesis of Principles, Problems, and Procedures in Ichnology*, Berlin, Springer-Verlag, 1975 ; T. J. D. Halliday *et al.*, *Acta Palaeontologica Polonica*, 2013, vol. 60, p. 291-312 ; G. Nichols, *Sedimentology and Stratigraphy*, Oxford, Blackwell, 2009.

7. P. S. Herendeen *et al.*, *Nature Plants*, 2017, vol. 3, p. 17015 ; V. Prasad *et al.*, *Nature Communications*, 2011, vol. 2, p. 480 ; C. A. E. Stromberg, *Annual Review of Earth and Planetary Science*, 2011, vol. 39, p. 517-544.

8. S. P. W. Breen *et al.*, *Frontiers in Environmental Science*, 2018, vol. 6, p. 1-8 ; G. Ceballos *et al.*, *PNAS*, 2017, vol. 114, p. E6089-E6096 ; S. C. Elmendorf *et al.*, *Ecology Letters*, 2012, vol. 15, p. 164-175.

9. Y. Ezaki, *Paleontological Research*, 2009, vol. 13, p. 23-38.

10. R. Hutterer et G. Peters, *Bonn Zool. Bull.*, 2010, vol. 59, p. 3-27.

11. T. Ashe, *Memoirs of Mammoth*, Liverpool, G. F. Harris, 1806 ; R. O'Connor, *The Earth on Show: Fossils and the Poetics of Popular Science, 1802-1856*, Chicago, University of Chicago Press, 2013 ; R. Peale, *An Historical Disquisition on the Mammoth: or, Great American Incognitum, an Extinct, Immense, Carnivorous Animal, whose Fossil Remains Have Been Found in North America*, C. Mercier and Co., 1803.

1. Dégel – Pléistocène

1. A. Berger *et al.*, *Applied Animal Behaviour Science*, 1999, vol. 64, p. 1-17 ; E. Bernaldez-Sanchez et E. Garcia-Vinas, *Anthropozoologica*, 2019, vol. 54, p. 1-12 ; R. M. Beyer *et al.*, *Scientific Data*, 2020, vol. 7, p. 236 ; A. Burke et J. Cinq-Mars, *Arctic*, 1998, vol. 51, p. 105-115 ; J. Chen

et al., *J. Equine Science*, 2008, vol. 19, p. 1-7 ; C. Feh, « Relationships and Communication in Socially Natural Horse Herds : Social Organization of Horses and Other Equids », *in* S. MacDonnell et D. Mills (dir.), Dorothy Russell Havemeyer Foundation Workshop, Holar, Islande, 2002 ; A. J. Forsten, *Mammalogy*, 1986, vol. 67, p. 422-3 ; B. V. Gaglioti *et al.*, *Quat. Sci. Rev.*, 2018, vol. 182, p. 175-190 ; R. D. Guthrie et S. Stoker, *Arctic*, 1990, vol. 43, p. 267-274 ; C. Janis, *Evolution*, 1976, vol. 30, p. 757-774 ; D. H. Mann *et al.*, *Quat. Sci. Rev.*, 2013, vol. 70, p. 91-108 ; J. W. Turner Jr et J. F. Kirkpatrick, *J. Equine Veterinary Science*, 1986, vol. 6, p. 250-258 ; V. V. Ukraintseva, *The Selerikan Horse. Mammoths and the Environment*, Cambridge, Royaume-Uni, Cambridge University Press, 2013, p. 87-105.

2. A. Burke et J. Castanet, *J. Archaeological Science*, 1995, vol. 22, p. 479-493 ; L. D. Carter, *Science*, 1981, vol. 211, p. 381-383 ; B. V. Gaglioti *et al.*, *Quat. Sci. Rev.*, 2018, vol. 182, p. 175-190 ; C. Packer *et al.*, *PLoS One*, 2011, vol. 6, p. e22285 ; P. M. Sander et P. Andrassy, *Palaeontographica Abteilung A*, 2006, vol. 277, p. 143-159 ; J. Wathan, K. McComb, *Curr. Biol.*, 2014, vol. 24, p. R677-R679 ; N. Yamaguchi *et al.*, *J. Zool.*, 2004, vol. 263, p. 329-342.

3. G. Bar-Oz et S. Lev-Yadun, *PNAS*, 2012, vol. 109, p. E1212 ; R. Barnett *et al.*, *Molecular Ecology*, 2009, vol. 18, p. 1668-1677 ; O. F. Chernova *et al.*, *Quat. Sci. Rev.*, 2016, vol. 142, p. 61-73 ; N. R. Chimento et F. L. Agnolin, *Comptes rendus Palevol*, 2017, vol. 16, p. 850-864 ; M. de Manuel *et al.*, *PNAS*, 2020, vol. 117, p. 10927-10934 ; D. Nagel *et al.*, *Scripta Geologica*, 2003, p. 227-240 ; A. J. Stuart et A. M. Lister, *Quat. Sci. Rev.*, 2011, vol. 30, p. 2329-2340 ; A. Turner, *Annales Zoologici Fennici*, 1984, p. 1-8 ; N. Yamaguchi *et al.*, *J. Zool.*, 2004, vol. 263, p. 329-342.

4. R. D. Guthrie, *Frozen Fauna of the Mammoth Steppe: The Story of Blue Babe*. Chicago, The University of Chicago Press, 1990 ; A. C. Kitchener *et al.*, « Felid Form and Function », *in* D. W. Macdonald et J. A. Loveridge (dir.), *Biology and Conservation of Wild Felids*, Oxford, Oxford University Press, 2010, p. 83-106 ; B. M. Rothschild et C. G. Diedrich, *International J. Paleopathology*, 2012, vol. 2, p. 187-198.

5. J. B. Sissons, *Scottish J. Geology*, 1974, vol. 10, p. 311-337.

6. C. L. Gazin, *Smithsonian Miscellaneous Collections*, 1955, vol. 128, p. 1-96 ; C. N. Jass, et T. E. Allan, *Can. J. Earth Sci.*, 2016, vol. 53, p. 485-493 ; J. C. Merriam, *University of California Publications of the Geological Society*, 1913, vol. 7, p. 305-323 ; N. S. Upham *et al.*, *PLoS Biol.*, 2019, p. 17.

7. M. R. Bennett *et al.*, *Science*, 2021, vol. 373, p. 1528-1531 ; T. Goebel *et al.*, *Science*, 2008, vol. 319, p. 1497-1502 ; B. Kooyman *et al.*, *American Antiquity*, 2012, vol. 77, p. 115-124 ; F. V. Seersholm *et al.*, *Nature Communications*, 2020, vol. 11, p. 2770 ; R. S. Vachula *et al.*, *Quat. Sci. Rev.*, 2019, vol. 205, p. 35-44 ; M. R. Waters *et al.*, *PNAS*, 2015, vol. 112, p. 4263-4267.

8. S. Krane *et al.*, *Naturwissenschaften*, 2003, vol. 90, p. 60-62 ; G. Madani et K. A. I. Nekaris, *J. Venomous Animals and Toxins Including Tropical Diseases*, 2014, p. 20 ; K. A. I. Nekaris et C. R. Starr, *Endangered Species Research*, 2015, vol. 28, p. 87-95 ; K. A. I. Nekari *et al.*, *J. Venomous Animals and Toxins Including Tropical Diseases*, 2013, p. 19 ; J. Still, *Spolia Zeylanica*, 1905, vol. 3, p. 155 ; W. Wuster et R. S. Thorpe, *Herpetologica*, 1992, vol. 48, p. 69-85 ; S. Zareyan *et al.*, *Proc. R. Soc. B*, 2019, vol. 286, 2019.1425.

9. M. Begon *et al.*, *Ecology: From Individuals to Ecosystems*, Oxford, Blackwell Publishing, 2006.

10. R. M. Alexander, *J. Zoology*, 1993, vol. 231, p. 391-401 ; A. D. Ellis, « Biological Basis of Behaviour in Relation to Nutrition and Feed Intake in Horses », *in* A. D. Ellis *et al.* (dir.), *The Impact of Nutrition on the Health and Welfare of Horses*, Hollande, Wageningen Academic Publishers, 2010, p. 53-74 ; M. Kuitems *et al.*, *Arch. and Anth. Sci.*, 2015, vol. 7, p. 289-295 ; B. van Geel *et al.*, *Quat. Sci. Rev.*, 2011, vol. 30, p. 2289-2303.

11. R. M. Beyer *et al.*, *Scientific Data*, 2020, vol. 7, p. 236 ; D. M. Hopkins, « Aspects of the Paleogeography of Beringia during the Late Pleistocene », *in* D. M. Hopkins *et al.* (dir.), *Paleoecology of Beringia*, Academic Press, 1982, p. 3-28 ; W. S. Paterson, *Reviews of Geophysics and Space Physics*, 1972, vol. 10, p. 885 ; K. J. Tinkler *et al.*, *Quaternary Research*, 1994, vol. 42, p. 20-29.

12. T. A. Ager, *Quaternary Research*, 2003, vol. 60, p. 19-32 ; L. L. Anderson *et al.*, *PNAS*, 2006, vol. 103, p. 12447-12450 ; L. B. Brubaker *et al.*, *J. Biogeog.*, 2005, vol. 32, p. 833-848 ; R. G. Fairbanks, *Nature*, 1989, vol. 342, p. 637-642 ; K. Holder *et al.*, *Evolution*, 1999, vol. 53, p. 1936-1950 ; T. W. Quinn, *Molecular Ecology*, 1992, vol. 1, p. 105-117 ; A. J. Shaw *et al.*, *J. Biogeog.*, 2015, vol. 42, p. 364-376 ; *Paleodrainage map of Beringia*, Yukon Geological Survey, 2019 ; G. D. Zazula *et al.*, *Nature*, 2003, vol. 423, p. 603.

13. R. D. Guthrie, *Quat. Sci. Rev.*, 2001, vol. 20, p. 549-574 ; *Paleodrainage map of Beringia*, Yukon Geological Survey, 2019.

14. P. Batima *et al.*, « Vulnerability of Mongolia's Pastoralists to Climate Extremes and Changes », *in* N. Leary *et al.* (dir.), *Climate Change and Vulnerability*, Londres, Earthscan, 2008, p. 67-87 ; J. K. Clark et S. A. Crabtree,

Land, 2015, vol. 4, p. 157-181 ; S. G. Fancy *et al.*, *Can. J. Zool.*, 1989, vol. 67, p. 644-650 ; D. H. Mann *et al.*, *PNAS*, 2015, vol. 112, p. 14301-14306.

15. J. Clark *et al.*, *J. Archaeological Science*, 2014, vol. 52, p. 12-23 ; P. C. Lent, *Biological Conservation*, 1971, vol. 3, p. 255-263 ; R. S. Sommer *et al.*, *J. Biogeog.*, 2014, vol. 41, p. 298-306.

16. R. D. Guthrie et S. Stoker, S. *Arctic*, 1990, vol. 43, p. 267-274.

17. S. A. Kuzmina *et al.*, *Invertebrate Zoology*, 2019, vol. 16, p. 89-125 ; D. H. Mann *et al.*, *Quat. Sci. Rev.*, 2013, vol. 70, p. 91-108.

18. M. Begon *et al.*, *Ecology: From Individuals to Ecosystems*, Oxford, Blackwell Publishing, 2006 ; R. M. Beyer *et al.*, *Scientific Data*, 2020, vol. 7, p. 236 ; K. Kazakov, *Pogoda i klimat*, 2020, disponible sur http://www.pogodaiklimat.ru (site consulté le 13 novembre 2021).

19. C. S. Churcher *et al.*, *Can. J. Earth Sci.*, 1993, vol. 30, p. 1007-1013 ; S. D. Emslie et N. Czaplewski, *J. Nat. Hist. Mus. LA County Contributions in Science*, 1985, vol. 371, p. 1-12 ; B. Figueirido *et al.*, *J. Zool.*, 2009, vol. 277, p. 70-80 ; B. Figueirido *et al.*, *J. Vert. Paleo.*, 2010, vol. 30, p. 262-275 ; B. Kurten, *Acta Zoologica Fennica*, 1967, vol. 117, p. 1-60 ; B. Sorkin, *J. Vert. Paleo.*, 2004, vol. 24, p. 116A.

20. O. F. Chernova *et al.*, *Proc. Zool. Inst. Russ. Acad. Sci.*, 2015, vol. 319, p. 441-460 ; C. R. Harington, *Neotoma*, 1991, vol. 29, p. 1-3 ; P. E. Matheus, *Quaternary Research*, 1995, vol. 44, p. 447-453.

21. J. H. Grayson, *Folklore*, 2015, vol. 126, p. 253-265 ; A. I. Hallowell, *American Anthropologist*, 1926, vol. 28, p. 1-175 ; M. E. Huld, *Int. J. American Linguistics*, 1983, vol. 49, p. 186-195.

22. D. H. Mann *et al.*, *Quat. Sci. Rev.*, 2013, vol. 70 ; p. 91-108 ; S. A. Zimov *et al.*, « The Past and Future of the

Mammoth Steppe Ecosystem », *in* J. Louys (dir.), *Paleontology in Ecology and Conservation*, Berlin, Springer Verlag, 2012, p. 193-225.

23. R. D. Guthrie, *Quat. Sci. Rev.*, 2001, vol. 20, p. 549-574.

24. M. Chytry *et al.*, *Boreas*, 2019, vol. 48, p. 36-56 ; R. D. Guthrie, *Quat. Sci. Rev.*, 2001, vol. 20, p. 549-574 ; D. L. Kane *et al.*, *Northern Research Basins Water Balance*, 2004, vol. 290, p. 224-236 ; D. H. Mann *et al.*, *Quat. Sci. Rev.*, 2013, vol. 70, p. 91-108.

25. P. Pečnerova *et al.*, *Evolution Letters*, 2017, vol. 1, p. 292-303 ; R. L. Rogers et M. Slatkin, *PLoS Genetics*, 2017, vol. 13, p. e1006601 ; S. L. Vartanyan *et al.*, *Nature*, 1993, vol. 362, p. 337-340.

26. D. R. Currey, *Ecology*, 1965, vol. 46, p. 564-566 ; R. G. Gunn, *Art of the Ancestors: Spatial and Temporal Patterning in the Ceiling Rock Art of Nawarla Gabarnmang, Arnhem Land, Australia*, Archaeopress Archaeology, 2019 ; P. Paillet, *Bulletin de la Société préhistorique française*, 1995, vol. 92, p. 37-48 ; H. Valladas *et al.*, *Radiocarbon*, 2013, vol. 55, p. 1422-1431.

27. E. Martinez-Meyer et A. T. Peterson, *J. Biogeog.*, 2006, vol. 33, p. 1779-1789.

2. Origines – Pliocène

1. J. K. Kassagam, *What Is This Bird Saying? – A Study of Names and Cultural Beliefs about Birds amongst the Marakwet Peoples of Kenya*, Kenya, Binary Computer Services, 1997.

2. D. J. Field, *J. Hum. Evol.*, 2020, vol. 140, p. 102-384 ; J. C. Hollmann, *South African Archaeological Society Goodwin Series*, 2005, vol. 9, p. 21-33 ; E. Owen, *Welsh Folk lore*, Woodall, Minshall, & Co., 1887 ; I. Pellegrino *et al.*,

Bird Study, 2017, vol. 64, p. 344-352 ; D. B. Rowley et B. S. Currie, *Nature*, 2006, vol. 439, p. 677-681 ; W. F. Ruddiman *et al.*, *Proc. Ocean Drilling Program*, Résultats scientifiques, 1989, vol. 108, p. 463-484.

3. J. Chorowicz, *J. African Earth Sciences*, 2005, vol. 43, p. 379-410 ; C. S. Feibel, *Evol. Anthro.*, 2011, vol. 20, p. 206-216 ; T. Furman *et al.*, *J. Petrology*, 2004, vol. 45, p. 1069-1088 ; P. A. Mohr, *J. Geophysical Research*, 1970, vol. 75, p. 7340-7352.

4. C. S. Feibel, *Evol. Anthro.*, 2011, vol. 20, p. 206-216 ; T. Furman *et al.*, *J. Petrology*, 2006, vol. 47, p. 1221-1244 ; M. Hernandez Fernandez et E. S. Vrba, *J. Hum. Evol.*, 2006, vol. 50, p. 595-626 ; J. Kolding, *Environmental Biology of Fishes*, 1993, vol. 37, p. 25-46 ; L. A. Olaka *et al.*, *J. Paleolimnology*, 2010, vol. 44, p. 629-644 ; B. Van Bocxlaer, *J. Hum. Evol.*, 2020, vol. 140, p. 102341 ; R. F. Yuretich *et al.*, *Geochimica Et Cosmochimica Acta*, 1983, vol. 47, p. 1099-1109.

5. Le lac Turkana était à l'époque coloniale connu sous le nom de lac Rudolf, un nom donné par les premiers Européens à avoir atteint le lac. Le nom « Turkana » fait référence à l'une des cultures dominantes de la région ; à noter que le peuple éponyme appelle quant à lui le lac Anam Ka'alakol.

6. V. P. Alexeev, *The Origin of the Human Race*, Moscou, Progress Publishers, 1986 ; F. Brown *et al.*, *Nature*, 1985, vol. 316, p. 788-792 ; M. G. Leakey *et al.*, *Nature*, 2001, vol. 410, p. 433-440 ; D. Lordkipanidze *et al.*, *Science*, 2013, vol. 342, p. 326-331 ; C. Ward *et al.*, *Evolutionary Anthropology*, 1999, vol. 7, p. 197-205.

7. U. Aldrovandi, *Ornithologiae*, Bologne, Francesco de Franceschi, 1599 ; A. Hedenstrom *et al.*, *Curr. Biol.*, 2016, vol. 26, p. 3066-3070 ; P. Henningsson *et al.*, *J. Avian Biol.*, 2010, vol. 41, p. 94-98 ; A. M. Hutson, *J. Zool.*, 1981,

vol. 194, p. 305-316 ; F. Liechti *et al.*, *Nature Communications*, 2013, p. 4 ; F. K. Manthi, *The Pliocene Micromammalian Fauna from Kanapoi, Northwestern Kenya, and its Contribution to Understanding the Environment of Australopithecus Anamensis*, Le Cap, University of Cape Town, 2006 ; G. Mayr, *J. Ornithology*, 2015, vol. 156, p. 441-450 ; G. F. McCracken *et al.*, *Royal Society Open Science*, 2016, vol. 3, p. 60398 ; A. B. Z. Zuki *et al.*, *Pertanika J. Tropical Agricultural Science*, 2012, vol. 35, p. 613-622.

8. M. Delfino, *J. Hum. Evol.*, 2020, vol. 140, p. 102-353 ; D. J. Field, *J. Hum. Evol.*, 2020, vol. 140, p. 102384 ; K. Kyle et L. H. du Preez, *Afr. Zool.*, 2020, vol. 55, p. 1-5 ; F. K. Manthi et A. J. Winkler, *J. Hum. Evol.*, 2020, vol. 140, p. 102-338 ; L. Werdelin et F. K. Manthi, *J. African Earth Sciences*, 2012, vol. 64, p. 1-8.

9. D. Geraads *et al.*, *J. Vert. Paleo.*, 2011, vol. 31, p. 447-453 ; M. E. Lewis, *Comptes rendus Palevol*, 2008, vol. 7, p. 607-627 ; K. M. Stewart, K. M. et S. J. Rufolo, *J. Hum. Evol.*, 2020, vol. 140, p. 102452 ; B. Van Bocxlaer, *J. Systematic Palaeontology*, 2011, vol. 9, p. 523-550 ; B. Van Bocxlaer, B., *J. Hum. Evol.*, 2020, vol. 140, p. 102-341 ; L. Werdelin, et M. E. Lewis, *J. Hum. Evol.*, 2020, vol. 140, p. 102-334 ; L. Werdelin et F. K. Manthi, *J. African Earth Sciences*, 2012, vol. 64, p. 1-8.

10. K. Stewart, *Nat. Hist. Mus. LA County Contributions in Science*, 2003, vol. 498, p. 21-38 ; K. M. Stewart et S. J. Rufolo, *J. Hum. Evol.*, 2020, vol. 140, p. 102452.

11. D. J. Field, *J. Hum. Evol.*, 2020, vol. 140, p. 102-384 ; O. T. Owry, *Ornithological Monographs*, 1967, vol. 6, p. 60-63 ; A. M. Rijke et W. A. Jesser, *Condor*, 2011, vol. 113, p. 245-254.

12. D. J. Field, *J. Hum. Evol.*, 2020, vol. 140, p. 102384 ; A. Louchart *et al.*, *Acta Palaeontologica Polonica*, 2005, vol. 50, p. 549-563 ; H. J. M. Meijer et

R. A. Due, *Zoo. J. Linn. Soc.*, 2010, vol. 160, p. 707-724 ; D. L. Ogada *et al.*, *Conservation Biology*, 2012, vol. 26, p. 453-460 ; D. E. Pomeroy, *Ibis*, 1975, vol. 117, p. 69-81 ; A. Szyjewski, *Religia Słowian*, Varsovie, Wydawnictwo WAM, 2010 ; R. Warren-Chadd et M. Taylor, *Birds: Myth, Lore & Legend*, Londres, Bloomsbury, 2016, p. 304.

13. C. Basu *et al.*, *Biology Letters*, 2016, vol. 12, p. 20150940 ; C. A. Brochu, *J. Hum. Evol.*, 2020, vol. 140, p. 102410 ; D. Geraads *et al.*, *J. African Earth Sciences*, 2013, vol. 85, p. 53-61 ; D. Geraads et R. Bobe, *J. Hum. Evol.*, 2020, vol. 140, p. 102383 ; J. M. Harris, *Annals of the South African Museum*, 1976, vol. 69, p. 325-353 ; A. C. Nanda, *J. Palaeont. Soc. India*, 2013, vol. 58, p. 75-86.

14. J. M. Harris, *Annals of the South African Museum*, 1976, vol. 69, p. 325-353 ; N. Solounias, *J. Mamm.*, 1988, vol. 69, p. 845-848 ; C. A. Spinage, *J. Zool.*, 1993, vol. 230, p. 1-5.

15. F. Sengani et F. Mulenga, *Applied Sciences*, 2020, vol. 10, p. 8824 ; J. G. Wynn, *J. Hum. Evol.*, 2000, vol. 39, p. 411-432.

16. T. E. Cerling *et al.*, *PNAS*, 2015, vol. 112, p. 11467-11472 ; H. H. Wagner *et al.*, *Landscape Ecology*, 2000, vol. 15, p. 219-227.

17. G. D. Farquhar et T. D. Sharkey, *Annual Reviews*, 1982, vol. 33, p. 317-345 ; P. E. Waggoner et N. W. Simmonds, *Plant Physiology*, 1966, vol. 41, p. 1268.

18. R. W. Pearcy et J. Ehleringer, *Plant, Cell, and Environment*, 1984, vol. 7, p. 1-13 ; R. J. Spreitzer et M. E. Salvucci, *Ann. Rev. Plant Biol.*, 2002, vol. 53, p. 449-475 ; P. Westhoff et U. Gowik, *Plant Physiology*, 2010, vol. 154, p. 598-601.

19. H. Caswell *et al.*, *American Naturalist*, 1973, vol. 107, p. 465-480 ; T. E. Cerling *et al.*, *PNAS*, 2015,

vol. 112, p. 11467-11472 ; R. W. Pearcy et J. Ehleringer, *Plant, Cell, and Environment*, 1984, vol. 7, p. 1-13.

20. T. E. Cerling *et al.*, *PNAS*, 2015, vol. 112, p. 11467-11472 ; D. J. Field, *J. Hum. Evol.*, 2020, vol. 140, p. 102384 ; T. A. Franz-Odendaal et N. Solounias, *Geodiversitas*, 2004, vol. 26, p. 675-685 ; D. Geraads *et al.*, *J. African Earth Sciences*, 2013, vol. 85, p. 53-61 ; J. M. Harris, *Annals of the South African Museum*, 1976, vol. 69, p. 325-353 ; K. T. Uno *et al.*, *PNAS*, 2011, vol. 108, p. 6509-6514 ; J. G. Wynn, *J. Hum. Evol.*, 2000, vol. 39, p. 411-432.

21. T. E. Cerling *et al.*, *PNAS*, 2015, vol. 112, p. 11467-11472 ; W. J. Sanders, *J. Hum. Evol.*, 2020, vol. 140, p. 102547 ; M. Valeix *et al.*, *Biological Conservation*, 2011, vol. 144, p. 902-912.

22. I. Žliobaitė, *Data Mining and Knowledge Discovery*, 2019, vol. 33, p. 773-803.

23. G. F. Gunnell et F. K. Manthi, *J. Hum. Evol.*, 2020, vol. 140, p. 102440 ; J. G. Wynn, *J. Hum. Evol.*, 2000, vol. 39, p. 411-432.

24. T. David-Barrett et R. I. M. Dunbar, *J. Hum. Evol.*, 2016, vol. 94, p. 72-82 ; J. J. Head et J. Muller, *J. Hum. Evol.*, 2020, vol. 140, p. 102451 ; J. Stave *et al.*, *Biodiversity and Conservation*, 2007, vol. 16, p. 1471-1489 ; P. S. Ungar *et al.*, *Phil. Trans. R. Soc. B*, 2010, vol. 365, p. 3345-3354 ; C. Ward *et al.*, *Evolutionary Anthropology*, 1999, vol. 7, p. 197-205 ; C. V. Ward *et al.*, *J. Hum. Evol.*, 2001, vol. 41, p. 255-368 ; C. V. Ward *et al.*, *J. Hum. Evol.*, 2013, vol. 65, p. 501-524.

25. J. Stave *et al.*, *Biodiversity and Conservation*, 2007, vol. 16, p. 1471-1489.

26. S. Almecija *et al.*, *Nature Communications*, 2013, p. 4 ; M. Brunet *et al.*, *Nature*, 2002, vol. 418, p. 145-151 ; Y. Haile-Selassie *et al.*, *American J. Physical*

Anthropology, 2010, vol. 141, p. 406-417 ; C. Parins-Fukuchi *et al.*, *Paleobiology*, 2019, vol. 45, p. 378-393 ; M. Pickford et B. Senut, *Comptes Rendus A*, 2001, vol. 332, p. 145-152 ; E. E. Sarmiento et D. J. Meldrum, *J. Comparative Human Biology*, 2011, vol. 62, p. 75-108 ; C. V. Ward *et al.*, *Phil. Trans. R. Soc. B*, 2010, vol. 365, p. 3333-3344 ; M. H. Wolpoff *et al.*, *Nature*, 2002, vol. 419, p. 581-582.

27. D. Rose, « The Ship of Theseus Puzzle », *in* T. Lombrozo *et al.* (dir.), *Oxford Studies in Experimental Philosophy*, Oxford, Oxford University Press, 2020, vol. 3, p. 158-174.

28. P. J. Wagner et D. H. Erwin, *Phylogenetic Patterns as Tests of Speciation Models*, New York, Columbia University Press, 1995, p. 87-122.

29. W. H. Kimbel *et al.*, *J. Hum. Evol.*, 2006, vol. 51, p. 134-152.

30. J. E. Lewis et S. Harmand, *Phil. Trans. R. Soc. B*, 2016, vol. 371, p. 20150233 ; H. M. McHenry, *American J. Physical Anthropology*, 1992, vol. 87, p. 407-431 ; P. L. Reno *et al.*, *PNAS*, 2003, vol. 100, p. 9404-9409 ; C. V. Ward *et al.*, *Phil. Trans. R. Soc. B*, 2010, vol. 365, p. 3333-3344.

31. D. Geraads *et al.*, *J. African Earth Sciences*, 2013, vol. 85, p. 53-61 ; W. J. Sanders, *J. Hum. Evol.*, 2020, vol. 140, p. 102547.

32. Nous nous devons d'ajouter que l'idée selon laquelle ce furent les Hominina qui causèrent l'extinction des loutres ours est sujette à controverse en raison de la petite taille du jeu de données. En tant que principe écologique général, toutefois, l'exclusion compétitive est un phénomène réel, et a été reliée à l'essor comme à la chute d'autres groupes, à l'instar de la disparition des Borophaginés (un cousin hypercarnivore des chiens) qui suivit

l'arrivée des grands fauves en Amérique du Nord il y a environ 20 millions d'années.

33. J. T. Faith *et al.*, *Quaternary Research*, 2020, vol. 96, p. 88-104 ; M. Fortelius *et al.*, *Phil. Trans. R. Soc. B*, 2016, vol. 371, p. 20150232 ; L. Werdelin et M. E. Lewis, *PLoS One*, 2013, vol. 8, p. e57944.

34. R. Bobe et S. Carvalho, *J. Hum. Evol.*, 2019, vol. 126, p. 91-105 ; S. Harmand *et al.*, *Nature*, 2015, vol. 521, p. 310.

35. H. Olff *et al.*, *Nature*, 2002, vol. 415, p. 901-904 ; W. J. Ripple *et al.*, *Science Advances*, 2015, vol. 1, p. e1400103.

3. Déluge – Miocène

1. P. Audra *et al.*, *Geodinamica Acta*, 2004, vol. 17, p. 389-400 ; S. Fauquette *et al.*, *Palaeo3*, 2006, vol. 238, p. 281-301 ; K. S. Mao *et al.*, *New Phytologist*, 2010, vol. 188, p. 254-272 ; A. Young, « Pre-Colorado River Drainage in Western Grand Canyon: Potential Influence on Miocene Stratigraphy in Grand Wash Trough », *in* M. C. Reheis *et al.* (dir.), *Late Cenozoic Drainage History of the Southwestern Great Basin and Lower Colorado River Region: Geologic and Biotic Perspectives*, The Geological Society of America, 2008, p. 319-333.

2. M. B. Cita, « The Messinian Salinity Crisis in the Mediterranean », *in* U. Briegel et W. Xiao (dir.), *Paradoxes in Geology*, Elsevier, 2001, p. 353-360.

3. Z. G. Hou et S. Q. Li, S. Q., *Biological Reviews*, 2018, vol. 93, p. 874-896.

4. K. J. Hsü, « The Desiccated Deep Basin Model for the Messinian Events », *in* C. W. Drooger (dir.), *Messinian Events in the Mediterranean*, Amsterdam, Noord-Halland Publ. Co., 1973, p. 60-67 ; A. S. Madof *et al.*, *Geology*,

2019, vol. 47, p. 171-174 ; S. V. Popov *et al.*, *Palaeo3*, 2006, vol. 238, p. 91-106 ; F. X. Wang et J. Polcher, *Sci. Reports*, 2019, vol. 9, p. 8024.

5. P. M. Barber, *Marine Geology*, 1981, vol. 44, p. 253-272 ; M. B. Cita, « The Messinian Salinity Crisis in the Mediterranean », *in* U. Briegel et W. Xiao (dir.), *Paradoxes in Geology*, Elsevier, 2001, p. 353-360 ; K. I. El Fadli *et al.*, *Bull. Am. Meteorological Soc.*, 2013, vol. 94, p. 199-204 ; B. U. Haq *et al.*, *Global and Planetary Change*, 2020, vol. 184, p. 103052 ; G. Kontakiotis *et al.*, *Palaeo3*, 2019, p. 534 ; L. N. Murphy *et al.*, *Palaeo3*, 2009, vol. 279, p. 41-59 ; M. Natalicchio *et al.*, *Organic Geochemistry*, 2017, vol. 113, p. 242-253.

6. M. Anzidei *et al.*, « Coastal Structure, Sea-Level Changes and Vertical Motion of the Land in the Mediterranean », *in* I. P. Martini et H. R. Wanless (dir.), *Sedimentary Coastal Zones from High to Low Latitudes: Similarities and Differences*, Londres, Geological Society of London Special Publications, 2014, vol. 388 ; M. Dobson et A. Wright, *J. Biogeog.*, 2000, vol. 27, p. 417-424 ; J. E. Meulenkamp *et al.*, *Tectonophysics*, 1994, vol. 234, p. 53-72.

7. S. Fauquette *et al.*, *Palaeo3*, 2006, vol. 238, p. 281-301 ; M. Freudenthal et E. Martin-Suarez, *Comptes rendus Palevol*, 2010, vol. 9, p. 95-100.

8. E. Kleyheeg et C. H. A. van Leeuwen, *Aquatic Botany*, 2015, vol. 127, p. 1-5 ; H. J. M. Meijer, *Comptes rendus Palevol*, 2014, vol. 13, p. 19-26 ; M. Pavia *et al.*, *Royal Society Open Science*, 2017, vol. 4, p. 160722.

9. G. Mas *et al.*, *Geology*, 2018, vol. 46, p. 527-530 ; A. van der Geer *et al.*, *Gargano. Evolution of Island Mammals: Adaptation and Extinction of Placental Mammals on Islands*, Oxford, Blackwell Publishing Ltd, 2010, p. 62-79 ; G. F. Willemsen, *Scripta Geologica*, 1983, vol. 72, p. 1-9.

10. K. Kotrschal *et al.*, « Making the Best of a Bad Situation: Homosociality in Male Greylag Geese », *in* V. Sommer et P. L. Vasey (dir.), *Homosexual Behaviour in Animals: An Evolutionary Perspective*, Cambridge, Cambridge University Press, 2006, p. 45-76 ; H. J. M. Meijer, *Comptes rendus Palevol*, 2014, vol. 13, p. 19-26 ; M. Pavia *et al.*, *Royal Society Open Science*, 2017, vol. 4, p. 160722.

11. J. A. Alcover et M. McMinn, *Bioscience*, 1994, vol. 44, p. 12-18 ; P. Ballmann, *Scripta Geologica*, 1973, vol. 17, p. 1-75 ; D. H. Brathwaite, *Notornis*, 1992, vol. 39, p. 239-247 ; P. M. Wehi *et al.*, *Human Ecology*, 2018, vol. 46, p. 461-470.

12. R. D. Guthrie, *J. Mamm.*, 1971, vol. 52, p. 209-212 ; P. P. A. Mazza et M. Rustioni, *Zoo. J. Linn. Soc.*, 2011, vol. 163, p. 1304-1333.

13. D. R. Bazely, *Trends in Ecology & Evolution*, 1989, vol. 4, p. 155-156 ; Y. Wang *et al.*, *Science*, 2019, vol. 364, p. 1153.

14. P. P. A. Mazza, *Geobios*, 2013, vol. 46, p. 33-42 ; T. H. Patton et B. E. Taylor, *Bull. Am. Mus. Nat. Hist.*, 1971, vol. 145, p. 119-218.

15. F. M. Jaksić et H. E. Braker, *Can. J. Zool.*, 1983, vol. 61, p. 2230-2241 ; J. J. M. Leinders, *Scripta Geologica*, 1983, vol. 70, p. 1-68 ; P. Mazza *et al.*, *Palaeontographica Abteilung A*, 2016, vol. 307, p. 105-147.

16. M. Freudenthal, *Scripta Geologica*, 1971, vol. 3, p. 1-10.

17. D. J. J. Van Hinsbergen *et al.*, *Gondwana Research*, 2020, vol. 81, p. 79-229.

18. C. Angelone et S. Čermak, *Palaeontologische Zeitschrift*, 2015, vol. 89, p. 1023-1038 ; P. Ballmann, *Scripta Geologica*, 1973, vol. 17, p. 1-75 ; M. Delfino *et al.*, *Zoo. J. Linn. Soc.* 2007, vol. 149, p. 293-307 ; P. Mazza, *Bull. Palaeont. Soc.*, Italie, 1987, vol. 26,

p. 233-243 ; B. Moncunill-Sole *et al.*, *Geobios*, 2018, vol. 51, p. 359-366.

19. M. J. Benton *et al.*, *Palaeo3*, 2010, vol. 293, p. 438-454 ; Y. Itescu *et al.*, *Global Ecology and Biogeography*, 2014, vol. 23, p. 689-700 ; M. V. Lomolino, *J. Biogeog.*, 2005, vol. 32, p. 1683-1699 ; A. C. Marra, *Quaternary International*, 2005, vol. 129, p. 5-14 ; S. Meiri *et al.*, *Proc. R. Soc. B*, 2008, vol. 275, p. 141-148 ; K. J. Mitchell *et al.*, *Science*, 2014, vol. 344, p. 898-900 ; F. Nopcsa, *Verhandlungen der zoologische-botanischen Gesellschaft*, Vienne, 1914, vol. 54, p. 12-14 ; L. M. Van Valen, *Evolutionary Theory*, 1973, vol. 1, p. 31-49 ; T. H. Worthy *et al.*, *Biology Letters*, 2019, vol. 15, p. 20190467.

20. J. A. Alcover *et al.*, *Biol. J. Linn. Soc.*, 1999, vol. 66, p. 57-74 ; P. Bover *et al.*, *Geological Magazine*, 2010, vol. 147, p. 871-885 ; M. Kohler *et al.*, *PNAS*, 2009, vol. 106, p. 20354-20358 ; I. O. Kurakina *et al.*, *Chemistry of Natural Compounds*, 1969, vol. 5, p. 337-339 ; J. Quintana *et al.*, *J. Vert. Paleo.*, 2011, vol. 31, p. 231-240 ; F. Welker *et al.*, *Quaternary Research*, 2014, vol. 81, p. 106-116 ; D. E. Winkler *et al.*, *Mammalian Biology*, 2013, vol. 78, p 430-437.

21. T. Caro, *Phil. Trans. R. Soc. B*, 2009, vol. 364, p. 537-548 ; M. Freudenthal, *Scripta Geol.*, 1972, vol. 14, p. 1-19 ; R. M. Nowak, *Walker's Mammals of the World I.*, 5e éd., Baltimore, Johns Hopkins University Press, 1991, p. 1-162 ; D. E. Wilson et D. M Reeder, *Mammal Species of the World. A Taxonomic and Geographic Reference*, Baltimore, Johns Hopkins University Press, 2005.

22. J. M. Abril et R. Perianez, *Marine Geology*, 2016, vol. 382, p. 242-256 ; J. C. Balanya *et al.*, *Tectonics*, 2007, vol. 26, TC2005 ; D. Garcia-Castellanos *et al.*, *Nature*, 2009, vol. 462, p. 778-U96 ; Pline l'Ancien, *Histoire naturelle*, vol. 11855.

23. D. Garcia-Castellanos *et al.*, *Nature*, 2009, vol. 462, p. 778-U96 ; A. Micallef *et al.*, *Sci. Reports*, 2018, vol. 8, p. 1078.

24. A. C. Marra, *Quaternary International*, 2005, vol. 129, p. 5-14 ; E. M. Northcote, *Ibis*, 1982, vol. 124, p. 148-158.

25. Z. K. Ermakhanov *et al.*, *Lakes & Reservoirs*, 2012, vol. 17, p. 3-9 ; U. T. Hammer, *Saline Lake Ecosystems of the World*, Dordrecht, Springer Netherlands, 1986 ; P. N. Lehmann, *American Historical Review*, 2016, vol. 121, p. 70-100 ; S. L. O'Hara *et al.*, *Lancet*, 2000, vol. 355, p. 627-628 ; F. Rogl et F. F. Steininger, « Neogene Paratethys, Mediterranean and Indopacific Seaways », *in* P. Brenchley (dir.), *Fossils and Climate*, Londres, Wiley and Sons, 1984, p. 171-200 ; T. Walthan et I. Sholji, *Geology Today*, 2002, vol. 17, p. 218-224 ; Y. Yechieli, *Ground Water*, 2000, vol. 38, p. 615-623 ; M. Yoshida, *Geology*, 2016, vol. 44, p. 755-758.

26. A. Billi *et al.*, *Geosphere*, 2007, vol. 3, p. 1-15.

27. T. Black, *Ecology of an Island Mouse,* Apodemus sylvaticus hirtensis, University of Edinburgh, 2013 ; P. Bover *et al.*, *Holocene*, 2016, vol. 26, p. 1887-1891 ; N. Kidjo *et al.*, *Bioacoustics*, 2008, vol. 18, p. 159-181 ; J. D. Vigne, *Mammal Review*, 1992, vol. 22, p. 87-96 ; J. D. Vigne, « Preliminary Results on the Exploitation of Animal Resources in Corsica During the Preneolithic », *in* M. S. Balmuth et R. H. Tykot (dir.), *Sardinian and Aegean Chronology*, Oxford, Oxbow Books, 1998, p. 57-62.

4. Pays natal – Oligocène

1. L. Diester- Haass et R. Zahn, *Geology*, 1996, vol. 24, p. 163-166 ; J. J. Flynn *et al.*, *Palaeo3*, 2003, vol. 195, p. 229-259 ; M. Kedves, *Acta Bot. Acad. Sci. Hung.*, 1971,

vol. 17, p. 371-378 ; M. J. Kohn *et al.*, *Palaeo3*, 2015, vol. 435, p. 24-37 ; Z. Liu *et al.*, *Science*, 2009, vol. 323, p. 1187-1190 ; V. Prasad *et al.*, *Science*, 2005, vol. 310, p. 1177-1180 ; G. Sarmiento, *Boletin Geologico Ingeominas*, 1992, vol. 32 ; C. A. E. Stromberg, *Annual Review of Earth and Planetary Sciences*, 2011, vol. 39, p. 517-544.

2. D. A. Croft *et al.*, *Arquivos do Museu Nacional*, 2008, vol. 66, p. 191-211 ; A. Folguera et V. A. Ramos, *J. South American Earth Sciences*, 2011, vol. 32, p. 531-546 ; M. Lockley *et al.*, *Cretaceous Research*, 2002, vol. 23, p. 383-400.

3. J. Houston et A. J. Hartley, *Int. J. Climatol.*, 2003, vol. 23, p. 1453-1464 ; L. Mattison et I. D. Phillips, *Scottish Geographical Journal*, 2016, vol. 132, p. 21-41 ; M. Nanzyo *et al.*, « Physical Characteristics of Volcanic Ash Soils », *in* S. Shoji *et al.* (dir.), *Volcanic Ash Soils, Genesis, Properties, and Utilization*, Tokyo, Elsevier, 1993, p. 189-207 ; M. A. J. Williams, « Cenozoic Climate Changes in Deserts: a Synthesis », *in* A. D. Abrahams et A. J. Parsons (dir.), *Geomorphology of Desert Environments*, Londres, Chapman and Hall, 1994, p. 644-670.

4. T. Hernandez-Hernandez *et al.*, *New Phytologist*, 2014, vol. 202, p. 1382-1397.

5. D. A. Croft *et al.*, *Fieldiana*, 2003, vol. 1527, p. 1-38 ; A. J. Hester *et al.*, *Forestry*, 2000, vol. 73, p. 381-391 ; M. C. McKenna *et al.*, *Am. Mus.*, novembre 2006, vol. 3536, p. 1-18 ; D. G. Milchunas *et al.*, *American Naturalist*, 1988, vol. 132, p. 87-106 ; T. M. Scanlon *et al.*, *Advances in Water Resources*, 2005, vol. 28, p. 291-302 ; G. G. Simpson, *South American Mammals*, *in* J. J. Fittkau (dir.), *Biogeography and Ecology in South America*, La Haye, Dr W. Junk N. V, 1969, p. 879-909.

6. C. de Muizon *et al.*, *J. Vert. Paleo.*, 2003, vol. 23, p. 886-894 ; C. de Muizon *et al.*, *J. Vert. Paleo.*, 2004,

vol. 24, p. 398-410 ; F. Delsuc *et al.*, *Curr. Biol.*, 2019, vol. 29, p. 2031 ; M. C. McKenna *et al.*, *Am. Mus.*, novembre 2006, vol. 3536, p. 1-18 ; S. Patino, *Hist. Biol.*, 2019, DOI : 10.1080/08912963.2019.1664504 ; B. Urbani et C. Bosque, *Mammalian Biology*, 2007, vol. 72, p. 321-329.

7. D. A. Croft *et al.*, *Annual Review of Earth and Planetary Sciences*, 2020, vol. 48, p. 259-290 ; L. Hautier *et al.*, *J. Mamm. Evol.*, 2018, vol. 25, p. 507-523.

8. R. E. Barry et J. Shoshani, *Mammalian Species*, 2000, vol. 645, p. 1-7 ; D. A. Croft, *Evolutionary Ecology Research*, 2006, vol. 8, p. 1193-1214 ; D. A. Croft, *Horned Armadillos and Rafting Monkeys: The Fascinating Fossil Mammals of South America. Bloomington and Indianapolis*, Bloomington, Indiana University Press, 2016 ; J. J. Flynn *et al.*, *Palaeo3*, 2003, vol. 195, p. 229-259.

9. D. A. Croft *et al.*, *Annual Review of Earth and Planetary Sciences*, 2020, vol. 48, p. 259-290 ; K. O. Winemiller *et al.*, *Ecology Letters*, 2015, vol. 18, p. 737-751.

10. K. D. Rose *et al.*, « Xenarthra and Pholidota », *in* K. D. Rose et J. D. Archibald (dir.), *The Rise of Placental Mammals: Origins and Relationships of the Major Extant Clades*, Baltimore, Johns Hopkins University Press, 2005, p. 106-126.

11. E. Costa *et al.*, *Palaeo3*, 2011, vol. 301, p. 97-107 ; M. Kohler et S. Moya-Sola, *PNAS*, 1999, vol. 96, p. 14664-14667.

12. E. L. Guerrero *et al.*, *Rodriguesia*, 2018, p. 69.

13. M. Bond *et al.*, *Nature*, 2015, vol. 520, p. 538 ; T. Martin, *Paleobiology*, 1994, vol. 20, p. 5-13.

14. A. Capobianco et M. Friedman, *Biological Reviews*, 2019, vol. 94, p. 662-699 ; P. Chakrabarty *et al.*, *PLoS One*, 2012, vol. 7, p. e44083 ; C. H. Martin et B. J. Turner, *Proc. R. Soc. B*, 2018, vol. 285, p. 20172436 ; R. A. Pyron,

Syst. Biol., 2014, vol. 63, p. 779-797 ; P. C. Richetti *et al.*, *Tectonophysics*, 2018, vol. 747, p. 79-98.

15. O. C. Bertrand *et al.*, *Am. Mus.*, novembre 2012, vol. 3750, p. 1-36.

16. H. P. Linder *et al.*, *Biological Reviews*, 2018, vol. 93, p. 1125-1144.

17. A. C. Cully *et al.*, *Conservation Biology*, 2003, vol. 17, p. 990-998 ; D. A. P. Hooftman *et al.*, *Basic and Applied Ecology*, 2006, vol. 7, p. 507-519 ; P. J. Pereyra, *Conservation Biology*, 2020, vol. 34, p. 373-377 ; C. D. Preston *et al.*, *Bot. J. Linn. Soc.*, 2004, vol. 145, p. 257-294 ; C. D. Thomas et G. Palmer, *PNAS*, 2015, vol. 112, p. 4387-4392 ; C. C. M. van de Wiel *et al.*, *Plant Genetic Resources*, 2010, vol. 8, p. 171-181 ; Wildlife and Countryside Act. Parliament of the United Kingdom, 1981.

18. F. Ameghino, *Anales del Museo Nacional*, Buenos Aires, 1907, vol. 9, p. 107-242 ; M. J. Benton, *Palaeontology*, 2015, vol. 58, p. 1003-1029 ; A. Gaudry, *Bulletin de la Société géologique de France*, 1891, vol. 19, p. 1024-1035 ; I. Podgorny, *Science in Context*, 2005, vol. 18, p. 249-283 ; D. A. Vilhena et A. B. Smith, *PLoS One*, 2013, vol. 8, p. e74470.

19. O. Hochadel, *Studies in Ethnicity and Nationalism*, 2015, vol. 15, p. 389-410 ; A. McPherson, *State Geosymbols: Geological Symbols of the 50 United States*, Bloomington, AuthorHouse, 2011 ; S. M. Rowland, « Thomas Jefferson, Extinction, and the Evolving View of Earth History in the Late Eighteenth and Early Nineteenth Centuries », *in* G. D. Rosenberg (dir.), *The Revolution in Geology from the Renaissance to the Enlightenment*, Geological Society of America Memoir, 2009, vol. 203, p. 225-246.

20. M. C. McKenna *et al.*, *Am. Mus.*, novembre. 2006, vol. 3536, p. 1-18 ; R. B. Waitt, *Bulletin of Volcanology*, 1989, vol. 52, p. 138-157.

21. J. J. Flynn *et al.*, *Palaeo3*, 2003, vol. 195, p. 229-259 ; K. J. Travouillon et S. Legendre, *Palaeo3*, 2009, vol. 272, p. 69-84.

22. H. Barton *et al.*, *J. Archaeological Science*, 2018, vol. 99, p. 99-111 ; P. W. Lucas *et al.*, *Annales Zoologici Fennici*, 2014, vol. 51, p. 143-152 ; F. P. Massey *et al.*, *Oecologia*, 2007, vol. 152, p. 677-683 ; F. P. Massey *et al.*, *Basic and Applied Ecology*, 2009, vol. 10, p. 622-630 ; P. J. Rudall *et al.*, *Botanical Review*, 2014, vol. 80, p. 59-71 ; M. Veits *et al.*, *Ecology Letters*, 2019, vol. 22, p. 1483-1492.

23. B. K. McHorse *et al.*, *Integrative and Comparative Biol.*, 2019, vol. 59, p. 638-655 ; M. C. Mihlbachler *et al.*, *Science*, 2011, vol. 331, p. 1178-1181 ; J. Saarinen, « The Palaeontology of Browsing and Grazing », *in* I. J. Gordon et H. H. T. Prins (dir.), *The Ecology of Browsing and Grazing II*, Cham, Springer Nature Switzerland, 2019, p. 5-59 ; V. Tapaltsyan *et al.*, *Cell Reports*, 2015, vol. 11, p. 673-680.

24. C. D. Bacon *et al.*, *PNAS*, 2015, vol. 112, p. 6110-6115 ; M. O. Woodburne, *J. Mamm. Evol.*, 2010, vol. 17, p. 245-264.

25. A. D. Barnosky et E. L. Lindsey, *Quaternary International*, 2010, vol. 217, p. 10-29 ; A. D. Barnosky *et al.*, *PNAS*, 2016, vol. 113, p. 856-861 ; H. T. Frank *et al.*, *Revista Brasileira de Paleontologia*, 2015, vol. 18, p. 273-284 ; R. D. E. MacPhee *et al.*, *Am. Mus.*, novembre 1999, vol. 3261, p. 1-20 ; M. C. McKenna et S. K. Bell, *Classification of Mammals Above the Species Level*, New York, Columbia University Press, 1997 ; S. F. Vizcaino *et al.*, *Acta Palaeontologica Polonica*, 2001, vol. 46, p. 289-301.

26. R. MacPhee *et al.*, *Society of Vertebrate Palaeontology 74th Annual Meeting*, Berlin, Allemagne, 2014 ; F. Welker *et al.*, *Nature*, 2015, vol. 522, p. 81-84.

27. B. Bai *et al.*, *Communications Biology*, 2018, vol. 1 ; H. F. Osborn, *Bull. Am. Mus. Nat. Hist.*, 1898, vol. 10,

p. 159-165 ; K. D. Rose *et al.*, *Nature Communications*, 2014, vol. 5.

5. Cycles – Éocène

1. V. C. Bowman *et al.*, *Palaeo3*, 2014, vol. 408, p. 26-47 ; J. A. Case, *Geological Society of America Memoirs*, 1988, vol. 169, p. 523-530 ; M. Doktor *et al.*, *Acta Palaeontologica Polonica*, 1996, vol. 55, p. 127-146 ; S. A. Marenssi *et al.*, *Sedimentary Geology*, 2002, vol. 150, p. 301-321 ; I. Poole *et al.*, *Annals of Botany*, 2001, vol. 88, p. 33-54 ; I. Poole *et al.*, *Palaeo3*, 2005, vol. 222, p. 95-121 ; R. R. Pujana *et al.*, *Review of Palaeobotany and Palynology*, 2014, vol. 200, p. 122-137 ; P. J. Seddon et L. S. Davis, *The Condor*, 1989, vol. 91, p. 653-659 ; A. Tatur et A. Keck, *Proceedings of the NIPR Symposium on Polar Biology*, 1990, vol. 3, p. 133-150 ; W. B. Zinsmeister et H. H. Camacho, « Late Eocene (to Possibly Earliest Oligocene) Molluscan Fauna of the La Meseta Formation of Seymour Island, Antarctic Peninsula », *in* C. Craddock (dir.), *Antarctic Geoscience*, Madison, University of Wisconsin Press, 1982, p. 299-304.

2. J. Buffo *et al.*, *USDA Forest Service Research Paper*, 1972, vol. 142, p. 1-74.

3. B. M. Wyatt *et al.*, J. *Astrophysics and Astronomy*, 2018, vol. 39, p. 0026.

4. H. C. Fricke *et al.*, *Earth and Planetary Science Letters*, 1998, vol. 160, p. 193-208 ; J. Frieling *et al.*, *Paleoceanography and Paleoclimatology*, 2019, vol. 34, p. 546-566 ; A. Gehler *et al.*, *PNAS*, 2016, vol. 113, p. 7739-7744 ; P. D. Gingerich, *Paleoceanography and Paleoclimatology*, 2019, vol. 34, p. 329-335 ; J. A. Higgins et D. P. Schrag, *Earth and Planetary Science Letters*, 2006, vol. 245, p. 523-537 ; M. Storey *et al.*, *Science*, 2007,

vol. 316, p. 587-589 ; J. C. Zachos *et al.*, *Science*, 2003, vol. 302, p. 1551-1554.

5. A. R. D'Ambrosia *et al.*, *Science Advances*, 2017, vol. 3, p. e1601430 ; J. J. Hooker et M. E. Collinson, *Austrian J. Earth Sciences*, 2012, vol. 105, p. 17-28 ; W. P. Porter et M. Kearney, *PNAS*, 2009, vol. 106, p. 19666-19672 ; A. Shukla *et al.*, *Palaeo3*, 2014, vol. 412, p. 187-198 ; A. Sluijs *et al.*, *Nature*, 2006, vol. 441, p. 610-613 ; J. C. Zachos *et al.*, *Science*, 2005, vol. 308, p. 1611-1615.

6. P. K. Bijl *et al.*, *PNAS*, 2013, vol. 110, p. 9645-9650 ; A. L. Dutton *et al.*, *Paleoceanography*, 2002, vol. 17, 6 1-6-13.

7. K. E. Slack *et al.*, *Mol. Biol. Evo.*, 2006, vol. 23, p. 1144-1155 ; C. P. Tambussi *et al.*, *Geobios*, 2005, vol. 38, p. 667-675.

8. C. Acosta Hospitaleche, *Comptes rendus Palevol*, 2014, vol. 13, p. 555-560 ; S. N. Davis *et al.*, *PeerJ*, 2020, vol. 8, p. e8268 ; P. Jadwiszczak, *Polish Polar Research*, 2006, vol. 27, p. 3-62 ; R. Levins, *Evolution in Changing Environments: Some Theoretical Explorations*, Princeton, Princeton University Press, 1968.

9. C. Acosta Hospitaleche *et al.*, *Lethaia*, 2020, vol. 53, p. 409-420 ; J. Dzik et A. Gaździcki, *Palaeo3*, 2001, vol. 172, p. 297-312 ; P. Jadwiszczak et A. Gaździcki, *Antarctic Science*, 2014, vol. 26, p. 279-280 ; M. A. Reguero *et al.*, *Rev. Peru. Biol.*, 2012, vol. 19, p. 275-284 ; W. Schwarzhans *et al.*, *J. Systematic Palaeontology*, 2017, vol. 15, p. 147-170.

10. M. A. Reguero *et al.*, *Rev. Peru. Biol.*, 2012, vol. 19, p. 275-284 ; H. D. Scher *et al.*, *Science*, 2006, vol. 312, p. 428-430.

11. D. Randall, *An Introduction to the Global Circulation of the Atmosphere*, Princeton, Princeton University Press, 2015.

12. C. Acosta Hospitaleche et M. Reguero, *J. South American Earth Sciences*, 2020, vol. 99 ; E. Bourdon, *Naturwissenschaften*, 2005, vol. 92, p. 586-591 ; L. C. Ivany *et al.*, *Bull. Geol. Soc. Am.*, 2008, vol. 120, p. 659-678 ; P. Jadwiszczak *et al.*, *Antarctic Science*, 2008, vol. 20, p. 413-414 ; D. T. Ksepka, *PNAS*, 2014, vol. 111, p. 10624-10629 ; A. Louchart *et al.*, *PLoS One*, 2013, vol. 8, p. e80372 ; G. C. Phillips, *Survival Value of the White Coloration of Gulls and Other Sea Birds*, Oxford, Oxford University, 1962.

13. D. T. Ksepka, *PNAS*, 2014, vol. 111, p. 10624-10629 ; E. K. Mackley *et al.*, *Marine Ecology Progress Series*, 2010, vol. 406, p. 291-303.

14. M. A. Reguero *et al.*, *Rev. Peru. Biol.*, 2012, vol. 19, p. 275-284 ; B. E. Wueringer *et al.*, *PLoS One*, 2012, vol. 7, p. e41605 ; B. E. Wueringer *et al.*, *Curr. Biol.*, 2012, vol. 22, p. R150-R151.

15. M. R. Buono *et al.*, *Ameghiniana*, 2016, vol. 53, p. 296-315 ; P. D. Gingerich *et al.*, *Science*, 1983, vol. 220, p. 403-406 ; S. Nummela *et al.*, *J. Vert. Paleo.*, 2006, vol. 26, p. 746-759.

16. E. G. Ekdale et R. A. Racicot, *J. Anatomy*, 2015, vol. 226, p. 22-39 ; T. Park *et al.*, *Proc. R. Soc. B*, 2017, vol. 284, p. 20171836.

17. M. Bond *et al.*, *Am. Mus.*, novembre 2011, vol. 3718, p. 1-16 ; T. Mors *et al.*, *Sci. Reports*, 2020, vol. 10, p. 5051.

18. M. A. Reguero *et al.*, *Palaeo3*, 2002, vol. 179, p. 189-210 ; M. A. Reguero *et al.*, *Global and Planetary Change*, 2014, vol. 123, p. 400-413.

19. J. N. Gelfo, *Ameghiniana*, 2016, vol. 53, p. 316-332 ; J. N. Gelfo *et al.*, *Antarctic Science*, 2017, vol. 29, p. 445-455.

20. G. Amico et M. A. Aizen, *Nature*, 2000, vol. 408, p. 929-930 ; F. J. Goin *et al.*, *Revista de la Asociacion*

Geologica Argentina, 2007, vol. 62, p. 597-603 ; F. J. Goin *et al.*, *J. Mamm. Evol.*, 2020, vol. 27, p. 17-36 ; A. Munoz-Pedreros *et al.*, *Gayana*, 2005, vol. 69, p. 225-233 ; M. S. Springer *et al.*, *Proc. R. Soc. B*, 1998, vol. 265, p. 2381-2386.

21. C. P. Tambussi *et al.*, *Polish Polar Research*, 1994, vol. 15, p. 15-20 ; C. R. Torres et J. A. Clarke, *Proc. R. Soc. B*, 2018, vol. 285, p. 20181540.

22. H. M. F. Alvarenga *et al.*, *Pap. Avulsos Zool.*, 2003, vol. 43, p. 55-91 ; S. Bertelli *et al.*, *J. Vert. Paleo.*, 2007, vol. 27, p. 409-419 ; G. V. Mazzetta *et al.*, *J. Vert. Paleo.*, 2009, vol. 29, p. 822-830 ; C. Tambussi et C. Acosta Hospitaleche, *Revista de la Asociacion Geologica Argentina*, 2007, vol. 62, p. 604-617 ; T. H. Worthy *et al.*, *Royal Society Open Science*, 2017, vol. 4, p. 170975.

23. F. J. Degrange *et al.*, *International Congress on Vertebrate Morphology*, Washington, DC, 29 juin-3 juillet 2016, vol. 299, p. 224.

24. J. Arendt, *Chronobiology International*, 2012, vol. 29, p. 379-394 ; F. Geiser, *Clinical and Experimental Pharmacology and Physiology*, 1998, vol. 25, p. 736-739 ; J. C. Grenvald *et al.*, *Polar Biology*, 2016, vol. 39, p. 1879-1895 ; P. L. Peri *et al.*, *Forest Ecology and Management*, 2008, vol. 255, p. 2502-2511 ; C. T. Williams *et al.*, *Physiology*, 2015, vol. 30, p. 86-96.

25. F. J. Goin *et al.*, *Geological Society of London Special Publications*, 2006, vol. 258, p. 135-144 ; D. W. Krause *et al.*, *Nature*, 2014, vol. 515, p. 512 ; D. W. Krause *et al.*, *Nature*, 2020, vol. 581, p. 421-427 ; A. Monks et D. Kelly D., *Austral Ecology*, 2006, vol. 31, p. 366-375.

26. J. A. Case, *Geological Society of London Special Publications*, 2006, vol. 258, p. 177-186.

27. A. Goldner *et al.*, *Nature*, 2014, vol. 511, p. 574 ; L. C. Ivany *et al.*, *Geology*, 2006, vol. 34, p. 377-380 ;

A. T. Kennedy *et al.*, *Phil. Trans. R. Soc. A*, 2015, vol. 373, p. 20150092 ; J. C. Zachos et L. R. Kump, *Global and Planetary Change*, 2005, vol. 47, p. 51-66.

28. L. H. Burckle et E. M. Pokras, *Antarctic Science*, 1991, vol. 3, p. 389-403 ; R. Holderegger *et al.*, *Arctic Antarctic and Alpine Research*, 2003, vol. 35, p. 214-217 ; H. J. Peat *et al.*, *J. Biogeog.*, 2007, vol. 34, p. 132-146 ; T. T. Veblen *et al.*, *The Ecology and Biogeography of Nothofagus forests*, New Haven et Londres, Yale University Press, 1996 ; D. P. Zitterbart, D. P. *et al.*, *Antarctic Science*, 2014, vol. 26, p. 563-564.

29. F. Bonadonna *et al.*, *Proc. R. Soc. B*, 2005, vol. 272, p. 489-495.

6. Renaissance – Paléocène

1. L. W. Alvarez *et al.*, *Science*, 1980, vol. 208, p. 1095-1108 ; M. A. Arthur *et al.*, *Cretaceous Research*, 1987, vol. 8, p. 43-54 ; J. S. Byrnes *et al.*, *Science Advances*, 2018, vol. 4, p. eaao2994 ; A. A. Chiarenza *et al.*, *PNAS*, 2020, vol. 117, p. 17084-17093 ; G. S. Collins *et al.*, *Nature Communications*, 2020, vol. 11, p. 1480 ; R. A. DePalma *et al.*, *PNAS*, 2019, vol. 116, p. 8190-8199 ; K. Goto *et al.*, « Deep Sea Tsunami Deposits in the Proto-Caribbean Sea at the Cretaceous/Tertiary Boundary », *in* T. Shiki *et al.* (dir.), *Tsunamites*, Elsevier, 2008, p. 251-275 ; D. Jablonski et W. G. Chaloner, *Trans. R. Soc. B*, 1994, vol. 344, p. 11-16 ; K. Kaiho *et al.*, *Sci. Reports*, 2016, vol. 6, p. 28427 ; J. Morgan *et al.*, *Nature*, 1997, vol. 390, p. 472-476 ; J. C. Sanford *et al.*, *J. Geophysical Research-Solid Earth*, 2016, vol. 21, p. 1240-1261 ; T. Tyrrell *et al.*, *PNAS*, 2015, vol. 112, p. 6556-6561 ; V. Vajda et S. McLoughlin, *Science*, 2004, vol. 303, p. 1489 ; V. Vajda *et al.*, *Science*, 2001, vol. 294, p. 1700-1702 ; J. Vellekoop

et al., *PNAS*, 2014, vol. 111, p. 7537-7541 ; J. D. Witts *et al.*, *Cretaceous Research*, 2018, vol. 91, p. 147-167.

2. L. W. Alvarez *et al.*, *Science*, 1980, vol. 208, p. 1095-1108 ; D. J. Field *et al.*, *Curr. Biol.*, 2018, vol. 28, p. 1825 ; T. L. Harrell et J. E. Martin, *Netherlands J. Geosciences*, 2015, vol. 94, p. 23-37 ; M. D. Henderson et J. E. Petterson, *J. Vert. Paleo.*, 2006, vol. 26, p. 192-195 ; K. Kaiho et N. Oshima, *Sci. Reports*, 2017, vol. 7, p. 14855 ; L. N. Robinson et J. G. Honey, *PALAIOS*, 1987, vol. 2, p. 87-90 ; W. D. Schimper, *Traité de paléontologie végétale*, Paris, Baillière, 1874 ; C. C. Swisher III *et al.*, *Can. J. Earth Sci.*, 1993, vol. 30, p. 1981-1996 ; D. B. Weishampel *et al.*, « Dinosaur Distribution », *in* D. B. Weishampel *et al.* (dir.), *The Dinosauria*, 2e éd., Berkeley, University of California Press, 2004, p. 517-606 ; P. Wilf et K. R. Johnson, *Paleobiology*, 2004, vol. 30, p. 347-368 ; G. P. Wilson, 2014, vol. 503, p. 365-392.

3. S. M. Smith *et al.*, *Bull. Geol. Soc. Am.*, 2018, vol. 130, p. 2000-2014 ; H. G. Wells, *A Short History of the World*, New York, The MacMillan and Company, 1922.

4. K. Berry, *Rocky Mountain Geology*, 2017, vol. 52, p. 1-16 ; J. A. Diemer et E. S. Belt, *Sedimentary Geology*, 1991, vol. 75, p. 85-108 ; D. E. Fastovsky, *PALAIOS*, 1987, vol. 2, p. 282-295 ; D. E. Fastovsky et A. Bercovici, *Cretaceous Research*, 2016, vol. 57, p. 368-390 ; D. S. Robertson *et al.*, *J. Geophysical Research*, 2013, vol. 118, p. 329-336 ; D. A. Russell *et al.*, *Geological Society of America Special Papers*, 2002, vol. 361, p. 169-176 ; J. S. Slattery *et al.*, *Wyoming Geological Association Guidebook 2015*, 2015, p. 22-60.

5. A. M. S. Correa et A. C. Baker, *Global Change Biology*, 2011, vol. 17, p. 68-75 ; P. J. Harries *et al.*, *Biotic Recovery from Mass Extinction Events 1996*, 1996, p. 41-60 ; D. W. Jolley *et al.*, *J. Geol. Soc.*, 2013, vol. 170,

p. 477-482 ; S. Lehtonen *et al.*, *Sci. Reports*, 2017, vol. 7, p. 4831 ; V. Vajda et A. Bercovici, *Global and Planetary Change*, 2014, vol. 122, p. 29-49 ; K. R. Walker et L. P. Alberstadt, *Paleobiology*, 1975, vol. 1, p. 238-257.

6. K. R. Johnson, *Geological Society of America Special Papers*, 2002, vol. 361, p. 329-391.

7. M. Arakaki *et al.*, *PNAS*, 2011, vol. 108, p. 8379-8384 ; C. T. Ivey et N. DeSilva, *Biotropica*, 2001, vol. 33, p. 188-191 ; A. C. M. Malhado *et al.*, *Biotropica*, 2012, vol. 44, p. 728-737.

8. R. T. Bush et F. A. McInerney, *Geochimica et Cosmochimica Acta*, 2013, vol. 117, p. 161-179 ; E. Lichtfouse *et al.*, *Organic Geochemistry*, 1994, vol. 22, p. 349-351 ; B. J. Tipple *et al.*, *PNAS*, 2013, vol. 110, p. 2659-2664.

9. G. G. Simpson, *J. Mamm.*, 1933, vol. 14, p. 97-107 ; G. P. Wilson *et al.*, *Nature*, 2012, vol. 483, p. 457-460.

10. F. Ameghino, *Revista Argentina de Historia Natural*, 1891, vol. 1, p. 289-328 ; J. F. Bonaparte *et al.*, *Evolutionary Monographs*, 1990, vol. 14, p. 1-61 ; R. C. Fox *et al.*, *Nature*, 1992, vol. 358, p. 233-235 ; T. H. Rich *et al.*, *Alcheringa*, 2016, vol. 40, p. 475-501 ; J. R. Wible et G. W. Rougier, *Annals of Carnegie Museum*, 2017, vol. 84, p. 183-252.

11. A. K. Behrensmeyer *et al.*, *Paleobiology*, 2000, vol. 26, p. 103-147 ; D. M. Grossnickle *et al.*, *Trends in Ecology & Evolution*, 2019, vol. 34, p. 936-949 ; C. N. Trueman, *Palaeontology*, 2013, vol. 56, p. 475-486.

12. M. Friedman, *Proc. R. Soc. B*, 2010, vol. 277, p. 1675-1683 ; D. M. Grossnickle et E. Newham, *Proc. R. Soc. B*, 2016, vol. 283, p. 20160256 ; G. P. Wilson *et al.*, *Nature Communications*, 2016, vol. 7, p. 13734.

13. M. Dos Reis *et al.*, *Biology Letters*, 2014, vol. 10, p. 20131003 ; A. Goswami *et al.*, *PNAS*, 2011, vol. 108, p. 16333-16338 ; T. J. D. Halliday *et al.*, *Proc. R. Soc.*

B, 2016, vol. 283, p. 20153026 ; M. A. O'Leary *et al.*, *Science*, 2013, vol. 339, p. 662-667 ; G. V. R. Prasad et A. Goswami, *12th Symposium on Mesozoic Terrestrial Ecosystems*, 2015, p. 75-77 ; J. R. Wible *et al.*, *Bull. Am. Mus. Nat. Hist.*, 2009, vol. 327, p. 1-123.

14. T. J. D. Halliday *et al.*, *Biological Reviews*, 2017, vol. 92, p. 521-550 ; T. J. D. Halliday *et al.*, *Proc. R. Soc. B*, 2016, vol. 283, p. 20153026.

15. C. Lindqvist et O. P. Rajora, *Paleogenomics: Genome-Scale Analysis of Ancient DNA*, Cham, Suisse, Springer Nature, 2019.

16. J. D. Archibald, « Archaic Ungulates (« Condylarthra ») », *in* C. M. Janis *et al.* (dir.), *Evolution of Tertiary Mammals of North America. Terrestrial Carnivores, Ungulates, and Ungulate-like Mammals*, Cambridge, Cambridge University Press, 1998, p. 292-331 ; E. De Bast et T. Smith, *J. Vert. Paleo.*, 2013, vol. 33, p. 964-976.

17. C. A. Emerling *et al.*, *Science Advances*, 2018, vol. 4, p. eaar6478.

18. J. M. Barbosa-Filho *et al.*, « Alkaloids of the Menispermaceae », *in* G. A. Cordell (dir.), *The Alkaloids: Chemistry and Biology*, Elsevier, 2000, vol. 54, p. 1-190 ; W. A. Clemens, *PaleoBios*, 2017, vol. 34, p. 1-26 ; D. J. Field *et al.*, *Curr. Biol.*, 2018, vol. 28, p. 1825 ; K. R. Johnson, *Geological Society of America Special Papers*, 2002, vol. 361, p. 329-391 ; D. C. Parris et S. Hope, *Proceedings of the 5th Symposium of the Society of Avian Paleontology and Evolution*, 2002, p. 113-124.

19. A. O. Anderson et D. M. Allred, *The Great Basin Naturalist*, 1964, vol. 24, p. 93-101 ; J. Botha-Brink *et al.*, *Sci. Reports*, 2016, vol. 6, p. 24053 ; D. S. Robertson *et al.*, *Bull. Geol. Soc. Am.*, 2004, vol. 116, p. 760-768.

20. P. A. Holroyd *et al.*, *Geological Society of America Special Papers*, 2014, vol. 503, p. 299-312 ; A. C. Milner,

Geological Society Special Publications, 1998, vol. 140, p. 247-257 ; P. M. O'Connor *et al.*, *Nature*, 2010, vol. 466, p. 748-751 ; A. H. Turner et J. J. W. Sertich, *J. Vert. Paleo.*, 2010, vol. 30, p. 177-236 ; M. T. Young *et al.*, *Zoo. J. Linn. Soc.*, 2010, vol. 158, p. 801-859.

21. L. J. Bryant, *Non-dinosaurian Lower Vertebrates across the Cretaceous-Tertiary Boundary in Northeastern Montana*, Berkeley, University of California Press, 1989 ; Y. Katsura, *Paleoenvironment and Taphonomy of the Fauna of the Tullock Formation (early Paleocene), McGuire Creek area, McCone County, Montana*. Bozeman, Montana State University, 1992 ; G. Keller *et al.*, *Palaeo3*, 2002, vol. 178, p. 257-297 ; E. Puertolas-Pascual *et al.*, *Cretaceous Research*, 2016, vol. 57, p. 565-590 ; G. P. Wilson *et al.*, *Geological Society of America Special Papers 503*, 2014, p. 271-297.

22. K. R. Johnson, *Geological Society of America Special Papers*, 2002, vol. 361, p. 329-391 ; D. L. Lofgren, *The Bug Creek problem and the Cretaceous-Tertiary Transition at McGuire Creek, Montana*, Berkeley, University of California Press, 1995 ; S. L. Shelley *et al.*, *PLoS One*, 2018, vol. 13, p. e0200132 ; M. V. H. Wilson, *Quaestiones Entomologicae*, 1978, vol. 14, p. 13-34.

23. M. P. Donovan *et al.*, *PLoS One*, 2014, vol. 9, p. e103542.

24. C. C. Labandeira *et al.*, *Geological Society of America Special Papers*, 2002, 361, p. 297-327.

25. K. Crossley-Holland, *The Penguin Book of Norse Myths: Gods of the Vikings*. Londres, Penguin Books Ltd, 1993 ; L. M. Van Valen, *Evolutionary Theory*, 1978, vol. 4, p. 45-80.

26. R. L. Carroll, *Vertebrate Paleontology and Evolution*, New York, W. H. Freeman and Company, 1988 ;

C. F. Hostetter, *Mythlore*, 1991, vol. 3, p. 5-10 ; L. M. Van Valen, *Evolutionary Theory*, 1978, vol. 4, p. 45-80.

27. R. S. C. Cooke *et al.*, *Nature Communications*, 2019, p. 10.

28. T. J. D. Halliday et A. Goswami, *Biol. J. Linn. Soc.*, 2016, vol. 118, p. 152-168 ; T. J. D. Halliday *et al.*, *Biological Reviews*, 2017, vol. 92, p. 521-550 ; S. J. Puechmaille *et al.*, *Nature Communications*, 2011, vol. 2 ; F. A. Smith *et al.*, *Science*, 2010, vol. 330, p. 1216-1219.

29. H. K. Coxall *et al.*, *Geology*, 2006, vol. 34, p. 297-300 ; D. Dashzeveget et D. E. Russell, *Geobios*, 1992, vol. 25, p. 647-650 ; J. E. Storer, *Can. J. Earth Sci.*, 1993, vol. 30, p. 1613-1617.

30. E. J. M. Koenen *et al.*, *Syst. Biol.*, 2020, vol. 70, p. 508-526 ; C. M. Lowery *et al.*, *Nature*, 2018, vol. 558, p. 288 ; T. R. Lyson *et al.*, *Science*, 2019, vol. 366, p. 977-983.

7. Signaux – Crétacé inférieur

1. D. W. E. Hone et D. M. Henderson, *Palaeo3*, 2014, vol. 394, p. 89-98 ; D. M. Henderson, *J. Vert. Paleo.*, 2010, vol. 30, p. 768-785 ; J. Lu, *Memoir of the Fukui Prefecture Dinosaur Museum*, 2003, vol. 2, p. 153-160 ; J. Lu *et al.*, *Acta Geologica Sinica*, 2005, vol. 79, p. 766-769 ; D. M. Martill *et al.*, *Cretaceous Research*, 2006, vol. 27, p. 603-610 ; S. P. Modesto et J. S. Anderson, *Syst. Biol.*, 2004, vol. 53, p. 815-821.

2. P. J. Chen *et al.*, *Science in China Series D*, 2005, vol. 48, p. 298-2312 ; H. C. Fricke *et al.*, *Nature*, 2011, vol. 480, p. 513-515 ; X. R. Wang *et al.*, *Acta Geologica Sinica*, 2007, vol. 81, p. 911-916.

3. P. L. Falkingham *et al.*, *PLoS One*, 2014, vol. 9, p. e93247 ; H. Mallison, « Rearing Giants :

Kinetic-dynamic Modeling of Sauropod Bipedal and Tripedal poses », *in* N. Klein *et al.* (dir.), *Biology of the Sauropod Dinosaurs*, Indianapolis, Indiana University Press, 2011, p. 237-250 ; M. P. Taylor *et al.*, *Acta Palaeontologica Polonica*, 2009, vol. 54, p. 213-220.

4. I. A. Cerda et J. E. Powell, *Acta Palaeontologica Polonica*, 2010, vol. 55, p. 389-398 ; P. A. Gallina *et al.*, *Sci. Reports*, 2019, vol. 9, p. 1392 ; F. L. Gill *et al.*, *Palaeontology*, 2018, vol. 61, p. 647-658 ; H. Twyman *et al.*, *Proc. R. Soc. B*, 2016, vol. 283, p. 20161208 ; M. J. Wedel, *Paleobiology*, 2003, vol. 29, p. 243-255 ; M. J. Wedel, *J. Exp. Zool. A*, 2009, vol. 311A, p. 611-628.

5. P. J. Chen *et al.*, *Science in China Series D*, 2005, vol. 48, p. 298-312 ; L. D. Xing *et al.*, *Lethaia*, 2012, vol. 45, p. 500-506.

6. J. J. Gu *et al.*, *PNAS*, 2012, vol. 109, p. 3868-3873 ; S. W. Heads et L. Leuzinger, *Zookeys*, 2011, vol. 77, p. 17-30 ; J. J. Li *et al.*, *Mitochondrial DNA Part A*, 2019, vol. 30, p. 385-396 ; R. G. Moyle *et al.*, *Nature Communications*, 2016, vol. 7, p. 12709 ; B. Wang *et al.*, *J. Systematic Palaeontology*, 2014, vol. 12, p. 565-574 ; H. Wang *et al.*, *Cretaceous Research*, 2018, vol. 89, p. 148-153.

7. N. O. Frederiksen, *Geoscience and Man*, 1972, vol. 4, p. 17-28 ; M. Hethke *et al.*, *International J. Earth Sciences*, 2013, vol. 102, p. 351-378 ; C. C. Labandeira, *Annals of the Missouri Botanical Garden*, 2010, vol. 97, p. 469-513 ; S. Q. Wu, *Palaeoworld*, 1999, vol. 11, p. 7-57 ; Y. Yang *et al.*, *American J. Botany*, 2005, vol. 92, p. 231-241.

8. D. L. Dilcher *et al.*, *PNAS*, 2007, vol. 104, p. 9370-9374 ; O. Eriksson *et al.*, *International J. Plant Sci.*, 2000, vol. 161, p. 319-329 ; E. M. Friis *et al.*, *Nature*, vol. 410, p. 357-360 ; B. Gomez *et al.*, *PNAS*, 2015, vol. 112, p. 10985-10988 ; Q. Ji *et al.*, *Acta Geologica Sinica*, 2004, vol. 78, p. 883-896.

9. A. Chinsamy *et al.*, *Nature Communications*, 2013, p. 4 ; L. H. Hou *et al.*, *Chinese Science Bulletin*, 1995, vol. 40, p. 1545-1551 ; S. Ji *et al.*, *Acta Geologica Sinica*, 2007, vol. 81, p. 8-15 ; L. D. Xing *et al.*, *J. Palaeogeography*, 2018, vol. 7, p. 13.

10. P. J. Chen *et al.*, *Science in China Series D*, 2005, vol. 48, p. 298-312 ; A. V. Hedrick, *Proc. R. Soc. B*, 2000, vol. 267, p. 671-675 ; K. Igaune *et al.*, *J. Avian Biology*, 2008, vol. 39, p. 229-232 ; W. Yuan *et al.*, *Naturwissenschaften*, 2000, vol. 87, p. 417-420.

11. P. J. Chen *et al.*, *Science in China Series D*, 2005, vol. 48, p. 298-312 ; J. A. Clarke *et al.*, *Nature*, 2016, vol. 538, p. 502-505 ; M. B. Habib, *Zitteliana*, 2008, vol. B28, p. 159-166 ; T. Kojima *et al.*, *PLoS One*, 2019, vol. 14, p. e0223447 ; P. Senter, *Hist. Biol.*, 2008, vol. 20, p. 255-287 ; J. Vinther *et al.*, *Curr. Biol.*, 2016, vol. 26, p. 2456-2462 ; D. C. Woodruff *et al.*, *Hist. Biol.*, 2020, DOI : 10.1080/08912963.2020.1731806 ; X. Xu *et al.*, *Nature*, 2012, vol. 484, p. 92-95.

12. J. Bestwick *et al.*, *Biological Reviews*, 2018, vol. 93, p. 2021-2048 ; J. C. Lu *et al.*, *Acta Geologica Sinica*, 2012, vol. 86, p. 287-293 ; H. Z. Pan et X. G. Zhu, *Cretaceous Research*, 2007, vol. 28, p. 215-224 ; H. Y. Tong *et al.*, *Am. Mus.*, novembre 2004, vol. 3438, p. 1-20 ; Z. H. Zhou *et al.*, *Can. J. Earth Sci.*, 2005, vol. 42, p. 1331-1338.

13. T. P. Gao *et al.*, *J. Systematic Palaeontology*, 2019, vol. 17, p. 379-391 ; L. F. Li *et al.*, *Systematic Entomology*, 2018, vol. 43, p. 810-842 ; J. F. Zhang, *Cretaceous Research*, 2012, vol. 36, p. 1-5.

14. W. Schuler et E. Hesse, *Behavioral Ecology and Sociobiology*, 1985, vol. 16, p. 249-255.

15. S. Lautenschlager, *Proc. R. Soc. B*, 2014, vol. 281, p. 20140497 ; X. Xu *et al.*, *PNAS*, 2009, vol. 106, p. 832-834.

16. M. E. McNamara *et al.*, *Nature Communications*, 2018, vol. 9, p. 2072.

17. A. Nel et E. Delfosse, *Acta Palaeontologica Polonica*, 2011, vol. 56, p. 429-432 ; L. J. Shang *et al.*, *European J. Entomology*, 2011, vol. 108, p. 677-685 ; M. M. Wang *et al.*, *PLoS One*, 2014, vol. 9, p. e91290 ; Y. J. Wang *et al.*, *PNAS*, 2010, vol. 107, p. 16212-16215.

18. S. De Bona *et al.*, *Proc. R. Soc. B*, 2015, vol. 282, p. 20150202 ; R. Dong, *Acta Zootaxonomica Sinica*, 2003, vol. 28, p. 105-109.

19. R. Pérez-de la Fuente *et al.*, *Palaeontology*, 2019, vol. 62, p. 547-559 ; B. Wang *et al.*, *Science Advances*, 2016, vol. 2, p. e1501918.

20. Y. M. Hu *et al.*, *Nature*, 1997, vol. 390, p. 137-142 ; J. H. Hurum *et al.*, *Acta Palaeontologica Polonica*, 2006, vol. 51, p. 1-11 ; F. M. Smithwick *et al.*, *Curr. Biol.*, 2017, vol. 27, p. 3337 ; E. S. W. Wong *et al.*, *PLoS One*, 2013, vol. 8, p. e79092.

21. J. L. Li *et al.*, *Chinese Science Bulletin*, 2001, vol. 46, p. 782-786 ; X. Xu et M. A. Norell, *Nature*, 2004, vol. 431, p. 838-841 ; Y. M. Hu *et al.*, *Nature*, 2005, vol. 433, p. 149-152.

22. K. D. Angielczyk et L. Schmitz, *Proc. R. Soc. B*, 2014, vol. 281, p. 20141642 ; I. A. Cerda, et J. E. Powell, *Acta Palaeontologica Polonica*, 2010, vol. 55, p. 389-398 ; L. Schmitz et R. Motani, *Science*, 2011, vol. 332, p. 705-707.

23. C. A. Arrese *et al.*, *Curr. Biol.*, 200, vol. 12, p. 657-660 ; D. M. Hunt *et al.*, *Vision Research*, 1998, vol. 38, p. 3299-3306 ; A. Onishi *et al.*, *Nature*, 1999, vol. 402, p. 139-140.

24. S. E. Evans et Y. Wang, *J. Systematic Palaeontology*, 2010, vol. 8, p. 81-95.

25. S. E. Evans *et al.*, *Senckenbergiana Lethaea*, 2007, vol. 87, p. 109-118 ; E. M. Hechenleitner *et al.*, *Palaeontology*, 2016, vol. 59, p. 433-446 ; M. A. Norell *et al.*, *Nature*, 2020, vol. 583, p. 406-410 ; K. C. Rogers *et al.*, *Science*, 2016, vol. 352, p. 450-453 ; P. M. Sander *et al.*, *Palaeontographica Abteilung A*, 2008, vol. 284, p. 69-107 ; B. Vila *et al.*, *Lethaia*, 2010, vol. 43, p. 197-208 ; J. A. Wilson *et al.*, *PLoS Biol.*, 2010, vol. 8, p. e1000322.

26. R. Amiot *et al.*, *Palaeontology*, 2017, vol. 60, p. 633-647 ; Q. Ji *et al.*, *Nature*, 1998, vol. 393, p. 753-761 ; J. Moreno et J. L. Osorno, *Ecology Letters*, 2003, vol. 6, p. 803-806 ; J. Wiemann *et al.*, *PeerJ*, 2017, p. 5 ; J. Wiemann *et al.*, *Nature*, 2018, vol. 563, p. 555 ; T. R. Yang *et al.*, *Acta Palaeontologica Polonica*, 2019, vol. 64, p. 581-596.

27. Y. Yang et D. K. Ferguson, *Perspectives in Plant Ecology Evolution and Systematics*, 2015, vol. 17, p. 331-346.

28. B. Y. Jiang *et al.*, *Sedimentary Geology*, 2012, vol. 257, p. 31-44.

29. X. L. Zhang et J. G. Sha, *Cretaceous Research*, 2012, vol. 36, p. 96-105.

30. Wu Cheng'en, *La Pérégrination vers l'Ouest (Xiyou ji)*, trad. d'André Lévy, Paris, Gallimard, 1991.

8. Fondations – Jurassique

1. S. C. Bennett, *J. Paleontology*, 1995, vol. 69, p. 569-580 ; E. Frey et H. Tischlinger, *PloS One*, 2012, vol. 7, p. e31945 ; E. Frey *et al.*, *Geological Society of London Special Publications*, 2003, vol. 217, p. 233-266 ; D. W. E. Hone et D. M. Henderson, *Palaeo3*, 2014, vol. 394, p. 89-98 ; P. Upchurch *et al.*, *Hist. Biol.*, 2015, vol. 27, p. 696-716 ; P. Wellnhofer, *Palaeontographica A*,

1975, vol. 149, p. 1-30 ; M. P. Witton, *Geological Society of London Special Publications*, 2018, vol. 455, p. 7-23.

2. M. S. Arkhangelsky *et al.*, *Paleontological Journal*, 2018, vol. 52, p. 49-57 ; J. M. Lanyon et E. A. Burgess, *Reproductive Sciences in Animal Conservation*, 2014, vol. 753, p. 241-274 ; O. Vallarino et P. J. Weldon, *Zoo Biology*, 1996, vol. 15, p. 309-314.

3. J. Davies *et al.*, *Nature Communications*, 2017, vol. 8 ; D. Foffa *et al.*, *J. Anatomy*, 2014, vol. 225, p. 209-219 ; D. Foffa *et al.*, *Nature Ecology & Evolution*, 2018, vol. 2, p. 1548-1555 ; M. E. H. Jones et A. Cree, *Curr. Biol.*, 2012, vol. 22, p. R986-R987 ; G. Schweigert *et al.*, *Zitteliana*, 2005, vol. B26, p. 87-95 ; T. L. Stubbs et M. J. Benton, *Paleobiology*, 2016, vol. 42, p. 547-573 ; P. M. Thorne *et al.*, *PNAS*, 2011, vol. 108, p. 8339-8344 ; M. T. Young *et al.*, *PLoS One*, 2012, vol. 7, p. e44985.

4. C. A. Collini, *Acta Theodoro-Palatinae*, Mannheim, 1784, vol. 5 : Physicum, p. 58-103 ; R. O'Connor, *The Earth on Show: Fossils and the Poetics of Popular Science 1802-1856*, Chicago, University of Chicago Press, 2013 ; G. D. Ruxton et S. Johnsen, *Proc. R. Soc. B*, 2016, vol. 283, p. 20161463 ; H. Torrens, *British Journal for the History of Science*, 1995, vol. 28, p. 257-284.

5. S. Danise et S. M. Holland, *Palaeontology*, 2017, vol. 60, p. 213-232 ; C. R. Scotese, *Palaeo3*, 1991, vol. 87, p. 493-501 ; B. W. Sellwood et P. J. Valdes, *Proceedings of the Geologists' Association*, 2008, vol. 119, p. 5-17 ; A. Vörös et G. Escarguel, *Lethaia*, 2020, vol. 53, p. 72-90.

6. G. A. Gill *et al.*, *Sedimentary Geology*, 2004, vol. 166, p. 311-334 ; M. Hosseinpour *et al.*, *International Geology Review*, 2016, vol. 58, p. 1616-1645 ; C. Korte *et al.*, *Nature Communications*, 2015, vol. 6 ; M. Maffione et D. J. J. van Hinsbergen, *Tectonics*, 2018, vol. 37, p. 858-887 ; C. R. Scotese, *Palaeo3*, 1991, vol. 87, p. 493-501.

7. H. A. Armstrong *et al.*, *Paleoceanography*, 2016, vol. 31, p. 1041-1053 ; C. Korte *et al.*, *Nature Communications*, 2015, vol. 6.

8. N. Morton, *Episodes*, 2012, vol. 35, p. 328-332.

9. A. V. Ereskovsky et A. K. Dondua, *Zoologischer Anzeiger*, 2006, vol. 245, p. 65-76 ; A. I. Lavrov et I. A. Kosevich, *Russ. J. Dev. Biol.*, 2014, vol. 45, p. 205-223 ; R. R. Leinfelder, « Jurassic Reef Ecosystems », *in* G. D. Stanley (dir.), *The History and Sedimentology of Ancient Reef Systems*, Boston, Springer, 2001 ; D. A. Ludeman *et al.*, *BMC Evol. Biol.*, 2014, vol. 14 ; J. Reitner et D. Mehl, *Geol. Palaeont.*, Mitt. Innsbruck, Helfried Mostler Festschrift, 1995, p. 335-347.

10. S. P. Leys, *Integrative and Comparative Biology*, 2003, vol. 43, p. 19-27 ; S. P. Leys *et al.*, *Advances in Marine Biology*, 2007, vol. 52, p. 1-145 ; W. E. G. Muller *et al.*, *Chemistry of Materials*, 2008, vol. 20, p. 4703-4711.

11. C. Colombie *et al.*, *Global and Planetary Change*, 2018, vol. 170, p. 126-145 ; R. R. Leinfelder, « Jurassic Reef Ecosystems », *in* G. D. Stanley (dir.), *The History and Sedimentology of Ancient Reef Systems*, Boston, Springer, 2001.

12. G. J. Tompkins-MacDonald et S. P. Leys, *Marine Biology*, 2008, vol. 154, p. 973-984 ; S. Vogel, *PNAS*, 1977, vol. 74, p. 2069-2071 ; G. Yahel *et al.*, *Limnology and Oceanography*, 2007, vol. 52, p. 428-440.

13. M. Krautter *et al.*, *Facies*, 2001, vol. 44, p. 265-282 ; A. Pisera, *Palaeontologia Polonica*, 1997, vol. 57, p. 3-216.

14. M. Brunetti *et al.*, *J. Palaeogeography-English*, 2015, vol. 4, p. 371-383 ; M. Krautter *et al.*, *Facies*, *op. cit.*, p. 265-282 ; R. R. Leinfelder, « Jurassic Reef Ecosystems », *in* G. D. Stanley (dir.), *The History and Sedimentology of Ancient Reef Systems*, Boston, Springer, 2001.

15. J. L. Dommergues *et al.*, *Paleobiology*, 2002, vol. 28, p. 423-434 ; H. Landois, *Jahresb. Des Westfalischen Provinzial-Vereins fur Wissenschaft und Kunst*, 1895, vol. 23, p. 99-108.

16. S. Inoue et S. Kondo, S. *Sci. Reports*, 2016, vol. 6, p. 33489 ; A. Lukeneder et S. Lukeneder, *Acta Palaeontologica Polonica*, 2014, vol. 59, p. 663-680 ; W. Stahl et R. Jordan, *Earth and Planetary Science Letters*, 1969, vol. 6, p. 173 ; P. Ward, *Paleobiology*, 1979, vol. 5, p. 415-422.

17. K. A. Kastens et M. B. Cita, *Bull. Geol. Soc. Am.*, 1981, vol. 92, p. 845-857 ; G. Schweigert *et al.*, *Zitteliana*, 2005, vol. B26, p. 87-95 ; M. Sole *et al.*, *Biology Open*, 2018, vol. 7, p. bio033860 ; Y. Zhang *et al.*, *Integrated Zoology*, 2015, vol. 10, p. 141-151.

18. R. Allain, *J. Vert. Paleo.*, 2005, vol. 25, p. 850-858 ; J. M. Mazin *et al.*, *Geobios*, 2016, vol. 49, p. 211-228 ; C. A. Meyer et B. Thuring, *Comptes rendus Palevol*, 2003, vol. 2, p. 103-117 ; J. D. Moreau *et al.*, *Bulletin de la Société géologique de France*, 2016, vol. 187, p. 121-127 ; R. Owen, *Rep. Brit. Ass. Adv. Sci*, 1842, vol. 11, p. 32-37 ; P. Wellnhofer, *Palaeontographica A*, 1975, vol. 149, p. 1-30 ; M. P. Witton, *Zitteliana*, 2008, vol. 28, p. 143-159.

19. G. F. Elliott, *Geology Today*, janvier-février 1986, p. 20-23 ; G. Schweigert et G. Dietl, *Jb. Mitt. Oberrhein Geol. Ver. NF*, 2003, vol. 85, p. 473-483 ; G. Schweigert *et al.*, *Zitteliana*, 2005, vol. B26, p. 87-95 ; D. Uhl *et al.*, *Palaeobiodiversity and Palaeoenvironments*, 2012, vol. 92, p. 329-341.

20. J. M. Mazin et P. Pouech, *Geobios*, 2020, vol. 58, p. 39-53 ; D. M. Unwin, *Geological Society of London Special Publications*, 2003, vol. 217, p. 139-190.

21. S. C. Bennett, *Neues Jahrbuch fur Geologie und Palaontologie-Abhandlungen*, 2013, vol. 267, p. 23-41.

22. S. C. Bennett, *J. Paleontology*, 1995, vol. 69, p. 569-580 ; S. C. Bennett, *J. Vert. Paleo.*, 1996, vol. 16, p. 432-444 ; S. C. Bennett, *J. Paleontology*, 2018, vol. 92, p. 254-271 ; R. Black, « A Flock of Flaplings », in *Laelaps: Scientific American*, 2017 ; J. C. Lu *et al.*, *Science*, 2011, vol. 331, p. 321-324 ; E. Prondvai *et al.*, *PLoS One*, 2012, vol. 7, p. e31392 ; D. Unwin et C. Deeming, *Proc. R. Soc. B*, 2019, vol. 286, p. 20190409.

23. E. Frey et H. Tischlinger, *PLoS One*, 2012, vol. 7, p. 31945 ; R. Hoffmann *et al.*, *Sci. Reports*, 2020, vol. 10, p. 1230.

24. D. E. G. Briggs *et al.*, *Proc. R. Soc. B*, 2005, vol. 272, p. 627-632 ; C. Klug *et al.*, *Lethaia*, 2010, vol. 43, p. 445-456 ; J. M. Mazin et P. Pouech, *Geobios*, 2020, vol. 58, p. 39-53 ; J. M. Mazin *et al.*, *Proc. R. Soc. B*, 2009, vol. 276, p. 3881-3886.

25. R. Hoffmann *et al.*, *J. Geol. Soc.*, 2020, vol. 177, p. 82-102 ; D. Knaust et R. Hoffmann, *Papers in Palaeontology*, 2020 disponible sur https://doi.org/10.1002/spp2.1311 (site visité le 3 janvier 2022) ; J. Mehl, *Jahresberichte der Wetterauischen Gesellschaft fur Naturkunde*, 1978, p. 85-89 ; G. Schweigert, *Berliner Palaobiologische Abhandlungen*, 2009, vol. 10, p. 321-330 ; L. Vallon, *New Mexico Museum of Natural History and Science Bulletin*, 2012, vol. 57, p. 131-135.

26. T. K. Baumiller, *Annual Review of Earth and Planetary Sciences*, 2008, vol. 36, p. 221-249 ; D. B. Macurda et D. L. Meyer, *Nature*, 1974, vol. 247, p. 394-396 ; A. T. Matzke et M. W. Maisch, *Neues Jahrbuch für Geologie und Palaontologie-Abhandlungen*, 2019, vol. 291, p. 89-107.

27. M. Thiel et L. Gutow, « The Ecology of Rafting in the Marine Environment I : The Floating Substrata », *in* R. N. Gibson *et al.* (dir.), *Oceanography and Marine*

Biology: An Annual Review, Londres, CRC Press, 2004, vol. 42, p. 432.

28. A. W. Hunter *et al.*, *Royal Society Open Science*, 2020, vol. 7, p. 200142 ; I. J. McGaw et T. A. Twitchit, *Comparative Biochemistry and Physiology A*, 2012, vol. 161, p. 287-295 ; N. Robin *et al.*, *Palaeontology*, 2018, vol. 61, p. 905-918 ; A. Seilacher et R. B. Hauff, *PALAIOS*, 2004, vol. 19, p. 3-16.

29. J. R. Camerini, *Isis*, 1993, vol. 84, p. 700-727 ; A. W. Hunter *et al.*, *Paleontological Research*, 2011, vol. 15, p. 12-22 ; M. Philippe *et al.*, *Review of Palaeobotany and Palynology*, 2006, vol. 142, p. 15-32.

9. Contingence – Trias

1. C. Levis *et al.*, *Science*, 2017, vol. 355, p. 925 ; G. T. Lloyd *et al.*, *Biology Letters*, 2016, vol. 12, p. 20160609 ; P. Moisan *et al.*, *Review of Palaeobotany and Palynology*, 2012, vol. 187, p. 29-37 ; D. E. Shcherbakov, *Alavesia*, 2008, vol. 2, p. 113-124 ; S. Voigt *et al.*, *Terrestrial Conservation Lagerstatten*, 2017, p. 65-104.

2. H. T. Li *et al.*, *Nature Plants*, 2019, vol. 5, p. 461-470 ; M. Pole *et al.*, *Palaeo3*, 2016, vol. 464, p. 97-109.

3. E. Biffin *et al.*, *Proc. R. Soc. B*, 2012, vol. 279, p. 341-348 ; I. A. Dobruskina, *Bulletin of the New Mexico Museum of Natural History and Science*, 1995, vol. 5, p. 1-49.

4. I. A. Dobruskina, *Bulletin of the New Mexico Museum of Natural History and Science*, 1995, vol. 5, p. 1-49 ; O. A. Fedorenko et N. V. Miletenko, *Atlas of Lithology-Paleogeographical, Structural, Palinspastic, and Geoenvironmental Maps of Central Eurasia*, Almaty, YUGGEO, 2002 ; T. E. Marler, *Plant Signaling and Behavior*,

2012, vol. 7, p. 1484-1487 ; P. Moisan et S. Voigt, *Review of Palaeobotany and Palynology*, 2013, vol. 192, p. 42-64 ; D. E. Shcherbakov, *Alavesia*, 2008, vol. 2, p. 113-124 ; *ibid.*, p. 125-131 ; S. Voigt *et al.*, *Terrestrial Conservation Lagerstatten*, 2017, p. 65-104.

5. V. S. Burtman, *Russian J. Earth Sciences*, 2008, vol. 10, p. ES1006 ; I. A. Dobruskina, *Bulletin of the New Mexico Museum of Natural History and Science*, 1995, vol. 5, p. 1-49 ; D. Konopelko *et al.*, *Lithos*, 2018, vol. 302, p. 405-420 ; P. Moisan *et al.*, *Review of Palaeobotany and Palynology*, 2012, vol. 187, p. 29-37 ; P. A. Nevolko *et al.*, *Ore Geology Reviews*, 2019, vol. 105, p. 551-571 ; D. E. Shcherbakov, *Alavesia*, 2008, vol. 2, p. 113-124.

6. G. J. Dyke *et al.*, *J. Evol. Biol.*, 2006, vol. 19, p. 1040-1043 ; L. E. Ericsson, *J. Aircraft*, 1999, vol. 36, p. 349-356 ; C. Gans *et al.*, *Paleobiology*, 1987, vol. 13, p. 415-426 ; A. G. Sharov, *Akad. Nauk. SSSR. Trudy Paleont. Inst.*, 1971, vol. 130, 104-113.

7. J. Dzik et T. Sulej, *Acta Palaeontologica Polonica*, 2016, vol. 61, p. 805-823.

8. R. J. Butler *et al.*, *Biology Letters*, 2009, vol. 5, p. 557-560 ; S. Chatterjee et R. J. Templin, *PNAS*, 2007, vol. 104, p. 1576-1580 ; N. C. Fraser *et al.*, *J. Vert. Paleo.*, 2007, vol. 27, p. 261-265 ; N. B. Simmons *et al.*, *Nature*, 2008, vol. 451, p. 818-U6 ; X. Xu *et al.*, *Nature*, 2015, vol. 521, p. 70-U131 ; Z. H. Zhou et F. C. Zhang, *PNAS*, 2005, vol. 102, p. 18998-19002.

9. S. D. Bi *et al.*, *Nature*, 2014, vol. 514, p. 579 ; B. King et R. M. D. Beck, *Proc. R. Soc. B*, 2020, vol. 287, p. 20200943 ; S. G. Lucas et Z. Luo, *J. Vert. Paleo*, 1993, vol. 13, p. 309-334 ; Z. X. Luo, *Nature*, 2007, vol. 450, p. 1011-1019 ; M. Ruta *et al.*, *Proc. R. Soc. B*, 2013, vol. 280, p. 20131865.

10. P. Bajdek *et al.*, *Lethaia*, 2016, vol. 49, p. 455-477 ; T. M. Bown et M. J. Kraus, « Origin of the Tribosphenic Molar and Metatherian and Eutherian Dental Formulae », *in* J. A. Lillegraven *et al.* (dir.), *Mesozoic Mammals: The First Two-Thirds of Mammalian History*, Berkeley, University of California Press, 1979, p. 172-181 ; P. K. Chudinov, « The skin covering of therapsids », *in* K. K. Flerov (dir.), *Data on the Evolution of Terrestrial Vertebrates*, Moscou, Nauka, 1970, p. 45-50 ; W. Maier *et al.*, *J. Zoological Systematics and Evolutionary Research*, 1996, vol. 34, p. 9-19 ; O. T. Oftedal, *Journal of Mammary Gland Biology and Neoplasia*, 2002, vol. 7, p. 225-252 ; O. T. Oftedal, *Journal of Mammary Gland Biology and Neoplasia*, 2002, vol. 7, p. 253-266 ; L. P. Tatarinov, *Paleontological Journal*, 2005, vol. 39, p. 192-198.

11. A. De Ricqles *et al.*, *Annales de Paléontologie*, 2008, vol. 94, p. 57-76 ; C. Foth *et al.*, *BMC Evol. Biol.*, 2016, vol. 16.

12. A. C. Pritchard et H. D. Sues, *J. Syst. Palaeo.*, 2019, vol. 17, p. 1525-1545 ; S. Renesto *et al.*, *Rivista Italiana Di Paleontologia E Stratigrafia*, 2018, vol. 124, p. 23-33 ; S. N. F. Spiekman *et al.*, *Curr. Biol.*, 2020, vol. 30, p. 3889-3895 ; R. Wild, *Schweizerische Palaontologische Abhandlungen*, 1973, vol. 95, p. 1-162.

13. V. R. Alifanov et E. N. Kurochkin, *Paleontological Journal*, 2011, vol. 45, p. 639-647 ; G. S. Goncalves et C. A. Sidor, *PaleoBios*, 2019, vol. 36, p. 1-10.

14. L. A. Buatois *et al.*, *The Mesozoic Lacustrine Revolution. Trace-Fossil Record of Major Evolutionary Events, vol. 2: Mesozoic and Cenozoic*, 2016, vol. 40, p. 179-263 ; I. A. Dobruskina, *Bulletin of the New Mexico Museum of Natural History and Science*, 1995, vol. 5, p. 1-49 ; S. Voigt et D. Hoppe, *Ichnos*, 2010, vol. 17, p. 1-11.

15. I. A. Dobruskina, *Bulletin of the New Mexico Museum of Natural History and Science*, 1995, vol. 5,

p. 1-49 ; P. Moisan *et al.*, *Review of Palaeobotany and Palynology*, 2012, vol. 187, p. 29-37 ; R. R. Schoch *et al.*, *PNAS*, 2020, vol. 117, p. 11584-11588 ; D. E. Shcherbakov, *Alavesia*, 2008, vol. 2, p. 113-124 ; P. Wagner *et al.*, *Paleontological Research*, 2018, vol. 22, p. 57-63.

16. N. Gawin *et al.*, *BMC Evol. Biol.*, 2017, vol. 17 ; S. Hengherr et R. O. Schill, *J. Insect Physiology*, 2011, vol. 57, p. 595-601 ; D. E. Shcherbakov, *Alavesia*, 2008, vol. 2, p. 113-124.

17. M. Moser et R. R. Schoch, *Palaeontology*, 2007, vol. 50, p. 1245-1266 ; R. R. Schoch *et al.*, *Zoo. J. Linn. Soc.*, 2010, vol. 160, p. 515-530 ; L. P. Tatarinov, *Seymouriamorphen aus der Fauna der UdSSR*, *in* O. Kuhn (dir.), *Encyclopedia of Paleoherpetology*, partie 5B : Batrachosauria (Anthracosauria) Gephyrostegida-Chroniosuchida, Stuttgart, Gustav Fischer, 1972, p. 80 ; S. Voigt *et al.*, *Terrestrial Conservation Lagerstatten*, 2017, p. 65-104 ; R. Lemanis *et al.*, *PeerJ Preprints*, 2019, vol. 7, p. e27476v1.

18. M. Buchwitz et S. Voigt, *J. Vert. Paleo.*, 2010, vol. 30, p. 1697-1708 ; M. Buchwitz *et al.*, *Acta Zoologica*, 2012, vol. 93, p. 260-280 ; R. R. Schoch *et al.*, *Zoo. J. Linn. Soc.*, 2010, vol. 160, p. 515-530.

19. J. Fischer *et al.*, *Palaontologie, Stratigraphie, Fazies*, 2007, vol. 15, p. 41-46 ; K. Nakaya *et al.*, *Sci. Reports*, 2020, vol. 10, p. 12280 ; E. I. Vorobyeva, *Paleontological Journal*, 1967, vol. 4, p. 102-101.

20. J. Fischer *et al.*, *J. Vert. Paleo.*, 2011, vol. 31, p. 937-953 ; J. Rees et C. J. Underwood, *Palaeontology*, 2008, vol. 51, p. 117-147.

21. J. Kukalovapeck, *Can. J. Zool.*, 1983, vol. 61, p. 1618-1669 ; J. W. S. Pringle, *Phil. Trans. R. Soc. B*, 1948, vol. 233, p. 347 ; D. E. Shcherbakov *et al.*, *International J. Dipterological Research*, 1995, vol. 6, p. 76-115 ;

A. Sherman et M. H. Dickinson, *J. Exp. Biol.*, 2003, vol. 206, p. 295-302.

22. O. Bethoux, *Arthropod Systematics and Phylogeny*, 2007, vol. 65, p. 135-156 ; S. W. Frost, *Insect Life and Natural History*, New York, Dover Publications, 1959 ; A. V. Gorochov, *Paleontological Journal*, 2003, vol. 37, p. 400-406 ; D. Grimaldi et M. S. Engel, *Evolution of the Insects*, Cambridge, Cambridge University Press, 2005 ; D. Y. Huang *et al.*, *J. Syst. Palaeo.*, 2020, vol. 18, p. 1217-1222 ; V. N. Vishnyakova, *Paleontological Journal*, 1998, p. 69-76 ; S. Voigt *et al.*, *Terrestrial Conservation Lagerstatten*, 2017, p. 65-104.

23. M. Buchwitz et S. Voigt, *Palaeontologische Zeitschrift*, 2012, vol. 86, p. 313-331 ; D. M. Unwin *et al.*, « Enigmatic Small Reptiles from the Middle-Late Triassic of Kirgizstan », *in* M. J. Benton *et al.*, *The Age of Dinosaurs in Russia and Mongolia*, Cambridge, Cambridge University Press, 2000, p. 177-186.

24. J. Alroy, *PNAS*, 2008, vol. 105, p. 11536-11542 ; D. H. Erwin, *Annual Review of Ecology and Systematics*, 1990, vol. 21, p. 69-91 ; C. Foth *et al.*, *BMC Evol. Biol.*, 2016, vol. 16 ; C. Monnet *et al.*, « Evolutionary Trends of Triassic Ammonoids », *in* C. Klug *et al.* (dir.), *Ammonoid Paleobiology: From macroevolution to paleogeography*, Dordrecht, Springer, 2016, p. 25-50.

25. D. J. Button *et al.*, *Nature Communications*, 2017, vol. 8 ; T. J. D. Halliday *et al.*, « Leaving Gondwana: the Changing Position of the Indian Subcontinent in the Global Faunal Network », *in* G. V. Prasad et R. Patnaik, R. (dir.), *Biological Consequences of Plate Tectonics: New Perspectives on Post-Gondwanan Break-up – A Tribute to Ashok Sahni, Vertebrate Paleobiology and Paleoanthropology*, Suisse, Springer, 2020, p. 227-249.

26. A. K. Behrensmeyer *et al.*, *Paleobiology*, 2000, vol. 26, p. 103-147 ; V. S. Burtman, *Russian J. Earth Sciences*, 2008, vol. 10, p. ES1006 ; K. Padian et W. A. Clemens, « Terrestrial Vertebrate Diversity: Episodes and Insights », *in* J. Valentine (dir.), *Phanerozoic Diversity Patterns: Profiles in Macroevolution*, Guildford, Princeton University Press, 1985, p. 41-86 ; D. E. Shcherbakov, *Alavesia*, 2008, vol. 2, p. 113-124.

10. Saisons – Permien

1. K. M. Kato *et al.*, *Phil. Trans. R. Soc. B*, 2020, vol. 375, p. 20190144 ; N. J. Tabor *et al.*, *Palaeo3*, 2011, vol. 299, p. 200-213 ; L. A. Tsuji *et al.*, *J. Vert. Paleo.*, 2013, vol. 33, p. 747-763.

2. E. M. Bendel *et al.*, *PLoS One*, 2018, vol. 13, p. e0207367 ; K. A. Kermack, *Phil. Trans. R. Soc. B*, 1956, vol. 240, p. 95-133 ; T. M. Smiley *et al.*, *J. Vert. Paleo.*, 2008, vol. 28, p. 543-547 ; M. R. Whitney *et al.*, *Jama Oncology*, 2017, vol. 3, p. 998-1000.

3. R. Araujo *et al.*, *PeerJ*, 2017, vol. 5 ; R. M. H. Smith *et al.*, *Palaeo3*, 2015, vol. 440, p. 128-141 ; N. J. Tabor *et al.*, *Palaeo3*, 2011, vol. 299, p. 200-213.

4. M. Bernardi *et al.*, *Earth-Science Reviews*, 2017, vol. 175, p. 18-43 ; R. C. Blakey, *Carboniferous-Permian Paleogeography of the Assembly of Pangaea*, Utrecht, Hollande, Royal Netherlands Academy of Arts and Science, 2003, p. 443-456 ; C. R. Scotese *et al.*, *J. Geology*, 1979, vol. 87, p. 217-277 ; N. J. Tabor *et al.*, *J. Vert. Paleo.*, 2017, vol. 37, p. 240-253 ; G. B. Vai, *Palaeo3*, 2003, vol. 196, p. 125-155 ; G. X. Wu *et al.*, *Annales Geophysicae*, 2009, vol. 27, p. 3631-3644.

5. M. A. Chandler *et al.*, *Bull. Geol. Soc. Am.*, 1992, vol. 104, p. 543-559 ; J. E. Kutzbach et R. G. Gallimore,

J. Geophysical Research, 1989, vol. 94, p. 3341-3357 ; C. A. Shields et J. T. Kiehl, *Palaeo3*, 2018, vol. 491, p. 123-136.

6. R. M. H. Smith *et al.*, *Palaeo3*, 2015, vol. 440, p. 128-141.

7. C. V. Looy *et al.*, *Palaeo3*, 2016, vol. 451, p. 210-226.

8. R. W. Blob, *Paleobiology*, 2001, vol. 27, p. 14-38 ; A. S. Brink et J. W. Kitching, *Palaeontologica Africana*, 1953, vol. 1, p. 1-28 ; F. C. Eloff, *Koedoe*, 1973, vol. 16, p. 149-154 ; C. F. Kammerer, *PeerJ*, 2016, vol. 4 ; B. M. Kluever *et al.*, *Curr. Zool.*, 2017, vol. 63, p. 121-129 ; S. B. Kummell et E. Frey, *PLoS One*, 2014, vol. 9, p. e113911 ; R. M. H. Smith *et al.*, *Palaeo3*, 2015, vol. 440, p. 128-141.

9. E. A. Boitsova *et al.*, *Biol. J. Linn. Soc.*, 2019, vol. 128, p. 289-310 ; N. J. Tabor *et al.*, *Palaeo3*, 2011, vol. 299, p. 200-213 ; L. A. Tsuji *et al.*, *J. Vert. Paleo.*, 2013, vol. 33, p. 747-763 ; M. L. Turner *et al.*, *J. Vert. Paleo.*, 2015, vol. 35, p. e994746 ; M. Valentini *et al.*, *Neues Jahrbuch für Geologie und Palaontologie-Abhandlungen*, 2009, vol. 251, p. 71-94.

10. A. A. Biewener, *Science*, 1989, vol. 245, p. 45-48 ; D. P. Ford et R. B. Benson, *J. Nature Ecology & Evolution*, 2020, vol. 4, p. 57 ; P. O. Fuller *et al.*, *Zoology*, 2011, vol. 114, p. 104-112 ; V. A. Langman *et al.*, *J. Exp. Biol.*, 1995, vol. 198, p. 629-632 ; C. S. Van Buren et M. Bonnan, *PLoS One*, 2013, vol. 8, p. e74842.

11. C. B. Cecil, *International J. Coal Geology*, 2013, vol. 119, p. 21-31 ; K. Ferner et A. Mess, *Respiratory Physiology & Neurobiology*, 2011, vol. 178, p. 39-50 ; S. S. Gervasi et J. Foufopoulos, *Functional Ecology*, 2008, vol. 22, p. 100-108 ; W. F. Wolkers *et al.*, *Comparative Biochemistry and Physiology A*, 2002, vol. 131, p. 535-543.

12. M. Laurin et V. de Buffrenil, *Comptes rendus Palevol*, 2016, vol. 15, p. 115-127 ; R. A. Pyron, *Syst. Biol.*, 2011, vol. 60, p. 466-481.

13. R. Damiani *et al.*, *J. Vert. Paleo.*, 2006, vol. 26, p. 559-572 ; N. J. Liu *et al.*, *Zoomorphology*, 2016, vol. 135, p. 115-120 ; D. Marjanović et M. Laurin, *PeerJ*, 2019, vol. 6 ; C. A. Sidor, *Comptes rendus Palevol*, 2013, vol. 12, p. 463-472 ; C. A. Sidor *et al.*, *Nature*, 2005, vol. 434, p. 886-889 ; J. R. Stewart, « Morphology and Evolution of the Egg of Oviparous Amniotes », in S. Sumida et K. Martin (dir.), *Amniote Origins – Completing the Transition to Land*, Londres, Academic Press, 1997, p. 291-326 ; J. S. Steyer *et al.*, *J. Vert. Paleo.*, 2006, vol. 26, p. 18-28.

14. N. Brocklehurst, *PeerJ*, 2017, vol. 5 ; J. P. Hugot *et al.*, *Parasites & Vectors*, 2014, vol. 7 ; S. P. Modesto *et al.*, *J. Vert. Paleo.*, 2019, vol. 38, p. e1531877 ; F. R. O'Keefe *et al.*, *J. Vert. Paleo.*, 2005, vol. 25, p. 309-319 ; R. R. Reisz et H. D. Sues, « Herbivory in Late Paleozoic and Triassic Terrestrial Vertebrates », *in* H. D. Sues (dir.), *Evolution of Herbivory in Terrestrial Vertebrates*, Cambridge, Cambridge University Press, 2000, p. 9-41 ; H. Watanabe et G. Tokuda, *Cellular and Molecular Life Sciences*, 2001, vol. 58, p. 1167-1178.

15. A. R. H. LeBlanc *et al.*, *Sci. Reports*, 2018, vol. 8, p. 3328 ; R. M. H. Smith *et al.*, *Palaeo3*, 2015, vol. 440, p. 128-141.

16. C. V. Looy *et al.*, *Palaeo3*, 2016, vol. 451, p. 210-226 ; R. M. H. Smith *et al.*, *Palaeo3*, 2015, vol. 440, p. 128-141.

17. S. J. Dixon et D. A. Sear, *Water Resources Research*, 2014, vol. 50, p. 9194-9210 ; D. B. Kelley *et al.*, *Southeastern Archaeology*, 1996, vol. 15, p. 81-102 ; J. Watson, *East Texas Historical Journal*, 1967, vol. 5, p. 104-111.

18. J. Frobisch, *Early Evolutionary History of the Synapsida*, 2014, p. 305-319 ; J. Frobisch et R. R. Reisz, *Proc. R. Soc. B*, 2009, vol. 276, p. 3611-3618 ; A. G. Sennikov

et V. K. Golubev, *Paleontological Journal*, 2017, vol. 51, p. 600-611.

19. S. Chandra et K. J. Singh, *Review of Palaeobotany and Palynology*, 1992, vol. 75, p. 183-218 ; R. Prevec *et al.*, *Review of Palaeobotany and Palynology*, 2009, vol. 156, p. 454-493 ; L. A. Tsuji *et al.*, *J. Vert. Paleo.*, 2013, vol. 33, p. 747-763.

20. A. Feder *et al.*, *J. Maps*, 2018, vol. 14, p. 630-643 ; C. V. Looy *et al.*, *Palaeo3*, 2016, vol. 451, p. 210-226 ; C. M. Tfwala *et al.*, *Agricultural and Forest Meteorology*, 2019, vol. 275, p. 296-304.

21. S. E. Grasby *et al.*, *Nature Geoscience*, 2011, vol. 4, p. 104-107.

11. Combustible – Carbonifère

1. R. A. Berner *et al.*, *Science*, 2007, vol. 316, p. 557-558 ; T. Clements *et al.*, *J. Geol. Soc.*, 2019, vol. 176, p. 1-11 ; T. L. Phillips *et al.*, *International J. Coal Geology*, 1985, vol. 5, p. 43 ; P. E. Potter et W. A. Pryor, *Geol. Soc. Am.*, 1961, vol. 72, p. 1195-1249.

2. H. N. Andrews et W. H. Murdy, *American J. Botany*, 1958, vol. 45, p. 552-560 ; W. A. DiMichele et P. J. DeMaris, *PALAIOS*, 1987, vol. 2, p. 146-157 ; R. A. Evers, *American J. Botany*, 1951, vol. 38, p. 7317 ; B. A. Thomas, *New Phytologist*, 1966, vol. 65, p. 296-303.

3. G. C. Baird *et al.*, *PALAIOS*, 1986, vol. 1, p. 271-285 ; W. A. DiMichele et P. J. DeMaris, *PALAIOS*, 1987, vol. 2, p. 146-157 ; B. A. Thomas *et al.*, *Geobios*, 2019, vol. 56, p. 31-48.

4. R. Brown, *J. Geol. Soc.*, 1848, vol. 4, p. 46-50 ; D. A. Eggert et N. Y. Kanemoto, *Botanical Gazette*, 1977, vol. 138, p. 102-111 ; A. J. Hetherington *et al.*, *PNAS*, 2016, vol. 113, p. 6695-6700.

5. J. F. Banfield *et al.*, *PNAS*, 1999, vol. 96, p. 3404-3411 ; N. S. Davies et M. R. Gibling, *Nature Geoscience*, 2011, vol. 4, p. 629-633 ; M. R. Gibling et N. S. Davies, *Nature Geoscience*, 2012, vol. 5, p. 99-105 ; M. R. Gibling *et al.*, *Proceedings of the Geologists Association*, 2014, vol. 125, p. 524-533 ; G. Le Hir *et al.*, *Earth and Planetary Science Letters*, 2011, vol. 310, p. 203-212 ; A. Pierret *et al.*, *Vadose Zone Journal*, 2007, vol. 6, p. 269-281 ; J. Quirk *et al.*, *Biology Letters*, 2012, vol. 8, p. 1006-1011 ; Z. L. Song *et al.*, *Botanical Review*, 2011, vol. 77, p. 208-213 ; B. Ulrich, « Soil Acidity and Its Relations to Acid Deposition », *in* B. Ulrich et J. Pankrath (dir.), *Effects of Accumulation of Air Pollutants in Forest Ecosystems*, Göttingen, Springer, 1982, p. 127-146.

6. G. C. Baird *et al.*, *PALAIOS*, 1986, vol. 1, p. 271-285 ; G. J. Kuecher *et al.*, *Sedimentary Geology*, 1990, vol. 68, p. 211-221 ; T. L. Phillips *et al.*, *International J. Coal Geology*, 1985, vol. 5, p. 43 ; P. E. Potter et W. A. Pryor, *Geol. Soc. Am.*, 1961, vol. 72, p. 1195-1249.

7. J. Armstrong et W. Armstrong, *New Phytologist*, 2009, vol. 184, p. 202-215 ; W. A. DiMichele et P. J. DeMaris, *PALAIOS*, 1987, vol. 2, p. 146-157 ; W. A. DiMichele et T. L. Phillips, *Palaeo3*, 1994, vol. 106, p. 39-90 ; H. J. Falcon-Lang, *J. Geol. Soc.*, 1999, vol. 156, p. 137-148 ; P. E. Potter et W. A. Pryor, *Geol. Soc. Am.*, 1961, vol. 72, p. 1195-1249.

8. R. A. Berner *et al.*, *Science*, 2007, vol. 316, p. 557-558 ; R. E. Came *et al.*, *Nature*, 2007, vol. 449, p. 198-U3 ; I. J. Glasspool *et al.*, *Frontiers in Plant Science*, 2015, vol. 6 ; T. H. He et B. B. Lamont, *National Science Review*, 2018, vol. 5, p. 237-254 ; D. X. Viegas et A. Simeoni, *Fire Technology*, 2011, vol. 47, p. 303-320.

9. R. W. Fonda, *Forest Science*, 2001, vol. 47, p. 390-396 ; J. E. Keeley *et al.*, *Trends in Plant Science*,

2011, vol. 16, p. 406-411 ; C. A. Thanos et P. W. Rundel, *J. Ecology*, 1995, vol. 83, p. 207-216.

10. O. Béthoux, *J. Paleontology*, 2009, vol. 83, p. 931-937 ; H. J. Brockmann *et al.*, *Animal Behaviour*, 2018, vol. 143, p. 177-191 ; D. C. Fisher, *Mazon Creek Fossils*, 1979, p. 379-447 ; P. Mundel, *Mazon Creek Fossils*, 1979, p. 361-378 ; Y. G. Tenchov, *Geologia Croatica*, 2012, vol. 65, p. 361-366.

11. A. Aslan et A. K. Behrensmeyer, *PALAIOS*, 1996, vol. 11, p. 411-421 ; A. K. Behrensmeyer *et al.*, *Paleobiology*, 2000, vol. 26, p. 103-147 ; T. Clements *et al.*, *J. Geol. Soc.*, 2019, vol. 176, p. 1-11 ; W. P. Coombs et T. A. Demere, *J. Paleontology*, 1996, vol. 70, p. 311-326 ; M. W. Foster, *Mazon Creek Fossils*, 1979, p. 191-267 ; N. G. Jablonski *et al.*, *Hist. Biol.*, 2012, vol. 24, p. 527-536 ; E. N. Kjellesvig-Waering, *State of Illinois Scientific Papers*, 1948, vol. 3, p. 1-48 ; A. Mann et B. M. Gee, *J. Vert. Paleo.*, 2020, vol. 39, p. e1727490 ; H. W. Pfefferkorn, *Mazon Creek Fossils*, 1979, p. 129-142 ; C. Shabica, *Mazon Creek Fossils*, 1979, p. 13-40.

12. C. K. Boyce et W. A. DiMichele, *Review of Palaeobotany and Palynology*, 2016, vol. 227, p. 97-110 ; W. A. DiMichele et P. J. DeMaris, *PALAIOS*, 1987, vol. 2, p. 146-157 ; L. Poorter *et al.*, *J. Ecology*, 2005, vol. 93, p. 268-278.

13. A. Beattie, *The Danube : A Cultural History*, Oxford, Oxford University Press, 2010 ; D. N. Castendyk *et al.*, *Global and Planetary Change*, 2016, vol. 144, p. 213-227 ; W. E. Fagan *et al.*, *American Naturalist*, 1999, vol. 153, p. 165-182 ; L. D. Harris, *Conservation Biology*, 1988, vol. 2, p. 330-332 ; F. A. McLaughlin *et al.*, *J. Geophysical Research*, 1996, vol. 101, p. 1183-1197 ; E. N. Partch et J. D. Smith, *Estuarine and Coastal Marine Science*, 1978, vol. 6, p. 3-19.

14. M. Wedel, *J. Morphology*, 2007, vol. 268, p. 1147.

15. T. Clements *et al.*, *Nature*, 2016, vol. 532, p. 500 ; M. W. Foster, *Mazon Creek Fossils*, 1979, p. 269-301 ; R. G. Johnson et E. S. Richardson, *J. Geology*, 1966, vol. 74, p. 626-631 ; R. G. Johnson et E. S. Richardson, *Fieldiana Geol*, 1969, vol. 12, p. 119-149 ; O. W. M. Rauhut *et al.*, *PeerJ*, 2018, vol. 6 ; V. E. McCoy *et al.*, *Nature*, 2016, vol. 532, p. 496.

16. B. Coad, *Encyclopedia of Canadian Fishes*, Waterdown, Ontario, Canadian Museum of Nature – Canadian Sportfishing Productions, 1995 ; I. Delamotte et D. Burkhardt, *Naturwissenschaften*, 1983, vol. 70, p. 451-461 ; P. J. Herring, *J. of the Marine Biological Association of the United Kingdom*, 2007, vol. 87, p. 829-842 ; H. G. Moser, « Morphological and Functional Aspects of Marine Fish Larvae », *in* R. Lasker (dir.), *Marine Fish Larvae: Morphology, Ecology, and Relation to Fisheries*, Washington, Sea Grant Program, 1981, p. 90-131 ; L. Sallan *et al.*, *Palaeontology*, 2017, vol. 60, p. 149-157.

17. T. Clements *et al.*, *J. Geol. Soc.*, 2019, vol. 176, p. 1-11.

18. B. Cascales-Minana et C. J. Cleal, *Terra Nova*, 2014, vol. 26, p. 195-200 ; E. M. Dunne *et al.*, *Proc. R. Soc. B*, 2018, vol. 285, p. 20172730 ; G. Feulner, *PNAS*, 2017, vol. 114, p. 11333-11337 ; M. P. Nelsen *et al.*, *PNAS*, 2016, vol. 113, p. 2442-2447 ; J. M. Robinson, *Geology*, 1990, vol. 18, p. 607-610 ; J. K. Weng et C. Chapple, *New Phytologist*, 2010, vol. 187, p. 273-285.

12. Collaboration – Dévonien

1. R. H. Gabrielsen *et al.*, *J. Geol. Soc.*, 2015, vol. 172, p. 777-791 ; A. M. Hall, *Trans. R. Soc. Edinburgh – Earth Sciences*, 1991, vol. 82, p. 1-26 ; S. R. Miller *et al.*, *Earth and Planetary Science Letters*, 2013, vol. 369, p. 1-12 ;

N. Rast *et al.*, *Geological Society Special Publications*, 1988, vol. 38, p. 111-122.

2. J. P. Burg et Y. Podladchikov, *International J. Earth Sciences*, 1999, vol. 88, p. 190-200 ; J. F. Dewey, « The Geology of the Southern Termination of the Caledonides », in A. E. M. Nairn et F. G. Stehli (dir.), *The Ocean Basins and Margins*, vol. 2, *The North Atlantic*, Boston, Springer, 1974, p. 205-231 ; J. F. Dewey et W. S. F. Kidd, *Geology*, 1974, vol. 2, p. 543-546 ; H. Fossen *et al.*, *Geology*, 2014, vol. 42, p. 791-794 ; D. G. Gee *et al.*, *Episodes*, 2008, vol. 31, p. 44-51 ; B.R. Hacker *et al.*, *Annual Review of Earth and Planetary Sciences*, 2015, vol. 43, p. 167-205 ; J. G. Johnson *et al.*, *Bull. Geol. Soc. Am.*, 1985, vol. 96, p. 567-587 ; J. Lehtovaara, *Bull. Geol. Soc. Finland*, 1989, vol. 61, p. 189-195 ; P. A. Mueller *et al.*, *Gondwana Research*, 2014, vol. 26, p. 365-373 ; R. D. Nance *et al.*, *Gondwana Research*, 2014, vol. 25, p. 4-29 ; K. T. Pickering *et al.*, *Trans. R. Soc. Edinburgh – Earth Sciences*, 1988, vol. 79, p. 361-382 ; R. Redfern, *Origins: The Evolution of Continents, Oceans, and Life*, Norman, University of Oklahoma Press, 2001 ; P. Stone, *Journal of the Open University Geological Society*, 2012, vol. 33, p. 29-36 ; P. A. Ziegler, *CSPG Special Publications*, 1988, p. 15-48.

3. J. K. Charlesworth, *Proc. R. Irish Acad. B*, 1921, vol. 36, p. 174-314 ; D. M. Chew et R. A. Strachan, *New Perspectives on the Caledonides of Scandinavia and Related Areas*, 2014, vol. 390, p. 45-91 ; J. J. Lehtovaara, *Fennia*, 1985, vol. 163, p. 365-368 ; J. Lehtovaara, *Bull. Geol. Soc. Finland*, 1989, vol. 61, p. 189-195.

4. T. W. Dahl *et al.*, *PNAS*, 2010, vol. 107, p. 17911-17915 ; A. R. Hastie *et al.*, *Geology*, 2016, vol. 44, p. 855-858.

5. D. Edwards *et al.*, *Phil. Trans. R. Soc. B*, 2018, vol. 373, p. 20160489 ; D. F. Mark *et al.*, *Geochimica Et*

Cosmochimica Acta, 2011, vol. 75, p. 555-569 ; N. H. Trewin et C. M. Rice, *Scottish J. Geology*, 1992, vol. 28, p. 37-47.

6. C. M. Rice *et al.*, *J. Geol. Soc.*, 2002, vol. 159, p. 203-214 ; C. Strullu-Derrien *et al.*, *Curr. Biol.*, 2019, vol. 29, p. 461 ; C. H. Wellman *et al.*, *Palz*, 2019, vol. 93, p. 387-393.

7. R. M. Burt, *The Geology of Ben Nevis, South-West Highlands, Scotland*, University of St Andrews, 1994 ; I. Moore et P. Kokelaar, *J. Geol. Soc.*, 1997, vol. 154, p. 765-768 ; C. M. Rice *et al.*, *J. Geol. Soc.*, 1995, vol. 152, p. 229-250 ; N. H. Trewin, *Earth and Environmental Science Transactions of the Royal Society of Edinburgh*, 1993, vol. 84, p. 433-442 ; N. H. Trewin, *Evolution of Hydrothermal Ecosystems on Earth (and Mars ?)*, 1996, vol. 202, p. 131-149 ; N. H. Trewin *et al.*, *Can. J. Earth Sci.*, 2003, vol. 40, p. 1697-1712.

8. A. Channing, *Phil. Trans. R. Soc. B*, 2018, vol. 373, p. 20160490 ; C. H. Wellman, *Phil. Trans. R. Soc. B*, 2018, vol. 373, p. 20160491.

9. A. Cox *et al.*, *Chemical Geology*, 2011, vol. 280, p. 344-351 ; V. Gorlenko *et al.*, *Int. J. Syst. Evol. Microbiol.*, 2004, vol. 54, p. 739-743 ; P. W. Nugent *et al.*, *Applied Optics*, 2015, vol. 54, p. B128-B139 ; T. Saiki *et al.*, *Agricultural and Biological Chemistry*, 1972, vol. 36, p. 2357-2366.

10. M. Krings et V. N. Sergeev, *Review of Palaeobotany and Palynology*, 2019, vol. 268, p. 65-71 ; U. Sompong *et al.*, *Fems Microbiology Ecology*, 2005, vol. 52, p. 365-376 ; M. Sugiura *et al.*, *Microbes and Environments*, 2001, vol. 16, p. 255-261.

11. A. Channing et D. Edwards, *Plant Ecology & Diversity*, 2009, vol. 2, p. 111-143 ; G. D. Edgecombe *et al.*, *PNAS*, 2020, vol. 117, p. 8966-8972 ; C. L. Powell *et al.*, *Geological Society of London Special Publications*, 2000,

vol. 180, p. 439-457 ; N. H. Trewin, *Evolution of Hydrothermal Ecosystems on Earth (and Mars ?)*, 1996, vol. 202, p. 131-149.

12. A. Channing et D. Edwards, *Trans. R. Soc. Edinburgh – Earth Sciences*, 2004, vol. 94, p. 503-521.

13. M. L. Berbee et J. W. Taylor, *Mol. Biol. Evol.*, 1992, vol. 9, p. 278-284 ; T. C. Harrington *et al.*, *Mycologia*, 2001, vol. 93, p. 111-136 ; R. Honegger *et al.*, *Phil. Trans. R. Soc. B*, 2018, vol. 373, p. 20170146 ; F. M. Hueber, *Review of Palaeobotany and Palynology*, 2001, vol. 116, p. 123-158 ; K. O'Donnell *et al.*, *Mycologia*, 1997, vol. 89, p. 48-65 ; G. J. Retallack et E. Landing, *Mycologia*, 2014, vol. 106, p. 1143-1158 ; J. W. Taylor *et al.*, *Syst. Biol.*, 1993, vol. 42, p. 440-457.

14. T. H. Nash, *Lichen Biology*, Cambridge, Cambridge University Press, 1996.

15. C. K. Boyce *et al.*, *Geology*, 2007, vol. 35, p. 399-402 ; F. M. Hueber, *Review of Palaeobotany and Palynology*, 2001, vol. 116, p. 123-158 ; C. Labandeira, *Insect Science*, 2007, vol. 14, p. 259-275 ; G. J. Retallack et E. Landing, *Mycologia*, 2014, vol. 106, p. 1143-1158.

16. V. Ahmadjian, *The Lichen Symbiosis*, New York, John Wiley and Sons, 1993 ; T. Friedl, *Lichenologist*, 1987, vol. 19, p. 183-191 ; G. P. Jones, *J. Experimental Marine Biology and Ecology*, 1992, vol. 159, p. 217-235 ; I. V. Karatygin *et al.*, *Paleontological Journal*, 2009, vol. 43, p. 107-114 ; J. Offenberg, *Behavioral Ecology and Sociobiology*, 2001, vol. 49, p. 304-310 ; W. Rytter et J. Z. Shik, *Animal Behaviour*, 2016, vol. 117, p. 179-186 ; T. N. Taylor *et al.*, *American J. Botany*, 1997, vol. 84, p. 992-1004 ; S. A. Schneider, *The Meat-farming Ants: Predatory Mutualism Between Melissotarsus Ants (Hymenoptera: Formicidae) and Armored Scale Insects (Hemiptera: Diaspididae)*, Amherst, UM Amherst, 2016.

17. D. S. Edwards, *Bot. J. Linn. Soc.*, 1986, vol. 93, p. 173-204 ; W. Remy *et al.*, *PNAS*, 1994, vol. 91, p. 11841-11843 ; A. Schusler *et al.*, *Mycological Research*, 2001, vol. 105, p. 1413-1421.

18. D. Haig, *Botanical Review*, 2008, vol. 74, p. 395-418.

19. R. C. Brown et B. E. Lemmon, *New Phytologist*, 2011, vol. 190, p. 875-881.

20. R. Gambardella, *Planta*, 1987, vol. 172, p. 431-438 ; J. P. Mascarenhas, *Plant Cell*, 1989, vol. 1, p. 657-664 ; T. N. Rosenstiel *et al.*, *Nature*, 2012, vol. 489, p. 431-433.

21. W. Remy et H. Hass, *Review of Palaeobotany and Palynology*, 1996, vol. 90, p. 175-193.

22. Z. Babikova *et al.*, *Ecology Letters*, 2013, vol. 16, p. 835-843 ; V. Daviero-Gomez *et al.*, *International J. Plant Sciences*, 2005, vol. 166, p. 319-326.

23. A. J. Hetherington et L. Dolan, *Current Opinion in Plant Biology*, 2019, vol. 47, p. 119-126 ; H. Kerp *et al.*, *International J. Plant Sciences*, 2013, vol. 174, p. 293-308 ; A. Roth-Nebelsick *et al.*, *Paleobiology*, 2000, vol. 26, p. 405-418 ; J. P. Wilson et W. W. Fischer, *Geobiology*, 2011, vol. 9, p. 121-130.

24. P. E. Ahlberg, *Zoo. J. Linn. Soc.*, 1998, vol. 122, p. 99-141 ; T. R. Smithson *et al.*, *PNAS*, 2012, vol. 109, p. 4532-4537 ; T. N. Taylor *et al.*, *Mycologia*, 2004, vol. 96, p. 1403-1419.

25. J. A. Dunlop et R. J. Garwood, *Phil. Trans. R. Soc. B*, 2018, vol. 373, p. 20160493 ; T. Jezkova et J. J. Wiens, *American Naturalist*, 2017, vol. 189, p. 201-212 ; A. J. Wendruff *et al.*, *Sci. Reports*, 2020, vol. 10, p. 20441 ; F. C. Zhao *et al.*, *Science China*, 2010, vol. 53, p. 1784-1799.

26. W. M. Davies, *Quarterly J. Microscopical Science*, 1927, vol. 71, p. 15-30 ; L. Freitas *et al.*, *J. Evol. Biol.*,

2018, vol. 31, p. 1623-1631 ; P. Whalley et E. A. Jarzembowski, *Nature*, 1981, vol. 291, p. 317.

27. H. Y. Kim *et al.*, *Physical Review Fluids*, 2017, vol. 2, p. 100505.

28. M. F. Claridge et A. G. Lyon, *Nature*, 1961, vol. 191, p. 1190-1191 ; J. A. Dunlop et R. J. Garwood, *Phil. Trans. R. Soc. B*, 2018, vol. 373, p. 20160493 ; J. A. Dunlop *et al.*, *Zoomorphology*, 2009, vol. 128, p. 305-313.

29. S. R. Fayers et N. H. Trewin, *Trans. R. Soc. Edinburgh*, 2003, vol. 93, p. 355-382 ; D. J. Scourfield, *Phil. Trans. R. Soc. B*, 1926, vol. 214, p. 153-187 ; T. Womack *et al.*, *Palaeo3*, 2012, vol. 344, p. 39-48.

30. R. Kelman *et al.*, *Trans. R. Soc. Edinburgh*, 2004, vol. 94, p. 445-455 ; C. Strullu-Derrien *et al.*, *PLoS One*, 2016, vol. 11, p. e0167301 ; T. N. Taylor *et al.*, *Mycologia*, 1992, vol. 84, p. 901-910.

31. J. S. Karling, *American J. Botany*, 1928, vol. 15, p. 485-U7 ; T. N. Taylor *et al.*, *Nature*, 1992, vol. 357, p. 493-494.

32. H. Kerp *et al.*, « New Data On *Nothia Aphylla* Lyon 1964 Ex El-Saadawy et Lacey 1979, a Poorly Known Plant from the Lower Devonian Rhynie Chert », *in* P. G. Gensel et D. Edwards (dir.), *Plants Invade the Land – Evolutionary and Environmental Perspectives*, New York, Columbia University Press, 2001, p. 52-82 ; M. Krings *et al.*, *New Phytologist*, 2007, vol. 174, p. 648-657 ; G. Poinar *et al.*, *Nematology*, 2008, vol. 10, p. 9-14 ; M. Krings *et al.*, *Plant Signaling and Behaviour*, 2007, p. 125-126.

13. Abysse – Silurien

1. G. O. Graening et A. V. Brown, *J. the American Water Resources Association*, 2003, vol. 39, p. 1497-1507 ; D. B. Noltie et C. M. Wicks, *Environmental Biology of*

Fishes, 2001, vol. 62, p. 171-194 ; E. E. Ramsey, *J. Comparative Neurology*, 1901, vol. 11, p. 40-47.

2. H. W. Broek, *J. Physical Oceanography*, 2005, vol. 35, p. 388-394 ; P. A. del Giorgio et C. M. Duarte, *Nature*, 2002, vol. 420, p. 379-384 ; Z. Lee *et al.*, *J. Geophysical Research-Oceans*, 2007, vol. 112, p. C03009 ; C. J. Lorenzen, *ICES J. Marine Science*, 1972, vol. 34, p. 262-267 ; T. Morita, *Annals of the New York Academy of Sciences*, 2010, vol. 1189, p. 91-94 ; P. M. Saunders, *J. Physical Oceanography*, 1981, vol. 11, p. 573-574.

3. L. M. Clough *et al.*, *Deep-Sea Research Part II-Topical Studies in Oceanography*, 1997, vol. 44, p. 1683-1704 ; P. Lonsdale, *Deep-Sea Research*, 1977, vol. 24, p. 857 ; F. Scheckenbach *et al.*, *PNAS*, 2010, vol. 107, p. 115-120.

4. M. L. Bazhenov *et al.*, *Gondwana Research*, 2012, vol. 22, p. 974-991 ; P. G. Brewer et K. Hester, *Oceanograpy*, 2009, vol. 22, p. 86-93 ; R. P. Dziak *et al.*, *Oceanography*, 2017, vol. 30, p. 186-197 ; I. B. Filippova *et al.*, *Russian J. Earth Sciences*, 2001, vol. 3, p. 405-426 ; V. V. Maslennikov *et al.*, *The Trace Element Zonation in Vent Chimneys from the Silurian Yaman-Kasy VHMS Deposit in the Southern Ural, Russia: Insights from Laser Ablation Inductively Coupled Plasma Mass-spectrometry (LA-ICP-MS)*, D. G. Eliopoulous (éd.), Rotterdam, Millpress, 2003, p. 151-154 ; A. V. Ryazantsev *et al.*, *Geotectonics*, 2016, vol. 50, p. 553-578 ; R. Seltmann *et al.*, *J. Asian Earth Sciences*, 2014, vol. 79, p. 810-841 ; V. A. Simonov *et al.*, *Geology of Ore Deposits*, 2006, vol. 48, p. 369-383.

5. J. T. Beatty *et al.*, *PNAS*, 2005, vol. 102, p. 9306-9310 ; C. L. Van Dover *et al.*, *Geophysical Research Letters*, 1996, vol. 23, p. 2049-2052.

6. S. Burle, « Flood Map » (www.floodmap.net), site consulté le 6 avril 2020 ; M. A. Charette et W. H. F. Smith,

Oceanography, 2010, vol. 23, p. 112-114 ; B. U. Haq et S. R. Schutter, *Science*, 2008, vol. 322, p. 64-68.

7. V. V. Maslennikov *et al.*, *The Trace Element Zonation in Vent Chimneys from the Silurian Yaman-Kasy VHMS Deposit in the Southern Ural, Russia: Insights from Laser Ablation Inductively Coupled Plasma Mass-spectrometry (LA-ICP-MS)*, *ibid.* ; V. V. Zaikov *et al.*, *Geology of Ore Deposits*, 1995, vol. 37, p. 446-463.

8. M. N. Georgieva *et al.*, *J. Systematic Palaeontology*, 2019, vol. 17, p. 287-329 ; C. T. S. Little *et al.*, *Palaeontology*, 1999, vol. 42, p. 1043-1078 ; J. Ravaux *et al.*, *Cahiers de biologie marine*, 1998, vol. 39, p. 325-326 ; A. Schulze, *Zoologica Scripta*, 2003, vol. 32, p. 321-342.

9. J. F. F. Allen *et al.*, *Trends in Plant Science*, 2011, vol. 16, p. 645-655 ; G. I. McFadden, *Plant Physiology*, 2001, vol. 125, p. 50-53 ; T. Pfannschmidt, *Trends in Plant Science*, 2003, vol. 8, p. 33-41 ; J. A. Raven et J. F. Allen, *Genome Biology*, 2003, vol. 4, p. 209.

10. C. Breusing *et al.*, *PLoS One*, 2020, vol. 15, p. e0227053 ; M. Bright et A. Sorgo, *Invertebrate Biology*, 2003, vol. 122, p. 347-368 ; D. A. Cowart *et al.*, *PLoS One*, 2017, vol. 12, p. e0172543 ; N. L. Forget *et al.*, *Marine Ecology*, 2015, vol. 36, p. 35-44 ; M. N. Georgieva *et al.*, *Proc. R. Soc. B*, 2018, vol. 285, p. 20182004 ; N. Miyamoto *et al.*, *PloS One*, 2013, vol. 8, p. e55151 ; F. Zal *et al.*, *Cahiers de biologie marine*, 2000, vol. 41, p. 413-423.

11. V. V. Maslennikov *et al.*, *The Trace Element Zonation in Vent Chimneys from the Silurian Yaman-Kasy VHMS Deposit in the Southern Ural, Russia: Insights from Laser Ablation Inductively Coupled Plasma Mass-spectrometry (LA-ICP-MS)*, *ibid.* ; R. Nakamura *et al.*, *Angewandte Chemie*, 2010, vol. 49, p. 7692-7694 ; K. A. Novoselov *et al.*, *Mineralogy and Petrology*, 2006, vol. 87, p. 327-349.

12. Z. Belka et B. Berkowski, *Acta Geologica Polonica*, 2005, vol. 55, p. 1-7 ; C. T. S. Little et R. C. Vrijenhoek, *Trends in Ecology & Evolution*, 2003, vol. 18, p. 582-588.

13. D. K. Adams *et al.*, *Oceanography*, 2012, vol. 25, p. 256-268 ; R. Levins, *Bull. Entomol. Soc. Am.*, 1969, vol. 15, p. 237-240 ; J. B. Sylvan *et al.*, *mBio*, 2012, vol. 3, p. e00279-11 ; R. C. Vrijenhoek, *Molecular Ecology*, 2010, vol. 19, p. 4391-4411.

14. S. Finnegan *et al.*, *Proc. R. Soc. B*, 2016, vol. 283, p. 20160007 ; S. Finnegan *et al.*, *Biology Letters*, 2017, vol. 13, p. 20170400 ; C. T. S. Little *et al.*, *Palaeontology*, 1999, vol. 42, p. 1043-1078 ; J. Y. Rong et S. Z. Shen, *Palaeo3*, 2002, vol. 188, p. 25-38 ; P. M. Sheehan et P. J. Coorough, *Palaeozoic Palaeogeography and Biogeography*, 1990, vol. 12, p. 181-187 ; M. D. Sutton *et al.*, *Nature*, 2005, vol. 436, p. 1013-1015.

15. D. Jollivet, *Biodiversity and Conservation*, 1996, vol. 5, p. 1619-1653 ; C. T. S. Little *et al.*, *Nature*, 1997, vol. 385, p. 146-148 ; R. C. Vrijenhoek, *Deep-Sea Research*, 2e partie, *Topical Studies in Oceanography*, 2013, vol. 92, p. 189-200.

16. O. S. Ashford *et al.*, *Proc. R. Soc. B*, 2018, vol. 285, p. 20180923 ; T. Stratmann *et al.*, *Limnology and Oceanography*, 2018, vol. 63, p. 2140-2153 ; M. Tsurumi, *Global Ecology and Biogeography*, 2003, vol. 12, p. 181-190 ; C. L. Van Dover, *Biological Bulletin*, 1994, vol. 186, p. 134-135.

17. J. McNichol *et al.*, *PNAS*, 2018, vol. 115, p. 6756-6761 ; Y. Nagano et T. Nagahama, *Fungal Ecology*, 2012, vol. 5, p. 463-471 ; B. N. Orcutt *et al.*, *Frontiers in Microbiology*, 2015, vol. 6.

18. A. Bonnett, *Off the Map: Lost Space, Invisible Cities, Forgotten Islands, Feral Places, and What They Tell Us about the World*, Londres, Aurum Press, 2014 ;

M. Jutzeler *et al.*, *Nature Communications*, 2014, vol. 5 ; C. H. Maschmeyer *et al.*, *Geosciences*, 2019, vol. 9, p. 245 ; V. V. Maslennikov *et al.*, *The Trace Element Zonation in Vent Chimneys from the Silurian Yaman-Kasy VHMS Deposit in the Southern Ural, Russia: Insights from Laser Ablation Inductively Coupled Plasma Mass-spectrometry (LA-ICP-MS)*, *ibid.*

19. D. R. Lindberg, *Evolution: Education and Outreach*, 2009, vol. 2, p. 191-203 ; C. T. S. Little *et al.*, *Palaeontology*, 1999, vol. 42, p. 1043-1078.

20. A. P. Gubanov et J. S. Peel, *American Malacological Bulletin*, 2000, vol. 15, p. 139-145 ; L. Hilgers *et al.*, *Mol. Biol. Evol.*, 2018, vol. 35, p. 1638-1652.

21. E. Fara, *Geological Journal*, 2001, vol. 36, p. 291-303 ; H. Lemche, *Nature*, 1957, vol. 179, p. 413-416 ; D. R. Lindberg, *Evolution: Education and Outreach*, 2009, vol. 2, p. 191-203 ; J. Lu *et al.*, *Nature Communications*, 2017, vol. 8 ; J. L. B. Smith, *Trans. R. Soc. S. Afr.*, 1939, vol. 27, p. 47-50 ; M. Zhu et X. B. Yu, *Biology Letters*, 2009, vol. 5, p. 372-375.

22. P. Van Roy *et al.*, *J. Geol. Soc.*, 2015, vol. 172, p. 541-549.

23. G. Faure, *Origin of Igneous Rocks: The Isotopic Evidence*, Berlin, Springer, 2001 ; R. E. Folinsbee *et al.*, *Geochimica Et Cosmochimica Acta*, 1956, vol. 10, p. 60-68 ; J. Lancelot *et al.*, *Earth and Planetary Science Letters*, 1976, vol. 29, p. 357-366 ; E. S. Larsen *et al.*, *Bull. Geol. Soc. Am.*, 1952, vol. 63, p. 1045-1052.

24. M. Tomczak et J. S. Godfrey, *Regional Oceanography: an Introduction*, Oxford, Pergamon, 1994 ; P. Webb, *Introduction to Oceanography*, Bristol, Roger Williams University, 2019.

25. P. Jedlovszky et R. Vallauri, *J. Chemical Physics*, 2001, vol. 115, p. 3750-3762 ; G. T. Moore *et al.*, *Geology*,

1993, vol. 21, p. 17-20 ; A. Sanchez-Vidal *et al.*, *PLoS One*, 2012, vol. 7, p. e30395.

26. S. Duval *et al.*, *Interface Focus*, 2019, vol. 9, p. 20190063 ; N. Lane, *Bioessays*, 2017, vol. 39, p. 1600217 ; N. Lane *et al.*, *BioEssays*, 2010, vol. 32, p. 271-280 ; W. Martin et M. J. Russell, *Phil. Trans. R. Soc. B*, 2007, vol. 362, p. 1887-1925.

27. F. Lipmann, *Advances in Enzymology and Related Subjects of Biochemistry*, 1941, vol. 1, p. 99-162.

14. Transformation – Ordovicien

1. H. J. Blignault et J. N. Theron, *S. Afr. J. Geol.*, 2010, vol. 113, p. 335-360 ; D. H. Bromwich, *Bull. Am. Meteorological Soc.*, 1989, vol. 70, p. 738-749 ; S. E. Gabbott *et al.*, *Geology*, 2010, vol. 38, p. 1103-1106 ; A. K. Naumann *et al.*, *Cryosphere*, 2012, vol. 6, p. 729-741 ; M. Sansiviero *et al.*, *J. Marine Systems*, 2017, vol. 166, p. 4-25.

2. A. G. Fountain *et al.*, *International J. Climatology*, 2010, vol. 30, p. 633-642 ; S. E. Gabbott *et al.*, *Geology*, 2010, vol. 38, p. 1103-1106 ; C. Leroux et M. Fily, *J. Geophysical Research – Planets*, 1998, vol. 103, p. 25779-25788 ; I. J. Smalley, *J. Sedimentary Research*, 1966, vol. 36, p. 669-676.

3. N. L. Bindoff *et al.*, *Papers and Proceedings of the Royal Society of Tasmania*, 2000, vol. 133, p. 51-56 ; E. E. Cordes *et al.*, *Oceanography*, 2016, vol. 29, p. 30-31 ; G. Lappegard *et al.*, *J. Glaciology*, 2006, vol. 52, p. 137-148 ; D. R. Parsons *et al.*, *Geology*, 2010, vol. 38, p. 1063-1066 ; J. A. Urbanski *et al.*, *Sci. Reports*, 2017, vol. 7, p. 43999 ; L. Vrbka et P. Jungwirth, *J. Molecular Liquids*, 2007, vol. 134, p. 64-70.

4. H. J. Blignault et J. N. Theron, *S. Afr. J. Geol.*, 2010, vol. 113, p. 335-360 ; G. B. Deane *et al.*, *Acoustics Today*,

2019, vol. 15, p. 12-19 ; C. Muller *et al.*, *Science*, 2005, vol. 310, p. 1299 ; E. C. Pettit *et al.*, *Geophysical Research Letters*, 2015, vol. 42, p. 2309-2316 ; P. F. Scholander et D. C. Nutt, *J. Glaciology*, 1960, vol. 3, p. 671-678 ; J. P. Severinghaus et E. J. Brook, *Science*, 1999, vol. 286, p. 930-934.

5. E. Leu *et al.*, *Progress in Oceanography*, 2015, vol. 139, p. 151-170 ; C. Lovejoy *et al.*, *Aquatic Microbial Ecology*, 2002, vol. 29, p. 267-278 ; G. W. K. Moore *et al.*, *J. Physical Oceanography*, 2002, vol. 32, p. 1685-1698 ; P. B. Price, *Science*, 1995, vol. 267, p. 1802-1804.

6. M. G. Bassett *et al.*, *J. Paleontology*, 2009, vol. 83, p. 614-623 ; S. E. Gabbott, *Palaeontology*, 1998, vol. 41, p. 631-667 ; S. E. Gabbott *et al.*, *Geology*, 2010, vol. 38, p. 1103-1106 ; G. W. K. Moore *et al.*, *J. Physical Oceanography*, 2002, vol. 32, p. 1685-1698 ; R. E. H. Smith *et al.*, *Microbial Ecology*, 1989, vol. 17, p. 63-76 ; C. H. von Quillfeldt, *J. Marine Systems*, 1997, vol. 10, p. 211-240.

7. A. Clarke et A. W. North, « Is the Growth of Polar Fish Limited by Temperature ? », *in* G. di Prisco *et al.* (dir.), *Biology of Antarctic Fish.*, Berlin, Springer, 1991, p. 54-69 ; S. Kim *et al.*, *Integrative and Comparative Biology*, 2010, vol. 50, p. 1031-1040.

8. H. J. Blignault et J. N. Theron, *S. Afr. J. Geol.*, 2010, vol. 113, p. 335-360 ; S. E. Gabbott *et al.*, *J. Geol. Soc.*, 2017, vol. 174, p. 1-9 ; D. A. T. Harper, *Palaeo3*, 2006, vol. 232, p. 148-166 ; D. P. Le Heron *et al.*, « The Early Palaeozoic Glacial Deposits of Gondwana: Overview, Chronology, and Controversies », in *Past Glacial Environments*, 2018 (2e éd.), p. 47-73 ; A. Pohl *et al.*, *Paleoceanography*, 2016, vol. 31, p. 800-821 ; M. Rohrssen *et al.*, *Geology*, 2013, vol. 41, p. 127-130 ; T. Servais *et al.*, *Palaeo3*, 2010, vol. 294, p. 99-119 ; P. M. Sheehan, *Annual Review of Earth and Planetary Sciences*, 2001, vol. 29,

p. 331-364 ; C. P. Summerhayes, « Measuring and Modelling CO_2 Back Through Time: CO_2, Temperature, Solar Luminosity, and the Ordovician Glaciation », in *Paleoclimatology: From Snowball Earth to the Anthropocene*, Oxford, John Wiley and Sons Ltd, 2020, p. 204-215.

9. A. J. Finlay *et al.*, *Earth and Planetary Science Letters*, 2010, vol. 293, p. 339-348 ; M. X. Ling *et al.*, *Solid Earth Sciences*, 2019, vol. 4, p. 190-198 ; M. E. Patzkowsky *et al.*, *Geology*, 1997, vol. 25, p. 911-914 ; T. Servais *et al.*, *Palaeo3*, 2019, vol. 534 ; P. M. Sheehan, *Annual Review of Earth and Planetary Sciences*, 2001, vol. 29, p. 331-364 ; J. H. Shen *et al.*, *Nature Geoscience*, 2018, vol. 11, p. 510.

10. A. A. Chiarenza *et al.*, *PNAS*, 2020, p. 1-10 ; H. A. Lindsey *et al.*, *Nature*, 2013, vol. 494, p. 463-467 ; M. K. Reichow *et al.*, *Earth and Planetary Science Letters*, 2009, vol. 277, p. 9-20 ; C. N. Zou *et al.*, *Geology*, 2018, vol. 46, p. 535-438.

11. S. E. Gabbott, *Palaeontology*, 1999, vol. 42, p. 123-148 ; S. E. Gabbott *et al.*, *Proceedings of the Yorkshire Geological Society*, 2001, vol. 53, p. 237-244 ; A. J. Gough *et al.*, *J. Glaciology*, 2012, vol. 58, p. 38-50 ; P. B. Price, *Science*, 1995, vol. 267, p. 1802-1804.

12. L. R. M. Cocks et R. A. Fortey, *Geological Magazine*, 1986, vol. 123, p. 437-444 ; S. E. Gabbott, *Palaeontology*, 1999, vol. 42, p. 123-148 ; N. Goudemand *et al.*, *PNAS*, 2011, vol. 108, p. 8720-8724 ; C. Lovejoy *et al.*, *Aquatic Microbial Ecology*, 2002, vol. 29, p. 267-278 ; P. B. Price, *Science*, 1995, vol. 267, p. 1802-1804 ; M. Rohrssen *et al.*, *Geology*, 2013, vol. 41, p. 127-130 ; R. J. Whittle *et al.*, *Palaeontology*, 2009, vol. 52, p. 561-567 ; A. Williams *et al.*, *Phil. Trans. R. Soc. B*, 1992, vol. 337, p. 83-104.

13. C. Klug *et al.*, *Lethaia*, 2015, vol. 48, p. 267-288 ; S. T. LoDuca *et al.*, *Geobiology*, 2017, vol. 15, p. 588-616 ;

M. Rohrssen *et al.*, *Geology*, 2013, vol. 41, p. 127-130 ; A. Seilacher, *Palaeo3*, 1968, vol. 4, p. 279.

14. S. J. Braddy *et al.*, *Palaeontology*, 1995, vol. 38, p. 563-581 ; S. J. Braddy *et al.*, *Biology Letters*, 2008, vol. 4, p. 106-109 ; J. C. Lamsdell *et al.*, *J. Systematic Palaeontology*, 2010, vol. 8, p. 49-61.

15. S. J. Braddy *et al.*, *Palaeontology*, 1995, vol. 38, p. 563-581 ; G. E. Budd, *Nature*, 2002, vol. 417, p. 271-275 ; C. L. Hughes *et al.*, *Evolution & Development*, 2002, vol. 4, p. 459-499.

16. R. J. Aldridge *et al.*, « The Soom Shale », *in* D. E. G. Briggset et P. R. Crowther (dir.), *Palaeobiology II*, Oxford, Blackwell Science Ltd, 2001, p. 340-342.

17. R. J. Aldridge *et al.*, *Phil. Trans. R. Soc. B*, 1993, vol. 340, p. 405-421 ; S. M. Bergstrom et A. Ferretti, *Lethaia*, 2017, vol. 50, p. 424-439 ; V. V. Chernykh *et al.*, *J. Paleontology*, 1997, vol. 71, p. 162-164 ; S. P. Ellison, *AAPG Bulletin*, 1946, vol. 30, p. 93-110 ; H. F. Yin *et al.*, *Episodes*, 2001, vol. 24, p. 102-114.

18. R. J. Aldridge *et al.*, *Phil. Trans. R. Soc. B*, 1993, vol. 340, p. 405-421 ; J. C. George et E. D. Stevens, *Environmental Biology of Fishes*, 1978, vol. 3, p. 185-191 ; J. Nishida et T. Nishida, *British Poultry Science*, 1985, vol. 26, p. 105-115 ; P. A. Pridmore *et al.*, *Lethaia*, 1996, vol. 29, p. 317-328 ; S. P. Suman et P. Joseph, *Annual Review of Food Science and Technology*, 2013, vol. 4, p. 79-99.

19. S. E. Gabbott *et al.*, *Geology*, 2010, vol. 38, p. 1103-1106.

20. H. J. Blignault et J. N. Theron, *S. Afr. J. Geol.*, 2010, vol. 113, p. 335-360 ; J. A. Clark, *Geology*, 1976, vol. 4, p. 310-312.

21. C. J. Allegre *et al.*, Nature, 1984, vol. 307, p. 17-22 ; G. A. Barth et J. C. Mutter, *J. Geophysical Research-Solid*

Earth, 1996, vol. 101, p. 17951-17975 ; F. Chambat et B. Valette, *Physics of the Earth and Planetary Interiors*, 2001, vol. 124, p. 237-253 ; I. Shennan *et al.*, *J. Quaternary Science*, 2006, vol. 21, p. 585-599.

22. S. L. Bradley *et al.*, *J. Quaternary Science*, 2011, vol. 26, p. 541-552 ; G. de Geer, *Geologiska Foreningen i Stockholm Forhandlingar*, 1924, vol. 46, p. 316-324.

23. J. R. Ross et C. A. Ross, « Ordovician Sea-level Fluctuations », *in* B. D. Webby et J. R. Laurie (dir.), *Global Perspectives on Ordovician Geology*, Rotterdam, A. Balkema, 1992, p. 327-335 ; E. E. Saupe *et al.*, *Nature Geoscience*, 2020, vol. 13, p. 65.

24. E. E. Saupe *et al.*, *ibid.* ; C. R. Scotese *et al.*, *J. African Earth Sciences*, 1999, vol. 28, p. 99-114 ; R. E. H. Smith *et al.*, *Microbial Ecology*, 1989, vol. 17, p. 63-76 ; J. J. Wiens *et al.*, *Ecology Letters*, 2010, vol. 13, p. 1310-1324.

25. M. M. Bennett et N. F. Glasser, *Glacial Geology: Ice Sheets and Landforms*, Oxford, John Wiley and Sons, 2009 (2e éd.), p. 385 ; H. J. Blignault et J. N. Theron, *S. Afr. J. Geol.*, 2010, vol. 113, p. 335-360 ; H. J. Blignault et J. N. Theron, *S. Afr. J. Geol.*, 2017, vol. 120, p. 209-222 ; R. M. Goldstein *et al.*, *Science*, 1993, vol. 262, p. 1525-1530 ; D. M. Ragan, *The J. Geology*, 1969, vol. 77, p. 647-667.

15. Consommateurs – Cambrien

1. R. A. Berner et Z. Kothavala, *American J. Science*, 2001, vol. 301, p. 182-204 ; J. Han *et al.*, *Gondwana Research*, 2008, vol. 14, p. 269-276 ; T. W. Hearing *et al.*, *Science Advances*, 2018, vol. 4, p. eaar5690 ; X. Hou et J. Bergstrom, *Paleontological Research*, 2003, vol. 7, p. 55-70 ; C. C. Labandeira, *Trends in Ecology & Evolution*, 2005, vol. 20, p. 253-262 ; National Research Council of the United States – Committee on Toxicology, *Carbon*

Dioxide. Emergency and Continuous Exposure Guidance Levels for Selected Submarine Contaminants, Washington, DC, The National Academies Press, 2007, vol. 1, p. 46-66.

2. N. R. Daczko *et al.*, *Sci. Reports*, 2018, vol. 8, p. 8371 ; R. H. Dott, *Geology*, 1974, vol. 2, p. 243-246 ; B. U. Haq et S. R. Schutter, *Science*, 2008, vol. 322, p. 64-68 ; X. Hou et J. Bergstrom, *Paleontological Research*, 2003, vol. 7, p. 55-70.

3. X. Hou et J. Bergstrom, *Paleontological Research*, 2003, vol. 7, p. 55-70 ; L. A. MacKenzie *et al.*, *Palaeo3*, 2015, vol. 420, p. 96-115 ; S. E. Peters et D. P. Loss, *Geology*, 2012, vol. 40, p. 511-514.

4. J. Bergstrom *et al.*, *GFF*, 2008, vol. 130, p. 189-201 ; D. E. G. Briggs, *Phil. Trans. R. Soc. B*, 1981, vol. 291, p. 541-584 ; X. G. Hou *et al.*, *Zoologica Scripta*, 1991, vol. 20, p. 395-411 ; X. L. Zhang *et al.*, *Alcheringa*, 2002, vol. 26, p. 1-8.

5. A. L. Chen *et al.*, *Palaeoworld*, 2015, vol. 24, p. 46-54 ; X. G. Hou *et al.*, *Zoologica Scripta*, 1991, vol. 20, p. 395-411 ; S. X. Hu *et al.*, *Acta Geologica Sinica*, 2008, vol. 82, p. 244-248 ; D. Y. Huang *et al.*, *Palaeo3*, 2014, vol. 398, p. 154-164 ; Q. Ou *et al.*, *PNAS*, 2017, vol. 114, p. 8835-8840 ; J. Vannier et E. L. O. Martin, *Palaeo3*, 2017, vol. 468, p. 373-387 ; X. G. Zhang *et al.*, *Geological Magazine*, 2006, vol. 143, p. 743-748 ; Z. F. Zhang *et al.*, *Acta Geologica Sinica*, 2003, vol. 77, p. 288-293 ; Z. F. Zhang *et al.*, *Proc. R. Soc. B*, 2010, vol. 277, p. 175-181.

6. G. E. Budd et I. S. C. Jackson, *Phil. Trans. R. Soc. B*, 2016, vol. 371, p. 20150287 ; N. Conci *et al.*, *Genome Biology and Evolution*, 2019, vol. 11, p. 3068-3081 ; E. Landing *et al.*, *Geology*, 2010, vol. 38, p. 547-550 ; J. Ortega-Hernandez, *Biological Reviews*, 2016, vol. 91, p. 255-273 ; J. R. Paterson *et al.*, *PNAS*, 2019, vol. 116,

p. 4394-4399 ; N. Satoh *et al.*, *Evolution & Development*, 2012, vol. 14, p. 56-75.

7. M. Akam, *Cell*, 1989, vol. 57, p. 347-349 ; M. Akam, *Phil. Trans. R. Soc. B*, 1995, vol. 349, p. 313-319 ; T. Jezkova et J. J. Wiens, *American Naturalist*, 2017, vol. 189, p. 201-212.

8. N. C., Hughes, *Integrative and Comparative Biology*, 2003, vol. 43, p. 185-206 ; A. Parat, *Les Grottes de la Cure côte d'Arcy XXI. Bull. Soc. Sci. Hist. & Nat. de l'Yonne*, 1903, p. 1-53 ; D. G. Shu *et al.*, *Nature*, 1999, vol. 402, p. 42-46 ; *The Illustrated London News*, 22 septembre 1949, p. 190, 201 et 204 ; J. Vannier *et al.*, *Sci. Reports*, 2019, vol. 9, p. 14941.

9. T. Dai et X. L. Zhang, *Alcheringa*, 2008, vol. 32, p. 465-468 ; X. G. Hou *et al.*, *Earth and Environmental Science*, Transactions of the Royal Society of Edinburgh, 2009, vol. 99, p. 213-223.

10. L. Bromham et D. Penny, *Nature Reviews Genetics*, 2003, vol. 4, p. 216-224.

11. M. Dos Reis *et al.*, *Curr. Biol.*, 2015, vol. 25, p. 2939-2950.

12. J. Kaldy *et al.*, *Genes*, 2020, vol. 11, p. 753.

13. D. H. Erwin, *Palaeontology*, 2007, vol. 50, p. 57-73.

14. G. E. Budd et I. S. C. Jackson, *Phil. Trans. R. Soc. B*, 2016, vol. 371, p. 20150287.

15. J. A. Dunne *et al.*, *PLoS Biology*, 2008, vol. 6, p. 693-708 ; A. M. Penny *et al.*, *Science*, 2014, vol. 344, p. 1504-1506.

16. P. Laderach *et al.*, *Climatic Change*, 2013, vol. 119, p. 841-854 ; R. A. Lagad *et al.*, *Analytical Methods*, 2013, vol. 5, p. 1604-1611 ; A. Potrel *et al.*, *J. Geol. Soc.*, 1996, vol. 153, p. 507-510 ; S. W. Wooldridge et D. J. Smetham, *The Geographical Journal*, 1931, vol. 78, p. 243-265 ; J. B. Wright *et al.*, *Geology and Mineral Resources of West*

Africa, Hollande, Springer, 1985 ; F. C. Zhao *et al.*, *Geological Magazine*, 2015, vol. 152, p. 378-382.

17. B. Bryson, *A Short History of Nearly Everything*, Londres, Black Swan, 2004 ; I. Koren *et al.*, *Environmental Research Letters*, 2006, vol. 1, p. 014005.

18. J. Y. Chen et G. Q. Zhou, *Collection and Research*, 1997, vol. 10, p. 11-105 ; J. A. Dunne *et al.*, *PLoS Biology*, 2008, vol. 6, p. 693-708 ; J. Han *et al.*, *Alcheringa*, 2006, vol. 30, p. 1-10 ; J. A. Han *et al.*, *PALAIOS*, 2007, vol. 22, p. 691-694 ; X. G. Hou *et al.*, *GFF*, 1995, vol. 117, p. 163-183.

19. A. Baer et G. Mayer, *J. Morphology*, 2012, vol. 273, p. 1079-1088 ; A. Barnes et S. R. Daniels, *Zoologica Scripta*, 2019, vol. 48, p. 243-262 ; J. A. Dunne *et al.*, *PLoS Biology*, 2008, vol. 6, p. 693-708 ; S. C. Morris, *Palaeontology*, 1977, vol. 20, p. 623-640 ; X. G. Hou *et al.*, *Zoologica Scripta*, 1991, vol. 20, p. 395-411 ; L. Ramskold, *Lethaia*, 1992, vol. 25, p. 221-224 ; M. R. Smith et J. Ortega-Hernandez, *Nature*, 2014, vol. 514, p. 363.

20. J. N. Liu *et al.*, *Gondwana Research*, 2008, vol. 14, p. 277-283 ; M. R. Smith et J. B. Caron, *Nature*, 2015, vol. 523, p. 75 ; J. Vannier *et al.*, *Nature Communications*, 2014, p. 5.

21. T. Fenchel, *Microbiology UK*, 1994, vol. 140, p. 3109-3116 ; V. C. Galvao et C. Fankhauser, *Current Opinion in Neurobiology*, 2015, vol. 34, p. 46-53 ; S. H. Jury *et al.*, *J. Experimental Marine Biology and Ecology*, 1994, vol. 180, p. 23-37 ; J. J. Magnuson *et al.*, *American Zoologist*, 1979, vol. 19, p. 331-343 ; E. Mollo *et al.*, *Natural Product Reports*, 2017, vol. 34, p. 496-513 ; T. Murayama *et al.*, *Curr. Biol.*, 2013, vol. 23, p. 1007-1012 ; D. E. Nordzieke *et al.*, *New Phytologist*, 2019, vol. 224, p. 1600-1612 ; A. Rozhok, *Orientation and Navigation in Vertebrates*, Berlin, Springer, 2008.

22. V. C. Galvao et C. Fankhauser, *Current Opinion in Neurobiology*, 2015, vol. 34, p. 46-53 ; X. Y. Ma *et al.*, *Arthropod Structure & Development*, 2012, vol. 41, p. 495-504.

23. E. N. K. Clarkson et R. Levi-Setti, *Nature*, 1975, vol. 254, p. 663-667 ; E. Clarkson *et al.*, *Arthropod Structure & Development*, 2006, vol. 35, p. 247-259 ; J. Gal *et al.*, *Hist. Biol.*, 2000, vol. 14, p. 193-204 ; X. Y. Ma *et al.*, *Nature*, 2012, vol. 490, p. 258 ; K. Richdale *et al.*, *Optometry and Vision Science*, 2012, vol. 89, p. 1507-1511.

24. X. G. Hou *et al.*, *Geological Journal*, 2006, vol. 41, p. 259-269 ; J. Ortega-Hernandez, *Biological Reviews*, 2016, vol. 91, p. 255-273 ; University of Bristol Press Release, 2016. https://www.bristol.ac.uk/news/2016/september/penisworm.html (site consulté le 29 janvier 2022) ; J. Vinther *et al.*, *Palaeontology*, 2016, vol. 59, p. 841-849.

25. J. Y. Chen et G. Q. Zhou, *Collection and Research*, 1997, vol. 10, p. 11-105 ; J. Y. Chen *et al.*, *Lethaia*, 2004, vol. 37, p. 3-20 ; G. Tanaka *et al.*, *Nature*, 2013, vol. 502, p. 364.

26. Y. H. Duan *et al.*, *Gondwana Research*, 2014, vol. 25, p. 983-990 ; D. J. Fu *et al.*, *BMC Evol. Biol.*, 2018, vol. 18 ; D. G. Shu *et al.*, *Lethaia*, 1999, vol. 32, p. 279-298.

27. D. E. L. Promislow et P. H. Harvey, *J. Zool.*, 1990, vol. 220, p. 417-437.

28. S. E. Gabbott *et al.*, *Geology*, 2004, vol. 32, p. 901-904 ; M. Y. Zhu *et al.*, *Acta Palaeontologica Sinica*, 2001, 40, p. 80-105.

29. J. F. H. Cuthill et J. Han, *Palaeontology*, 2018, vol. 61, p. 813-823.

16. Émergence – Édiacarien

1. T. Fujioka *et al.*, *Geology*, 2009, vol. 37, p. 51-54 ; D. Giles *et al.*, *Tectonophysics*, 2004, vol. 380, p. 27-41 ; P. W. Haines et T. Flottmann, *Australian J. Earth Sciences*, 1998, vol. 45, p. 559-570 ; D. MacKellar, *My Country. The Witch-Maid and Other Verses*, Londres, J. M. Dent and Sons, 1914, p. 29 ; P. J. Williams, *Economic Geology and the Bulletin of the Society of Economic Geologists*, 1998, vol. 93, p. 1120-1131.

2. N. Glansdorff *et al.*, *Biology Direct*, 2008, vol. 3 ; F. J. Goin *et al.*, *Revista de la Asociacion Geologica Argentina*, 2007, vol. 62, p. 597-603 ; G. Hamm *et al.*, *Nature*, 2016, vol. 539, p. 280 ; P. Hiscock *et al.*, *Australian Archaeology*, 2016, vol. 82, p. 2-11 ; A. Palci *et al.*, *Royal Society Open Science*, 2018, vol. 5, p. 172012 ; R. T. Wells et A. B. Camens, *PLoS One*, 2018, vol. 13, p. e0208020.

3. R. J. F. Jenkins *et al.*, *J. Geol. Soc.*, Australie, 1983, vol. 30, p. 101-119.

4. A. Ielpi *et al.*, *Sedimentary Geology*, 2018, vol. 372, p. 140-172 ; B. S. Kamber et G. E. Webb, *Geochimica Et Cosmochimica Acta*, 2001, vol. 65, p. 2509-2525 ; M. Santosh *et al.*, *Geoscience Frontiers*, 2017, vol. 8, p. 309-327.

5. R. Abuter *et al.*, *Astronomy & Astrophysics*, 2019, vol. 625 ; H. E. Bond *et al.*, *Astrophysical Journal*, 2017, vol. 840, p. 70 ; X. Che *et al.*, *Astrophysical Journal*, 2011, vol. 732, p. 68 ; M. M. Dolan *et al.*, *Astrophysical Journal*, 2016, vol. 819, p. 7 ; J. Garcia-Sanchez *et al.*, *Astronomy & Astrophysics*, 2001, vol. 379, p. 634-659 ; C. A. Hummel *et al.*, *Astronomy & Astrophysics*, 2013, vol. 554 ; K. A. Innanen *et al.*, *Astrophysics and Space Science*, 1978, vol. 57, p. 511-515 ; S. Nagataki *et al.*, *Astrophysical Journal*, 1998, vol. 492, p. L45-L48 ; N. Przybilla *et*

al., *Astronomy & Astrophysics*, 2006, vol. 445, p. 1099-1126 ; A. C. Quillen et I. Minchev, *Astronomical Journal*, 2005, vol. 130, p. 576-585 ; J. H. Rhee *et al.*, *Astrophysical Journal*, 2007, vol. 660, p. 1556-1571 ; N. Tetzlaff *et al.*, *Monthly Notices of the Royal Astronomical Society*, 2011, vol. 410, p. 190-200 ; R. Voss *et al.*, *Astronomy & Astrophysics*, 2010, vol. 520 ; R. Wielen *et al.*, *Astronomy & Astrophysics*, 2000, vol. 360, p. 399-410 ; P. Zasche *et al.*, *Astronomical Journal*, 2009, vol. 138, p. 664-679 ; J. Zorec *et al.*, *Astronomy & Astrophysics*, 2005, vol. 441, p. 235-U120.

6. D. J. Stevenson et A. N. Halliday, *Phil. Trans. R. Soc. A*, 2014, vol. 372, p. 20140289 ; G. E. Williams, *Reviews of Geophysics*, 2000, vol. 38, p. 37-59.

7. P. Cloud, *Economic Geology*, 1973, vol. 68, p. 1135-1143 ; Y. Godderis *et al.*, *Geological Record of Neoproterozoic Glaciations*, 2011, vol. 36, p. 151-161 ; P. F. Hoffman et D. P. Schrag, *Terra Nova*, 2002, vol. 14, p. 129-155 ; B. W. Johnson *et al.*, *Nature Communications*, 2017, vol. 8 ; G. M. Luo *et al.*, *Science Advances*, 2016, vol. 2, p. e1600134 ; T. Tashiro *et al.*, *Nature*, 2017, vol. 549, p. 516.

8. J. J. Brocks *et al.*, *Nature*, 2017, vol. 548, p. 578 ; M. A. Lechte *et al.*, *PNAS*, 2019, vol. 116, p. 25478-25483 ; M. D. Herron *et al.*, *Sci. Reports*, 2019, vol. 9, p. 2328 ; S. K. Sahoo *et al.*, *Geobiology*, 2016, vol. 14, p. 457-468 ; R. Wood *et al.*, *Nature Ecology & Evolution*, 2019, vol. 3, p. 528-538.

9. T. M. Gibson *et al.*, *Geology*, 2018, vol. 46, p. 135-138 ; Q. Tang *et al.*, *Nature Ecology and Evolution*, 2020, vol. 4, p. 543-549.

10. I. Ispolatov *et al.*, *Proc. R. Soc. B*, 2012, vol. 279, p. 1768-1776 ; O. Maliet *et al.*, *Biology Letters*, 2015, vol. 11, p. 20150157.

11. L. R. M. Cocks et R. A. Fortey, *Geological Society of London Special Publications*, 2009, vol. 325, p. 141-155 ; G. of Monmouth, *The History of the Kings of Britain*, Londres, Penguin, 1966, p. 1136.

12. M. E. Clapham *et al.*, *Paleobiology*, 2003, vol. 29, p. 527-544 ; B. Shen *et al.*, *Science*, 2008, vol. 319, p. 81-84.

13. R. J. F. Jenkins *et al.*, *J. Geol. Soc. Australia*, 1983, vol. 30, p. 101-119 ; M. Y. Zhu *et al.*, *Geology*, 2008, vol. 36, p. 867-870.

14. J. G. Gehling, *PALAIOS*, 1999, vol. 14, p. 40-57 ; R. J. F. Jenkins *et al.*, *J. Geol. Soc. Australia*, 1983, vol. 30, p. 101-119 ; N. M. Lemon, *Precambrian Research*, 2000, vol. 100, p. 109-120 ; N. Noffke *et al.*, *Geology*, 2006, vol. 34, p. 253-256 ; D. Schneider *et al.*, *PLoS One*, 2013, vol. 8, p. e66662.

15. M. L. Droser *et al.*, *Australian J. Earth Sciences*, 2018, vol. 67, p. 915-921 ; T. Feng *et al.*, *Acta Geologica Sinica*, 2008, vol. 82, p. 27-34 ; J. G. Gehling et M. L. Droser, *Episodes*, 2012, vol. 35, p. 236-246 ; F. Tang *et al.*, *Evolution & Development*, 2011, vol. 13, p. 408-414 ; Y. Wang *et al.*, *Paleontological Research*, 2020, vol. 24, p. 1-13 ; V. L. Welch *et al.*, *Curr. Biol.*, 2005, vol. 15, p. R985-R986 ; Y. Zhao *et al.*, *Curr. Biol.*, 2019, vol. 29, p. 1112.

16. F. S. Dunn *et al.*, *Biological Reviews*, 2018, vol. 93, p. 914-932 ; F. S. Dunn *et al.*, *Papers in Palaeontology*, 2019, vol. 5, p. 157-176 ; M. A. Fedonkin, « Vendian Body Fossils and Trace Fossils », *in* S. Bengtson (dir.), *Early Life on Earth*, New York, Columbia University Press, 1994, p. 370-388 ; T. D. Ford, *Yorkshire Geological Society Proceedings*, 1958, vol. 31, p. 211-217 ; A. G. Liu et F. S. Dunn, *Curr. Biol.*, 2020, vol. 30, p. 1322-1328 ; R. Mason, « The Discovery of *Charnia Masoni* », in *Leicester's fossil celebrity:* Charnia *and the Evolution of Early Life*, Leicester Literary and

Philosophical Society Section C Symposium, 10 mars 2007 ; G. M. Narbonne et J. G. Gehling, *Geology*, 2003, vol. 31, p. 27-30 ; C. Nedin et R. J. F. Jenkins, *Alcheringa*, 1998, vol. 22, p. 315-316 ; R. C. Sprigg, *Trans. Roy. Soc. S. Aust.*, 1947, vol. 72, p. 212-224.

17. M. L. Droser et J. G. Gehling, *Science*, 2008, vol. 319, p. 1660-1662 ; T. M. Gibson *et al.*, *Geology*, 2018, vol. 46, p. 135-138 ; M. Hartfield, *J. Evol. Biol.*, 2016, vol. 29, p. 5-22 ; B. B. Normark *et al.*, *Biol. J. Linn. Soc.*, 2003, vol. 79, p. 69-84 ; C. H. Pence et G. Ramsey, *Philosophy of Science*, 2015, vol. 82, p. 1081-1091 ; J. M. Smith, *J. Theor. Biol.*, 1971, vol. 30, p. 319.

18. I. Bobrovskiy *et al.*, *Science*, 2018, vol. 361, p. 1246 ; F. S. Dunn *et al.*, *Biological Reviews*, 2018, vol. 93, p. 914-932 ; S. D. Evans *et al.*, *PLoS One*, 2017, vol. 12, p. e0176874 ; J. G. Gehling *et al.*, *Evolving Form and Function: Fossils and Development*, 2005, p. 43-66 ; E. A. Sperling et J. Vinther, *Evolution & Development*, 2010, vol. 12, p. 201-209.

19. Z. Chen *et al.*, *Science Advances*, 2018, vol. 4, p. eaao6691 ; S. D. Evans *et al.*, *PNAS*, 2020, vol. 117, p. 7845-7850 ; J. G. Gehling et M. L. Droser, *Emerging Topics in Life Science*, 2018, vol. 2, p. 213-222.

20. E. C. Clites *et al.*, *Geology*, 2012, vol. 40, p. 307-310 ; F. J. Coutts *et al.*, *Alcheringa*, 2016, vol. 40, p. 407-421 ; M. L. Droser et J. G. Gehling, *PNAS*, 2015, vol. 112, p. 4865-4870 ; J. G. Gehling et M. L. Droser, *Episodes*, 2012, vol. 35, p. 236-246 ; L. V. Joel *et al.*, *J. Paleontology*, 2014, vol. 88, p. 253-262 ; E. G. Mitchell *et al.*, *Ecology Letters*, 2019, vol. 22, p. 2028-2038.

21. M. Wade, *Lethaia*, 1968, vol. 1, p. 238-267 ; M. Y. Zhu *et al.*, *Geology*, 2008, vol. 36, p. 867-870.

22. A. Y. Ivantsov, *Paleontological Journal*, 2009, vol. 43, p. 601-611.

23. M. A. Fedonkin *et al.*, *Geological Society of London Special Publications*, 2007, vol. 286, p. 157-179.

24. G. E. Budd et S. Jensen, *Biological Reviews*, 2017, vol. 92, p. 446-473 ; D. H. Erwin et S. Tweedt, *Evolutionary Ecology*, 2012, vol. 26, p. 417-433 ; D. G. Shu *et al.*, *Science*, 2006, vol. 312, p. 731-734.

25. F. Dunn *et al.*, *5th International Paleontological Congress*, Paris, 2018, p. 289.

26. M. Medina *et al.*, *Int. J. Astrobiol.*, 2003, vol. 2, p. 203-211 ; S. H. Xiao *et al.*, *American J. Botany*, 2004, vol. 91, p. 214-227.

27. B. P. Burns *et al.*, *Env. Microbiol.*, 2004, vol. 6, p. 1096-1101 ; D. R. Lowe, *Nature*, 1980, vol. 284, p. 441-443 ; N. N. Puchkova *et al.*, *Int. J. Syst. Evol. Microbiol.*, 2000, vol. 50, p. 1441-1447.

Épilogue – Un village nommé Espoir

1. W. J. Mills, *Hope Bay. Exploring Polar Frontiers: A Historical Encyclopedia*. Santa Barbara, Californie, ABC Clio, 2003, p. 308-309.

2. K. Birkenmajer, *Polish Polar Research*, 1992, vol. 13, p. 215-240 ; I. de Souza Carvalho *et al.*, *Ichnos*, 2005, vol. 12, p. 191-200 ; D. H. Erwin, *Annual Review of Ecology and Systematics*, 1990, vol. 21, p. 69-91.

3. I. De Souza Carvalho *et al.*, *Ichnos*, 2005, vol. 12, p. 191-200 ; L. E. Hays *et al.*, *Palaeoworld*, 2007, vol. 16, p. 39-50 ; J. L. Penn *et al.*, 2018, vol. 362, p. 1130 ; L. Xiang *et al.*, *Palaeo3*, 2020, vol. 544 ; G. J. Zhang *et al.*, *PNAS*, 2017, vol. 114, p. 1806-1810.

4. R. F. Keeling et H. E. Garcia, *PNAS*, 2002, vol. 99, p. 7847-7853 ; A. S. Ren *et al.*, *Sci. Reports*, 2018, vol. 8, p. 7290 ; S. Schmidtko *et al.*, *Nature*, 2017, vol. 542, p. 335.

5. D. Breitburg *et al.*, *Science*, 2018, vol. 359, p. 46.

6. H. Jurikova *et al.*, *Nature Geoscience*, 2020, vol. 13, p. 745-750.

7. R. A. Feely *et al.*, *Sci. Brief*, avril 2006, p. 1-3 ; O. Hoegh-Guldberg *et al.*, *Frontiers in Marine Science*, 2017, vol. 4 ; J. A. Kleypas *et al.*, *Impacts of Ocean Acidification on Coral Reefs and Other Marine Calcifiers: A Guide for Future Research*, National Science Foundation Report, 2006 ; R. van Woesik *et al.*, *PeerJ*, 2013, vol. 1, p. e208.

8. L. Fillinger *et al.*, *Curr. Biol.*, 2013, vol. 23, p. 1330-1334 ; S. P. Leys *et al.*, *Marine Ecology Progress Series*, 2004, vol. 283, p. 133-149 ; M. Maldonado *et al.*, « Sponge Grounds as Key Marine Habitats: A Synthetic Review of Types, Structure, Functional Roles, and Conservation Concerns », *in* S. Rossi *et al.* (dir.), *Marine Animal Forests: The Ecology of Benthic Biodiversity Hotspots*, Berlin, Springer, 2017, p. 145-183 ; T. Saito *et al.*, *J. Mar. Biol. Ass.*, Royaume-Uni, 2001, vol. 81, p. 789-797.

9. K. R. Clem *et al.*, *Nature Climate Change*, 2020, vol. 10, p. 762-770 ; L. Zhang *et al.*, *Earth-Science Reviews*, 2019, vol. 189, p. 147-158.

10. B. M. Kim *et al.*, *Nature Communications*, 2014, vol. 5, p. 4646 ; J. E. Overland et M. Wang, *International Journal of Climatology*, 2019, vol. 39, p. 5815-5821 ; S. A. Robinson *et al.*, *Global Change Biology*, 2020, vol. 26, p. 3178-3180.

11. G. A. Meehl *et al.*, *Science*, 2005, vol. 307, p. 1769-1772 ; G. A. Meehl *et al.*, « Global Climate Projections », *in* S. Solomon *et al.* (dir.), *Climate Change 2007: The Physical Science Basis. Contribution of Working Group I to the Fourth Assessment Report of the Intergovernmental Panel on Climate Change*, Cambridge, Cambridge University Press, 2007 ; C. L. O'Brien *et al.*, *PNAS*, 2020, vol. 117, p. 25302-25309.

12. T. A. M. Pugh *et al.*, *PNAS*, 2019, vol. 116, p. 4382-4387 ; V. Scott *et al.*, *Nature Climate Change*, 2015, vol. 5, p. 419-423 ; C. Terrer *et al.*, *Nature Climate Change*, 2019, vol. 9, p. 684-689.

13. N. J. Couture *et al.*, *Journal of Geophysical Research Biogeosciences*, 2018, vol. 123, p. 406-422 ; P. Friedlingstein *et al.*, *Earth Syst Sci Data*, 2019, vol. 11, p. 1783-1838 ; J. E. Nichols et D. M. Peteet, *Nature Geoscience*, 2019, vol. 12, p. 917-921.

14. K. Fujii *et al.*, *Arctic Antarctic and Alpine Research*, 2020, vol. 52, p. 47-59 ; C. Olid *et al.*, *Global Change Biology*, 2020, vol. 26, p. 5886-5898.

15. T. Bolch *et al.*, « Status and Change of the Cryosphere in the Extended Hindu Kush Himalaya Region », *in* P. Wester *et al.* (dir.), *The Hindu Kush Himalaya Assessment*, Cham, Springer, 2019 ; J. A. Church *et al.*, *Journal of Climate*, 1991, vol. 4, p. 438-456 ; S. A. Kulp et B. H. Strauss, *Nature Communications*, 2019, vol. 10 ; Y. Y. Loo *et al.*, *Geoscience Frontiers*, 2015, vol. 6, p. 817-823 ; S. Nepal et A. B. Shrestha, *International Journal of Water Resources Development*, 2015, vol. 31, p. 201-218 ; S. Yi *et al.*, *The Cryosphere Discussions*, 2019.

16. M. Muntean *et al.*, *Fossil CO2 emissions of all world countries*, Office des publications de l'Union européenne, 2018, DOI : 10.2760/30158.

17. Friends of the Earth, *Overconsumption? Our Use of the World's Natural Resources*, 2009, p. 1-36, disponible sur https://friendsoftheearth.uk (site visité le 10 février 2022).

18. S. Avery-Gomm *et al.*, *Marine Pollution Bulletin*, 2013, vol. 72, p. 257-259 ; N. J. Beaumont *et al.*, *Marine Pollution Bulletin*, 2019, vol. 142, p. 189-195.

19. J. R. Russell *et al.*, *Applied and Environmental Microbiology*, 2011, vol. 77, p. 6076-6084 ; S. Tanasupawat *et al.*, *Int. J. Syst. Evol. Microbiol.*, 2016, vol. 66,

p. 2813-2818 ; I. Taniguchi *et al.*, *Acs Catalysis*, 2019, vol. 9, p. 4089-4105.

20. M. J. Polito *et al.*, *American Geophysical Union Fall Meeting 2018*, Abstract #PP13C-1340.

21. J. C. Habel *et al.*, « Review Refugial Areas and Postglacial Colonizations in the Western Palearctic », *in* J. C. Habel *et al.* (dir.), *Relict Species*, Berlin et Heidelberg, Springer, 2010, p. 189-197 ; C. P. Roberts *et al.*, *Nature Climate Change*, 2019, vol. 9, p. 562.

22. G. C. Cardoso et J. W. Atwell, *Animal Behaviour*, 2011, vol. 82, p. 831-836 ; J. Martin et P. Lopez, *Functional Ecology*, 2013, vol. 27, p. 1332-1340 ; M. A. Owen *et al.*, *J. Zool.*, 2015, vol. 295, p. 36-43.

23. Y. M. Bar-On *et al.*, *PNAS*, 2018, vol. 115, p. 6506-6511 ; C. E. Bennett *et al.*, *Royal Society Open Science*, 2018, vol. 5, p. 180325 ; E. Elhacham *et al.*, *Nature*, 2020, doi.org/10.1038/s41586-020-3010-5 (site visité le 10 février 2022) ; W. M. Giuliano *et al.*, *Urban Ecosystems*, 2004, vol. 7, p. 361-370 ; WWF, M. Grooten et R. E. A. Almond (dir.), *Living Planet Report – 2018 : Aiming Higher*, Gland, Suisse, WWF, 2018.

24. T. Kleinen *et al.*, *Holocene*, 2011, vol. 21, p. 723-734 ; G. R. Summerhayes, *IPPA Bulletin*, 2009, vol. 29, p. 109-123.

25. R. S. Abate et E. A. Kronk, *Climate Change and Indigenous Peoples: The Search for Legal Remedies*, Cheltenham, Royaume-Uni, Edward Elgar, 2013 ; N. Ahmed, *Entangled Earth*, Third Text, 2013, vol. 27, p. 44-53.

26. Associated Press à St Petersburg, Floride, « Hurricane Iota is 13th hurricane of record-breaking Atlantic season », in *The Guardian*, 15 novembre 2020 ; J. J. Gonzalez-Aleman *et al.*, *Geophysical Research Letters*, 2019, vol. 46, p. 1754-1764 ; T. R. Knutson *et al.*, *Nature Geoscience*, 2010, vol. 3, p. 157-163.

27. J. Hodbod *et al.*, *Ambio*, 2019, vol. 48, p. 1099-1115 ; R. Michaelson, « "It'll cause a water war": divisions run deep as filling of Nile dam nears », in *The Guardian*, 23 avril 2020 ; K. Spohr, « The race to conquer the Arctic – the world's final frontier », in *The New Statesman*, 12 mars 2018.

28. UK Environment Agency, *TE2100 5 Year Review Non-technical* Summary, 2016, p. 1-7 ; Secretariat of the Multilateral Fund for the Implementation of the Montreal Protocol on Substances that Deplete the Ozone Layer, *Creating a Real Change for the Environment*, 2007, p. 1-24.

29. J. Henley, « Iceland holds funeral for first glacier lost to climate change », in *The Guardian*, 22 juillet 2019.

INDEX

B

D

I

M

P

Table

PAPIER CERTIFIÉ

Le Livre de Poche s'engage pour l'environnement en réduisant l'empreinte carbone de ses livres. Celle de cet exemplaire est de :
500 g éq. CO_2
Rendez-vous sur
www.livredepoche-durable.fr

Composition réalisée par PCA

Achevé d'imprimer en août 2024 en Espagne par
BLAKPRINT
Dépôt légal 1re publication : septembre 2024
LIBRAIRIE GÉNÉRALE FRANÇAISE
21, rue du Montparnasse – 75298 Paris Cedex 06

24/1235/9